深入理解 Kafka
核心设计与实践原理

朱忠华 | 著

电子工业出版社
Publishing House of Electronics Industry
北京·BEIJING

内 容 简 介

本书从 Kafka 的基础概念切入，循序渐进地转入对其内部原理的剖析。本书主要阐述了 Kafka 中生产者客户端、消费者客户端、主题与分区、日志存储、原理解析、监控管理、应用扩展及流式计算等内容。虽然 Kafka 的内核使用 Scala 语言编写，但本书基本以 Java 语言作为主要的示例语言，方便大多数读者的理解。虽然本书没有明确的界定，但总体上可以划分为三个部分：基础篇、原理篇和扩展篇，前 4 章为基础篇，包括基础概念、生产者、消费者，以及主题与分区，学习完这 4 章的内容完全可以应对绝大多数的开发场景。第 5 章至第 8 章为原理篇，包括对日志存储、协议设计、控制器、组协调器、事务、一致性、可靠性等内容的探究，学习完这 4 章的内容可以让读者对 Kafka 有一个深刻的认知。最后 4 章从应用扩展层面来做讲解，可以归类为扩展篇，主要内容包括监控、应用工具、应用扩展（延时队列、重试队列、死信队列、消息轨迹等）、与 Spark 的集成等，让读者可以对 Kafka 的生态有一个更加全面的认知。

本书定位为一本实战与原理相结合的书，既适合 Kafka 的初学者，也适合于对 Kafka 有一定深度认知的老手。

图书在版编目（CIP）数据

深入理解 Kafka：核心设计与实践原理 / 朱忠华著. —北京：电子工业出版社，2019.1
ISBN 978-7-121-35902-6

Ⅰ. ①深… Ⅱ. ①朱… Ⅲ. ①分布式操作系统 Ⅳ. ①TP316.4

中国版本图书馆 CIP 数据核字（2019）第 007397 号

责任编辑：陈晓猛
印　　刷：北京天宇星印刷厂
装　　订：北京天宇星印刷厂
出版发行：电子工业出版社
　　　　　北京市海淀区万寿路 173 信箱　　　　　　邮编：100036
开　　本：787×980　　1/16　　印张：28.5　　　　字数：547.2 千字
版　　次：2019 年 1 月第 1 版
印　　次：2024 年 12 月第 17 次印刷
定　　价：99.00 元

凡所购买电子工业出版社图书有缺损问题，请向购买书店调换。若书店售缺，请与本社发行部联系，联系及邮购电话：(010) 88254888，88258888。
质量投诉请发邮件至 zlts@phei.com.cn，盗版侵权举报请发邮件至 dbqq@phei.com.cn。
本书咨询联系方式：010-51260888-819，faq@phei.com.cn。

前言

初识 Kafka 时，笔者接触的还是 0.8.1 版本，Kafka 发展到目前的 2.0.0 版本，笔者也见证了 Kafka 的蜕变，比如旧版客户端的淘汰、新版客户端的设计、Kafka 控制器的迭代优化、私有协议的变更、事务功能的引入等。Kafka 从昔日的新星逐渐走向成熟，再到今日的王者地位不可撼动，这期间有太多的故事可讲。

刚接触 Kafka 时，市面上很少有关于 Kafka 的书籍。在学习 Kafka 的过程中也经历过很多挫败，比如 Scala 这门编程语言就让笔者在 Kafka 的源码大门外却步良久。那时候就在想，如果有一本书能够全方位地解析 Kafka 该有多好啊。

随着对 Kafka 的逐步了解，也渐渐地萌生了自己写一本关于 Kafka 的书的想法，产生这一想法至今已超过两年。在这期间，笔者阴差阳错地先写了一本关于 RabbitMQ 的书，也就是《RabbitMQ 实战指南》，此时已是 2017 年年末，市面上已经陆续出现了好几本有关 Kafka 的书，而且此时 Kafka 的版本也已经升级到 1.0.0。

笔者认真看过几乎所有现存的 Kafka 的书籍，回想这一路学习和使用 Kafka 的经历，深感这些都不是自己理想中的书籍，那么不如自己再"操刀"写一本。本书秉承能用文字表述的就不贴源码、能用图形辅助的就不乏味陈述；既要让新手能够快速入门，也要让老手有所收获，从基础概念入手，再到原理深入，让读者能够由浅入深地理解 Kafka。

本书依据 Kafka 2.0.0 版本编写，书中所有内容都具备理论基础并全部实践过，书中的内容也是笔者在工作中的认知积累，希望本书能够让读者有所收获。

内容大纲

本书共 12 章，前后章节都有相应的联系，基本上按照由浅入深、由表及里的层次逐层进行讲解，如果读者对其中的某些内容已经掌握，可以选择跳过而翻阅后面的内容，不过还是建议读者按照先后顺序进行阅读。

第 1 章对 Kafka 的基础概念进行笼统的介绍，之后讲解如何安装与配置 Kafka，以及通过简单的生产消费消息的示例让读者能够快速地入门。

第 2 章主要是针对生产者客户端的讲解，包括生产者客户端参数、消息的发送、序列化、分区器、拦截器、原理解析等内容。

第 3 章主要是针对消费者客户端的讲解，包括消费者客户端参数、主题与分区的订阅、反序列化、消息的消费、位移提交、再均衡、拦截器、多线程实现等内容。

第 4 章主要介绍主题与分区的管理，包括创建主题、修改主题、删除主题、主题端参数配置、优先副本、分区重分配、复制限流，以及对分区数抉择的探讨等内容。

第 5 章主要讲解日志存储相关的内容，包括文件目录的布局、日志格式的演变、日志清理的细节、底层存储的原理等内容。

第 6 章主要对 Kafka 服务端的一些内部核心内容进行详细的阐述，包括协议设计、延时操作、控制器、leader 的选举等内容。

第 7 章主要是对 Kafka 客户端相关的原理剖析，当然其中也需要牵涉服务端的内容。这一章包括消费端分区分配策略、消费者协调器和组协调器、__consumer_offsets 的剖析、事务的介绍等内容。

第 8 章主要对可靠性、一致性等核心原理进行陈述，本章内容最为抽象，主要包括失效副本、ISR 伸缩、LEO 与 HW、Leader Epoch 的介入、日志同步机制、可靠性分析等内容。

第 9 章主要是对 Kafka 相关应用的一些补充，包括一些重要的管理工具，还有 Kafka Connect、Kafka Mirror Maker 和 Kafka Streams 等内容。

第 10 章是与 Kafka 监控相关的内容，监控作为 Kafka 生态中的一个必备内容，有着相当重要的地位，通过学习本章的内容可以让读者对整个监控的脉络设计和底层实现有清晰的认知。

第 11 章是对 Kafka 做一些功能性的扩展，包括过期时间、延时队列、死信队列、重试队列、消息路由、消息轨迹、消息审计、消息代理等内容，最后还通过对消息中间件选型的阐述以期让读者对整个消息中间件领域有发散性的思考。

第 12 章主要讲述的是 Kafka 与 Spark 集成的一些内容，包括 Spark 基本概念、Spark Streaming、Structured Streaming，以及它们与 Kafka 集成的细节等内容。

读者讨论

由于笔者水平有限，书中难免有错误之处。在本书出版后的任何时间，若您对本书有任何疑问都可以通过 zhuzhonghua.ideal@qq.com 发送邮件给笔者，也可以到笔者的个人博客 http://blog.csdn.net/u013256816 中留言，向笔者阐述您的建议和想法。书中的源码会在本书发行之后进行整理，最后会公布在笔者的个人微信公众号（朱小厮的博客，二维码在封面上）中。

致谢

首先要感谢我身处的平台,让我有机会深入地接触 Kafka。同时要感谢我身边的同事,正因为有了你们的鼓励和帮助,才让我能够迅速地成长,本书的问世,离不开与你们在工作中一起积累的点点滴滴。

感谢蒋晓峰同学不辞辛苦地为本书校稿,有了你的帮助才会让本书更加完善。

感谢阿飞的博客、程超-小程故事多、程序猿 DD、涤生的博客、方欧巴、服务端思维、肥朝、黄淋、黄晓峰、顾忠国、蒋晓峰、匠心零度、刘建刚、裘晟、闪电侠的博客、唐忠远、徐志芳、肖宇、芋道源码、益达-兰小伟、亚普的技术轮子、占小狼的博客、Kirito 的技术分享、zhisheng、Java 技术驿站、Java 进阶架构师、IT 牧场等朋友的鼎力支持。

感谢天蚕变、Aruen、wangfeiyang12345、不写程序只算命、gyzhs20、Solove`俊、Snow、默然、bugskiller_cn、黄晓峰、djdsjh、小斌斌、程序猿等对本书勘误修正提供了帮助。

最后还要感谢我的家人,在我占用绝大部分的业余时间进行写作的时候,能够给予我极大的宽容、理解和支持,让我能够全身心地投入写作之中。

朱忠华

读者服务

轻松注册成为博文视点社区用户(www.broadview.com.cn),扫码直达本书页面。

- **下载资源**:本书如提供示例代码及资源文件,均可在 <u>下载资源</u> 处下载。
- **提交勘误**:您对书中内容的修改意见可在 <u>提交勘误</u> 处提交,若被采纳,将获赠博文视点社区积分(在您购买电子书时,积分可用来抵扣相应金额)。
- **交流互动**:在页面下方 <u>读者评论</u> 处留下您的疑问或观点,与我们和其他读者一同学习交流。

页面入口:http://www.broadview.com.cn/35902

目 录

第 1 章

初识 Kafka

Kafka 起初是由 LinkedIn 公司采用 Scala 语言开发的一个多分区、多副本且基于 ZooKeeper 协调的分布式消息系统，现已被捐献给 Apache 基金会。目前 Kafka 已经定位为一个分布式流式 处理平台，它以高吞吐、可持久化、可水平扩展、支持流数据处理等多种特性而被广泛使用。 目前越来越多的开源分布式处理系统如 Cloudera、Storm、Spark、Flink 等都支持与 Kafka 集成。

Kafka 之所以受到越来越多的青睐，与它所"扮演"的三大角色是分不开的：

- **消息系统**：Kafka 和传统的消息系统（也称作消息中间件）都具备系统解耦、冗余存储、流量削峰、缓冲、异步通信、扩展性、可恢复性等功能。与此同时，Kafka 还提供了大多数消息系统难以实现的消息顺序性保障及回溯消费的功能。

- **存储系统**：Kafka 把消息持久化到磁盘，相比于其他基于内存存储的系统而言，有效地降低了数据丢失的风险。也正是得益于 Kafka 的消息持久化功能和多副本机制，我们可以把 Kafka 作为长期的数据存储系统来使用，只需要把对应的数据保留策略设置为"永久"或启用主题的日志压缩功能即可。

- **流式处理平台**：Kafka 不仅为每个流行的流式处理框架提供了可靠的数据来源，还提供了一个完整的流式处理类库，比如窗口、连接、变换和聚合等各类操作。

1.1 基本概念

一个典型的 Kafka 体系架构包括若干 Producer、若干 Broker、若干 Consumer，以及一个 ZooKeeper 集群，如图 1-1 所示。其中 ZooKeeper 是 Kafka 用来负责集群元数据的管理、控制器的选举等操作的。Producer 将消息发送到 Broker，Broker 负责将收到的消息存储到磁盘中，而

Consumer 负责从 Broker 订阅并消费消息。

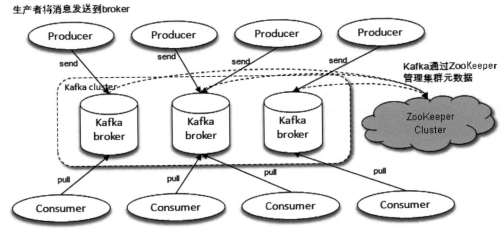

图 1-1　Kafka 体系结构

整个 Kafka 体系结构中引入了以下 3 个术语。

（1）Producer：生产者，也就是发送消息的一方。生产者负责创建消息，然后将其投递到 Kafka 中。

（2）Consumer：消费者，也就是接收消息的一方。消费者连接到 Kafka 上并接收消息，进而进行相应的业务逻辑处理。

（3）Broker：服务代理节点。对于 Kafka 而言，Broker 可以简单地看作一个独立的 Kafka 服务节点或 Kafka 服务实例。大多数情况下也可以将 Broker 看作一台 Kafka 服务器，前提是这台服务器上只部署了一个 Kafka 实例。一个或多个 Broker 组成了一个 Kafka 集群。一般而言，我们更习惯使用首字母小写的 broker 来表示服务代理节点。

在 Kafka 中还有两个特别重要的概念——主题（Topic）与分区（Partition）。Kafka 中的消息以主题为单位进行归类，生产者负责将消息发送到特定的主题（发送到 Kafka 集群中的每一条消息都要指定一个主题），而消费者负责订阅主题并进行消费。

主题是一个逻辑上的概念，它还可以细分为多个分区，一个分区只属于单个主题，很多时候也会把分区称为主题分区（Topic-Partition）。同一主题下的不同分区包含的消息是不同的，分区在存储层面可以看作一个可追加的日志（Log）文件，消息在被追加到分区日志文件的时候都会分配一个特定的偏移量（offset）。offset 是消息在分区中的唯一标识，Kafka 通过它来保证消息在分区内的顺序性，不过 offset 并不跨越分区，也就是说，Kafka 保证的是分区有序而不是主题有序。

如图 1-2 所示，主题中有 4 个分区，消息被顺序追加到每个分区日志文件的尾部。Kafka
中的分区可以分布在不同的服务器（broker）上，也就是说，一个主题可以横跨多个 broker，以
此来提供比单个 broker 更强大的性能。

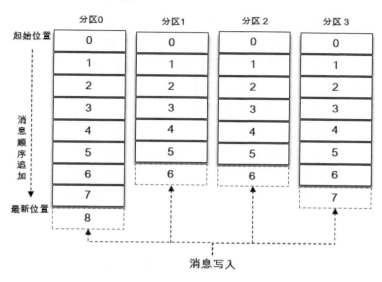

图 1-2　消息追加写入

每一条消息被发送到 broker 之前，会根据分区规则选择存储到哪个具体的分区。如果分区
规则设定得合理，所有的消息都可以均匀地分配到不同的分区中。如果一个主题只对应一个文
件，那么这个文件所在的机器 I/O 将会成为这个主题的性能瓶颈，而分区解决了这个问题。在
创建主题的时候可以通过指定的参数来设置分区的个数，当然也可以在主题创建完成之后去修
改分区的数量，通过增加分区的数量可以实现水平扩展。

Kafka 为分区引入了多副本（Replica）机制，通过增加副本数量可以提升容灾能力。同一
分区的不同副本中保存的是相同的消息（在同一时刻，副本之间并非完全一样），副本之间是
"一主多从"的关系，其中 leader 副本负责处理读写请求，follower 副本只负责与 leader 副本的
消息同步。副本处于不同的 broker 中，当 leader 副本出现故障时，从 follower 副本中重新选举
新的 leader 副本对外提供服务。Kafka 通过多副本机制实现了故障的自动转移，当 Kafka 集群中
某个 broker 失效时仍然能保证服务可用。

如图 1-3 所示，Kafka 集群中有 4 个 broker，某个主题中有 3 个分区，且副本因子（即副本
个数）也为 3，如此每个分区便有 1 个 leader 副本和 2 个 follower 副本。生产者和消费者只与 leader
副本进行交互，而 follower 副本只负责消息的同步，很多时候 follower 副本中的消息相对 leader
副本而言会有一定的滞后。

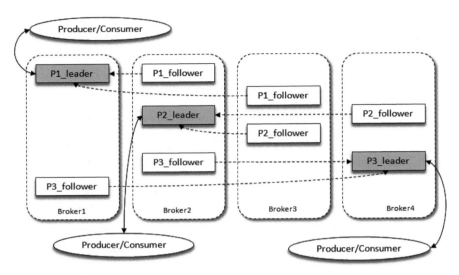

图 1-3 多副本架构

Kafka 消费端也具备一定的容灾能力。Consumer 使用拉（Pull）模式从服务端拉取消息，并且保存消费的具体位置，当消费者宕机后恢复上线时可以根据之前保存的消费位置重新拉取需要的消息进行消费，这样就不会造成消息丢失。

分区中的所有副本统称为 AR（Assigned Replicas）。所有与 leader 副本保持一定程度同步的副本（包括 leader 副本在内）组成 ISR（In-Sync Replicas），ISR 集合是 AR 集合中的一个子集。消息会先发送到 leader 副本，然后 follower 副本才能从 leader 副本中拉取消息进行同步，同步期间内 follower 副本相对于 leader 副本而言会有一定程度的滞后。前面所说的"一定程度的同步"是指可忍受的滞后范围，这个范围可以通过参数进行配置。与 leader 副本同步滞后过多的副本（不包括 leader 副本）组成 OSR（Out-of-Sync Replicas），由此可见，AR=ISR+OSR。在正常情况下，所有的 follower 副本都应该与 leader 副本保持一定程度的同步，即 AR=ISR，OSR 集合为空。

leader 副本负责维护和跟踪 ISR 集合中所有 follower 副本的滞后状态，当 follower 副本落后太多或失效时，leader 副本会把它从 ISR 集合中剔除。如果 OSR 集合中有 follower 副本"追上"了 leader 副本，那么 leader 副本会把它从 OSR 集合转移至 ISR 集合。默认情况下，当 leader 副本发生故障时，只有在 ISR 集合中的副本才有资格被选举为新的 leader，而在 OSR 集合中的副本则没有任何机会（不过这个原则也可以通过修改相应的参数配置来改变）。

ISR 与 HW 和 LEO 也有紧密的关系。HW 是 High Watermark 的缩写，俗称高水位，它标识了一个特定的消息偏移量（offset），消费者只能拉取到这个 offset 之前的消息。

如图 1-4 所示，它代表一个日志文件，这个日志文件中有 9 条消息，第一条消息的 offset

（LogStartOffset）为 0，最后一条消息的 offset 为 8，offset 为 9 的消息用虚线框表示，代表下一条待写入的消息。日志文件的 HW 为 6，表示消费者只能拉取到 offset 在 0 至 5 之间的消息，而 offset 为 6 的消息对消费者而言是不可见的。

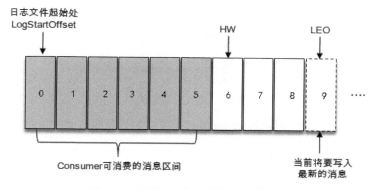

图 1-4　分区中各种偏移量的说明

LEO 是 Log End Offset 的缩写，它标识当前日志文件中下一条待写入消息的 offset，图 1-4 中 offset 为 9 的位置即为当前日志文件的 LEO，LEO 的大小相当于当前日志分区中最后一条消息的 offset 值加 1。分区 ISR 集合中的每个副本都会维护自身的 LEO，而 ISR 集合中最小的 LEO 即为分区的 HW，对消费者而言只能消费 HW 之前的消息。

注意要点：很多资料中误将图 1-4 中的 offset 为 5 的位置看作 HW，而把 offset 为 8 的位置看作 LEO，这显然是不对的。

为了让读者更好地理解 ISR 集合，以及 HW 和 LEO 之间的关系，下面通过一个简单的示例来进行相关的说明。如图 1-5 所示，假设某个分区的 ISR 集合中有 3 个副本，即一个 leader 副本和 2 个 follower 副本，此时分区的 LEO 和 HW 都为 3。消息 3 和消息 4 从生产者发出之后会被先存入 leader 副本，如图 1-6 所示。

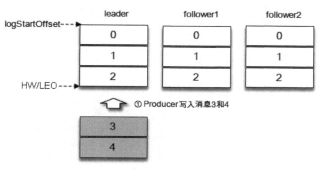

图 1-5　写入消息（情形 1）

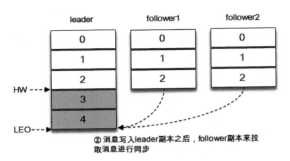

② 消息写入leader副本之后，follower副本来拉取消息进行同步

图 1-6　写入消息（情形 2）

在消息写入 leader 副本之后，follower 副本会发送拉取请求来拉取消息 3 和消息 4 以进行消息同步。

在同步过程中，不同的 follower 副本的同步效率也不尽相同。如图 1-7 所示，在某一时刻 follower1 完全跟上了 leader 副本而 follower2 只同步了消息 3，如此 leader 副本的 LEO 为 5，follower1 的 LEO 为 5，follower2 的 LEO 为 4，那么当前分区的 HW 取最小值 4，此时消费者可以消费到 offset 为 0 至 3 之间的消息。

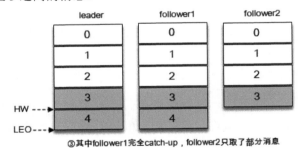

③其中follower1完全catch-up，follower2只取了部分消息

图 1-7　写入消息（情形 3）

写入消息（情形 4）如图 1-8 所示，所有的副本都成功写入了消息 3 和消息 4，整个分区的 HW 和 LEO 都变为 5，因此消费者可以消费到 offset 为 4 的消息了。

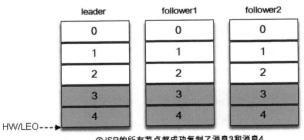

④ISR的所有节点都成功复制了消息3和消息4

图 1-8　写入消息（情形 4）

由此可见，Kafka 的复制机制既不是完全的同步复制，也不是单纯的异步复制。事实上，同步复制要求所有能工作的 follower 副本都复制完，这条消息才会被确认为已成功提交，这种复制方式极大地影响了性能。而在异步复制方式下，follower 副本异步地从 leader 副本中复制数据，数据只要被 leader 副本写入就被认为已经成功提交。在这种情况下，如果 follower 副本都还没有复制完而落后于 leader 副本，突然 leader 副本宕机，则会造成数据丢失。Kafka 使用的这种 ISR 的方式则有效地权衡了数据可靠性和性能之间的关系。

1.2　安装与配置

本节详细介绍 Kafka 运行环境的搭建，为了节省篇幅，本节的内容以 Linux CentOS 作为安装演示的操作系统，其他 Linux 系列的操作系统也可以参考本节的内容。具体的操作系统的信息如下：

```
[root@node1 ~]# uname -a
Linux node1 2.6.32-504.23.4.el6.x86_64 #1 SMP Tue Jun 9 20:57:37 UTC 2015 x86_64
x86_64 x86_64 GNU/Linux
[root@node1 ~]# cat /etc/issue
CentOS release 6.6 (Final)
Kernel \r on an \m
```

由图 1-1 可知，搭建 Kafka 运行环境还需要涉及 ZooKeeper，Kafka 和 ZooKeeper 都是运行在 JVM 之上的服务，所以还需要安装 JDK。Kafka 从 2.0.0 版本开始就不再支持 JDK7 及以下版本，本节就以 JDK8 为例来进行演示。

1. JDK 的安装与配置

很多学习 Kafka 的读者也都是 JVM 系语言的支持者，如果你的操作系统中已经安装了 JDK8 及以上版本则可以跳过这段内容。

安装 JDK 的第一步就是下载 JDK 1.8 的安装包，可以进入 Oracle 官网页面进行下载。示例中选择的安装包是 jdk-8u181-linux-x64.tar.gz，我们这里将其先复制至/opt 目录下，本书所有与安装有关的操作都在这个目录下进行。

其次将/opt 目录下的安装包解压，相关信息如下：

```
[root@node1 opt]# ll jdk-8u181-linux-x64.tar.gz
-rw-r--r-- 1 root root 185646832 Aug 31 14:48 jdk-8u181-linux-x64.tar.gz
[root@node1 opt]# tar zxvf jdk-8u181-linux-x64.tar.gz
# 解压之后当前/opt 目录下生成一个名为 jdk1.8.0_181 的文件夹
```

```
[root@node1 opt]# cd jdk1.8.0_181/
[root@node1 jdk1.8.0_181]# pwd
/opt/jdk1.8.0_181
# 上面这个就是当前 JDK8 的安装目录
```

然后配置 JDK 的环境变量。修改/etc/profile 文件并向其中添加如下配置：

```
export JAVA_HOME=/opt/jdk1.8.0_181
export JRE_HOME=$JAVA_HOME/jre
export PATH=$PATH:$JAVA_HOME/bin
export CLASSPATH=./://$JAVA_HOME/lib:$JRE_HOME/lib
```

再执行 source /etc/profile 命令使配置生效，最后可以通过 java -version 命令
验证 JDK 是否已经安装配置成功。如果安装配置成功，则会正确显示出 JDK 的版本信息，参
考如下：

```
[root@node1 ~]# java -version
java version "1.8.0_181"
Java(TM) SE Runtime Environment (build 1.8.0_181-b13)
Java HotSpot(TM) 64-Bit Server VM (build 25.181-b13, mixed mode)
```

2. ZooKeeper 安装与配置

ZooKeeper 是安装 Kafka 集群的必要组件，Kafka 通过 ZooKeeper 来实施对元数据信息的管
理，包括集群、broker、主题、分区等内容。

ZooKeeper 是一个开源的分布式协调服务，是 Google Chubby 的一个开源实现。分布式应用
程序可以基于 ZooKeeper 实现诸如数据发布/订阅、负载均衡、命名服务、分布式协调/通知、集
群管理、Master 选举、配置维护等功能。在 ZooKeeper 中共有 3 个角色：leader、follower 和 observer，
同一时刻 ZooKeeper 集群中只会有一个 leader，其他的都是 follower 和 observer。observer 不参
与投票，默认情况下 ZooKeeper 中只有 leader 和 follower 两个角色。更多相关知识可以查阅
ZooKeeper 官方网站来获得。

安装 ZooKeeper 的第一步也是下载相应的安装包，安装包可以从官网中获得，示例中使用
的安装包是 zookeeper-3.4.12.tar.gz，同样将其复制到/opt 目录下，然后解压缩，参考如下：

```
[root@node1 opt]# ll zookeeper-3.4.12.tar.gz
-rw-r--r-- 1 root root 36667596 Aug 31 15:55 zookeeper-3.4.12.tar.gz
[root@node1 opt]# tar zxvf zookeeper-3.4.12.tar.gz
```

```
# 解压之后当前/opt目录下生成一个名为 zookeeper-3.4.12 的文件夹
[root@node1 opt]# cd zookeeper-3.4.12
[root@node1 zookeeper-3.4.12]# pwd
/opt/zookeeper-3.4.12
```

第二步，向/etc/profile 配置文件中添加如下内容，并执行 source /etc/profile 命令使配置生效：

```
export ZOOKEEPER_HOME=/opt/zookeeper-3.4.12
export PATH=$PATH:$ZOOKEEPER_HOME/bin
```

第三步，修改 ZooKeeper 的配置文件。首先进入$ZOOKEEPER_HOME/conf 目录，并将 zoo_sample.cfg 文件修改为 zoo.cfg：

```
[root@node1 zookeeper-3.4.12]# cd conf
[root@node1 conf]# cp zoo_sample.cfg zoo.cfg
```

然后修改 zoo.cfg 配置文件，zoo.cfg 文件的内容参考如下：

```
# ZooKeeper 服务器心跳时间，单位为 ms
tickTime=2000
# 允许 follower 连接并同步到 leader 的初始化连接时间，以 tickTime 的倍数来表示
initLimit=10
# leader 与 follower 心跳检测最大容忍时间，响应超过 syncLimit*tickTime，leader 认为
# follower "死掉"，从服务器列表中删除 follower
syncLimit=5
# 数据目录
dataDir=/tmp/zookeeper/data
# 日志目录
dataLogDir=/tmp/zookeeper/log
# ZooKeeper 对外服务端口
clientPort=2181
```

默认情况下，Linux 系统中没有/tmp/zookeeper/data 和/tmp/zookeeper/log 这两个目录，所以接下来还要创建这两个目录：

```
[root@node1 conf]# mkdir -p /tmp/zookeeper/data
[root@node1 conf]# mkdir -p /tmp/zookeeper/log
```

第四步，在${dataDir}目录（也就是/tmp/zookeeper/data）下创建一个 myid 文件，并写入一个数值，比如 0。myid 文件里存放的是服务器的编号。

第五步，启动 Zookeeper 服务，详情如下：

```
[root@node1 conf]# zkServer.sh start
JMX enabled by default
Using config: /opt/zookeeper-3.4.6/bin/../conf/zoo.cfg
Starting zookeeper ... STARTED
```

可以通过 zkServer.sh status 命令查看 Zookeeper 服务状态，示例如下：

```
[root@node1 ]# zkServer.sh status
JMX enabled by default
Using config: /opt/zookeeper-3.4.12/bin/../conf/zoo.cfg
Mode: Standalone
```

以上是关于 ZooKeeper 单机模式的安装与配置，一般在生产环境中使用的都是集群模式，集群模式的配置也比较简单，相比单机模式而言只需要修改一些配置即可。下面以 3 台机器为例来配置一个 ZooKeeper 集群。首先在这 3 台机器的/etc/hosts 文件中添加 3 台集群的 IP 地址与机器域名的映射，示例如下（3 个 IP 地址分别对应 3 台机器）：

```
192.168.0.2 node1
192.168.0.3 node2
192.168.0.4 node3
```

然后在这 3 台机器的 zoo.cfg 文件中添加以下配置：

```
server.0=192.168.0.2:2888:3888
server.1=192.168.0.3:2888:3888
server.2=192.168.0.4:2888:3888
```

为了便于讲解上面的配置，这里抽象出一个公式，即 server.A=B:C:D。其中 A 是一个数字，代表服务器的编号，就是前面所说的 myid 文件里面的值。集群中每台服务器的编号都必须唯一，所以要保证每台服务器中的 myid 文件中的值不同。B 代表服务器的 IP 地址。C 表示服务器与集群中的 leader 服务器交换信息的端口。D 表示选举时服务器相互通信的端口。如此，集群模式的配置就告一段落，可以在这 3 台机器上各自执行 zkServer.sh start 命令来启动服务。

3. Kafka 的安装与配置

在安装完 JDK 和 ZooKeeper 之后，就可以执行 Kafka broker 的安装了，首先也是从官网中下载安装包，示例中选用按照包的是 kafka_2.11-2.0.0.tgz，将其复制至/opt 目录下并进行解压缩，示例如下：

```
[root@node1 opt]# ll kafka_2.11-2.0.0.tgz
-rw-r--r-- 1 root root 55751827 Jul 31 10:45 kafka_2.11-2.0.0.tgz
[root@node1 opt]# tar zxvf kafka_2.11-2.0.0.tgz
# 解压之后当前/opt 目录下生成一个名为 kafka_2.11-2.0.0 的文件夹
[root@node1 opt]# cd kafka_2.11-2.0.0
[root@node1 kafka_2.11-2.0.0]#
# Kafka 的根目录$KAFKA_HOME 即为/opt/kafka_2.11-2.0.0，可以将 Kafka_HOME 添加到
/etc/profile 文件中，具体做法可以参考前面 JDK 和 ZooKeeper 的安装示例
```

接下来需要修改 broker 的配置文件$KAFKA_HOME/conf/server.properties。主要关注以下几个配置参数即可：

```
# broker 的编号，如果集群中有多个 broker，则每个 broker 的编号需要设置的不同
broker.id=0
# broker 对外提供的服务入口地址
listeners=PLAINTEXT://localhost:9092
# 存放消息日志文件的地址
log.dirs=/tmp/kafka-logs
# Kafka 所需的 ZooKeeper 集群地址，为了方便演示，我们假设 Kafka 和 ZooKeeper 都安装在本机
zookeeper.connect=localhost:2181/kafka
```

如果是单机模式，那么修改完上述配置参数之后就可以启动服务。如果是集群模式，那么只需要对单机模式的配置文件做相应的修改即可：确保集群中每个 broker 的 broker.id 配置参数的值不一样，以及 listeners 配置参数也需要修改为与 broker 对应的 IP 地址或域名，之后就可以各自启动服务。注意，在启动 Kafka 服务之前同样需要确保 zookeeper.connect 参数所配置的 ZooKeeper 服务已经正确启动。

启动 Kafka 服务的方式比较简单，在$KAFKA_HOME 目录下执行下面的命令即可：

```
bin/kafka-server-start.sh config/server.properties
```

如果要在后台运行 Kafka 服务，那么可以在启动命令中加入-daemon 参数或&字符，示例如下：

```
bin/kafka-server-start.sh -daemon config/server.properties
# 或者
bin/kafka-server-start.sh config/server.properties &
```

可以通过 jps 命令查看 Kafka 服务进程是否已经启动，示例如下：

```
[root@node1 kafka_2.11-2.0.0]# jps -l
23152 sun.tools.jps.Jps
16052 org.apache.zookeeper.server.quorum.QuorumPeerMain
22807 kafka.Kafka  # 这个就是 Kafka 服务端的进程
```

jps 命令只是用来确认 Kafka 服务的进程已经正常启动。它是否能够正确地对外提供服务，还需要通过发送和消费消息来进行验证，验证的过程可以参考 1.3 节的内容。

1.3　生产与消费

由 1.1 节的内容可知，生产者将消息发送至 Kafka 的主题中，或者更加确切地说应该是主题的分区中，而消费者也是通过订阅主题从而消费消息的。在演示生产与消费消息之前，需要创建一个主题作为消息的载体。

Kafka 提供了许多实用的脚本工具，存放在$KAFKA_HOME 的 bin 目录下，其中与主题有关的就是 kafka-topics.sh 脚本，下面我们用它演示创建一个分区数为 4、副本因子为 3 的主题 topic-demo，示例例如下（Kafka 集群模式下，broker 数为 3）：

```
[root@node1 kafka_2.11-2.0.0]# bin/kafka-topics.sh --zookeeper localhost:
2181/kafka --create --topic topic-demo --replication-factor 3 --partitions 4

Created topic "topic-demo".
```

其中--zookeeper 指定了 Kafka 所连接的 ZooKeeper 服务地址，--topic 指定了所要创建主题的名称，--replication-factor 指定了副本因子，--partitions 指定了分区个数，--create 是创建主题的动作指令。

还可以通过--describe 展示主题的更多具体信息，示例如下：

```
[root@node1 kafka_2.11-2.0.0]# bin/kafka-topics.sh --zookeeper localhost:
2181/kafka --describe --topic topic-demo
```

```
Topic:topic-demo PartitionCount:4 ReplicationFactor:3  Configs:
    Topic: topic-demo    Partition: 0    Leader: 2    Replicas: 2,1,0    Isr: 2,1,0
    Topic: topic-demo    Partition: 1    Leader: 0    Replicas: 0,2,1    Isr: 0,2,1
    Topic: topic-demo    Partition: 2    Leader: 1    Replicas: 1,0,2    Isr: 1,0,2
    Topic: topic-demo    Partition: 3    Leader: 2    Replicas: 2,0,1    Isr: 2,0,1
```

创建主题 topic-demo 之后我们再来检测一下 Kafka 集群是否可以正常地发送和消费消息。$KAFKA_HOME/bin 目录下还提供了两个脚本 kafka-console-producer.sh 和 kafka-console-consumer.sh，通过控制台收发消息。首先我们打开一个 shell 终端，通过 kafka-console-consumer.sh 脚本来订阅主题 topic-demo，示例如下：

```
[root@node1    kafka_2.11-2.0.0]#  bin/kafka-console-consumer.sh  --bootstrap-
server localhost:9092 --topic topic-demo
```

其中 --bootstrap-server 指定了连接的 Kafka 集群地址，--topic 指定了消费者订阅的主题。目前主题 topic-demo 尚未有任何消息存入，所以此脚本还不能消费任何消息。

我们再打开一个 shell 终端，然后使用 kafka-console-producer.sh 脚本发送一条消息"Hello, Kafka!"至主题 topic-demo，示例如下：

```
[root@node1    kafka_2.11-2.0.0]#  bin/kafka-console-producer.sh  --broker-list
localhost:9092 --topic topic-demo
>Hello, Kafka!
>
```

其中 --broker-list 指定了连接的 Kafka 集群地址，--topic 指定了发送消息时的主题。示例中的第二行是通过人工键入的方式输入的，按下回车键后会跳到第三行，即"＞"字符处。此时原先执行 kafka-console-consumer.sh 脚本的 shell 终端中出现了刚刚输入的消息"Hello, Kafka!"，示例如下：

```
[root@node1    kafka_2.11-2.0.0]#  bin/kafka-console-consumer.sh  --bootstrap-
server localhost:9092 --topic topic-demo
Hello, Kafka!
```

读者也可以通过输入一些其他自定义的消息来熟悉消息的收发及这两个脚本的用法。不过这两个脚本一般用来做一些测试类的工作，在实际应用中，不会只是简单地使用这两个脚本来做复杂的与业务逻辑相关的消息生产与消费的工作，具体的工作还需要通过编程的手段来实施。

下面就以 Kafka 自身提供的 Java 客户端来演示消息的收发，与 Kafka 的 Java 客户端相关的 Maven 依赖如下：

```
<dependency>
    <groupId>org.apache.kafka</groupId>
    <artifactId>kafka-clients</artifactId>
    <version>2.0.0</version>
</dependency>
```

要往 Kafka 中写入消息，首先要创建一个生产者客户端实例并设置一些配置参数，然后构建消息的 ProducerRecord 对象，其中必须包含所要发往的主题及消息的消息体，进而再通过生产者客户端实例将消息发出，最后可以通过 close()方法来关闭生产者客户端实例并回收相应的资源。具体的示例如代码清单 1-1 所示，与脚本演示时一样，示例中仅发送一条内容为 "Hello, Kafka!" 的消息到主题 topic-demo。

代码清单 1-1　生产者客户端示例代码

```
import org.apache.kafka.clients.producer.KafkaProducer;
import org.apache.kafka.clients.producer.ProducerRecord;

import java.util.Properties;

public class ProducerFastStart {
    public static final String brokerList = "localhost:9092";
    public static final String topic = "topic-demo";

    public static void main(String[] args) {
        Properties properties = new Properties();
        properties.put("key.serializer",
                "org.apache.kafka.common.serialization.StringSerializer");
        properties.put("value.serializer",
                "org.apache.kafka.common.serialization.StringSerializer");
        properties.put("bootstrap.servers", brokerList);
        //配置生产者客户端参数并创建 KafkaProducer 实例
        KafkaProducer<String, String> producer =
                new KafkaProducer<>(properties);
        //构建所需要发送的消息
        ProducerRecord<String, String> record =
```

```
            new ProducerRecord<>(topic, "hello, Kafka!");
        //发送消息
        try {
            producer.send(record);
        } catch (Exception e) {
            e.printStackTrace();
        }
        //关闭生产者客户端示例
        producer.close();
    }
}
```

对应的消费消息也比较简单，首先创建一个消费者客户端实例并配置相应的参数，然后订阅主题并消费即可，具体的示例代码如代码清单 1-2 所示。

代码清单 1-2　消费者客户端示例代码

```
import org.apache.kafka.clients.consumer.ConsumerRecord;
import org.apache.kafka.clients.consumer.ConsumerRecords;
import org.apache.kafka.clients.consumer.KafkaConsumer;

import java.time.Duration;
import java.util.Arrays;
import java.util.Properties;

public class ConsumerFastStart {
    public static final String brokerList = "localhost:9092";
    public static final String topic = "topic-demo";
    public static final String groupId = "group.demo";

    public static void main(String[] args) {
        Properties properties = new Properties();
        properties.put("key.deserializer",
                "org.apache.kafka.common.serialization.StringDeserializer");
        properties.put("value.deserializer",
                "org.apache.kafka.common.serialization.StringDeserializer");
        properties.put("bootstrap.servers", brokerList);
        //设置消费组的名称，具体的释义可以参见第 3 章
        properties.put("group.id", groupId);
```

```
//创建一个消费者客户端实例
KafkaConsumer<String, String> consumer = new KafkaConsumer<>(properties);
//订阅主题
consumer.subscribe(Collections.singletonList(topic));
//循环消费消息
while (true) {
    ConsumerRecords<String, String> records =
            consumer.poll(Duration.ofMillis(1000));
    for (ConsumerRecord<String, String> record : records) {
        System.out.println(record.value());
    }
}
```

通过这些示例，相信各位读者对 Kafka 应该有了初步的认识。这仅仅是一个开始，要正确、灵活地运用好 Kafka 还需要对它进行深入探索，包括生产者和消费者客户端的使用细节及原理、服务端的使用细节及原理、运维、监控等，每一个方面都等着读者去一一攻破。

1.4 服务端参数配置

在 1.2 节的 Kafka 安装与配置的说明中只是简单地表述了几个必要的服务端参数而没有对其进行详细的介绍，并且 Kafka 服务端参数（broker configs）也并非只有这几个。Kafka 服务端还有很多参数配置，涉及使用、调优的各个方面，虽然这些参数在大多数情况下不需要更改，但了解这些参数，以及在特殊应用需求的情况下进行有针对性的调优，可以更好地利用 Kafka 为我们工作。下面挑选一些重要的服务端参数来做细致的说明，这些参数都配置在 $KAFKA_HOME/config/server.properties 文件中。

1. zookeeper.connect

该参数指明 broker 要连接的 ZooKeeper 集群的服务地址（包含端口号），没有默认值，且此参数为必填项。可以配置为 localhost:2181，如果 ZooKeeper 集群中有多个节点，则可以用逗号将每个节点隔开，类似于 localhost1:2181,localhost2:2181,localhost3:2181 这种格式。最佳的实践方式是再加一个 chroot 路径，这样既可以明确指明该 chroot 路径下的节点是为 Kafka 所用的，也可以实现多个 Kafka 集群复用一套 ZooKeeper 集群，这样可以节省更多的硬件资源。包含 chroot 路径的配置类似于 localhost1:2181,localhost2:2181,localhost3:2181/kafka 这种，如果不指定 chroot，那么默认使用 ZooKeeper 的根路径。

2. listeners

该参数指明 broker 监听客户端连接的地址列表，即为客户端要连接 broker 的入口地址列表，配置格式为 `protocol1://hostname1:port1, protocol2://hostname2:port2`，其中 protocol 代表协议类型，Kafka 当前支持的协议类型有 PLAINTEXT、SSL、SASL_SSL 等，如果未开启安全认证，则使用简单的 PLAINTEXT 即可。hostname 代表主机名，port 代表服务端口，此参数的默认值为 null。比如此参数配置为 `PLAINTEXT://198.162.0.2:9092`，如果有多个地址，则中间以逗号隔开。如果不指定主机名，则表示绑定默认网卡，注意有可能会绑定到 127.0.0.1，这样无法对外提供服务，所以主机名最好不要为空；如果主机名是 0.0.0.0，则表示绑定所有的网卡。与此参数关联的还有 `advertised.listeners`，作用和 `listeners` 类似，默认值也为 null。不过 `advertised.listeners` 主要用于 IaaS（Infrastructure as a Service）环境，比如公有云上的机器通常配备有多块网卡，即包含私网网卡和公网网卡，对于这种情况而言，可以设置 `advertised.listeners` 参数绑定公网 IP 供外部客户端使用，而配置 `listeners` 参数来绑定私网 IP 地址供 broker 间通信使用。

3. broker.id

该参数用来指定 Kafka 集群中 broker 的唯一标识，默认值为-1。如果没有设置，那么 Kafka 会自动生成一个。这个参数还和 meta.properties 文件及服务端参数 `broker.id.generation.enable` 和 `reserved.broker.max.id` 有关，相关深度解析可以参考 6.5.1 节的内容。

4. log.dir 和 log.dirs

Kafka 把所有的消息都保存在磁盘上，而这两个参数用来配置 Kafka 日志文件存放的根目录。一般情况下，`log.dir` 用来配置单个根目录，而 `log.dirs` 用来配置多个根目录（以逗号分隔），但是 Kafka 并没有对此做强制性限制，也就是说，`log.dir` 和 `log.dirs` 都可以用来配置单个或多个根目录。`log.dirs` 的优先级比 `log.dir` 高，但是如果没有配置 `log.dirs`，则会以 `log.dir` 配置为准。默认情况下只配置了 `log.dir` 参数，其默认值为 /tmp/kafka-logs。

5. message.max.bytes

该参数用来指定 broker 所能接收消息的最大值，默认值为 1000012（B），约等于 976.6KB。如果 Producer 发送的消息大于这个参数所设置的值，那么（Producer）就会报出 RecordTooLargeException 的异常。如果需要修改这个参数，那么还要考虑 `max.request.size`（客户端参数）、`max.message.bytes`（topic 端参数）等参数的影响。为了避免修改此参数而引起级联的影响，建议在修改此参数之前考虑分拆消息的可行性。

还有一些服务端参数在本节没有提及，这些参数同样非常重要，它们需要用单独的章节或者场景来描述，比如 `unclean.leader.election.enable`、`log.segment.bytes` 等参数都会在后面的章节中提及。

1.5　总结

　　通过本章的介绍，相信读者对 Kafka 已经有了初步的了解，接下来我们就可以正式开始研究如何正确、有效地使用 Kafka，以及 Kafka 背后的实现原理了。

第 2 章
生产者

从编程的角度而言，生产者就是负责向 Kafka 发送消息的应用程序。在 Kafka 的历史变迁中，一共有两个大版本的生产者客户端：第一个是于 Kafka 开源之初使用 Scala 语言编写的客户端，我们可以称之为旧生产者客户端（Old Producer）或 Scala 版生产者客户端；第二个是从 Kafka 0.9.x 版本开始推出的使用 Java 语言编写的客户端，我们可以称之为新生产者客户端（New Producer）或 Java 版生产者客户端，它弥补了旧版客户端中存在的诸多设计缺陷。

虽然Kafka是用Java/Scala语言编写的，但这并不妨碍它对于多语言的支持，在Kafka官网中，"CLIENTS"的入口[1]提供了一份多语言的支持列表，其中包括常用的C/C++、Python、Go等语言，不过这些其他类语言的客户端并非由Kafka社区维护，如果使用则需要另行下载。本章主要针对现下流行的新生产者（Java语言编写的）客户端做详细介绍，而旧生产者客户端已被淘汰，故不再做相应的介绍了。

2.1 客户端开发

一个正常的生产逻辑需要具备以下几个步骤：

（1）配置生产者客户端参数及创建相应的生产者实例。

（2）构建待发送的消息。

（3）发送消息。

（4）关闭生产者实例。

---

[1] https://cwiki.apache.org/confluence/display/KAFKA/Clients。

代码清单 1-1 中已经简单对生产者客户端的编码做了一个基本演示，本节对其修改以做具体的分析，如代码清单 2-1 所示。

代码清单 2-1　生产者客户端示例代码

```java
public class KafkaProducerAnalysis {
    public static final String brokerList = "localhost:9092";
    public static final String topic = "topic-demo";

    public static Properties initConfig(){
        properties props = new Properties();
        props.put("bootstrap.servers", brokerList);
        props.put("key.serializer",
                "org.apache.kafka.common.serialization.StringSerializer");
        props.put("value.serializer",
                "org.apache.kafka.common.serialization.StringSerializer");
        props.put("client.id", "producer.client.id.demo");
        return props;
    }

    public static void main(String[] args) {
        Properties props = initConfig();
        KafkaProducer<String, String> producer = new KafkaProducer<>(props);
        ProducerRecord<String, String> record =
                new ProducerRecord<>(topic, "Hello, Kafka!");
        try {
            producer.send(record);
        } catch (Exception e) {
            e.printStackTrace();
        }
    }
}
```

相比代码清单 1-1 而言，这里仅仅是让编码的逻辑显得更加"正统"一些，也更加方便下面内容的陈述。

这里有必要单独说明的是构建的消息对象 ProducerRecord，它并不是单纯意义上的消息，它包含了多个属性，原本需要发送的与业务相关的消息体只是其中的一个 value 属性，比如"Hello, Kafka!"只是 ProducerRecord 对象中的一个属性。ProducerRecord 类的定义如下（只截取成员变量）：

```
public class ProducerRecord<K, V> {
    private final String topic; //主题
    private final Integer partition; //分区号
    private final Headers headers; //消息头部
    private final K key; //键
    private final V value; //值
    private final Long timestamp; //消息的时间戳
    //省略其他成员方法和构造方法
}
```

其中 topic 和 partition 字段分别代表消息要发往的主题和分区号。headers 字段是消息的头部，Kafka 0.11.x 版本才引入这个属性，它大多用来设定一些与应用相关的信息，如无需要也可以不用设置。key 是用来指定消息的键，它不仅是消息的附加信息，还可以用来计算分区号进而可以让消息发往特定的分区。前面提及消息以主题为单位进行归类，而这个 key 可以让消息再进行二次归类，同一个 key 的消息会被划分到同一个分区中，详情参见 2.1.4 节。有 key 的消息还可以支持日志压缩的功能，详情参见 5.4 节。value 是指消息体，一般不为空，如果为空则表示特定的消息——墓碑消息，详情参见 5.4 节。timestamp 是指消息的时间戳，它有 CreateTime 和 LogAppendTime 两种类型，前者表示消息创建的时间，后者表示消息追加到日志文件的时间，详情参见 5.2 节。

接下来我们将按照生产逻辑的各个步骤来一一做相应分析。

2.1.1　必要的参数配置

在创建真正的生产者实例前需要配置相应的参数，比如需要连接的 Kafka 集群地址。参照代码清单 2-1 中的 initConfig()方法，在 Kafka 生产者客户端 KafkaProducer 中有 3 个参数是必填的。

- bootstrap.servers：该参数用来指定生产者客户端连接 Kafka 集群所需的 broker 地址清单，具体的内容格式为 host1:port1,host2:port2，可以设置一个或多个地址，中间以逗号隔开，此参数的默认值为“”。注意这里并非需要所有的 broker 地址，因为生产者会从给定的 broker 里查找到其他 broker 的信息。不过建议至少要设置两个以上的 broker 地址信息，当其中任意一个宕机时，生产者仍然可以连接到 Kafka 集群上。有关此参数的更多释义可以参考 6.5.2 节。

- key.serializer 和 value.serializer：broker 端接收的消息必须以字节数组（byte[]）的形式存在。代码清单 2-1 中生产者使用的 KafkaProducer<String, String>和 ProducerRecord<String, String>中的泛型<String, String>对应的就是消息中 key 和

value 的类型，生产者客户端使用这种方式可以让代码具有良好的可读性，不过在发往 broker 之前需要将消息中对应的 key 和 value 做相应的序列化操作来转换成字节数组。key.serializer 和 value.serializer 这两个参数分别用来指定 key 和 value 序列化操作的序列化器，这两个参数无默认值。注意这里必须填写序列化器的全限定名，如代码清单 2-1 中的 org.apache.kafka.common.serialization.StringSerializer，单单指定 StringSerializer 是错误的，更多有关序列化的内容可以参考 2.1.3 节。

注意到代码清单 2-1 中的 initConfig()方法里还设置了一个参数 client.id，这个参数用来设定 KafkaProducer 对应的客户端 id，默认值为""。如果客户端不设置，则 KafkaProducer 会自动生成一个非空字符串，内容形式如"producer-1""producer-2"，即字符串"producer-"与数字的拼接。

KafkaProducer 中的参数众多，远非示例 initConfig()方法中的那样只有 4 个，开发人员可以根据业务应用的实际需求来修改这些参数的默认值，以达到灵活调配的目的。一般情况下，普通开发人员无法记住所有的参数名称，只能有个大致的印象。在实际使用过程中，诸如"key.serializer""max.request.size""interceptor.classes"之类的字符串经常由于人为因素而书写错误。为此，我们可以直接使用客户端中的 org.apache.kafka.clients.producer.ProducerConfig 类来做一定程度上的预防措施，每个参数在 ProducerConfig 类中都有对应的名称，以代码清单 2-1 中的 initConfig()方法为例，引入 ProducerConfig 后的修改结果如下：

```java
public static Properties initConfig(){
    Properties props = new Properties();
    props.put(ProducerConfig.BOOTSTRAP_SERVERS_CONFIG, brokerList);
    props.put(ProducerConfig.KEY_SERIALIZER_CLASS_CONFIG,
            "org.apache.kafka.common.serialization.StringSerializer");
    props.put(ProducerConfig.VALUE_SERIALIZER_CLASS_CONFIG,
            "org.apache.kafka.common.serialization.StringSerializer");
    props.put(ProducerConfig.CLIENT_ID_CONFIG, "producer.client.id.demo");
    return props;
}
```

注意到上面的代码中 key.serializer 和 value.serializer 参数对应类的全限定名比较长，也比较容易写错，这里通过 Java 中的技巧来做进一步的改进，相关代码如下：

```java
props.put(ProducerConfig.KEY_SERIALIZER_CLASS_CONFIG,
        StringSerializer.class.getName());
props.put(ProducerConfig.VALUE_SERIALIZER_CLASS_CONFIG,
        StringSerializer.class.getName());
```

　　如此代码便简洁了许多，同时进一步降低了人为出错的可能性。在配置完参数之后，我们就可以使用它来创建一个生产者实例，示例如下：

```
KafkaProducer<String, String> producer = new KafkaProducer<>(props);
```

　　KafkaProducer 是线程安全的，可以在多个线程中共享单个 KafkaProducer 实例，也可以将 KafkaProducer 实例进行池化来供其他线程调用。

　　KafkaProducer 中有多个构造方法，比如在创建 KafkaProducer 实例时并没有设定 key.serializer 和 value.serializer 这两个配置参数，那么就需要在构造方法中添加对应的序列化器，示例如下：

```
KafkaProducer<String, String> producer = new KafkaProducer<>(props,
        new StringSerializer(), new StringSerializer());
```

　　其内部原理和无序列化器的构造方法一样，不过就实际应用而言，一般都选用 public KafkaProducer(Properties properties)这个构造方法来创建 KafkaProducer 实例。

2.1.2　消息的发送

　　在创建完生产者实例之后，接下来的工作就是构建消息，即创建 ProducerRecord 对象。通过代码清单 2-1 中我们已经了解了 ProducerRecord 的属性结构，其中 topic 属性和 value 属性是必填项，其余属性是选填项，对应的 ProducerRecord 的构造方法也有多种，参考如下：

```
public ProducerRecord(String topic, Integer partition, Long timestamp,
                      K key, V value, Iterable<Header> headers)
public ProducerRecord(String topic, Integer partition, Long timestamp,
                      K key, V value)
public ProducerRecord(String topic, Integer partition, K key, V value,
                      Iterable<Header> headers)
public ProducerRecord(String topic, Integer partition, K key, V value)
public ProducerRecord(String topic, K key, V value)
public ProducerRecord(String topic, V value)
```

　　代码清单 2-1 中使用的是最后一种构造方法，也是最简单的一种，这种方式相当于将 ProducerRecord 中除 topic 和 value 外的属性全部值设置为 null。在实际的应用中，还会用到其他构造方法，比如要指定 key，或者添加 headers 等。有可能会遇到这些构造方法都不满足需求的情况，需要自行添加更多的构造方法，比如下面的示例：

```
public ProducerRecord(String topic, Long timestamp,
                      V value, Iterable<Header> headers)
```

可以参阅 11.1 节的内容来了解此构造方法的具体应用。注意，针对不同的消息，需要构建不同的 ProducerRecord 对象，在实际应用中创建 ProducerRecord 对象是一个非常频繁的动作。

创建生产者实例和构建消息之后，就可以开始发送消息了。发送消息主要有三种模式：发后即忘（fire-and-forget）、同步（sync）及异步（async）。

代码清单 2-1 中的这种发送方式就是发后即忘，它只管往 Kafka 中发送消息而并不关心消息是否正确到达。在大多数情况下，这种发送方式没有什么问题，不过在某些时候（比如发生不可重试异常时）会造成消息的丢失。这种发送方式的性能最高，可靠性也最差。

KafkaProducer 的 send()方法并非是 void 类型，而是 Future<RecordMetadata>类型，send() 方法有 2 个重载方法，具体定义如下：

```
public Future<RecordMetadata> send(ProducerRecord<K, V> record)
public Future<RecordMetadata> send(ProducerRecord<K, V> record,
                                   Callback callback)
```

要实现同步的发送方式，可以利用返回的 Future 对象实现，示例如下：

```
try {
    producer.send(record).get();
} catch (ExecutionException | InterruptedException e) {
    e.printStackTrace();
}
```

实际上 send()方法本身就是异步的，send()方法返回的 Future 对象可以使调用方稍后获得发送的结果。示例中在执行 send()方法之后直接链式调用了 get()方法来阻塞等待 Kafka 的响应，直到消息发送成功，或者发生异常。如果发生异常，那么就需要捕获异常并交由外层逻辑处理。

也可以在执行完 send()方法之后不直接调用 get()方法，比如下面的一种同步发送方式的实现：

```
try {
    Future<RecordMetadata> future = producer.send(record);
    RecordMetadata metadata = future.get();
    System.out.println(metadata.topic() + "-" +
            metadata.partition() + ":" + metadata.offset());
```

```
        } catch (ExecutionException | InterruptedException e) {
            e.printStackTrace();
        }
```

这样可以获取一个 RecordMetadata 对象，在 RecordMetadata 对象里包含了消息的一些元数据信息，比如当前消息的主题、分区号、分区中的偏移量（offset）、时间戳等。如果在应用代码中需要这些信息，则可以使用这个方式。如果不需要，则直接采用 producer.send(record).get() 的方式更省事。

Future 表示一个任务的生命周期，并提供了相应的方法来判断任务是否已经完成或取消，以及获取任务的结果和取消任务等。既然 KafkaProducer.send() 方法的返回值是一个 Future 类型的对象，那么完全可以用 Java 语言层面的技巧来丰富应用的实现，比如使用 Future 中的 get(long timeout, TimeUnit unit) 方法实现可超时的阻塞。

KafkaProducer 中一般会发生两种类型的异常：可重试的异常和不可重试的异常。常见的可重试异常有：NetworkException、LeaderNotAvailableException、UnknownTopicOrPartitionException、NotEnoughReplicasException、NotCoordinatorException 等。比如 NetworkException 表示网络异常，这个有可能是由于网络瞬时故障而导致的异常，可以通过重试解决；又比如 LeaderNotAvailableException 表示分区的 leader 副本不可用，这个异常通常发生在 leader 副本下线而新的 leader 副本选举完成之前，重试之后可以重新恢复。不可重试的异常，比如 1.4 节中提及的 RecordTooLargeException 异常，暗示了所发送的消息太大，KafkaProducer 对此不会进行任何重试，直接抛出异常。

对于可重试的异常，如果配置了 retries 参数，那么只要在规定的重试次数内自行恢复了，就不会抛出异常。retries 参数的默认值为 0，配置方式参考如下：

```
props.put(ProducerConfig.RETRIES_CONFIG, 10);
```

示例中配置了 10 次重试。如果重试了 10 次之后还没有恢复，那么仍会抛出异常，进而发送的外层逻辑就要处理这些异常了。

同步发送的方式可靠性高，要么消息被发送成功，要么发生异常。如果发生异常，则可以捕获并进行相应的处理，而不会像"发后即忘"的方式直接造成消息的丢失。不过同步发送的方式的性能会差很多，需要阻塞等待一条消息发送完之后才能发送下一条。

我们再来了解一下异步发送的方式，一般是在 send() 方法里指定一个 Callback 的回调函数，Kafka 在返回响应时调用该函数来实现异步的发送确认。有读者或许会有疑问，send() 方法的返回值类型就是 Future，而 Future 本身就可以用作异步的逻辑处理。这样做不是不行，只不过 Future 里的 get() 方法在何时调用，以及怎么调用都是需要面对的问题，消息不停地发送，那么诸多消息对应的 Future 对象的处理难免会引起代码处理逻辑的混乱。使用 Callback 的方式非常简洁明了，Kafka 有响应时就会回调，要么发送成功，要么抛出异常。异步发送方式的示例如下：

```
producer.send(record, new Callback() {
    @Override
    public void onCompletion(RecordMetadata metadata, Exception exception) {
        if (exception != null) {
            exception.printStackTrace();
        } else {
            System.out.println(metadata.topic() + "-" +
                    metadata.partition() + ":" + metadata.offset());
        }
    }
});
```

示例代码中遇到异常时（exception!=null）只是做了简单的打印操作，在实际应用中应该使用更加稳妥的方式来处理，比如可以将异常记录以便日后分析，也可以做一定的处理来进行消息重发。onCompletion()方法的两个参数是互斥的，消息发送成功时，metadata 不为 null 而 exception 为 null；消息发送异常时，metadata 为 null 而 exception 不为 null。

```
producer.send(record1, callback1);
producer.send(record2, callback2);
```

对于同一个分区而言，如果消息 record1 于 record2 之前先发送（参考上面的示例代码），那么 KafkaProducer 就可以保证对应的 callback1 在 callback2 之前调用，也就是说，回调函数的调用也可以保证分区有序。

通常，一个 KafkaProducer 不会只负责发送单条消息，更多的是发送多条消息，在发送完这些消息之后，需要调用 KafkaProducer 的 close()方法来回收资源。下面的示例中发送了 100 条消息，之后就调用了 close()方法来回收所占用的资源：

```
int i = 0;
while (i < 100) {
    ProducerRecord<String, String> record =
            new ProducerRecord<>(topic, "msg"+i++);
    try {
        producer.send(record).get();
    } catch (InterruptedException | ExecutionException e) {
```

```
            e.printStackTrace();
        }
    }
producer.close();
```

close()方法会阻塞等待之前所有的发送请求完成后再关闭 KafkaProducer。与此同时，KafkaProducer 还提供了一个带超时时间的 close()方法，具体定义如下：

```
public void close(long timeout, TimeUnit timeUnit)
```

如果调用了带超时时间 timeout 的 close()方法，那么只会在等待 timeout 时间内来完成所有尚未完成的请求处理，然后强行退出。在实际应用中，一般使用的都是无参的 close()方法。

2.1.3 序列化

生产者需要用序列化器（Serializer）把对象转换成字节数组才能通过网络发送给 Kafka。而在对侧，消费者需要用反序列化器（Deserializer）把从 Kafka 中收到的字节数组转换成相应的对象。在代码清单 2-1 中，为了方便，消息的 key 和 value 都使用了字符串，对应程序中的序列化器也使用了客户端自带的 org.apache.kafka.common.serialization.StringSerializer，除了用于 String 类型的序列化器，还有 ByteArray、ByteBuffer、Bytes、Double、Integer、Long 这几种类型，它们都实现了 org.apache.kafka.common.serialization.Serializer 接口，此接口有 3 个方法：

```
public void configure(Map<String, ?> configs, boolean isKey)
public byte[] serialize(String topic, T data)
public void close()
```

configure()方法用来配置当前类，serialize()方法用来执行序列化操作。而 close()方法用来关闭当前的序列化器，一般情况下 close()是一个空方法，如果实现了此方法，则必须确保此方法的幂等性，因为这个方法很可能会被 KafkaProducer 调用多次。

生产者使用的序列化器和消费者使用的反序列化器是需要一一对应的，如果生产者使用了某种序列化器，比如 StringSerializer，而消费者使用了另一种序列化器，比如 IntegerSerializer，那么是无法解析出想要的数据的。本节讨论的都是与生产者相关的，对于与消费者相关的反序列化器的内容请参见 3.2.3 节。

下面就以 StringSerializer 为例来看看 Serializer 接口中的 3 个方法的使用方法，StringSerializer 类的具体实现如代码清单 2-2 所示。

代码清单 2-2　StringSerializer 的代码实现

```java
public class StringSerializer implements Serializer<String> {
    private String encoding = "UTF8";

    @Override
    public void configure(Map<String, ?> configs, boolean isKey) {
        String propertyName = isKey ? "key.serializer.encoding" :
                "value.serializer.encoding";
        Object encodingValue = configs.get(propertyName);
        if (encodingValue == null)
            encodingValue = configs.get("serializer.encoding");
        if (encodingValue != null && encodingValue instanceof String)
            encoding = (String) encodingValue;
    }

    @Override
    public byte[] serialize(String topic, String data) {
        try {
            if (data == null)
                return null;
            else
                return data.getBytes(encoding);
        } catch (UnsupportedEncodingException e) {
            throw new SerializationException("Error when serializing " +
                    "string to byte[] due to unsupported encoding " + encoding);
        }
    }

    @Override
    public void close() {
        // nothing to do
    }
}
```

首先是 configure() 方法，这个方法是在创建 KafkaProducer 实例的时候调用的，主要用来确定编码类型，不过一般客户端对于 key.serializer.encoding、value.serializer.encoding 和 serializer.encoding 这几个参数都不会配置，在 KafkaProducer 的参数集合

（ProducerConfig）里也没有这几个参数（它们可以看作用户自定义的参数），所以一般情况下 encoding 的值就为默认的"UTF-8"。serialize()方法非常直观，就是将 String 类型转为 byte[] 类型。

　　如果 Kafka 客户端提供的几种序列化器都无法满足应用需求，则可以选择使用如 Avro、JSON、Thrift、ProtoBuf 和 Protostuff 等通用的序列化工具来实现，或者使用自定义类型的序列化器来实现。下面就以一个简单的例子来介绍自定义类型的使用方法。

　　假设我们要发送的消息都是Company对象，这个Company的定义很简单，只有名称name和地址address，示例代码参考如下（为了构建方便，示例中使用了lombok[1]工具）：

```
import lombok.AllArgsConstructor;
import lombok.Builder;
import lombok.Data;
import lombok.NoArgsConstructor;

@Data
@NoArgsConstructor
@AllArgsConstructor
@Builder
public class Company {
    private String name;
    private String address;
}
```

　　下面我们再来看一下 Company 对应的序列化器 CompanySerializer，示例代码如代码清单 2-3 所示。

代码清单 2-3　自定义的序列化器 CompanySerializer

```
public class CompanySerializer implements Serializer<Company> {
    @Override
    public void configure(Map configs, boolean isKey) {}

    @Override
    public byte[] serialize(String topic, Company data) {
        if (data == null) {
```

---

[1]　lombok 是一个可以通过简单注解的形式来简化、消除一些必须有但显得很臃肿的 Java 代码的工具，官网地址为 https://www.projectlombok.org/。

```
            return null;
        }
        byte[] name, address;
        try {
            if (data.getName() != null) {
                name = data.getName().getBytes("UTF-8");
            } else {
                name = new byte[0];
            }
            if (data.getAddress() != null) {
                address = data.getAddress().getBytes("UTF-8");
            } else {
                address = new byte[0];
            }
            ByteBuffer buffer = ByteBuffer.
                    allocate(4+4+name.length + address.length);
            buffer.putInt(name.length);
            buffer.put(name);
            buffer.putInt(address.length);
            buffer.put(address);
            return buffer.array();
        } catch (UnsupportedEncodingException e) {
            e.printStackTrace();
        }
        return new byte[0];
    }

    @Override
    public void close() {}
}
```

上面的这段代码的逻辑很简单，configure()和 close()方法也都为空。与此对应的反序列化器
CompanyDeserializer 的详细实现参见 3.2.3 节。

如何使用自定义的序列化器 CompanySerializer 呢？只需将 KafkaProducer 的 value.serializer
参数设置为 CompanySerializer 类的全限定名即可。假如我们要发送一个 Company 对象到 Kafka，
关键代码如代码清单 2-4 所示。

代码清单 2-4　自定义序列化器使用示例

```
Properties properties = new Properties();
properties.put(ProducerConfig.KEY_SERIALIZER_CLASS_CONFIG,
        StringSerializer.class.getName());
properties.put(ProducerConfig.VALUE_SERIALIZER_CLASS_CONFIG,
        CompanySerializer.class.getName());
properties.put("bootstrap.servers", brokerList);

KafkaProducer<String, Company> producer =
        new KafkaProducer<>(properties);
Company company = Company.builder().name("hiddenkafka")
        .address("China").build();
ProducerRecord<String, Company> record =
        new ProducerRecord<>(topic, company);
producer.send(record).get();
```

注意，示例中消息的 key 对应的序列化器还是 StringSerializer，这个并没有改动。其实 key.serializer 和 value.serializer 并没有太大的区别，读者可以自行修改 key 对应的序列化器，看看会不会有不一样的效果。

2.1.4　分区器

消息在通过 send() 方法发往 broker 的过程中，有可能需要经过拦截器（Interceptor）、序列化器（Serializer）和分区器（Partitioner）的一系列作用之后才能被真正地发往 broker。拦截器（下一章会详细介绍）一般不是必需的，而序列化器是必需的。消息经过序列化之后就需要确定它发往的分区，如果消息 ProducerRecord 中指定了 partition 字段，那么就不需要分区器的作用，因为 partition 代表的就是所要发往的分区号。

如果消息 ProducerRecord 中没有指定 partition 字段，那么就需要依赖分区器，根据 key 这个字段来计算 partition 的值。分区器的作用就是为消息分配分区。

Kafka 中提供的默认分区器是 org.apache.kafka.clients.producer.internals.DefaultPartitioner，它实现了 org.apache.kafka.clients.producer.Partitioner 接口，这个接口中定义了 2 个方法，具体如下所示。

```
public int partition(String topic, Object key, byte[] keyBytes,
                Object value, byte[] valueBytes, Cluster cluster);
public void close();
```

其中 partition()方法用来计算分区号，返回值为 int 类型。partition()方法中的参数分别表示主题、键、序列化后的键、值、序列化后的值，以及集群的元数据信息，通过这些信息可以实现功能丰富的分区器。close()方法在关闭分区器的时候用来回收一些资源。

Partitioner 接口还有一个父接口 org.apache.kafka.common.Configurable，这个接口中只有一个方法：

```
void configure(Map<String, ?> configs);
```

Configurable 接口中的 configure()方法主要用来获取配置信息及初始化数据。

在默认分区器 DefaultPartitioner 的实现中，close()是空方法，而在 partition()方法中定义了主要的分区分配逻辑。如果 key 不为 null，那么默认的分区器会对 key 进行哈希（采用 MurmurHash2 算法，具备高运算性能及低碰撞率），最终根据得到的哈希值来计算分区号，拥有相同 key 的消息会被写入同一个分区。如果 key 为 null，那么消息将会以轮询的方式发往主题内的各个可用分区。

> **注意**：如果 key 不为 null，那么计算得到的分区号会是所有分区中的任意一个；如果 key 为 null 并且有可用分区时，那么计算得到的分区号仅为可用分区中的任意一个，注意两者之间的差别。

在不改变主题分区数量的情况下，key 与分区之间的映射可以保持不变。不过，一旦主题中增加了分区，那么就难以保证 key 与分区之间的映射关系了。

除了使用 Kafka 提供的默认分区器进行分区分配，还可以使用自定义的分区器，只需同 DefaultPartitioner 一样实现 Partitioner 接口即可。默认的分区器在 key 为 null 时不会选择非可用的分区，我们可以通过自定义的分区器 DemoPartitioner 来打破这一限制，具体的实现可以参考下面的示例代码，如代码清单 2-5 所示。

代码清单 2-5　自定义分区器实现

```
public class DemoPartitioner implements Partitioner {
    private final AtomicInteger counter = new AtomicInteger(0);

    @Override
    public int partition(String topic, Object key, byte[] keyBytes,
                    Object value, byte[] valueBytes, Cluster cluster) {
        List<PartitionInfo> partitions = cluster.partitionsForTopic(topic);
        int numPartitions = partitions.size();
        if (null == keyBytes) {
            return counter.getAndIncrement() % numPartitions;
```

```
        }else
            return Utils.toPositive(Utils.murmur2(keyBytes)) % numPartitions;
    }

    @Override public void close() {}

    @Override public void configure(Map<String, ?> configs) {}
}
```

实现自定义的 DemoPartitioner 类之后，需要通过配置参数 partitioner.class 来显式指定这个分区器。示例如下：

```
props.put(ProducerConfig.PARTITIONER_CLASS_CONFIG,
        DemoPartitioner.class.getName());
```

这个自定义分区器的实现比较简单，读者也可以根据自身业务的需求来灵活实现分配分区的计算方式，比如一般大型电商都有多个仓库，可以将仓库的名称或 ID 作为 key 来灵活地记录商品信息。

2.1.5　生产者拦截器

拦截器（Interceptor）是早在 Kafka 0.10.0.0 中就已经引入的一个功能，Kafka 一共有两种拦截器：生产者拦截器和消费者拦截器。本节主要讲述生产者拦截器的相关内容，有关消费者拦截器的具体细节请参考 3.2.9 节。

生产者拦截器既可以用来在消息发送前做一些准备工作，比如按照某个规则过滤不符合要求的消息、修改消息的内容等，也可以用来在发送回调逻辑前做一些定制化的需求，比如统计类工作。

生产者拦截器的使用也很方便，主要是自定义实现 org.apache.kafka.clients.producer.ProducerInterceptor 接口。ProducerInterceptor 接口中包含 3 个方法：

```
public ProducerRecord<K, V> onSend(ProducerRecord<K, V> record);
public void onAcknowledgement(RecordMetadata metadata, Exception exception);
public void close();
```

KafkaProducer 在将消息序列化和计算分区之前会调用生产者拦截器的 onSend()方法来对消息进行相应的定制化操作。一般来说最好不要修改消息 ProducerRecord 的 topic、key 和

partition 等信息，如果要修改，则需确保对其有准确的判断，否则会与预想的效果出现偏差。比如修改 key 不仅会影响分区的计算，同样会影响 broker 端日志压缩（Log Compaction）的功能。

KafkaProducer 会在消息被应答（Acknowledgement）之前或消息发送失败时调用生产者拦截器的 onAcknowledgement()方法，优先于用户设定的 Callback 之前执行。这个方法运行在 Producer 的 I/O 线程中，所以这个方法中实现的代码逻辑越简单越好，否则会影响消息的发送速度。

close()方法主要用于在关闭拦截器时执行一些资源的清理工作。在这 3 个方法中抛出的异常都会被捕获并记录到日志中，但并不会再向上传递。

ProducerInterceptor 接口与 2.1.4 节中的 Partitioner 接口一样，它也有一个同样的父接口 Configurable，具体的内容可以参见 Partitioner 接口的相关介绍。

下面通过一个示例来演示生产者拦截器的具体用法，ProducerInterceptorPrefix 中通过 onSend()方法来为每条消息添加一个前缀 "prefix1-"，并且通过 onAcknowledgement()方法来计算发送消息的成功率。ProducerInterceptorPrefix 类的具体实现如代码清单 2-6 所示。

代码清单 2-6　生产者拦截器示例

```
public class ProducerInterceptorPrefix implements
      ProducerInterceptor<String,String>{
   private volatile long sendSuccess = 0;
   private volatile long sendFailure = 0;

   @Override
   public ProducerRecord<String, String> onSend(
         ProducerRecord<String, String> record) {
      String modifiedValue = "prefix1-" + record.value();
      return new ProducerRecord<>(record.topic(),
            record.partition(), record.timestamp(),
            record.key(), modifiedValue, record.headers());
   }

   @Override
   public void onAcknowledgement(
         RecordMetadata recordMetadata,
         Exception e) {
      if (e == null) {
      sendSuccess++;
```

```
    } else {
        sendFailure ++;
    }
}

@Override
public void close() {
    double successRatio = (double)sendSuccess / (sendFailure + sendSuccess);
    System.out.println("[INFO] 发送成功率="
            + String.format("%f", successRatio * 100) + "%");
}

@Override
public void configure(Map<String, ?> map) {}
}
```

实现自定义的 ProducerInterceptorPrefix 之后，需要在 KafkaProducer 的配置参数 interceptor.classes 中指定这个拦截器，此参数的默认值为""。示例如下：

```
properties.put(ProducerConfig.INTERCEPTOR_CLASSES_CONFIG,
        ProducerInterceptorPrefix.class.getName());
```

然后使用指定了 ProducerInterceptorPrefix 的生产者连续发送 10 条内容为"kafka"的消息，在发送完之后客户端打印出如下信息：

```
[INFO] 发送成功率=100.000000%
```

如果消费这 10 条消息，会发现消费了的消息都变成了"prefix1-kafka"，而不是原来的"kafka"。

KafkaProducer 中不仅可以指定一个拦截器，还可以指定多个拦截器以形成拦截链。拦截链会按照 interceptor.classes 参数配置的拦截器的顺序来一一执行（配置的时候，各个拦截器之间使用逗号隔开）。下面我们再添加一个自定义拦截器 ProducerInterceptorPrefixPlus，它只实现了 Interceptor 接口中的 onSend()方法，主要用来为每条消息添加另一个前缀"prefix2-"，具体实现如下：

```
public ProducerRecord<String, String> onSend(
        ProducerRecord<String, String> record) {
    String modifiedValue = "prefix2-"+record.value() ;
```

```
    return new ProducerRecord<>(record.topic(),
        record.partition(), record.timestamp(),
        record.key(), modifiedValue, record.headers());
}
```

接着修改生产者的 `interceptor.classes` 配置，具体实现如下：

```
properties.put(ProducerConfig.INTERCEPTOR_CLASSES_CONFIG,
    ProducerInterceptorPrefix.class.getName() + ","
        + ProducerInterceptorPrefixPlus.class.getName());
```

此时生产者再连续发送 10 条内容为"kafka"的消息，那么最终消费者消费到的是 10 条内容为"prefix2-prefix1-kafka"的消息。如果将 `interceptor.classes` 配置中的两个拦截器的位置互换：

```
properties.put(ProducerConfig.INTERCEPTOR_CLASSES_CONFIG,
    ProducerInterceptorPrefixPlus.class.getName() + ","
        + ProducerInterceptorPrefix.class.getName());
```

那么最终消费者消费到的消息为"prefix1-prefix2-kafka"。

如果拦截链中的某个拦截器的执行需要依赖于前一个拦截器的输出，那么就有可能产生"副作用"。设想一下，如果前一个拦截器由于异常而执行失败，那么这个拦截器也就跟着无法继续执行。在拦截链中，如果某个拦截器执行失败，那么下一个拦截器会接着从上一个执行成功的拦截器继续执行。

2.2　原理分析

在前面的章节中，我们已经了解了 KafkaProducer 的具体使用方法，而本节的内容主要是对 Kafka 生产者客户端的内部原理进行分析，通过了解生产者客户端的整体脉络可以让我们更好地使用它，避免因为一些理解上的偏差而造成使用上的错误。

2.2.1　整体架构

在 2.1.4 节的开头介绍了消息在真正发往 Kafka 之前，有可能需要经历拦截器（Interceptor）、序列化器（Serializer）和分区器（Partitioner）等一系列的作用，那么在此之后又会发生什么呢？下面我们来看一下生产者客户端的整体架构，如图 2-1 所示。

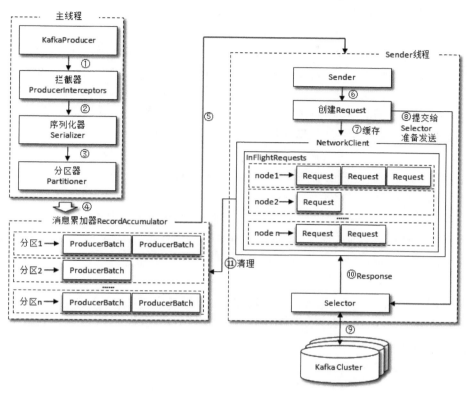

图 2-1 生产者客户端的整体架构

整个生产者客户端由两个线程协调运行,这两个线程分别为主线程和 Sender 线程(发送线程)。在主线程中由 KafkaProducer 创建消息,然后通过可能的拦截器、序列化器和分区器的作用之后缓存到消息累加器(RecordAccumulator,也称为消息收集器)中。Sender 线程负责从 RecordAccumulator 中获取消息并将其发送到 Kafka 中。

RecordAccumulator 主要用来缓存消息以便 Sender 线程可以批量发送,进而减少网络传输的资源消耗以提升性能。RecordAccumulator 缓存的大小可以通过生产者客户端参数 buffer.memory 配置,默认值为 33554432B,即 32MB。如果生产者发送消息的速度超过发送到服务器的速度,则会导致生产者空间不足,这个时候 KafkaProducer 的 send()方法调用要么被阻塞,要么抛出异常,这个取决于参数 max.block.ms 的配置,此参数的默认值为 60000,即 60 秒。

主线程中发送过来的消息都会被追加到 RecordAccumulator 的某个双端队列(Deque)中,在 RecordAccumulator 的内部为每个分区都维护了一个双端队列,队列中的内容就是 ProducerBatch,即 Deque<ProducerBatch>。消息写入缓存时,追加到双端队列的尾部;Sender

读取消息时，从双端队列的头部读取。注意 ProducerBatch 不是 ProducerRecord，ProducerBatch 中可以包含一至多个 ProducerRecord。通俗地说，ProducerRecord 是生产者中创建的消息，而 ProducerBatch 是指一个消息批次，ProducerRecord 会被包含在 ProducerBatch 中，这样可以使字节的使用更加紧凑。与此同时，将较小的 ProducerRecord 拼凑成一个较大的 ProducerBatch，也可以减少网络请求的次数以提升整体的吞吐量。ProducerBatch 和消息的具体格式有关，更多的详细内容可以参考 5.2 节。如果生产者客户端需要向很多分区发送消息，则可以将 buffer.memory 参数适当调大以增加整体的吞吐量。

消息在网络上都是以字节（Byte）的形式传输的，在发送之前需要创建一块内存区域来保存对应的消息。在 Kafka 生产者客户端中，通过 java.io.ByteBuffer 实现消息内存的创建和释放。不过频繁的创建和释放是比较耗费资源的，在 RecordAccumulator 的内部还有一个 BufferPool，它主要用来实现 ByteBuffer 的复用，以实现缓存的高效利用。不过 BufferPool 只针对特定大小的 ByteBuffer 进行管理，而其他大小的 ByteBuffer 不会缓存进 BufferPool 中，这个特定的大小由 batch.size 参数来指定，默认值为 16384B，即 16KB。我们可以适当地调大 batch.size 参数以便多缓存一些消息。

ProducerBatch 的大小和 batch.size 参数也有着密切的关系。当一条消息（ProducerRecord）流入 RecordAccumulator 时，会先寻找与消息分区所对应的双端队列（如果没有则新建），再从这个双端队列的尾部获取一个 ProducerBatch（如果没有则新建），查看 ProducerBatch 中是否还可以写入这个 ProducerRecord，如果可以则写入，如果不可以则需要创建一个新的 ProducerBatch。在新建 ProducerBatch 时评估这条消息的大小是否超过 batch.size 参数的大小，如果不超过，那么就以 batch.size 参数的大小来创建 ProducerBatch，这样在使用完这段内存区域之后，可以通过 BufferPool 的管理来进行复用；如果超过，那么就以评估的大小来创建 ProducerBatch，这段内存区域不会被复用。

Sender 从 RecordAccumulator 中获取缓存的消息之后，会进一步将原本<分区，Deque<ProducerBatch>>的保存形式转变成<Node, List< ProducerBatch>的形式，其中 Node 表示 Kafka 集群的 broker 节点。对于网络连接来说，生产者客户端是与具体的 broker 节点建立的连接，也就是向具体的 broker 节点发送消息，而并不关心消息属于哪一个分区；而对于 KafkaProducer 的应用逻辑而言，我们只关注向哪个分区中发送哪些消息，所以在这里需要做一个应用逻辑层面到网络 I/O 层面的转换。

在转换成<Node, List<ProducerBatch>>的形式之后，Sender 还会进一步封装成<Node, Request>的形式，这样就可以将 Request 请求发往各个 Node 了，这里的 Request 是指 Kafka 的各种协议请求，对于消息发送而言就是指具体的 ProduceRequest，更多与 Kafka 协议有关的内容可以参考 6.1 节。

请求在从 Sender 线程发往 Kafka 之前还会保存到 InFlightRequests 中，InFlightRequests 保

存对象的具体形式为 Map<NodeId, Deque<Request>>，它的主要作用是缓存了已经发出去但还没有收到响应的请求（NodeId 是一个 String 类型，表示节点的 id 编号）。与此同时，InFlightRequests 还提供了许多管理类的方法，并且通过配置参数还可以限制每个连接（也就是客户端与 Node 之间的连接）最多缓存的请求数。这个配置参数为 max.in.flight.requests.per.connection，默认值为 5，即每个连接最多只能缓存 5 个未响应的请求，超过该数值之后就不能再向这个连接发送更多的请求了，除非有缓存的请求收到了响应（Response）。通过比较 Deque<Request> 的 size 与这个参数的大小来判断对应的 Node 中是否已经堆积了很多未响应的消息，如果真是如此，那么说明这个 Node 节点负载较大或网络连接有问题，再继续向其发送请求会增大请求超时的可能。

2.2.2 元数据的更新

2.2.1 节中提及的 InFlightRequests 还可以获得 leastLoadedNode，即所有 Node 中负载最小的那一个。这里的负载最小是通过每个 Node 在 InFlightRequests 中还未确认的请求决定的，未确认的请求越多则认为负载越大。对于图 2-2 中的 InFlightRequests 来说，图中展示了三个节点 Node0、Node1 和 Node2，很明显 Node1 的负载最小。也就是说，Node1 为当前的 leastLoadedNode。选择 leastLoadedNode 发送请求可以使它能够尽快发出，避免因网络拥塞等异常而影响整体的进度。leastLoadedNode 的概念可以用于多个应用场合，比如元数据请求、消费者组播协议的交互。

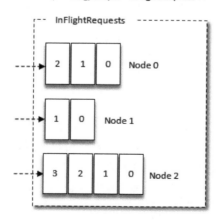

图 2-2 判定 leastLoadedNode

我们使用如下的方式创建了一条消息 ProducerRecord：

```
ProducerRecord<String, String> record =
```

```
new ProducerRecord<>(topic, "Hello, Kafka!");
```

我们只知道主题的名称，对于其他一些必要的信息却一无所知。KafkaProducer 要将此消息追加到指定主题的某个分区所对应的 leader 副本之前，首先需要知道主题的分区数量，然后经过计算得出（或者直接指定）目标分区，之后 KafkaProducer 需要知道目标分区的 leader 副本所在的 broker 节点的地址、端口等信息才能建立连接，最终才能将消息发送到 Kafka，在这一过程中所需要的信息都属于元数据信息。

在 2.1.1 节中我们了解了 `bootstrap.servers` 参数只需要配置部分 broker 节点的地址即可，不需要配置所有 broker 节点的地址，因为客户端可以自己发现其他 broker 节点的地址，这一过程也属于元数据相关的更新操作。与此同时，分区数量及 leader 副本的分布都会动态地变化，客户端也需要动态地捕捉这些变化。

元数据是指 Kafka 集群的元数据，这些元数据具体记录了集群中有哪些主题，这些主题有哪些分区，每个分区的 leader 副本分配在哪个节点上，follower 副本分配在哪些节点上，哪些副本在 AR、ISR 等集合中，集群中有哪些节点，控制器节点又是哪一个等信息。

当客户端中没有需要使用的元数据信息时，比如没有指定的主题信息，或者超过 `metadata.max.age.ms` 时间没有更新元数据都会引起元数据的更新操作。客户端参数 `metadata.max.age.ms` 的默认值为 300000，即 5 分钟。元数据的更新操作是在客户端内部进行的，对客户端的外部使用者不可见。当需要更新元数据时，会先挑选出 leastLoadedNode，然后向这个 Node 发送 MetadataRequest 请求来获取具体的元数据信息。这个更新操作是由 Sender 线程发起的，在创建完 MetadataRequest 之后同样会存入 InFlightRequests，之后的步骤就和发送消息时的类似。元数据虽然由 Sender 线程负责更新，但是主线程也需要读取这些信息，这里的数据同步通过 synchronized 和 final 关键字来保障。

2.3 重要的生产者参数

在 KafkaProducer 中，除了 2.1.1 节提及的 3 个默认的客户端参数，大部分的参数都有合理的默认值，一般不需要修改它们。不过了解这些参数可以让我们更合理地使用生产者客户端，其中还有一些重要的参数涉及程序的可用性和性能，如果能够熟练掌握它们，也可以让我们在编写相关的程序时能够更好地进行性能调优与故障排查。下面挑选一些重要的参数进行讲解。

1. acks

这个参数用来指定分区中必须要有多少个副本收到这条消息，之后生产者才会认为这条消息是成功写入的。acks 是生产者客户端中一个非常重要的参数，它涉及消息的可靠性和吞吐量之间的权衡。acks 参数有 3 种类型的值（都是字符串类型）。

- acks = 1。默认值即为 1。生产者发送消息之后，只要分区的 leader 副本成功写入消息，那么它就会收到来自服务端的成功响应。如果消息无法写入 leader 副本，比如在 leader 副本崩溃、重新选举新的 leader 副本的过程中，那么生产者就会收到一个错误的响应，为了避免消息丢失，生产者可以选择重发消息。如果消息写入 leader 副本并返回成功响应给生产者，且在被其他 follower 副本拉取之前 leader 副本崩溃，那么此时消息还是会丢失，因为新选举的 leader 副本中并没有这条对应的消息。acks 设置为 1，是消息可靠性和吞吐量之间的折中方案。

- acks = 0。生产者发送消息之后不需要等待任何服务端的响应。如果在消息从发送到写入 Kafka 的过程中出现某些异常，导致 Kafka 并没有收到这条消息，那么生产者也无从得知，消息也就丢失了。在其他配置环境相同的情况下，acks 设置为 0 可以达到最大的吞吐量。

- acks = -1 或 acks = all。生产者在消息发送之后，需要等待 ISR 中的所有副本都成功写入消息之后才能够收到来自服务端的成功响应。在其他配置环境相同的情况下，acks 设置为 -1（all）可以达到最强的可靠性。但这并不意味着消息就一定可靠，因为 ISR 中可能只有 leader 副本，这样就退化成了 acks=1 的情况。要获得更高的消息可靠性需要配合 min.insync.replicas 等参数的联动，消息可靠性分析的具体内容可以参考 8.3 节。

注意 acks 参数配置的值是一个字符串类型，而不是整数类型。举个例子，将 acks 参数设置为 0，需要采用下面这两种形式：

```
properties.put("acks", "0");
# 或者
properties.put(ProducerConfig.ACKS_CONFIG, "0");
```

而不能配置成下面这种形式：

```
properties.put("acks", 0);
# 或者
properties.put(ProducerConfig.ACKS_CONFIG, 0);
```

这样会报出如下的异常：

```
org.apache.kafka.common.config.ConfigException: Invalid value 0 for configuration acks: Expected value to be a string, but it was a java.lang.Integer.
```

2. max.request.size

这个参数用来限制生产者客户端能发送的消息的最大值，默认值为 1048576B，即 1MB。一般情况下，这个默认值就可以满足大多数的应用场景了。笔者并不建议读者盲目地增大这个参数的配置值，尤其是在对 Kafka 整体脉络没有足够把控的时候。因为这个参数还涉及一些其他参数的联动，比如 broker 端的 message.max.bytes 参数，如果配置错误可能会引起一些不必要的异常。比如将 broker 端的 message.max.bytes 参数配置为 10，而 max.request.size 参数配置为 20，那么当我们发送一条大小为 15B 的消息时，生产者客户端就会报出如下的异常：

```
org.apache.kafka.common.errors.RecordTooLargeException: The request included a
message larger than the max message size the server will accept.
```

3. retries 和 retry.backoff.ms

retries 参数用来配置生产者重试的次数，默认值为 0，即在发生异常的时候不进行任何重试动作。消息在从生产者发出到成功写入服务器之前可能发生一些临时性的异常，比如网络抖动、leader 副本的选举等，这种异常往往是可以自行恢复的，生产者可以通过配置 retries 大于 0 的值，以此通过内部重试来恢复而不是一味地将异常抛给生产者的应用程序。如果重试达到设定的次数，那么生产者就会放弃重试并返回异常。不过并不是所有的异常都是可以通过重试来解决的，比如消息太大，超过 max.request.size 参数配置的值时，这种方式就不可行了。

重试还和另一个参数 retry.backoff.ms 有关，这个参数的默认值为 100，它用来设定两次重试之间的时间间隔，避免无效的频繁重试。在配置 retries 和 retry.backoff.ms 之前，最好先估算一下可能的异常恢复时间，这样可以设定总的重试时间大于这个异常恢复时间，以此来避免生产者过早地放弃重试。

Kafka 可以保证同一个分区中的消息是有序的。如果生产者按照一定的顺序发送消息，那么这些消息也会顺序地写入分区，进而消费者也可以按照同样的顺序消费它们。对于某些应用来说，顺序性非常重要，比如 MySQL 的 binlog 传输，如果出现错误就会造成非常严重的后果。如果将 retries 参数配置为非零值，并且 max.in.flight.requests.per.connection 参数配置为大于 1 的值，那么就会出现错序的现象：如果第一批次消息写入失败，而第二批次消息写入成功，那么生产者会重试发送第一批次的消息，此时如果第一批次的消息写入成功，那么这两个批次的消息就出现了错序。一般而言，在需要保证消息顺序的场合建议把参数 max.in.flight.requests.per.connection 配置为 1，而不是把 retries 配置为 0，不过这样也会影响整体的吞吐。

4. compression.type

这个参数用来指定消息的压缩方式，默认值为 "none"，即默认情况下，消息不会被压缩。

该参数还可以配置为"gzip""snappy"和"lz4"。对消息进行压缩可以极大地减少网络传输量、降低网络 I/O，从而提高整体的性能。消息压缩是一种使用时间换空间的优化方式，如果对时延有一定的要求，则不推荐对消息进行压缩。

5. connections.max.idle.ms

这个参数用来指定在多久之后关闭闲置的连接，默认值是 540000（ms），即 9 分钟。

6. linger.ms

这个参数用来指定生产者发送 ProducerBatch 之前等待更多消息（ProducerRecord）加入 ProducerBatch 的时间，默认值为 0。生产者客户端会在 ProducerBatch 被填满或等待时间超过 linger.ms 值时发送出去。增大这个参数的值会增加消息的延迟，但是同时能提升一定的吞吐量。这个 linger.ms 参数与 TCP 协议中的 Nagle 算法有异曲同工之妙。

7. receive.buffer.bytes

这个参数用来设置 Socket 接收消息缓冲区（SO_RECBUF）的大小，默认值为 32768（B），即 32KB。如果设置为-1，则使用操作系统的默认值。如果 Producer 与 Kafka 处于不同的机房，则可以适地调大这个参数值。

8. send.buffer.bytes

这个参数用来设置 Socket 发送消息缓冲区（SO_SNDBUF）的大小，默认值为 131072（B），即 128KB。与 receive.buffer.bytes 参数一样，如果设置为-1，则使用操作系统的默认值。

9. request.timeout.ms

这个参数用来配置 Producer 等待请求响应的最长时间，默认值为 30000（ms）。请求超时之后可以选择进行重试。注意这个参数需要比 broker 端参数 replica.lag.time.max.ms 的值要大，这样可以减少因客户端重试而引起的消息重复的概率。

还有一些生产者客户端的参数在本节中没有提及，这些参数同样非常重要，它们需要单独的章节或场景来描述。部分参数在前面的章节中已经提及，比如 bootstrap.servers，还有部分参数会在后面的章节中提及，比如 transactional.id。表 2-1 中罗列了一份详细的参数列表以供读者参阅。

表 2-1 部分生产者客户端参数

参 数 名 称	默 认 值	参 数 释 义
bootstrap.servers	""	指定连接 Kafka 集群所需的 broker 地址清单，详见 2.1.1 节
key.serializer	""	消息中 key 对应的序列化类，需要实现 org.apache.kafka.common.serialization.Serializer 接口，详见 2.1.3 节

续表

参 数 名 称	默 认 值	参 数 释 义
value.serializer	" "	消息中 value 对应的序列化类，需要实现 org.apache.kafka.common.serialization.Serializer 接口，详见 2.1.3 节
buffer.memory	33554432（32MB）	生产者客户端中用于缓存消息的缓冲区大小，详见 2.2.1 节
batch.size	16384（16KB）	用于指定 ProducerBatch 可以复用内存区域的大小，详见 2.2.1 节
client.id	" "	用来设定 KafkaProducer 对应的客户端 id，详见 2.1.1 节
max.block.ms	60000	用来控制 KafkaProducer 中 send()方法和 partitionsFor()方法的阻塞时间。当生产者的发送缓冲区已满，或者没有可用的元数据时，这些方法就会阻塞，详见 2.2.1 节
partitioner.class	org.apache.kafka.clients.producer. internals.DefaultPartitioner	用来指定分区器，需要实现 org.apache.kafka. clients.producer.Partitioner 接口，详见 2.1.4 节。
enable.idempotence	false	是否开启幂等性功能，详见 7.4.2 节
interceptor.classes	" "	用来设定生产者拦截器，需要实现 org.apache. kafka.clients.producer. ProducerInterceptor 接口。详见 2.1.5 节。
max.in.flight.requests. per.connection	5	限制每个连接（也就是客户端与 Node 之间的连接）最多缓存的请求数，详见 2.2.1 节
metadata.max.age.ms	300000（5 分钟）	如果在这个时间内元数据没有更新的话会被强制更新，详见 2.2.2 节
transactional.id	null	设置事务 id，必须唯一，详见 7.4.3 节

2.4　总结

　　本章主要讲述了生产者客户端的具体用法及其整体架构，主要内容包括配置参数的详解、消息的发送方式、序列化器、分区器、拦截器等。在实际应用中，一套封装良好的且灵活易用的客户端可以避免开发人员重复劳动，也提高了开发效率，还可以提高程序的健壮性和可靠性，而 Kafka 的客户端正好包含了这些特质。对于 KafkaProducer 而言，它是线程安全的，我们可以在多线程的环境中复用它，而对于下一章的消费者客户端 KafkaConsumer 而言，它是非线程安全的，因为它具备了状态，具体怎么使用我们不妨继续来了解下一章的内容。

第 3 章
消费者

与生产者对应的是消费者，应用程序可以通过 KafkaConsumer 来订阅主题，并从订阅的主题中拉取消息。不过在使用 KafkaConsumer 消费消息之前需要先了解消费者和消费组的概念，否则无法理解如何使用 KafkaConsumer。本章首先讲解消费者与消费组之间的关系，进而再细致地讲解如何使用 KafkaConsumer。

3.1 消费者与消费组

消费者（Consumer）负责订阅 Kafka 中的主题（Topic），并且从订阅的主题上拉取消息。与其他一些消息中间件不同的是：在 Kafka 的消费理念中还有一层消费组（Consumer Group）的概念，每个消费者都有一个对应的消费组。当消息发布到主题后，只会被投递给订阅它的每个消费组中的一个消费者。

如图 3-1 所示，某个主题中共有 4 个分区（Partition）：P0、P1、P2、P3。有两个消费组 A 和 B 都订阅了这个主题，消费组 A 中有 4 个消费者（C0、C1、C2 和 C3），消费组 B 中有 2 个消费者（C4 和 C5）。按照 Kafka 默认的规则，最后的分配结果是消费组 A 中的每一个消费者分配到 1 个分区，消费组 B 中的每一个消费者分配到 2 个分区，两个消费组之间互不影响。每个消费者只能消费所分配到的分区中的消息。换言之，每一个分区只能被一个消费组中的一个消费者所消费。

我们再来看一下消费组内的消费者个数变化时所对应的分区分配的演变。假设目前某消费组内只有一个消费者 C0，订阅了一个主题，这个主题包含 7 个分区：P0、P1、P2、P3、P4、P5、P6。也就是说，这个消费者 C0 订阅了 7 个分区，具体分配情形参考图 3-2。

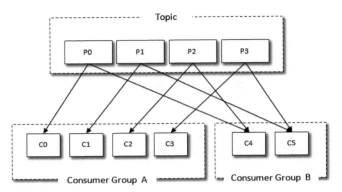

图 3-1　消费者与消费组

此时消费组内又加入了一个新的消费者 C1，按照既定的逻辑，需要将原来消费者 C0 的部分分区分配给消费者 C1 消费，如图 3-3 所示。消费者 C0 和 C1 各自负责消费所分配到的分区，彼此之间并无逻辑上的干扰。

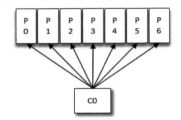

图 3-2　消费组内只有 1 个消费者

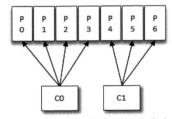

图 3-3　消费组内有 2 个消费者

紧接着消费组内又加入了一个新的消费者 C2，消费者 C0、C1 和 C2 按照图 3-4 中的方式各自负责消费所分配到的分区。

消费者与消费组这种模型可以让整体的消费能力具备横向伸缩性，我们可以增加（或减少）消费者的个数来提高（或降低）整体的消费能力。对于分区数固定的情况，一味地增加消费者并不会让消费能力一直得到提升，如果消费者过多，出现了消费者的个数大于分区个数的情况，就会有消费者分配不到任何分区。参考图 3-5，一共有 8 个消费者，7 个分区，那么最后的消费者 C7 由于分配不到任何分区而无法消费任何消息。

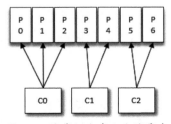

图 3-4　消费组内有 3 个消费者

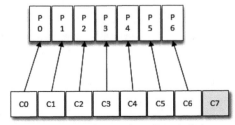

图 3-5　消费组内有过多的消费者

以上分配逻辑都是基于默认的分区分配策略进行分析的，可以通过消费者客户端参数 partition.assignment.strategy 来设置消费者与订阅主题之间的分区分配策略，有关分区分配的更多细节可以参考 7.1 节。

对于消息中间件而言，一般有两种消息投递模式：点对点（P2P，Point-to-Point）模式和发布/订阅（Pub/Sub）模式。点对点模式是基于队列的，消息生产者发送消息到队列，消息消费者从队列中接收消息。发布订阅模式定义了如何向一个内容节点发布和订阅消息，这个内容节点称为主题（Topic），主题可以认为是消息传递的中介，消息发布者将消息发布到某个主题，而消息订阅者从主题中订阅消息。主题使得消息的订阅者和发布者互相保持独立，不需要进行接触即可保证消息的传递，发布/订阅模式在消息的一对多广播时采用。Kafka 同时支持两种消息投递模式，而这正是得益于消费者与消费组模型的契合：

- 如果所有的消费者都隶属于同一个消费组，那么所有的消息都会被均衡地投递给每一个消费者，即每条消息只会被一个消费者处理，这就相当于点对点模式的应用。
- 如果所有的消费者都隶属于不同的消费组，那么所有的消息都会被广播给所有的消费者，即每条消息会被所有的消费者处理，这就相当于发布/订阅模式的应用。

消费组是一个逻辑上的概念，它将旗下的消费者归为一类，每一个消费者只隶属于一个消费组。每一个消费组都会有一个固定的名称，消费者在进行消费前需要指定其所属消费组的名称，这个可以通过消费者客户端参数 group.id 来配置，默认值为空字符串。

消费者并非逻辑上的概念，它是实际的应用实例，它可以是一个线程，也可以是一个进程。同一个消费组内的消费者既可以部署在同一台机器上，也可以部署在不同的机器上。

3.2 客户端开发

在了解了消费者与消费组之间的概念之后，我们就可以着手进行消费者客户端的开发了。在 Kafka 的历史中，消费者客户端同生产者客户端一样也经历了两个大版本：第一个是于 Kafka 开源之初使用 Scala 语言编写的客户端，我们可以称之为旧消费者客户端（Old Consumer）或 Scala 消费者客户端；第二个是从 Kafka 0.9.x 版本开始推出的使用 Java 编写的客户端，我们可以称之为新消费者客户端（New Consumer）或 Java 消费者客户端，它弥补了旧客户端中存在的诸多设计缺陷。

本节主要介绍目前流行的新消费者（Java 语言编写的）客户端，而旧消费者客户端已被淘汰，故不再做相应的介绍了。

一个正常的消费逻辑需要具备以下几个步骤：

（1）配置消费者客户端参数及创建相应的消费者实例。

（2）订阅主题。

（3）拉取消息并消费。

（4）提交消费位移。

（5）关闭消费者实例。

代码清单 1-2 中已经简单对消费者客户端的编码做了演示，本节对其稍做修改，如代码清单 3-1 所示。

代码清单 3-1　消费者客户端示例

```java
public class KafkaConsumerAnalysis {
    public static final String brokerList = "localhost:9092";
    public static final String topic = "topic-demo";
    public static final String groupId = "group.demo";
    public static final AtomicBoolean isRunning = new AtomicBoolean(true);

    public static Properties initConfig(){
        Properties props = new Properties();
        props.put("key.deserializer",
                "org.apache.kafka.common.serialization.StringDeserializer");
        props.put("value.deserializer",
                "org.apache.kafka.common.serialization.StringDeserializer");
        props.put("bootstrap.servers", brokerList);
        props.put("group.id", groupId);
        props.put("client.id", "consumer.client.id.demo");
        return props;
    }

    public static void main(String[] args) {
        Properties props = initConfig();
        KafkaConsumer<String, String> consumer = new KafkaConsumer<>(props);
        consumer.subscribe(Arrays.asList(topic));

        try {
            while (isRunning.get()) {
                ConsumerRecords<String, String> records =
                    consumer.poll(Duration.ofMillis(1000));
                for (ConsumerRecord<String, String> record : records) {
                    System.out.println("topic = " + record.topic()
                            + ", partition = "+ record.partition()
```

```
                    + ", offset = " + record.offset());
                System.out.println("key = " + record.key()
                    + ", value = " + record.value());
                //do something to process record.
                }
            }
        } catch (Exception e) {
            log.error("occur exception ", e);
        } finally {
            consumer.close();
        }
    }
}
```

相比于代码清单 1-2 而言，修改过后的代码多了一点东西，我们按照消费逻辑的各个步骤来做相应的分析。

3.2.1　必要的参数配置

在创建真正的消费者实例之前需要做相应的参数配置，比如 3.1 节中的设置消费者所属的消费组的名称、连接地址等。参照代码清单 3-1 中的 initConfig()方法，在 Kafka 消费者客户端 KafkaConsumer 中有 4 个参数是必填的。

- bootstrap.servers：该参数的释义和生产者客户端 KafkaProducer 中的相同，用来指定连接 Kafka 集群所需的 broker 地址清单，具体内容形式为 host1:port1,host2:post，可以设置一个或多个地址，中间用逗号隔开，此参数的默认值为 ""。注意这里并非需要设置集群中全部的 broker 地址，消费者会从现有的配置中查找到全部的 Kafka 集群成员。这里设置两个以上的 broker 地址信息，当其中任意一个宕机时，消费者仍然可以连接到 Kafka 集群上。有关此参数的更多释义可以参考 6.5.2 节。

- group.id：消费者隶属的消费组的名称，默认值为 ""。如果设置为空，则会报出异常：Exception in thread "main" org.apache.kafka.common.errors.InvalidGroupIdException: The configured groupId is invalid。一般而言，这个参数需要设置成具有一定的业务意义的名称。

- key.deserializer 和 value.deserializer：与生产者客户端 KafkaProducer 中的 key.serializer 和 value.serializer 参数对应。消费者从 broker 端获取

的消息格式都是字节数组（byte[]）类型，所以需要执行相应的反序列化操作才能还原成原有的对象格式。这两个参数分别用来指定消息中 key 和 value 所需反序列化操作的反序列化器，这两个参数无默认值。注意这里必须填写反序列化器类的全限定名，比如示例中的 org.apache.kafka.common.serialization.StringDeserializer，单单指定 StringDeserializer 是错误的。有关更多的反序列化内容可以参考 3.2.3 节。

注意到代码清单 3-1 中的 initConfig()方法里还设置了一个参数 client.id，这个参数用来设定 KafkaConsumer 对应的客户端 id，默认值也为""。如果客户端不设置，则 KafkaConsumer 会自动生成一个非空字符串，内容形式如"consumer-1""consumer-2"，即字符串"consumer-"与数字的拼接。

KafkaConsumer 中的参数众多，远非示例 initConfig()方法中的那样只有 5 个，开发人员可以根据业务应用的实际需求来修改这些参数的默认值，以达到灵活调配的目的。一般情况下，普通开发人员无法全部记住所有的参数名称，只能有个大致的印象，在实际使用过程中，诸如"key.deserializer""auto.offset.reset"之类的字符串经常由于人为因素而书写错误。为此，我们可以直接使用客户端中的 org.apache.kafka.clients.consumer.ConsumerConfig 类来做一定程度上的预防，每个参数在 ConsumerConfig 类中都有对应的名称，就以代码清单 3-1 中的 initConfig()方法为例，引入 ConsumerConfig 后的修改结果如下：

```java
public static Properties initConfig(){
    Properties props = new Properties();
    props.put(ConsumerConfig.KEY_DESERIALIZER_CLASS_CONFIG,
            "org.apache.kafka.common.serialization.StringDeserializer");
    props.put(ConsumerConfig.VALUE_DESERIALIZER_CLASS_CONFIG,
            "org.apache.kafka.common.serialization.StringDeserializer");
    props.put(ConsumerConfig.BOOTSTRAP_SERVERS_CONFIG, brokerList);
    props.put(ConsumerConfig.GROUP_ID_CONFIG, groupId);
    props.put(ConsumerConfig.CLIENT_ID_CONFIG, "client.id.demo");
    return props;
}
```

注意到上面的代码中 key.deserializer 和 value.deserializer 参数对应类的全限定名比较长，也比较容易写错，这里通过 Java 中的技巧来做进一步的改进，相关代码如下：

```java
props.put(ConsumerConfig.KEY_DESERIALIZER_CLASS_CONFIG,
        StringDeserializer.class.getName());
props.put(ConsumerConfig.VALUE_DESERIALIZER_CLASS_CONFIG,
        StringDeserializer.class.getName());
```

　　如此代码就简洁了许多，同时也预防了人为出错的可能。在配置完参数之后，我们就可以使用它来创建一个消费者实例：

```
KafkaConsumer<String, String> consumer = new KafkaConsumer<>(props);
```

　　本节介绍的 KafkaConsumer 配置相关的内容基本上和介绍 KafkaProducer 配置时的一样，除了配置对应的反序列化器，只多了一个必要的 group.id 参数。

3.2.2　订阅主题与分区

　　在创建好消费者之后，我们就需要为该消费者订阅相关的主题了。一个消费者可以订阅一个或多个主题，代码清单 3-1 中我们使用 subscribe()方法订阅了一个主题，对于这个方法而言，既可以以集合的形式订阅多个主题，也可以以正则表达式的形式订阅特定模式的主题。subscribe 的几个重载方法如下：

```
public void subscribe(Collection<String> topics,
     ConsumerRebalanceListener listener)
public void subscribe(Collection<String> topics)
public void subscribe(Pattern pattern, ConsumerRebalanceListener listener)
public void subscribe(Pattern pattern)
```

　　对于消费者使用集合的方式（subscribe(Collection)）来订阅主题而言，比较容易理解，订阅了什么主题就消费什么主题中的消息。如果前后两次订阅了不同的主题，那么消费者以最后一次的为准。

```
consumer.subscribe(Arrays.asList(topic1));
consumer.subscribe(Arrays.asList(topic2));
```

　　上面的示例中，最终消费者订阅的是 topic2，而不是 topic1，也不是 topic1 和 topic2 的并集。

　　如果消费者采用的是正则表达式的方式（subscribe(Pattern)）订阅，在之后的过程中，如果有人又创建了新的主题，并且主题的名字与正则表达式相匹配，那么这个消费者就可以消费到新添加的主题中的消息。如果应用程序需要消费多个主题，并且可以处理不同的类型，那么这种订阅方式就很有效。在 Kafka 和其他系统之间进行数据复制时，这种正则表达式的方式就显得很常见。正则表达式的方式订阅的示例如下：

```
consumer.subscribe(Pattern.compile("topic-.*"));
```

细心的读者可能观察到在 subscribe 的重载方法中有一个参数类型是 ConsumerRebalance-Listener，这个是用来设置相应的再均衡监听器的，具体的内容可以参考 3.2.8 节。

消费者不仅可以通过 KafkaConsumer.subscribe()方法订阅主题，还可以直接订阅某些主题的特定分区，在 KafkaConsumer 中还提供了一个 assign()方法来实现这些功能，此方法的具体定义如下：

```
public void assign(Collection<TopicPartition> partitions)
```

这个方法只接受一个参数 partitions，用来指定需要订阅的分区集合。这里补充说明一下 TopicPartition 类，在 Kafka 的客户端中，它用来表示分区，这个类的部分内容如下所示。

```
public final class TopicPartition implements Serializable {

    private final int partition;
    private final String topic;

    public TopicPartition(String topic, int partition) {
        this.partition = partition;
        this.topic = topic;
    }

    public int partition() {
        return partition;
    }

    public String topic() {
        return topic;
    }
    //省略 hashCode()、equals()和 toString()方法
}
```

TopicPartition 类只有 2 个属性：topic 和 partition，分别代表分区所属的主题和自身的分区编号，这个类可以和我们通常所说的主题—分区的概念映射起来。

我们将代码清单 3-1 中的 subscribe()方法修改为 assign()方法，这里只订阅 topic-demo 主题中分区编号为 0 的分区，相关代码如下：

```
consumer.assign(Arrays.asList(new TopicPartition("topic-demo", 0)));
```

有读者会有疑问：如果我们事先并不知道主题中有多少个分区怎么办？KafkaConsumer 中的 partitionsFor()方法可以用来查询指定主题的元数据信息，partitionsFor()方法的具体定义如下：

```
public List<PartitionInfo> partitionsFor(String topic)
```

其中 PartitionInfo 类型即为主题的分区元数据信息，此类的主要结构如下：

```
public class PartitionInfo {
    private final String topic;
    private final int partition;
    private final Node leader;
    private final Node[] replicas;
    private final Node[] inSyncReplicas;
    private final Node[] offlineReplicas;
    //这里省略了构造函数、属性提取、toString 等方法
}
```

PartitionInfo 类中的属性 topic 表示主题名称，partition 代表分区编号，leader 代表分区的 leader 副本所在的位置，replicas 代表分区的 AR 集合，inSyncReplicas 代表分区的 ISR 集合，offlineReplicas 代表分区的 OSR 集合。

通过 partitionFor()方法的协助，我们可以通过 assign()方法来实现订阅主题（全部分区）的功能，示例参考如下：

```
List<TopicPartition> partitions = new ArrayList<>();
List<PartitionInfo> partitionInfos = consumer.partitionsFor(topic);
if (partitionInfos != null) {
    for (PartitionInfo tpInfo : partitionInfos) {
        partitions.add(new TopicPartition(tpInfo.topic(), tpInfo.partition()));
    }
}
consumer.assign(partitions);
```

既然有订阅，那么就有取消订阅，可以使用 KafkaConsumer 中的 unsubscribe()方法来取消主题的订阅。这个方法既可以取消通过 subscribe(Collection)方式实现的订阅，也可以取消通过 subscribe(Pattern)方式实现的订阅，还可以取消通过 assign(Collection)方式实现的订阅。示例代码如下：

```
consumer.unsubscribe();
```

如果将 subscribe(Collection)或 assign(Collection)中的集合参数设置为空集合，那么作用等同于 unsubscribe()方法，下面示例中的三行代码的效果相同：

```
consumer.unsubscribe();
consumer.subscribe(new ArrayList<String>());
consumer.assign(new ArrayList<TopicPartition>());
```

如果没有订阅任何主题或分区，那么再继续执行消费程序的时候会报出 IllegalStateException 异常：

```
java.lang.IllegalStateException: Consumer is not subscribed to any topics or
assigned any partitions
```

集合订阅的方式 subscribe(Collection)、正则表达式订阅的方式 subscribe(Pattern)和指定分区的订阅方式 assign(Collection) 分表代表了三种不同的订阅状态：AUTO_TOPICS、AUTO_PATTERN 和 USER_ASSIGNED（如果没有订阅，那么订阅状态为 NONE）。然而这三种状态是互斥的，在一个消费者中只能使用其中的一种，否则会报出 IllegalStateException 异常：

```
java.lang.IllegalStateException: Subscription to topics, partitions and pattern
are mutually exclusive.
```

通过 subscribe()方法订阅主题具有消费者自动再均衡的功能，在多个消费者的情况下可以根据分区分配策略来自动分配各个消费者与分区的关系。当消费组内的消费者增加或减少时，分区分配关系会自动调整，以实现消费负载均衡及故障自动转移。而通过 assign()方法订阅分区时，是不具备消费者自动均衡的功能的，其实这一点从 assign()方法的参数中就可以看出端倪，两种类型的 subscribe()都有 ConsumerRebalanceListener 类型参数的方法，而 assign()方法却没有。

3.2.3 反序列化

在 2.1.3 节中我们讲述了 KafkaProducer 对应的序列化器，那么与此对应的 KafkaConsumer 就会有反序列化器。Kafka 所提供的反序列化器有 ByteBufferDeserializer、ByteArrayDeserializer、BytesDeserializer、DoubleDeserializer、FloatDeserializer、IntegerDeserializer、LongDeserializer、ShortDeserializer、StringDeserializer，它们分别用于 ByteBuffer、ByteArray、Bytes、Double、Float、Integer、Long、Short 及 String 类型的反序列化，这些序列化器也都实现了 Deserializer 接口，与 KafkaProducer 中提及的 Serializer 接口一样，Deserializer 接口也有三个方法。

- `public void configure(Map<String, ?> configs, boolean isKey)`：
  用来配置当前类。

- `public T deserialize(String topic, byte[] data)`：用来执行反序列化。
  如果 data 为 null，那么处理的时候直接返回 null 而不是抛出一个异常。

- `public void close()`：用来关闭当前序列化器。

代码清单 2-2 中描述的是 Kafka 客户端自带的序列化器 StringSerializer 的具体实现，对应的
反序列化器 StringDeserializer 的具体代码实现如下：

```java
public class StringDeserializer implements Deserializer<String> {
    private String encoding = "UTF8";

    @Override
    public void configure(Map<String, ?> configs, boolean isKey) {
        String propertyName = isKey ? "key.deserializer.encoding" :
                "value.deserializer.encoding";
        Object encodingValue = configs.get(propertyName);
        if (encodingValue == null)
            encodingValue = configs.get("deserializer.encoding");
        if (encodingValue != null && encodingValue instanceof String)
            encoding = (String) encodingValue;
    }

    @Override
    public String deserialize(String topic, byte[] data) {
        try {
            if (data == null)
                return null;
            else
                return new String(data, encoding);
        } catch (UnsupportedEncodingException e) {
            throw new SerializationException("Error when " +
                    "deserializing byte[] to string due to " +
                    "unsupported encoding " + encoding);
        }
    }

    @Override
```

```
    public void close() {
        // nothing to do
    }
}
```

configure()方法中也有 3 个参数：key.deserializer.encoding、value.deserializer.
encoding 和 deserializer.encoding，用来配置反序列化的编码类型，这 3 个都是用户
自定义的参数类型，在 KafkaConsumer 的参数集合（ConsumerConfig）中并没有它们的身影。
一般情况下，也不需要配置这几个参数，如果配置了，则需要和 StringSerializer 中配置的一致。
默认情况下，编码类型为"UTF-8"。上面示例代码中的 deserialize()方法非常直观，就是把 byte[]
类型转换为 String 类型。

在代码清单 2-3 和代码清单 2-4 中，我们演示了如何通过自定义的序列化器来序列化自定
义的 Company 类，这里我们再来看一看与 CompanySerializer 对应的 CompanyDeserializer 的具
体实现：

```
public class CompanyDeserializer implements Deserializer<Company> {
    public void configure(Map<String, ?> configs, boolean isKey) {}

    public Company deserialize(String topic, byte[] data) {
        if (data == null) {
            return null;
        }
        if (data.length < 8) {
            throw new SerializationException("Size of data received " +
                    "by DemoDeserializer is shorter than expected!");
        }
        ByteBuffer buffer = ByteBuffer.wrap(data);
        int nameLen, addressLen;
        String name, address;

        nameLen = buffer.getInt();
        byte[] nameBytes = new byte[nameLen];
        buffer.get(nameBytes);
        addressLen = buffer.getInt();
        byte[] addressBytes = new byte[addressLen];
        buffer.get(addressBytes);
```

```
    try {
        name = new String(nameBytes, "UTF-8");
        address = new String(addressBytes, "UTF-8");
    } catch (UnsupportedEncodingException e) {
        throw new SerializationException("Error occur when deserializing!");
    }

    return new Company(name,address);
}

public void close() {}
}
```

configure()方法和 close()方法都是空实现，而 deserializer()方法就是将字节数组转换成对应 Company 对象。在使用自定义的反序列化器的时候只需要将相应的 value.deserializer 参数配置为 CompanyDeserializer 即可，示例如下：

```
props.put(ConsumerConfig.VALUE_DESERIALIZER_CLASS_CONFIG,
        CompanyDeserializer.class.getName());
```

注意如无特殊需要，笔者还是不建议使用自定义的序列化器或反序列化器，因为这样会增加生产者与消费者之间的耦合度，在系统升级换代的时候很容易出错。自定义的类型有一个不得不面对的问题就是 KafkaProducer 和 KafkaConsumer 之间的序列化和反序列化的兼容性。对于 StringSerializer 来说，KafkaConsumer 可以顺其自然地采用 StringDeserializer，不过对于 Company 这种专用类型而言，某个上游应用采用 CompanySerializer 进行序列化之后，下游应用也必须实现对应的 CompanyDeserializer。再者，如果上游的 Company 类型改变，那么下游也需要跟着重新实现一个新的 CompanyDeserializer，后面所面临的难题可想而知。

在实际应用中，在 Kafka 提供的序列化器和反序列化器满足不了应用需求的前提下，推荐使用 Avro、JSON、Thrift、ProtoBuf 或 Protostuff 等通用的序列化工具来包装，以求尽可能实现得更加通用且前后兼容。使用通用的序列化工具也需要实现 Serializer 和 Deserializer 接口，因为 Kafka 客户端的序列化和反序列化入口必须是这两个类型。

本节的最后我们来看一下如何使用通用的序列化工具实现自定义的序列化器和反序列化器的封装。这里挑选了 Protostuff 来做演示，使用的 Protostuff 的 Maven 依赖如下：

```
<dependency>
    <groupId>io.protostuff</groupId>
    <artifactId>protostuff-core</artifactId>
    <version>1.5.4</version>
```

```
</dependency>

<dependency>
    <groupId>io.protostuff</groupId>
    <artifactId>protostuff-runtime</artifactId>
    <version>1.5.4</version>
</dependency>
```

为了简化说明，这里只展示出序列化器的 serialize()方法和 deserialize()方法，如下所示。

```
//序列化器 ProtostuffSerializer 中的 serialize()方法
public byte[] serialize(String topic, Company data) {
    if (data == null) {
        return null;
    }
    Schema schema = (Schema) RuntimeSchema.getSchema(data.getClass());
    LinkedBuffer buffer =
            LinkedBuffer.allocate(LinkedBuffer.DEFAULT_BUFFER_SIZE);
    byte[] protostuff = null;
    try {
        protostuff = ProtostuffIOUtil.toByteArray(data, schema, buffer);
    } catch (Exception e) {
        throw new IllegalStateException(e.getMessage(), e);
    } finally {
        buffer.clear();
    }
    return protostuff;
}
//反序列化器 ProtostuffDeserializer 中的 deserialize()方法
public Company deserialize(String topic, byte[] data) {
    if (data == null) {
        return null;
    }
    Schema schema = RuntimeSchema.getSchema(Company.class);
    Company ans = new Company();
    ProtostuffIOUtil.mergeFrom(data, ans, schema);
    return ans;
}
```

接下来要做的工作就和 CompanyDeserializer 一样，这里就不一一赘述了。读者可以添加或减少 Company 类中的属性，以此查看采用通用序列化工具的前后兼容性的效能。

3.2.4 消息消费

Kafka 中的消费是基于拉模式的。消息的消费一般有两种模式：推模式和拉模式。推模式是服务端主动将消息推送给消费者，而拉模式是消费者主动向服务端发起请求来拉取消息。

从代码清单 3-1 中可以看出，Kafka 中的消息消费是一个不断轮询的过程，消费者所要做的就是重复地调用 poll()方法，而 poll()方法返回的是所订阅的主题（分区）上的一组消息。

对于 poll()方法而言，如果某些分区中没有可供消费的消息，那么此分区对应的消息拉取的结果就为空；如果订阅的所有分区中都没有可供消费的消息，那么 poll()方法返回为空的消息集合。

poll()方法的具体定义如下：

```
public ConsumerRecords<K, V> poll(final Duration timeout)
```

注意到 poll()方法里还有一个超时时间参数 timeout，用来控制 poll()方法的阻塞时间，在消费者的缓冲区里没有可用数据时会发生阻塞。注意这里 timeout 的类型是 Duration，它是 JDK8 中新增的一个与时间有关的类型。在 Kafka 2.0.0 之前的版本中，timeout 参数的类型为 long，与此类型对应的 poll()方法的具体定义如下：

```
@Deprecated
public ConsumerRecords<K, V> poll(final long timeout)
```

poll(long)方法中 timeout 的时间单位固定为毫秒，而 poll(Duration)方法可以根据 Duration 中的 ofMillis()、ofSeconds()、ofMinutes()、ofHours()等多种不同的方法指定不同的时间单位，灵活性更强。并且 poll(long)方法也已经被标注为@Deprecated，虽然目前还可以使用，如果条件允许的话，还是推荐使用 poll(Duration)的方式。

timeout 的设置取决于应用程序对响应速度的要求，比如需要在多长时间内将控制权移交给执行轮询的应用线程。可以直接将 timeout 设置为 0，这样 poll()方法会立刻返回，而不管是否已经拉取到了消息。如果应用线程唯一的工作就是从 Kafka 中拉取并消费消息，则可以将这个参数设置为最大值 Long.MAX_VALUE。

消费者消费到的每条消息的类型为 ConsumerRecord（注意与 ConsumerRecords 的区别），这个和生产者发送的消息类型 ProducerRecord 相对应，不过 ConsumerRecord 中的内容更加丰富，具体的结构参考如下代码：

```
public class ConsumerRecord<K, V> {
    private final String topic;
    private final int partition;
    private final long offset;
    private final long timestamp;
    private final TimestampType timestampType;
    private final int serializedKeySize;
    private final int serializedValueSize;
    private final Headers headers;
    private final K key;
    private final V value;
    private volatile Long checksum;
    //省略若干方法
}
```

topic 和 partition 这两个字段分别代表消息所属主题的名称和所在分区的编号。offset 表示消息在所属分区的偏移量。timestamp 表示时间戳，与此对应的 timestampType 表示时间戳的类型。timestampType 有两种类型：CreateTime 和 LogAppendTime，分别代表消息创建的时间戳和消息追加到日志的时间戳。headers 表示消息的头部内容。key 和 value 分别表示消息的键和消息的值，一般业务应用要读取的就是 value，比如使用 2.1.3 节中的 CompanySerializer 序列化了一个 Company 对象，然后将其存入 Kafka，那么消费到的消息中的 value 就是经过 CompanyDeserializer 反序列化后的 Company 对象。serializedKeySize 和 serializedValueSize 分别表示 key 和 value 经过序列化之后的大小，如果 key 为空，则 serializedKeySize 值为-1。同样，如果 value 为空，则 serializedValueSize 的值也会为-1。checksum 是 CRC32 的校验值。如需更加深入了解消息中的各个属性，则可以先跳到 5.2 节来查阅相关内容。

我们在消费消息的时候可以直接对 ConsumerRecord 中感兴趣的字段进行具体的业务逻辑处理。

poll()方法的返回值类型是 ConsumerRecords，它用来表示一次拉取操作所获得的消息集，内部包含了若干 ConsumerRecord，它提供了一个 iterator()方法来循环遍历消息集内部的消息，iterator()方法的定义如下：

```
public Iterator<ConsumerRecord<K, V>> iterator()
```

在代码清单 3-1 中，我们使用这种方法来获取消息集中的每一个 ConsumerRecord。除此之外，我们还可以按照分区维度来进行消费，这一点很有用，在手动提交位移时尤为明显，有关位移提交的内容我们会在下一节中详细陈述。ConsumerRecords 类提供了一个 records(TopicPartition)方法来获取消息集中指定分区的消息，此方法的定义如下：

```
public List<ConsumerRecord<K, V>> records(TopicPartition partition)
```

我们不妨使用这个 records(TopicPartition)方法来修改一下代码清单 3-1 中的消费逻辑，主要的示例代码如下：

```
ConsumerRecords<String, String> records =
        consumer.poll(Duration.ofMillis(1000));
for (TopicPartition tp : records.partitions()) {
    for (ConsumerRecord<String, String> record : records.records(tp)) {
        System.out.println(record.partition()+" : "+record.value());
    }
}
```

上面示例中的 ConsumerRecords.partitions()方法用来获取消息集中所有分区。在 ConsumerRecords 类中还提供了按照主题维度来进行消费的方法，这个方法是 records(TopicPartition)的重载方法，具体定义如下：

```
public Iterable<ConsumerRecord<K, V>> records(String topic)
```

ConsumerRecords 类中并没提供与 partitions()类似的 topics()方法来查看拉取的消息集中所包含的主题列表，如果要按照主题维度来进行消费，那么只能根据消费者订阅主题时的列表来进行逻辑处理了。下面的示例演示了如何使用 ConsumerRecords 中的 record(String topic)方法：

```
List<String> topicList = Arrays.asList(topic1, topic2);
consumer.subscribe(topicList);
try {
    while (isRunning.get()) {
        ConsumerRecords<String, String> records =
                consumer.poll(Duration.ofMillis(1000));
        for (String topic : topicList) {
            for (ConsumerRecord<String, String> record :
                    records.records(topic)) {
                System.out.println(record.topic() + " : " + record.value());
            }
        }
    }
```

```
        }
    }finally {
        consumer.close();
    }
```

在 ConsumerRecords 类中还提供了几个方法来方便开发人员对消息集进行处理：count()方法用来计算出消息集中的消息个数，返回类型是 int；isEmpty()方法用来判断消息集是否为空，返回类型是 boolean；empty()方法用来获取一个空的消息集，返回类型是 ConsumerRecords<K,V>。

到目前为止，可以简单地认为 poll()方法只是拉取一下消息而已，但就其内部逻辑而言并不简单，它涉及消费位移、消费者协调器、组协调器、消费者的选举、分区分配的分发、再均衡的逻辑、心跳等内容，在后面的章节中会循序渐进地介绍这些内容。

3.2.5 位移提交

对于 Kafka 中的分区而言，它的每条消息都有唯一的 offset，用来表示消息在分区中对应的位置。对于消费者而言，它也有一个 offset 的概念，消费者使用 offset 来表示消费到分区中某个消息所在的位置。单词"offset"可以翻译为"偏移量"，也可以翻译为"位移"，读者可能并没有过多地在意这一点：在很多中文资料中都会交叉使用"偏移量"和"位移"这两个词，并没有很严谨地进行区分。笔者对 offset 做了一些区分：对于消息在分区中的位置，我们将 offset 称为"偏移量"；对于消费者消费到的位置，将 offset 称为"位移"，有时候也会更明确地称之为"消费位移"。做这一区分的目的是让读者在遇到 offset 的时候可以很容易甄别出是在讲分区存储层面的内容，还是在讲消费层面的内容，如此也可以使"偏移量"和"位移"这两个中文词汇具备更加丰富的意义。当然，对于一条消息而言，它的偏移量和消费者消费它时的消费位移是相等的，在某些不需要具体划分的场景下也可以用"消息位置"或直接用"offset"这个单词来进行表述。

在每次调用 poll()方法时，它返回的是还没有被消费过的消息集（当然这个前提是消息已经存储在 Kafka 中了，并且暂不考虑异常情况的发生），要做到这一点，就需要记录上一次消费时的消费位移。并且这个消费位移必须做持久化保存，而不是单单保存在内存中，否则消费者重启之后就无法知晓之前的消费位移。再考虑一种情况，当有新的消费者加入时，那么必然会有再均衡的动作，对于同一分区而言，它可能在再均衡动作之后分配给新的消费者，如果不持久化保存消费位移，那么这个新的消费者也无法知晓之前的消费位移。

在旧消费者客户端中，消费位移是存储在 ZooKeeper 中的。而在新消费者客户端中，消费位移存储在 Kafka 内部的主题__consumer_offsets 中。这里把将消费位移存储起来（持久化）的动作称为"提交"，消费者在消费完消息之后需要执行消费位移的提交。

参考图 3-6 的消费位移，x 表示某一次拉取操作中此分区消息的最大偏移量，假设当前消费者已经消费了 x 位置的消息，那么我们就可以说消费者的消费位移为 x，图中也用了 lastConsumedOffset 这个单词来标识它。

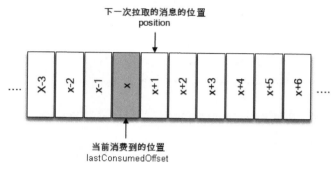

图 3-6　消费位移

不过需要非常明确的是，当前消费者需要提交的消费位移并不是 x，而是 x+1，对应于图 3-6 中的 position，它表示下一条需要拉取的消息的位置。读者可能看过一些相关资料，里面所讲述的内容可能是提交的消费位移就是当前所消费到的消费位移，即提交的是 x，这明显是错误的。类似的错误还体现在对 LEO（Log End Offset）的解读上，与此相关的细节可以参阅第 5 章的内容。在消费者中还有一个 committed offset 的概念，它表示已经提交过的消费位移。

KafkaConsumer 类提供了 position(TopicPartition)和 committed(TopicPartition)两个方法来分别获取上面所说的 position 和 committed offset 的值。这两个方法的定义如下所示。

```
public long position(TopicPartition partition)
public OffsetAndMetadata committed(TopicPartition partition)
```

为了论证 lastConsumedOffset、committed offset 和 position 之间的关系，我们使用上面的这两个方法来做相关演示。我们向某个主题中分区编号为 0 的分区发送若干消息，之后再创建一个消费者去消费其中的消息，等待消费完这些消息之后就同步提交消费位移（调用 commitSync()方法，这个方法的细节在下面详细介绍），最后我们观察一下 lastConsumedOffset、committed offset 和 position 的值。示例代码如代码清单 3-2 所示。

代码清单 3-2　消费位移的演示

```
TopicPartition tp = new TopicPartition(topic, 0);
consumer.assign(Arrays.asList(tp));
long lastConsumedOffset = -1;//当前消费到的位移
while (true) {
    ConsumerRecords<String, String> records = consumer.poll(1000);
```

```
    if (records.isEmpty()) {
        break;
    }
    List<ConsumerRecord<String, String>> partitionRecords
            = records.records(tp);
    lastConsumedOffset = partitionRecords
            .get(partitionRecords.size() - 1).offset();
    consumer.commitSync();//同步提交消费位移
}
System.out.println("consumed offset is " + lastConsumedOffset);
OffsetAndMetadata offsetAndMetadata = consumer.committed(tp);
System.out.println("commited offset is " + offsetAndMetadata.offset());
long posititon = consumer.position(tp);
System.out.println("the offset of the next record is " + posititon);
```

示例中先通过 assign() 方法订阅了编号为 0 的分区，然后消费分区中的消息。示例中还通过调用 ConsumerRecords.isEmpty() 方法来判断是否已经消费完分区中的消息，以此来退出 while(true) 的循环，当然这段逻辑并不严谨，这里只是用来演示，读者切勿在实际开发中效仿。

最终的输出结果如下：

```
comsumed offset is 377
commited offset is 378
the offset of the next record is 378
```

可以看出，消费者消费到此分区消息的最大偏移量为 377，对应的消费位移 lastConsumedOffset 也就是 377。在消费完之后就执行同步提交，但是最终结果显示所提交的位移 committed offset 为 378，并且下一次所要拉取的消息的起始偏移量 position 也为 378。在本示例中，position = committed offset = lastConsumedOffset + 1，当然 position 和 committed offset 并不会一直相同，这一点会在下面的示例中有所体现。

对于位移提交的具体时机的把握也很有讲究，有可能会造成重复消费和消息丢失的现象。参考图 3-7，当前一次 poll() 操作所拉取的消息集为 [x+2, x+7]，x+2 代表上一次提交的消费位移，说明已经完成了 x+1 之前（包括 x+1 在内）的所有消息的消费，x+5 表示当前正在处理的位置。如果拉取到消息之后就进行了位移提交，即提交了 x+8，那么当前消费 x+5 的时候遇到了异常，在故障恢复之后，我们重新拉取的消息是从 x+8 开始的。也就是说，x+5 至 x+7 之间的消息并未能被消费，如此便发生了消息丢失的现象。

再考虑另外一种情形，位移提交的动作是在消费完所有拉取到的消息之后才执行的，那么当消费 x+5 的时候遇到了异常，在故障恢复之后，我们重新拉取的消息是从 x+2 开始的。也就是说，x+2 至 x+4 之间的消息又重新消费了一遍，故而又发生了重复消费的现象。

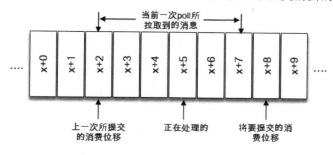

图 3-7　消费位移的提交位置

　　而实际情况还会有比这两种更加复杂的情形，比如第一次的位移提交的位置为 x+8，而下一次的位移提交的位置为 x+4，后面会做进一步的分析。

　　在 Kafka 中默认的消费位移的提交方式是自动提交，这个由消费者客户端参数 enable.auto.commit 配置，默认值为 true。当然这个默认的自动提交不是每消费一条消息就提交一次，而是定期提交，这个定期的周期时间由客户端参数 auto.commit.interval.ms 配置，默认值为 5 秒，此参数生效的前提是 enable.auto.commit 参数为 true。在代码清单 3-1 中并没有展示出这两个参数，说明使用的正是默认值。

　　在默认的方式下，消费者每隔 5 秒会将拉取到的每个分区中最大的消息位移进行提交。自动位移提交的动作是在 poll()方法的逻辑里完成的，在每次真正向服务端发起拉取请求之前会检查是否可以进行位移提交，如果可以，那么就会提交上一次轮询的位移。

　　在 Kafka 消费的编程逻辑中位移提交是一大难点，自动提交消费位移的方式非常简便，它免去了复杂的位移提交逻辑，让编码更简洁。但随之而来的是重复消费和消息丢失的问题。假设刚刚提交完一次消费位移，然后拉取一批消息进行消费，在下一次自动提交消费位移之前，消费者崩溃了，那么又得从上一次位移提交的地方重新开始消费，这样便发生了重复消费的现象（对于再均衡的情况同样适用）。我们可以通过减小位移提交的时间间隔来减小重复消息的窗口大小，但这样并不能避免重复消费的发生，而且也会使位移提交更加频繁。

　　按照一般思维逻辑而言，自动提交是延时提交，重复消费可以理解，那么消息丢失又是在什么情形下会发生的呢？我们来看一下图 3-8 中的情形。拉取线程 A 不断地拉取消息并存入本地缓存，比如在 BlockingQueue 中，另一个处理线程 B 从缓存中读取消息并进行相应的逻辑处理。假设目前进行到了第 y+1 次拉取，以及第 m 次位移提交的时候，也就是 x+6 之前的位移已经确认提交了，处理线程 B 却还正在消费 x+3 的消息。此时如果处理线程 B 发生了异常，待其恢复之后会从第 m 此位移提交处，也就是 x+6 的位置开始拉取消息，那么 x+3 至 x+6 之间的消息就没有得到相应的处理，这样便发生消息丢失的现象。

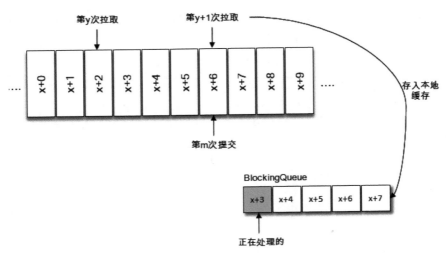

图 3-8　自动位移提交中消息丢失的情况

　　自动位移提交的方式在正常情况下不会发生消息丢失或重复消费的现象，但是在编程的世界里异常无可避免，与此同时，自动位移提交也无法做到精确的位移管理。在 Kafka 中还提供了手动位移提交的方式，这样可以使得开发人员对消费位移的管理控制更加灵活。很多时候并不是说拉取到消息就算消费完成，而是需要将消息写入数据库、写入本地缓存，或者是更加复杂的业务处理。在这些场景下，所有的业务处理完成才能认为消息被成功消费，手动的提交方式可以让开发人员根据程序的逻辑在合适的地方进行位移提交。开启手动提交功能的前提是消费者客户端参数 enable.auto.commit 配置为 false，示例如下：

```
props.put(ConsumerConfig.ENABLE_AUTO_COMMIT_CONFIG, false);
```

　　手动提交可以细分为同步提交和异步提交，对应于 KafkaConsumer 中的 commitSync()和 commitAsync()两种类型的方法。我们这里先讲述同步提交的方式，commitSync()方法的定义如下：

```
public void commitSync()
```

　　这个方法很简单，下面使用它演示同步提交的简单用法：

```
while (isRunning.get()) {
    ConsumerRecords<String, String> records = consumer.poll(1000);
    for (ConsumerRecord<String, String> record : records) {
        //do some logical processing.
    }
```

```
    consumer.commitSync();
    }
```

可以看到示例中先对拉取到的每一条消息做相应的逻辑处理，然后对整个消息集做同步提交。参考 KafkaConsumer 源码中提供的示例，针对上面的示例还可以修改为批量处理+批量提交的方式，关键代码如下：

```
final int minBatchSize = 200;
List<ConsumerRecord> buffer = new ArrayList<>();
while (isRunning.get()) {
    ConsumerRecords<String, String> records = consumer.poll(1000);
    for (ConsumerRecord<String, String> record : records) {
        buffer.add(record);
    }
    if (buffer.size() >= minBatchSize) {
        //do some logical processing with buffer.
        consumer.commitSync();
        buffer.clear();
    }
}
```

上面的示例中将拉取到的消息存入缓存 buffer，等到积累到足够多的时候，也就是示例中大于等于 200 个的时候，再做相应的批量处理，之后再做批量提交。这两个示例都有重复消费的问题，如果在业务逻辑处理完之后，并且在同步位移提交前，程序出现了崩溃，那么待恢复之后又只能从上一次位移提交的地方拉取消息，由此在两次位移提交的窗口中出现了重复消费的现象。

commitSync()方法会根据 poll()方法拉取的最新位移来进行提交（注意提交的值对应于图 3-6 中 position 的位置），只要没有发生不可恢复的错误（Unrecoverable Error），它就会阻塞消费者线程直至位移提交完成。对于不可恢复的错误，比如 CommitFailedException、WakeupException、InterruptException、AuthenticationException、AuthorizationException 等，我们可以将其捕获并做针对性的处理。

对于采用 commitSync()的无参方法而言，它提交消费位移的频率和拉取批次消息、处理批次消息的频率是一样的，如果想寻求更细粒度的、更精准的提交，那么就需要使用 commitSync()的另一个含参方法，具体定义如下：

```
public void commitSync(final Map<TopicPartition, OffsetAndMetadata> offsets)
```

该方法提供了一个 `offsets` 参数，用来提交指定分区的位移。无参的 commitSync()方法只能提交当前批次对应的 position 值。如果需要提交一个中间值，比如业务每消费一条消息就提交一次位移，那么就可以使用这种方式，我们来看一下代码示例，如代码清单 3-3 所示。

代码清单 3-3　带参数的同步位移提交

```
while (isRunning.get()) {
    ConsumerRecords<String, String> records = consumer.poll(1000);
    for (ConsumerRecord<String, String> record : records) {
        //do some logical processing.
        long offset = record.offset();
        TopicPartition partition =
                new TopicPartition(record.topic(), record.partition());
        consumer.commitSync(Collections
                .singletonMap(partition, new OffsetAndMetadata(offset + 1)));
    }
}
```

在实际应用中，很少会有这种每消费一条消息就提交一次消费位移的必要场景。commitSync()方法本身是同步执行的，会耗费一定的性能，而示例中的这种提交方式会将性能拉到一个相当低的点。更多时候是按照分区的粒度划分提交位移的界限，这里我们就要用到了 3.2.4 节中提及的 ConsumerRecords 类的 partitions()方法和 records(TopicPartition)方法，关键示例代码如代码清单 3-4 所示（修改自 KafkaConsumer 源码中的示例，注意代码中加粗的部分）。

代码清单 3-4　按分区粒度同步提交消费位移

```
try {
    while (isRunning.get()) {
        ConsumerRecords<String, String> records = consumer.poll(1000);
        for (TopicPartition partition : records.partitions()) {
            List<ConsumerRecord<String, String>> partitionRecords =
                    records.records(partition);
            for (ConsumerRecord<String, String> record : partitionRecords) {
                //do some logical processing.
            }
            long lastConsumedOffset = partitionRecords
                    .get(partitionRecords.size() - 1).offset();
            consumer.commitSync(Collections.singletonMap(partition,
                    new OffsetAndMetadata(lastConsumedOffset + 1)));
```

```
        }
    }
} finally {
    consumer.close();
}
```

与 commitSync() 方法相反，异步提交的方式（commitAsync()）在执行的时候消费者线程不
会被阻塞，可能在提交消费位移的结果还未返回之前就开始了新一次的拉取操作。异步提交可
以使消费者的性能得到一定的增强。commitAsync 方法有三个不同的重载方法，具体定义如下：

```
public void commitAsync()
public void commitAsync(OffsetCommitCallback callback)
public void commitAsync(final Map<TopicPartition, OffsetAndMetadata> offsets,
        OffsetCommitCallback callback)
```

第一个无参的方法和第三个方法中的 offsets 都很好理解，对照 commitSync() 方法即可。关
键的是这里的第二个方法和第三个方法中的 callback 参数，它提供了一个异步提交的回调方法，
当位移提交完成后会回调 OffsetCommitCallback 中的 onComplete() 方法。这里采用第二个方法
来演示回调函数的用法，关键代码如下：

```
while (isRunning.get()) {
    ConsumerRecords<String, String> records = consumer.poll(1000);
    for (ConsumerRecord<String, String> record : records) {
        //do some logical processing.
    }
    consumer.commitAsync(new OffsetCommitCallback() {
        @Override
        public void onComplete(Map<TopicPartition, OffsetAndMetadata> offsets,
                            Exception exception) {
            if (exception == null) {
                System.out.println(offsets);
            }else {
                log.error("fail to commit offsets {}", offsets, exception);
            }
        }
    });
}
```

commitAsync()提交的时候同样会有失败的情况发生，那么我们应该怎么处理呢？读者有可能想到的是重试，问题的关键也就在这里了。如果某一次异步提交的消费位移为 x，但是提交失败了，然后下一次又异步提交了消费位移为 x+y，这次成功了。如果这里引入了重试机制，前一次的异步提交的消费位移在重试的时候提交成功了，那么此时的消费位移又变为了 x。如果此时发生异常（或者再均衡），那么恢复之后的消费者（或者新的消费者）就会从 x 处开始消费消息，这样就发生了重复消费的问题。

为此我们可以设置一个递增的序号来维护异步提交的顺序，每次位移提交之后就增加序号相对应的值。在遇到位移提交失败需要重试的时候，可以检查所提交的位移和序号的值的大小，如果前者小于后者，则说明有更大的位移已经提交了，不需要再进行本次重试；如果两者相同，则说明可以进行重试提交。除非程序编码错误，否则不会出现前者大于后者的情况。

如果位移提交失败的情况经常发生，那么说明系统肯定出现了故障，在一般情况下，位移提交失败的情况很少发生，不重试也没有关系，后面的提交也会有成功的。重试会增加代码逻辑的复杂度，不重试会增加重复消费的概率。如果消费者异常退出，那么这个重复消费的问题就很难避免，因为这种情况下无法及时提交消费位移；如果消费者正常退出或发生再均衡的情况，那么可以在退出或再均衡执行之前使用同步提交的方式做最后的把关。

```
try {
    while (isRunning.get()) {
        //poll records and do some logical processing.
        consumer.commitAsync();
    }
} finally {
    try {
        consumer.commitSync();
    }finally {
        consumer.close();
    }
}
```

示例代码中加粗的部分是在消费者正常退出时为位移提交"把关"添加的。发生再均衡情况的"把关"会在 3.2.8 节中做详细介绍。

3.2.6　控制或关闭消费

KafkaConsumer 提供了对消费速度进行控制的方法，在有些应用场景下我们可能需要暂停某些分区的消费而先消费其他分区，当达到一定条件时再恢复这些分区的消费。KafkaConsumer

中使用 pause()和 resume()方法来分别实现暂停某些分区在拉取操作时返回数据给客户端和恢复某些分区向客户端返回数据的操作。这两个方法的具体定义如下：

```
public void pause(Collection<TopicPartition> partitions)
public void resume(Collection<TopicPartition> partitions)
```

KafkaConsumer 还提供了一个无参的 paused()方法来返回被暂停的分区集合，此方法的具体定义如下：

```
public Set<TopicPartition> paused()
```

之前的示例展示的都是使用一个 while 循环来包裹住 poll()方法及相应的消费逻辑，如何优雅地退出这个循环也很有考究。细心的读者可能注意到有些示例代码并不是以 while(true)的形式做简单的包裹，而是使用 while(isRunning.get())的方式，这样可以通过在其他地方设定 isRunning.set(false)来退出 while 循环。还有一种方式是调用 KafkaConsumer 的 wakeup()方法，wakeup()方法是 KafkaConsumer 中唯一可以从其他线程里安全调用的方法（KafkaConsumer 是非线程安全的，可以通过 3.2.10 节了解更多细节），调用 wakeup()方法后可以退出 poll()的逻辑，并抛出 WakeupException 的异常，我们也不需要处理 WakeupException 的异常，它只是一种跳出循环的方式。

跳出循环以后一定要显式地执行关闭动作以释放运行过程中占用的各种系统资源，包括内存资源、Socket 连接等。KafkaConsumer 提供了 close()方法来实现关闭，close()方法有三种重载方法，分别如下：

```
public void close()
public void close(Duration timeout)
@Deprecated
public void close(long timeout, TimeUnit timeUnit)
```

第二种方法是通过 timeout 参数来设定关闭方法的最长执行时间，有些内部的关闭逻辑会耗费一定的时间，比如设置了自动提交消费位移，这里还会做一次位移提交的动作；而第一种方法没有 timeout 参数，这并不意味着会无限制地等待，它内部设定了最长等待时间（30秒）；第三种方法已被标记为@Deprecated，可以不考虑。

一个相对完整的消费程序的逻辑可以参考下面的伪代码：

```
consumer.subscribe(Arrays.asList(topic));
try {
    while (running.get()) {
```

```
    //consumer.poll(***)
    //process the record.
    //commit offset.
    }
} catch (WakeupException e) {
    // ingore the error
} catch (Exception e){
    // do some logic process.
} finally {
    // maybe commit offset.
    consumer.close();
}
```

当关闭这个消费逻辑的时候，可以调用 consumer.wakeup()，也可以调用 isRunning.set(false)。

3.2.7　指定位移消费

在 3.2.5 节中我们讲述了如何进行消费位移的提交，正是有了消费位移的持久化，才使消费者在关闭、崩溃或者在遇到再均衡的时候，可以让接替的消费者能够根据存储的消费位移继续进行消费。

试想一下，当一个新的消费组建立的时候，它根本没有可以查找的消费位移。或者消费组内的一个新消费者订阅了一个新的主题，它也没有可以查找的消费位移。当__consumer_offsets主题中有关这个消费组的位移信息过期而被删除后，它也没有可以查找的消费位移。

在 Kafka 中每当消费者查找不到所记录的消费位移时，就会根据消费者客户端参数 auto.offset.reset 的配置来决定从何处开始进行消费，这个参数的默认值为"latest"，表示从分区末尾开始消费消息。参考图 3-9，按照默认的配置，消费者会从 9 开始进行消费（9 是下一条要写入消息的位置），更加确切地说是从 9 开始拉取消息。如果将 auto.offset.reset 参数配置为"earliest"，那么消费者会从起始处，也就是 0 开始消费。

举个例子，在 auto.offset.reset 参数默认的配置下，用一个新的消费组来消费主题 topic-demo 时，客户端会报出重置位移的提示信息，参考如下：

```
    [2018-08-18 18:13:16,029] INFO [Consumer clientId=consumer-1,
groupId=group.demo] Resetting offset for partition topic-demo-3 to offset 100.
    [2018-08-18 18:13:16,030] INFO [Consumer clientId=consumer-1,
groupId=group.demo] Resetting offset for partition topic-demo-0 to offset 100.
    [2018-08-18 18:13:16,030] INFO [Consumer clientId=consumer-1,
```

```
groupId=group.demo] Resetting offset for partition topic-demo-2 to offset 100.
    [2018-08-18 18:13:16,031] INFO [Consumer clientId=consumer-1,
groupId=group.demo] Resetting offset for partition topic-demo-1 to offset 100.
```

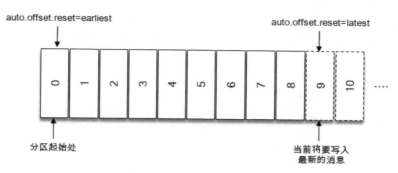

图 3-9　auto.offset.reset 配置

　　除了查找不到消费位移，位移越界也会触发 auto.offset.reset 参数的执行，这个在下面要讲述的 seek 系列的方法中会有相关的介绍。

　　auto.offset.reset 参数还有一个可配置的值——"none"，配置为此值就意味着出现查不到消费位移的时候，既不从最新的消息位置处开始消费，也不从最早的消息位置处开始消费，此时会报出 NoOffsetForPartitionException 异常，示例如下：

```
org.apache.kafka.clients.consumer.NoOffsetForPartitionException:    Undefined
offset with no reset policy for partitions: [topic-demo-3, topic-demo-0, topic-demo-2,
topic-demo-1].
```

　　如果能够找到消费位移，那么配置为"none"不会出现任何异常。如果配置的不是"latest"、"earliest"和"none"，则会报出 ConfigException 异常，示例如下：

```
org.apache.kafka.common.config.ConfigException: Invalid value any for
configuration auto.offset.reset: String must be one of: latest, earliest, none.
```

　　到目前为止，我们知道消息的拉取是根据 poll() 方法中的逻辑来处理的，这个 poll() 方法中的逻辑对于普通的开发人员而言是一个黑盒，无法精确地掌控其消费的起始位置。提供的 auto.offset.reset 参数也只能在找不到消费位移或位移越界的情况下粗粒度地从开头或末尾开始消费。有些时候，我们需要一种更细粒度的掌控，可以让我们从特定的位移处开始拉取消息，而 KafkaConsumer 中的 seek() 方法正好提供了这个功能，让我们得以追前消费或回溯消费。seek() 方法的具体定义如下：

```
public void seek(TopicPartition partition, long offset)
```

seek()方法中的参数 partition 表示分区，而 offset 参数用来指定从分区的哪个位置开始消费。seek()方法只能重置消费者分配到的分区的消费位置，而分区的分配是在 poll()方法的调用过程中实现的。也就是说，在执行 seek()方法之前需要先执行一次 poll()方法，等到分配到分区之后才可以重置消费位置。seek()方法的使用示例如代码清单 3-5 所示（只列出关键代码）。

代码清单 3-5　seek 方法的使用示例

```
KafkaConsumer<String, String> consumer = new KafkaConsumer<>(props);
consumer.subscribe(Arrays.asList(topic));
consumer.poll(Duration.ofMillis(10000));                      ①
Set<TopicPartition> assignment = consumer.assignment();       ②
for (TopicPartition tp : assignment) {
    consumer.seek(tp, 10);                                    ③
}
while (true) {
    ConsumerRecords<String, String> records =
            consumer.poll(Duration.ofMillis(1000));
    //consume the record.
}
```

上面示例中第③行设置了每个分区的消费位置为 10。第②行中的 assignment()方法是用来获取消费者所分配到的分区信息的，这个方法的具体定义如下：

```
public Set<TopicPartition> assignment()
```

如果我们将代码清单 3-5 中第①行 poll()方法的参数设置为 0，即这一行替换为：

```
consumer.poll(Duration.ofMillis(0));
```

在此之后，会发现 seek()方法并未有任何作用。因为当 poll()方法中的参数为 0 时，此方法立刻返回，那么 poll()方法内部进行分区分配的逻辑就会来不及实施。也就是说，消费者此时并未分配到任何分区，如此第②行中的 assignment 便是一个空列表，第③行代码也不会执行。那么这里的 timeout 参数设置为多少合适呢？太短会使分配分区的动作失败，太长又有可能造成一些不必要的等待。我们可以通过 KafkaConsumer 的 assignment()方法来判定是否分配到了相应的分区，参考下面的代码清单 3-6：

代码清单 3-6　seek()方法的另一种使用示例

```
KafkaConsumer<String, String> consumer = new KafkaConsumer<>(props);
consumer.subscribe(Arrays.asList(topic));
Set<TopicPartition> assignment = new HashSet<>();
while (assignment.size() == 0) {//如果不为 0，则说明已经成功分配到了分区
    consumer.poll(Duration.ofMillis(100));
    assignment = consumer.assignment();
}
for (TopicPartition tp : assignment) {
    consumer.seek(tp, 10);
}
while (true) {
    ConsumerRecords<String, String> records =
            consumer.poll(Duration.ofMillis(1000));
    //consume the record.
}
```

如果对未分配到的分区执行 seek()方法，那么会报出 IllegalStateException 的异常。类似在调用 subscribe()方法之后直接调用 seek()方法：

```
consumer.subscribe(Arrays.asList(topic));
consumer.seek(new TopicPartition(topic,0),10);
```

会报出如下的异常：

```
java.lang.IllegalStateException: No current assignment for partition
topic-demo-0
```

如果消费组内的消费者在启动的时候能够找到消费位移，除非发生位移越界，否则 auto.offset.reset 参数并不会奏效，此时如果想指定从开头或末尾开始消费，就需要 seek() 方法的帮助了，代码清单 3-7 用来指定从分区末尾开始消费。

代码清单 3-7　使用 seek()方法从分区末尾消费

```
KafkaConsumer<String, String> consumer = new KafkaConsumer<>(props);
consumer.subscribe(Arrays.asList(topic));
Set<TopicPartition> assignment = new HashSet<>();
while (assignment.size() == 0) {
    consumer.poll(Duration.ofMillis(100));
```

```
        assignment = consumer.assignment();
    }
    Map<TopicPartition, Long> offsets = consumer.endOffsets(assignment);  ①
    for (TopicPartition tp : assignment) {
        consumer.seek(tp, offsets.get(tp));                                ②
    }
```

代码清单 3-7 中第①行的 endOffsets()方法用来获取指定分区的末尾的消息位置，参考图 3-9 中 9 的位置，注意这里获取的不是 8，是将要写入最新消息的位置。endOffsets 的具体方法定义如下：

```
public Map<TopicPartition, Long> endOffsets(
        Collection<TopicPartition> partitions)
public Map<TopicPartition, Long> endOffsets(
        Collection<TopicPartition> partitions,
        Duration timeout)
```

其中 partitions 参数表示分区集合，而 timeout 参数用来设置等待获取的超时时间。如果没有指定 timeout 参数的值，那么 endOffsets()方法的等待时间由客户端参数 request.timeout.ms 来设置，默认值为 30000。与 endOffsets 对应的是 beginningOffsets() 方法，一个分区的起始位置起初是 0，但并不代表每时每刻都为 0，因为日志清理的动作会清理旧的数据，所以分区的起始位置会自然而然地增加，日志清理的相关细节可以参考 5.4 节。beginningOffsets()方法的具体定义如下：

```
public Map<TopicPartition, Long> beginningOffsets(
        Collection<TopicPartition> partitions)
public Map<TopicPartition, Long> beginningOffsets(
        Collection<TopicPartition> partitions,
        Duration timeout)
```

beginningOffsets()方法中的参数内容和含义都与 endOffsets()方法中的一样，配合这两个方法我们就可以从分区的开头或末尾开始消费。其实 KafkaConsumer 中直接提供了 seekToBeginning() 方法和 seekToEnd()方法来实现这两个功能，这两个方法的具体定义如下：

```
public void seekToBeginning(Collection<TopicPartition> partitions)
public void seekToEnd(Collection<TopicPartition> partitions)
```

有时候我们并不知道特定的消费位置，却知道一个相关的时间点，比如我们想要消费昨天

8 点之后的消息，这个需求更符合正常的思维逻辑。此时我们无法直接使用 seek()方法来追溯到相应的位置。KafkaConsumer 同样考虑到了这种情况，它提供了一个 offsetsForTimes()方法，通过 timestamp 来查询与此对应的分区位置。

```
public Map<TopicPartition, OffsetAndTimestamp> offsetsForTimes(
        Map<TopicPartition, Long> timestampsToSearch)
public Map<TopicPartition, OffsetAndTimestamp> offsetsForTimes(
        Map<TopicPartition, Long> timestampsToSearch,
        Duration timeout)
```

offsetsForTimes()方法的参数 timestampsToSearch 是一个 Map 类型，key 为待查询的分区，而 value 为待查询的时间戳，该方法会返回时间戳大于等于待查询时间的第一条消息对应的位置和时间戳，对应于 OffsetAndTimestamp 中的 offset 和 timestamp 字段。

下面的示例演示了 offsetsForTimes()和 seek()之间的使用方法，首先通过 offsetForTimes()方法获取一天之前的消息位置，然后使用 seek()方法追溯到相应位置开始消费，示例中的 assignment 变量和代码清单 3-7 中的一样，表示消费者分配到的分区集合。

```
Map<TopicPartition, Long> timestampToSearch = new HashMap<>();
for (TopicPartition tp : assignment) {
    timestampToSearch.put(tp, System.currentTimeMillis()-1*24*3600*1000);
}
Map<TopicPartition, OffsetAndTimestamp> offsets =
        consumer.offsetsForTimes(timestampToSearch);
for (TopicPartition tp : assignment) {
    OffsetAndTimestamp offsetAndTimestamp = offsets.get(tp);
    if (offsetAndTimestamp != null) {
        consumer.seek(tp, offsetAndTimestamp.offset());
    }
}
```

前面说过位移越界也会触发 auto.offset.reset 参数的执行，位移越界是指知道消费位置却无法在实际的分区中查找到，比如想要从图 3-9 中的位置 10 处拉取消息时就会发生位移越界。注意拉取图 3-9 中位置 9 处的消息时并未越界，这个位置代表特定的含义（LEO）。我们通过 seek()方法来演示发生位移越界时的情形，将代码清单 3-7 中的第②行代码修改为：

```
consumer.seek(tp, offsets.get(tp)+1);
```

此时客户端会报出如下的提示信息：

```
[2018-08-19 16:13:44,700] INFO [Consumer clientId=consumer-1,
groupId=group.demo] Fetch offset 101 is out of range for partition topic-demo-3,
resetting offset
    [2018-08-19 16:13:44,701] INFO [Consumer clientId=consumer-1,
groupId=group.demo] Fetch offset 101 is out of range for partition topic-demo-0,
resetting offset
    [2018-08-19 16:13:44,701] INFO [Consumer clientId=consumer-1,
groupId=group.demo] Fetch offset 101 is out of range for partition topic-demo-2,
resetting offset
    [2018-08-19 16:13:44,701] INFO [Consumer clientId=consumer-1,
groupId=group.demo] Fetch offset 101 is out of range for partition topic-demo-1,
resetting offset
    [2018-08-19 16:13:44,708] INFO [Consumer clientId=consumer-1,
groupId=group.demo] Resetting offset for partition topic-demo-3 to offset 100.
    [2018-08-19 16:13:44,708] INFO [Consumer clientId=consumer-1,
groupId=group.demo] Resetting offset for partition topic-demo-0 to offset 100.
    [2018-08-19 16:13:44,709] INFO [Consumer clientId=consumer-1,
groupId=group.demo] Resetting offset for partition topic-demo-2 to offset 100.
    [2018-08-19 16:13:44,713] INFO [Consumer clientId=consumer-1,
groupId=group.demo] Resetting offset for partition topic-demo-1 to offset 100.
```

通过上面加粗的提示信息可以了解到，原本拉取位置为 101（fetch offset 101），但已经越界了（out of range），所以此时会根据 `auto.offset.reset` 参数的默认值来将拉取位置重置（resetting offset）为 100，我们也能知道此时分区 topic-demo-3 中最大的消息 offset 为 99。

3.2.5 节中提及了 Kafka 中的消费位移是存储在一个内部主题中的，而本节的 seek()方法可以突破这一限制：消费位移可以保存在任意的存储介质中，例如数据库、文件系统等。以数据库为例，我们将消费位移保存在其中的一个表中，在下次消费的时候可以读取存储在数据表中的消费位移并通过 seek()方法指向这个具体的位置，伪代码如代码清单 3-8 所示。

代码清单 3-8 消费位移保存在 DB 中

```
consumer.subscribe(Arrays.asList(topic));
//省略 poll()方法及 assignment 的逻辑
for(TopicPartition tp: assignment){
    long offset = getOffsetFromDB(tp);//从 DB 中读取消费位移
    consumer.seek(tp, offset);
```

```
    }
while(true){
    ConsumerRecords<String, String> records =
            consumer.poll(Duration.ofMillis(1000));
    for (TopicPartition partition : records.partitions()) {
        List<ConsumerRecord<String, String>> partitionRecords =
                records.records(partition);
        for (ConsumerRecord<String, String> record : partitionRecords) {
            //process the record.
        }
        long lastConsumedOffset = partitionRecords
                .get(partitionRecords.size() - 1).offset();
        //将消费位移存储在 DB 中
        storeOffsetToDB(partition, lastConsumedOffset+1);
    }
}
```

seek()方法为我们提供了从特定位置读取消息的能力，我们可以通过这个方法来向前跳过若干消息，也可以通过这个方法来向后回溯若干消息，这样为消息的消费提供了很大的灵活性。seek()方法也为我们提供了将消费位移保存在外部存储介质中的能力，还可以配合再均衡监听器来提供更加精准的消费能力。

3.2.8　再均衡

再均衡是指分区的所属权从一个消费者转移到另一消费者的行为，它为消费组具备高可用性和伸缩性提供保障，使我们可以既方便又安全地删除消费组内的消费者或往消费组内添加消费者。不过在再均衡发生期间，消费组内的消费者是无法读取消息的。也就是说，在再均衡发生期间的这一小段时间内，消费组会变得不可用。另外，当一个分区被重新分配给另一个消费者时，消费者当前的状态也会丢失。比如消费者消费完某个分区中的一部分消息时还没有来得及提交消费位移就发生了再均衡操作，之后这个分区又被分配给了消费组内的另一个消费者，原来被消费完的那部分消息又被重新消费一遍，也就是发生了重复消费。一般情况下，应尽量避免不必要的再均衡的发生。

3.2.2 节中在讲述 subscribe()方法时提及再均衡监听器 ConsumerRebalanceListener，在 subscribe(Collection<String> topics, ConsumerRebalanceListener listener) 和 subscribe(Pattern pattern, ConsumerRebalanceListener listener)方法中都有它的身影。再均衡监听器用来设定发生再均衡动作前后的一些准备或收尾的动作。ConsumerRebalanceListener 是一个接口，包含 2 个方

法，具体的释义如下：

（1）void onPartitionsRevoked(Collection<TopicPartition> partitions)

这个方法会在再均衡开始之前和消费者停止读取消息之后被调用。可以通过这个回调方法来处理消费位移的提交，以此来避免一些不必要的重复消费现象的发生。参数 partitions 表示再均衡前所分配到的分区。

（2）void onPartitionsAssigned(Collection<TopicPartition> partitions)

这个方法会在重新分配分区之后和消费者开始读取消费之前被调用。参数 partitions 表示再均衡后所分配到的分区。

下面我们通过一个例子来演示 ConsumerRebalanceListener 的用法，具体内容如代码清单 3-9 所示。

代码清单 3-9　再均衡监听器的用法

```java
Map<TopicPartition, OffsetAndMetadata> currentOffsets = new HashMap<>();
consumer.subscribe(Arrays.asList(topic), new ConsumerRebalanceListener() {
    @Override
    public void onPartitionsRevoked(Collection<TopicPartition> partitions) {
        consumer.commitSync(currentOffsets);
        currentOffsets.clear();
    }
    @Override
    public void onPartitionsAssigned(Collection<TopicPartition> partitions) {
        //do nothing.
    }
});

try {
    while (isRunning.get()) {
        ConsumerRecords<String, String> records =
                consumer.poll(Duration.ofMillis(100));
        for (ConsumerRecord<String, String> record : records) {
            //process the record.
            currentOffsets.put(
                    new TopicPartition(record.topic(), record.partition()),
                    new OffsetAndMetadata(record.offset() + 1));
        }
        consumer.commitAsync(currentOffsets, null);
```

```
      }
  } finally {
      consumer.close();
  }
```

代码清单 3-9 中将消费位移暂存到一个局部变量 currentOffsets 中，这样在正常消费的时候可以通过 commitAsync() 方法来异步提交消费位移，在发生再均衡动作之前可以通过再均衡监听器的 onPartitionsRevoked() 回调执行 commitSync() 方法同步提交消费位移，以尽量避免一些不必要的重复消费。

再均衡监听器还可以配合外部存储使用。在代码清单 3-8 中，我们将消费位移保存在数据库中，这里可以通过再均衡监听器查找分配到的分区的消费位移，并且配合 seek() 方法来进一步优化代码逻辑，将代码清单 3-8 中的第一行代码修改为如下内容：

```
consumer.subscribe(Arrays.asList(topic), new ConsumerRebalanceListener() {
    @Override
    public void onPartitionsRevoked(Collection<TopicPartition> partitions) {
        //store offset in DB （storeOffsetToDB）
    }
    @Override
    public void onPartitionsAssigned(Collection<TopicPartition> partitions) {
        for(TopicPartition tp: partitions){
            consumer.seek(tp, getOffsetFromDB(tp));//从 DB 中读取消费位移
        }
    }
});
```

本节只是简单演示了再均衡监听器的用法，再均衡期间消费者客户端与 Kafka 服务端之间的交互逻辑及相关原理并不简单，更多的细节可以参考 7.2 节的内容。

3.2.9 消费者拦截器

2.1.5 节中讲述了生产者拦截器的使用，对应的消费者也有相应的拦截器的概念。消费者拦截器主要在消费到消息或在提交消费位移时进行一些定制化的操作。

与生产者拦截器对应的，消费者拦截器需要自定义实现 org.apache.kafka.clients.consumer. ConsumerInterceptor 接口。ConsumerInterceptor 接口包含 3 个方法：

- public ConsumerRecords<K, V> onConsume(ConsumerRecords<K, V> records)；
- public void onCommit(Map<TopicPartition, OffsetAndMetadata> offsets)；
- public void close()。

KafkaConsumer 会在 poll()方法返回之前调用拦截器的 onConsume()方法来对消息进行相应的定制化操作，比如修改返回的消息内容、按照某种规则过滤消息（可能会减少 poll()方法返回的消息的个数）。如果 onConsume()方法中抛出异常，那么会被捕获并记录到日志中，但是异常不会再向上传递。

KafkaConsumer 会在提交完消费位移之后调用拦截器的 onCommit()方法，可以使用这个方法来记录跟踪所提交的位移信息，比如当消费者使用 commitSync 的无参方法时，我们不知道提交的消费位移的具体细节，而使用拦截器的 onCommit()方法却可以做到这一点。

close()方法和 ConsumerInterceptor 的父接口中的 configure()方法与生产者的 ProducerInterceptor 接口中的用途一样，这里就不赘述了。

在某些业务场景中会对消息设置一个有效期的属性，如果某条消息在既定的时间窗口内无法到达，那么就会被视为无效，它也就不需要再被继续处理了。下面使用消费者拦截器来实现一个简单的消息 TTL（Time to Live，即过期时间）的功能。在代码清单 3-10 中，自定义的消费者拦截器 ConsumerInterceptorTTL 使用消息的 `timestamp` 字段来判定是否过期，如果消息的时间戳与当前的时间戳相差超过 10 秒则判定为过期，那么这条消息也就被过滤而不投递给具体的消费者。

代码清单 3-10 自定义的消费者拦截器

```java
public class ConsumerInterceptorTTL implements
        ConsumerInterceptor<String, String> {
    private static final long EXPIRE_INTERVAL = 10 * 1000;

    @Override
    public ConsumerRecords<String, String> onConsume(
            ConsumerRecords<String, String> records) {
        long now = System.currentTimeMillis();
        Map<TopicPartition, List<ConsumerRecord<String, String>>> newRecords
            = new HashMap<>();
        for (TopicPartition tp : records.partitions()) {
            List<ConsumerRecord<String, String>> tpRecords =
            records.records(tp);
            List<ConsumerRecord<String, String>> newTpRecords = new ArrayList<>();
            for (ConsumerRecord<String, String> record : tpRecords) {
```

```
            if (now - record.timestamp() < EXPIRE_INTERVAL) {
                newTpRecords.add(record);
            }
        }
        if (!newTpRecords.isEmpty()) {
            newRecords.put(tp, newTpRecords);
        }
    }
    return new ConsumerRecords<>(newRecords);
}

@Override
public void onCommit(Map<TopicPartition, OffsetAndMetadata> offsets) {
    offsets.forEach((tp, offset) ->
            System.out.println(tp + ":" + offset.offset()));
}

@Override
public void close() {}

@Override
public void configure(Map<String, ?> configs) {}
}
```

实现自定义的 ConsumerInterceptorTTL 之后，需要在 KafkaConsumer 中配置指定这个拦截器，这个指定的配置和 KafkaProducer 中的一样，也是通过 interceptor.classes 参数实现的，此参数的默认值为 “”。示例如下：

```
props.put(ConsumerConfig.INTERCEPTOR_CLASSES_CONFIG,
        ConsumerInterceptorTTL.class.getName());
```

我们在发送消息的时候修改 ProducerRecord 中的 timestamp 的值来使其变得超时，具体可以参考下面的示例：

```
ProducerRecord<String, String> record1 = new ProducerRecord<>(topic, 0, System
        .currentTimeMillis()-EXPIRE_INTERVAL, null, "first-expire-data");
producer.send(record1).get();
```

```
ProducerRecord<String, String> record2 = new ProducerRecord<>(topic, 0, System
        .currentTimeMillis(), null, "normal-data");
producer.send(record2).get();

ProducerRecord<String, String> record3 = new ProducerRecord<>(topic, 0, System
        .currentTimeMillis()-EXPIRE_INTERVAL, null, "last-expire-data");
producer.send(record3).get();
```

示例代码中一共发送了三条消息："first-expire-data""normal-data"和"last-expire-data"，其中第一条和第三条消息都被修改成超时了，那么此时消费者通过 poll()方法只能拉取到"normal-data"这一条消息，另外两条就被过滤了。

不过使用这种功能时需要注意的是：在使用类似代码清单 3-3 中这种带参数的位移提交的方式时，有可能提交了错误的位移信息。在一次消息拉取的批次中，可能含有最大偏移量的消息会被消费者拦截器过滤。有关消息 TTL 的更多内容可以参考 11.1 节。

在消费者中也有拦截链的概念，和生产者的拦截链一样，也是按照 interceptor.classes 参数配置的拦截器的顺序来一一执行的（配置的时候，各个拦截器之间使用逗号隔开）。同样也要提防"副作用"的发生。如果在拦截链中某个拦截器执行失败，那么下一个拦截器会接着从上一个执行成功的拦截器继续执行。

3.2.10　多线程实现

KafkaProducer 是线程安全的，然而 KafkaConsumer 却是非线程安全的。KafkaConsumer 中定义了一个 acquire()方法，用来检测当前是否只有一个线程在操作，若有其他线程正在操作则会抛出 ConcurrentModifcationException 异常：

```
java.util.ConcurrentModificationException: KafkaConsumer is not safe for
multi-threaded access.
```

KafkaConsumer 中的每个公用方法在执行所要执行的动作之前都会调用这个 acquire()方法，只有 wakeup()方法是个例外，具体用法可以参考 3.2.6 节。acquire ()方法的具体定义如下：

```
private final AtomicLong currentThread
    = new AtomicLong(NO_CURRENT_THREAD); //KafkaConsumer 中的成员变量

private void acquire() {
    long threadId = Thread.currentThread().getId();
```

```
if (threadId != currentThread.get() &&
        !currentThread.compareAndSet(NO_CURRENT_THREAD, threadId))
    throw new ConcurrentModificationException
            ("KafkaConsumer is not safe for multi-threaded access");
refcount.incrementAndGet();
}
```

acquire()方法和我们通常所说的锁（synchronized、Lock 等）不同，它不会造成阻塞等待，我们可以将其看作一个轻量级锁，它仅通过线程操作计数标记的方式来检测线程是否发生了并发操作，以此保证只有一个线程在操作。acquire()方法和 release()方法成对出现，表示相应的加锁和解锁操作。release()方法也很简单，具体定义如下：

```
private void release() {
    if (refcount.decrementAndGet() == 0)
        currentThread.set(NO_CURRENT_THREAD);
}
```

acquire()方法和 release()方法都是私有方法，因此在实际应用中不需要我们显式地调用，但了解其内部的机理之后可以促使我们正确、有效地编写相应的程序逻辑。

KafkaConsumer 非线程安全并不意味着我们在消费消息的时候只能以单线程的方式执行。如果生产者发送消息的速度大于消费者处理消息的速度，那么就会有越来越多的消息得不到及时的消费，造成了一定的延迟。除此之外，由于 Kafka 中消息保留机制的作用，有些消息有可能在被消费之前就被清理了，从而造成消息的丢失。我们可以通过多线程的方式来实现消息消费，多线程的目的就是为了提高整体的消费能力。多线程的实现方式有多种，第一种也是最常见的方式：线程封闭，即为每个线程实例化一个 KafkaConsumer 对象，如图 3-10 所示。

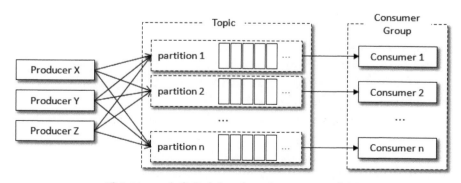

图 3-10　一个线程对应一个 KafkaConsumer 实例

一个线程对应一个 KafkaConsumer 实例，我们可以称之为消费线程。一个消费线程可以消费一个或多个分区中的消息，所有的消费线程都隶属于同一个消费组。这种实现方式的并发度受限于分区的实际个数，根据 3.1 节中介绍的消费者与分区数的关系，当消费线程的个数大于分区数时，就有部分消费线程一直处于空闲的状态。

与此对应的第二种方式是多个消费线程同时消费同一个分区，这个通过 assign()、seek()等方法实现，这样可以打破原有的消费线程的个数不能超过分区数的限制，进一步提高了消费的能力。不过这种实现方式对于位移提交和顺序控制的处理就会变得非常复杂，实际应用中使用得极少，笔者也并不推荐。一般而言，分区是消费线程的最小划分单位。下面我们通过实际编码来演示第一种多线程消费实现的方式，详细示例参考如代码清单 3-11 所示。

代码清单 3-11　第一种多线程消费实现方式

```java
public class FirstMultiConsumerThreadDemo {
    public static final String brokerList = "localhost:9092";
    public static final String topic = "topic-demo";
    public static final String groupId = "group.demo";

    public static Properties initConfig(){
        Properties props = new Properties();
        props.put(ConsumerConfig.KEY_DESERIALIZER_CLASS_CONFIG,
                StringDeserializer.class.getName());
        props.put(ConsumerConfig.VALUE_DESERIALIZER_CLASS_CONFIG,
                StringDeserializer.class.getName());
        props.put(ConsumerConfig.BOOTSTRAP_SERVERS_CONFIG, brokerList);
        props.put(ConsumerConfig.GROUP_ID_CONFIG, groupId);
        props.put(ConsumerConfig.ENABLE_AUTO_COMMIT_CONFIG, true);
        return props;
    }

    public static void main(String[] args) {
        Properties props = initConfig();
        int consumerThreadNum = 4;
        for(int i=0;i<consumerThreadNum;i++) {
            new KafkaConsumerThread(props,topic).start();
        }
    }

    public static class KafkaConsumerThread extends Thread{
```

```java
private KafkaConsumer<String, String> kafkaConsumer;

public KafkaConsumerThread(Properties props, String topic) {
    this.kafkaConsumer = new KafkaConsumer<>(props);
    this.kafkaConsumer.subscribe(Arrays.asList(topic));
}

@Override
public void run(){
    try {
        while (true) {
            ConsumerRecords<String, String> records =
                kafkaConsumer.poll(Duration.ofMillis(100));
            for (ConsumerRecord<String, String> record : records) {
                //处理消息模块                                    ①
            }
        }
    } catch (Exception e) {
        e.printStackTrace();
    } finally {
        kafkaConsumer.close();
    }
}
```

内部类 KafkaConsumerThread 代表消费线程，其内部包裹着一个独立的 KafkaConsumer 实例。通过外部类的 main()方法来启动多个消费线程，消费线程的数量由 consumerThreadNum 变量指定。一般一个主题的分区数事先可以知晓，可以将 consumerThreadNum 设置成不大于分区数的值，如果不知道主题的分区数，那么也可以通过 KafkaConsumer 类的 partitionsFor()方法来间接获取，进而再设置合理的 consumerThreadNum 值。

上面这种多线程的实现方式和开启多个消费进程的方式没有本质上的区别，它的优点是每个线程可以按顺序消费各个分区中的消息。缺点也很明显，每个消费线程都要维护一个独立的 TCP 连接，如果分区数和 consumerThreadNum 的值都很大，那么会造成不小的系统开销。

参考代码清单 3-11 中的第①行，如果这里对消息的处理非常迅速，那么 poll()拉取的频次也会更高，进而整体消费的性能也会提升；相反，如果在这里对消息的处理缓慢，比如进行一个事务性操作，或者等待一个 RPC 的同步响应，那么 poll()拉取的频次也会随之下降，进而造成整体消费性能的下降。一般而言，poll()拉取消息的速度是相当快的，而整体消费的瓶颈也正是在处理消息这一块，如果我们通过一定的方式来改进这一部分，那么我们就能带动整体消费性能的提升。参考图 3-11，考虑第三种实现方式，将处理消息模块改成多线程的实现方式，具体实现如代码清单 3-12 所示。

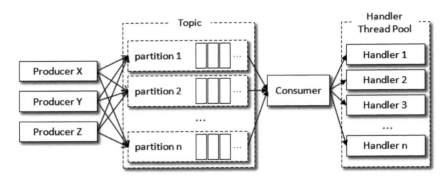

图 3-11   第三种多线程消费实现方式

代码清单 3-12   第三种多线程消费实现方式

```java
public class ThirdMultiConsumerThreadDemo {
    public static final String brokerList = "localhost:9092";
    public static final String topic = "topic-demo";
    public static final String groupId = "group.demo";

    //省略 initConfig()方法，具体请参考代码清单 3-11
    public static void main(String[] args) {
        Properties props = initConfig();
        KafkaConsumerThread consumerThread =
                new KafkaConsumerThread(props, topic,
                Runtime.getRuntime().availableProcessors());
        consumerThread.start();
    }

    public static class KafkaConsumerThread extends Thread {
        private KafkaConsumer<String, String> kafkaConsumer;
        private ExecutorService executorService;
        private int threadNumber;
```

```java
public KafkaConsumerThread(Properties props,
        String topic, int threadNumber) {
    kafkaConsumer = new KafkaConsumer<>(props);
    kafkaConsumer.subscribe(Collections.singletonList(topic));
    this.threadNumber = threadNumber;
    executorService = new ThreadPoolExecutor(threadNumber, threadNumber,
            0L, TimeUnit.MILLISECONDS, new ArrayBlockingQueue<>(1000),
            new ThreadPoolExecutor.CallerRunsPolicy());
}

@Override
public void run() {
    try {
        while (true) {
            ConsumerRecords<String, String> records =
                    kafkaConsumer.poll(Duration.ofMillis(100));
            if (!records.isEmpty()) {
                executorService.submit(new RecordsHandler(records));
            }                                                             ①
        }
    } catch (Exception e) {
        e.printStackTrace();
    } finally {
        kafkaConsumer.close();
    }
}

}

public static class RecordsHandler extends Thread{
    public final ConsumerRecords<String, String> records;

    public RecordsHandler(ConsumerRecords<String, String> records) {
        this.records = records;
    }

    @Override
    public void run(){
```

```
        //处理 records.
    }
  }
}
```

代码清单 3-12 中的 RecordHandler 类是用来处理消息的，而 KafkaConsumerThread 类对应的是一个消费线程，里面通过线程池的方式来调用 RecordHandler 处理一批批的消息。注意 KafkaConsumerThread 类中 ThreadPoolExecutor 里的最后一个参数设置的是 CallerRunsPolicy()，这样可以防止线程池的总体消费能力跟不上 poll()拉取的能力，从而导致异常现象的发生。第三种实现方式还可以横向扩展，通过开启多个 KafkaConsumerThread 实例来进一步提升整体的消费能力。

第三种实现方式相比第一种实现方式而言，除了横向扩展的能力，还可以减少 TCP 连接对系统资源的消耗，不过缺点就是对于消息的顺序处理就比较困难了。在代码清单 3-11 中的 initConfig()方法里笔者特意加了一个配置：

```
props.put(ConsumerConfig.ENABLE_AUTO_COMMIT_CONFIG, true);
```

这样旨在说明在具体实现的时候并没有考虑位移提交的情况。对于第一种实现方式而言，如果要做具体的位移提交，它的具体实现和 3.2.5 节讲述的位移提交没有什么区别，直接在 KafkaConsumerThread 中的 run()方法里实现即可。而对于第三种实现方式，这里引入一个共享变量 offsets 来参与提交，如图 3-12 所示。

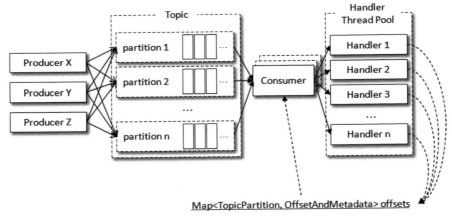

图 3-12　带有具体位移提交的第三种实现方式

每一个处理消息的 RecordHandler 类在处理完消息之后都将对应的消费位移保存到共享变量 offsets 中，KafkaConsumerThread 在每一次 poll()方法之后都读取 offsets 中的内容并对其进行位移提交。注意在实现的过程中对 offsets 读写需要加锁处理，防止出现并发问题。并且在写入 offsets 的时候需要注意位移覆盖的问题，针对这个问题，可以将 RecordHandler 类中的 run()方法实现改为如下内容（参考代码清单 3-4）：

```
for (TopicPartition tp : records.partitions()) {
    List<ConsumerRecord<String, String>> tpRecords = records.records(tp);
    //处理 tpRecords.
    long lastConsumedOffset = tpRecords.get(tpRecords.size() - 1).offset();
    synchronized (offsets) {
        if (!offsets.containsKey(tp)) {
            offsets.put(tp, new OffsetAndMetadata(lastConsumedOffset + 1));
        }else {
            long position = offsets.get(tp).offset();
            if (position < lastConsumedOffset + 1) {
                offsets.put(tp, new OffsetAndMetadata(lastConsumedOffset + 1));
            }
        }
    }
}
```

对应的位移提交实现可以添加在代码清单 3-12 中 KafkaConsumerThread 类的第①行代码下方，具体实现参考如下：

```
synchronized (offsets) {
    if (!offsets.isEmpty()) {
        kafkaConsumer.commitSync(offsets);
    }
}
```

读者可以细想一下这样实现是否万无一失？其实这种位移提交的方式会有数据丢失的风险。对于同一个分区中的消息，假设一个处理线程 RecordHandler1 正在处理 offset 为 0～99 的消息，而另一个处理线程 RecordHandler2 已经处理完了 offset 为 100～199 的消息并进行了位移提交，此时如果 RecordHandler1 发生异常，则之后的消费只能从 200 开始而无法再次消费 0～99 的消息，从而造成了消息丢失的现象。这里虽然针对位移覆盖做了一定的处理，但还没有解决异常情况下的位移覆盖问题。对此就要引入更加复杂的处理机制，这里再提供一种解决思路，参考图 3-13，总体结构上是基于滑动窗口实现的。对于第三种实现方式而言，它所呈现的结构是通过消费者拉取分批次的消息，然后提交给多线程进行处理，而这里的滑动窗口式的实现方式是将拉取到的消息暂存起来，多个消费线程可以拉取暂存的消息，这个用于暂存消息的缓存大小即为滑动窗口的大小，总体上而言没有太多的变化，不同的是对于消费位移的把控。

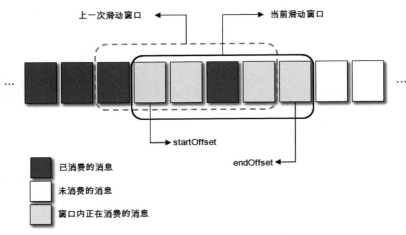

图 3-13 滑动窗口式多线程消费实现方式

如图 3-13 所示，每一个方格代表一个批次的消息，一个滑动窗口包含若干方格，startOffset 标注的是当前滑动窗口的起始位置，endOffset 标注的是末尾位置。每当 startOffset 指向的方格中的消息被消费完成，就可以提交这部分的位移，与此同时，窗口向前滑动一格，删除原来 startOffset 所指方格中对应的消息，并且拉取新的消息进入窗口。滑动窗口的大小固定，所对应的用来暂存消息的缓存大小也就固定了，这部分内存开销可控。方格大小和滑动窗口的大小同时决定了消费线程的并发数：一个方格对应一个消费线程，对于窗口大小固定的情况，方格越小并行度越高；对于方格大小固定的情况，窗口越大并行度越高。不过，若窗口设置得过大，不仅会增大内存的开销，而且在发生异常（比如 Crash）的情况下也会引起大量的重复消费，同时还考虑线程切换的开销，建议根据实际情况设置一个合理的值，不管是对于方格还是窗口而言，过大或过小都不合适。

如果一个方格内的消息无法被标记为消费完成，那么就会造成 startOffset 的悬停。为了使窗口能够继续向前滑动，那么就需要设定一个阈值，当 startOffset 悬停一定的时间后就对这部分消息进行本地重试消费，如果重试失败就转入重试队列，如果还不奏效就转入死信队列，有关 Kafka 中重试队列和死信队列的实现可以参考 11.3 节。真实应用中无法消费的情况极少，一般是由业务代码的处理逻辑引起的，比如消息中的内容格式与业务处理的内容格式不符，无法对这条消息进行决断，这种情况可以通过优化代码逻辑或采取丢弃策略来避免。如果需要消息高度可靠，也可以将无法进行业务逻辑的消息（这类消息可以称为死信）存入磁盘、数据库或 Kafka，然后继续消费下一条消息以保证整体消费进度合理推进，之后可以通过一个额外的处理任务来分析死信进而找出异常的原因。

3.2.11　重要的消费者参数

在 KafkaConsumer 中，除了 3.2.1 节提及的 4 个默认的客户端参数，大部分的参数都有合理的默认值，一般我们也不需要去修改它们。不过了解这些参数可以让我们更好地使用消费者客户端，其中还有一些重要的参数涉及程序的可用性和性能，如果能够熟练掌握它们，也可以让我们在编写相关的程序时能够更好地进行性能调优与故障排查。下面挑选一些重要的参数来做细致的讲解。

1. fetch.min.bytes

该参数用来配置 Consumer 在一次拉取请求（调用 poll()方法）中能从 Kafka 中拉取的最小数据量，默认值为 1（B）。Kafka 在收到 Consumer 的拉取请求时，如果返回给 Consumer 的数据量小于这个参数所配置的值，那么它就需要进行等待，直到数据量满足这个参数的配置大小。可以适当调大这个参数的值以提高一定的吞吐量，不过也会造成额外的延迟（latency），对于延迟敏感的应用可能就不可取了。

2. fetch.max.bytes

该参数与 `fetch.min.bytes` 参数对应，它用来配置 Consumer 在一次拉取请求中从 Kafka 中拉取的最大数据量，默认值为 52428800（B），也就是 50MB。如果这个参数设置的值比任何一条写入 Kafka 中的消息要小，那么会不会造成无法消费呢？很多资料对此参数的解读认为是无法消费的，比如一条消息的大小为 10B，而这个参数的值是 1（B），既然此参数设定的值是一次拉取请求中所能拉取的最大数据量，那么显然 1B<10B，所以无法拉取。这个观点是错误的，该参数设定的不是绝对的最大值，如果在第一个非空分区中拉取的第一条消息大于该值，那么该消息将仍然返回，以确保消费者继续工作。也就是说，上面问题的答案是可以正常消费。与此相关的，Kafka 中所能接收的最大消息的大小通过服务端参数 `message.max.bytes`（对应于主题端参数 `max.message.bytes`）来设置。

3. fetch.max.wait.ms

这个参数也和 `fetch.min.bytes` 参数有关，如果 Kafka 仅仅参考 `fetch.min.bytes` 参数的要求，那么有可能会一直阻塞等待而无法发送响应给 Consumer，显然这是不合理的。`fetch.max.wait.ms` 参数用于指定 Kafka 的等待时间，默认值为 500（ms）。如果 Kafka 中没有足够多的消息而满足不了 `fetch.min.bytes` 参数的要求，那么最终会等待 500ms。这个参数的设定和 Consumer 与 Kafka 之间的延迟也有关系，如果业务应用对延迟敏感，那么可以适当调小这个参数。

4. max.partition.fetch.bytes

这个参数用来配置从每个分区里返回给 Consumer 的最大数据量，默认值为 1048576（B），即 1MB。这个参数与 `fetch.max.bytes` 参数相似，只不过前者用来限制一次拉取中每个分区的消息大小，而后者用来限制一次拉取中整体消息的大小。同样，如果这个参数设定的值比消息的大小要小，那么也不会造成无法消费，Kafka 为了保持消费逻辑的正常运转不会对此做强硬的限制。

5. max.poll.records

这个参数用来配置 Consumer 在一次拉取请求中拉取的最大消息数，默认值为 500（条）。如果消息的大小都比较小，则可以适当调大这个参数值来提升一定的消费速度。

6. connections.max.idle.ms

这个参数用来指定在多久之后关闭闲置的连接，默认值是 540000（ms），即 9 分钟。

7. exclude.internal.topics

Kafka 中有两个内部的主题：__consumer_offsets 和 __transaction_state。exclude.internal.topics 用来指定 Kafka 中的内部主题是否可以向消费者公开，默认值为 true。如果设置为 true，那么只能使用 subscribe(Collection)的方式而不能使用 subscribe(Pattern)的方式来订阅内部主题，设置为 false 则没有这个限制。

8. receive.buffer.bytes

这个参数用来设置 Socket 接收消息缓冲区（SO_RECBUF）的大小，默认值为 65536（B），即 64KB。如果设置为-1，则使用操作系统的默认值。如果 Consumer 与 Kafka 处于不同的机房，则可以适当调大这个参数值。

9. send.buffer.bytes

这个参数用来设置 Socket 发送消息缓冲区（SO_SNDBUF）的大小，默认值为 131072（B），即 128KB。与 `receive.buffer.bytes` 参数一样，如果设置为-1，则使用操作系统的默认值。

10. request.timeout.ms

这个参数用来配置 Consumer 等待请求响应的最长时间，默认值为 30000（ms）。

11. metadata.max.age.ms

这个参数用来配置元数据的过期时间，默认值为 300000（ms），即 5 分钟。如果元数据在此参数所限定的时间范围内没有进行更新，则会被强制更新，即使没有任何分区变化或有新的 broker 加入。

12. reconnect.backoff.ms

这个参数用来配置尝试重新连接指定主机之前的等待时间（也称为退避时间），避免频繁地连接主机，默认值为 50（ms）。这种机制适用于消费者向 broker 发送的所有请求。

13. retry.backoff.ms

这个参数用来配置尝试重新发送失败的请求到指定的主题分区之前的等待（退避）时间，避免在某些故障情况下频繁地重复发送，默认值为 100（ms）。

14. isolation.level

这个参数用来配置消费者的事务隔离级别。字符串类型，有效值为 "read_uncommitted" 和 "read_committed"，表示消费者所消费到的位置，如果设置为 "read_committed"，那么消费者就会忽略事务未提交的消息，即只能消费到 LSO（LastStableOffset）的位置，默认情况下为 "read_uncommitted"，即可以消费到 HW（High Watermark）处的位置。有关事务和 LSO 的内容可以分别参考 7.4 节和 10.2 节。

还有一些消费者参数在本节没有提及，这些参数同样非常重要，它们需要用单独的章节或场景中描述。部分参数在前面的章节内容中已经提及，比如 `boostrap.servers`；还有部分参数会在后面的章节内容中提及，比如 `heartbeat.interval.ms`。表 3-1 罗列了部分消费者客户端的重要参数。

表 3-1　部分消费者客户端的重要参数

参 数 名 称	默 认 值	参 数 释 义
bootstrap.servers	" "	指定连接 Kafka 集群所需的 broker 地址清单，详细参考 3.1 节
key.deserializer		消息中 key 所对应的反序列化类，需要实现 org.apache.kafka.common.serialization.Deserializer 接口，详细参考 3.2.3 节
value.deserializer		消息中 key 所对应的反序列化类，需要实现 org.apache.kafka.common.serialization.Deserializer 接口，详细参考 3.2.3 节
group.id	" "	此消费者所隶属的消费组的唯一标识，即消费组的名称，详细参考 3.1 节
client.id	" "	消费者客户端的 id。详细参考 3.1 节
heartbeat.interval.ms	3000	当使用 Kafka 的分组管理功能时，心跳到消费者协调器之间的预计时间。心跳用于确保消费者的会话保持活动状态，当有新消费者加入或离开组时方便重新平衡。该值必须比 session.timeout.ms 小，通常不高于 1/3。它可以调整得更低，以控制正常重新平衡的预期时间，详细参考 7.2.2 节

续表

参 数 名 称	默 认 值	参 数 释 义
session.timeout.ms	10000	组管理协议中用来检测消费者是否失效的超时时间，详细参考 7.2.2 节
max.poll.interval.ms	300000	当通过消费组管理消费者时，该配置指定拉取消息线程最长空闲时间，若超过这个时间间隔还没有发起 poll 操作，则消费组认为该消费者已离开了消费组，将进行再均衡操作，详细参考 7.2.2 节
auto.offset.reset	latest	参数值为字符串类型，有效值为"earliest""latest""none"，配置为其余值会报出异常，详细参考 3.2.7 节
enable.auto.commit	true	boolean 类型，配置是否开启自动提交消费位移的功能，默认开启，详细参考 3.2.5 节
auto.commit.interval.ms	5000	当 enbale.auto.commit 参数设置为 true 时才生效，表示开启自动提交消费位移功能时自动提交消费位移的时间间隔，详细参考 3.2.5 节
partition.assignment.strategy	org.apache.kafka.clients.consumer.RangeAssignor	消费者的分区分配策略，详细参考 7.1 节
interceptor.class	""	用来配置消费者客户端的拦截器，详细参考 3.2.9 节

3.3 总结

本章主要讲述了消费者和消费组的概念，以及如何正确使用 KafkaConsumer。具体的内容还包括参数配置的讲解、订阅、反序列化、位移提交、再均衡、消费者拦截器、多线程的使用。不过本章并没有同前一章的生产者一样讲述具体的原理，因为考虑到 KafkaConsumer 内部实现相对复杂，具体的原理讲述篇幅较长，故将相关的内容编排到第 7 章中，如果读者迫切地想要了解这部分的知识，可以直接跳转到第 7 章进行阅读。

第 4 章
主题与分区

主题和分区是 Kafka 的两个核心概念，前面章节中讲述的生产者和消费者的设计理念所针对的都是主题和分区层面的操作。主题作为消息的归类，可以再细分为一个或多个分区，分区也可以看作对消息的二次归类。分区的划分不仅为 Kafka 提供了可伸缩性、水平扩展的功能，还通过多副本机制来为 Kafka 提供数据冗余以提高数据可靠性。

从 Kafka 的底层实现来说，主题和分区都是逻辑上的概念，分区可以有一至多个副本，每个副本对应一个日志文件，每个日志文件对应一至多个日志分段（LogSegment），每个日志分段还可以细分为索引文件、日志存储文件和快照文件等。不过对于使用 Kafka 进行消息收发的普通用户而言，了解到分区这一层面足以应对大部分的使用场景。本章只针对主题与分区这一层面的内容进行讲解，更底层的内容会在第 5 章中进行详述。

本章包括以下几个要点：

- 主题的管理；
- 初识 KafkaAdminClient；
- 分区的管理；
- 分区数的选择。

4.1 主题的管理

主题的管理包括创建主题、查看主题信息、修改主题和删除主题等操作。可以通过 Kafka 提供的 kafka-topics.sh 脚本来执行这些操作，这个脚本位于$KAFKA_HOME/bin/目录下，其核心代码仅有一行，具体如下：

```
exec $(dirname $0)/kafka-run-class.sh kafka.admin.TopicCommand "$@"
```

可以看到其实质上是调用了 kafka.admin.TopicCommand 类来执行主题管理的操作。

主题的管理并非只有使用 kafka-topics.sh 脚本这一种方式，我们还可以通过 KafkaAdminClient 的方式实现（这种方式实质上是通过发送 CreateTopicsRequest、DeleteTopicsRequest 等请求来实现的，对于 XXXRequest 系列的细节在 6.1 节中会有详细的介绍），甚至我们还可以通过直接操纵日志文件和 ZooKeeper 节点来实现。下面按照创建主题、查看主题信息、修改主题、删除主题的顺序来介绍其中的操作细节。

4.1.1 创建主题

如果 broker 端配置参数 auto.create.topics.enable 设置为 true（默认值就是 true），那么当生产者向一个尚未创建的主题发送消息时，会自动创建一个分区数为 num.partitions（默认值为 1）、副本因子为 default.replication.factor（默认值为 1）的主题。除此之外，当一个消费者开始从未知主题中读取消息时，或者当任意一个客户端向未知主题发送元数据请求时，都会按照配置参数 num.partitions 和 default.replication.factor 的值来创建一个相应的主题。很多时候，这种自动创建主题的行为都是非预期的。除非有特殊应用需求，否则不建议将 auto.create.topics.enable 参数设置为 true，这个参数会增加主题的管理与维护的难度。

更加推荐也更加通用的方式是通过 kafka-topics.sh 脚本来创建主题。在 1.3 节演示消息的生产与消费时就通过这种方式创建了一个分区数为 4、副本因子为 3 的主题 topic-demo。下面通过创建另一个主题 topic-create 来回顾一下这种创建主题的方式，示例如下：

```
[root@node1 kafka_2.11-2.0.0]# bin/kafka-topics.sh --zookeeper localhost:2181/kafka
--create --topic topic-create --partitions 4 --replication-factor 2
Created topic "topic-create". #此为控制台执行的输出结果
```

上面的示例中创建了一个分区数为 4、副本因子为 2 的主题。示例中的环境是一个包含 3 个 broker 节点的集群，每个节点的名称和 brokerId 的对照关系如下：

```
node1 brokerId=0
node2 brokerId=1
node3 brokerId=2
```

在执行完脚本之后，Kafka 会在 log.dir 或 log.dirs 参数所配置的目录下创建相应的主题分区，默认情况下这个目录为/tmp/kafka-logs/。我们来查看一下 node1 节点中创建的主题分区，参考如下：

```
[root@node1 kafka_2.11-2.0.0]# ls -al /tmp/kafka-logs/ | grep topic-create
drwxr-xr-x    2 root root 4096 Sep  8 15:54 topic-create-0
drwxr-xr-x    2 root root 4096 Sep  8 15:54 topic-create-1
```

可以看到 node1 节点中创建了 2 个文件夹 topic-create-0 和 topic-create-1，对应主题 topic-create 的 2 个分区编号为 0 和 1 的分区，命名方式可以概括为<topic>-<partition>。严谨地说，其实<topic>-<partition>这类文件夹对应的不是分区，分区同主题一样是一个逻辑的概念而没有物理上的存在。并且这里我们也只是看到了 2 个分区，而我们创建的是 4 个分区，其余 2 个分区被分配到了 node2 和 node3 节点中，参考如下：

```
[root@node2 kafka_2.11-2.0.0]# ls -al /tmp/kafka-logs/ |grep topic-create
drwxr-xr-x    2 root root   4096 Sep  8 15:49 topic-create-1
drwxr-xr-x    2 root root   4096 Sep  8 15:49 topic-create-2
drwxr-xr-x    2 root root   4096 Sep  8 15:49 topic-create-3
[root@node3 kafka_2.11-2.0.0]# ls -al /tmp/kafka-logs/ |grep topic-create
drwxr-xr-x    2 root root 4096 Sep  8 07:54 topic-create-0
drwxr-xr-x    2 root root 4096 Sep  8 07:54 topic-create-2
drwxr-xr-x    2 root root 4096 Sep  8 07:54 topic-create-3
```

三个 broker 节点一共创建了 8 个文件夹，这个数字 8 实质上是分区数 4 与副本因子 2 的乘积。每个副本（或者更确切地说应该是日志，副本与日志一一对应）才真正对应了一个命名形式如<topic>-<partition>的文件夹。

主题、分区、副本和 Log（日志）的关系如图 4-1 所示，主题和分区都是提供给上层用户的抽象，而在副本层面或更加确切地说是 Log 层面才有实际物理上的存在。同一个分区中的多个副本必须分布在不同的 broker 中，这样才能提供有效的数据冗余。对于示例中的分区数为 4、副本因子为 2、broker 数为 3 的情况下，按照 2、3、3 的分区副本个数分配给各个 broker 是最优的选择。再比如在分区数为 3、副本因子为 3，并且 broker 数同样为 3 的情况下，分配 3、3、3 的分区副本个数给各个 broker 是最优的选择，也就是每个 broker 中都拥有所有分区的一个副本。

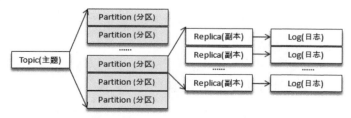

图 4-1　主题、分区、副本和 Log 之间的关系

我们不仅可以通过日志文件的根目录来查看集群中各个 broker 的分区副本的分配情况，还可以通过 ZooKeeper 客户端来获取。当创建一个主题时会在 ZooKeeper 的 /brokers/topics/ 目录下创建一个同名的实节点，该节点中记录了该主题的分区副本分配方案。示例如下：

```
[zk: localhost:2181/kafka(CONNECTED) 2] get /brokers/topics/topic-create
{"version":1,"partitions":{"2":[1,2],"1":[0,1],"3":[2,1],"0":[2,0]}}
```

示例数据中的"2":[1,2]表示分区 2 分配了 2 个副本，分别在 brokerId 为 1 和 2 的 broker 节点中。

回顾一下 1.3 节中提及的知识点：kafka-topics.sh 脚本中的 zookeeper、partitions、replication-factor 和 topic 这 4 个参数分别代表 ZooKeeper 连接地址、分区数、副本因子和主题名称。另一个 create 参数表示的是创建主题的指令类型，在 kafka-topics.sh 脚本中对应的还有 list、describe、alter 和 delete 这 4 个同级别的指令类型，每个类型所需要的参数也不尽相同。

还可以通过 describe 指令类型来查看分区副本的分配细节，示例如下：

```
[root@node1      kafka_2.11-2.0.0]#      bin/kafka-topics.sh      --zookeeper
localhost:2181/kafka --describe --topic topic-create
Topic:topic-create    PartitionCount:4 ReplicationFactor:2 Configs:
    Topic: topic-create    Partition: 0   Leader: 2   Replicas: 2,0   Isr: 2,0
    Topic: topic-create    Partition: 1   Leader: 0   Replicas: 0,1   Isr: 0,1
    Topic: topic-create    Partition: 2   Leader: 1   Replicas: 1,2   Isr: 1,2
    Topic: topic-create    Partition: 3   Leader: 2   Replicas: 2,1   Isr: 2,1
```

示例中的 Topic 和 Partition 分别表示主题名称和分区号。PartitionCount 表示主题中分区的个数，ReplicationFactor 表示副本因子，而 Configs 表示创建或修改主题时指定的参数配置。Leader 表示分区的 leader 副本所对应的 brokerId，Isr 表示分区的 ISR 集合，Replicas 表示分区的所有的副本分配情况，即 AR 集合，其中的数字都表示的是 brokerId。

使用 kafka-topics.sh 脚本创建主题的指令格式归纳如下：

```
kafka-topics.sh --zookeeper <String: hosts> -create --topic [String: topic] --
partitions <Integer: # of partitions> -replication-factor <Integer: replication
factor>
```

到目前为止，创建主题时的分区副本都是按照既定的内部逻辑来进行分配的。kafka-topics.sh 脚本中还提供了一个 replica-assignment 参数来手动指定分区副本的分配方案。replica-assignment 参数的用法归纳如下：

```
--replica-assignment    <String:    broker_id_for_part1_replica1:    broker_id_for_
part1_replica2, broker_id_for_part2_replica1: broker_id_for_part2_replica2, …>
```

这种方式根据分区号的数值大小按照从小到大的顺序进行排列，分区与分区之间用逗号","
隔开，分区内多个副本用冒号":"隔开。并且在使用 replica-assignment 参数创建主题时
不需要原本必备的 partitions 和 replication-factor 这两个参数。

我们可以通过 replica-assignment 参数来创建一个与主题 topic-create 相同的分配方案
的主题 topic-create-same 和不同的分配方案的主题 topic-create-diff，示例如下：

```
[root@node1 kafka_2.11-2.0.0]# bin/kafka-topics.sh --zookeeper localhost:2181/
kafka --create --topic topic-create-same --replica-assignment 2:0,0:1,1:2,2:1
    Created topic "topic-create-same".

[root@node1 kafka_2.11-2.0.0]# bin/kafka-topics.sh --zookeeper localhost:2181/kafka
--describe --topic topic-create-same
    Topic:topic-create-same  PartitionCount:4 ReplicationFactor:2  Configs:
        Topic: topic-create-same  Partition: 0 Leader: 2 Replicas: 2,0  Isr: 2,0
        Topic: topic-create-same  Partition: 1 Leader: 0 Replicas: 0,1  Isr: 0,1
        Topic: topic-create-same  Partition: 2 Leader: 1 Replicas: 1,2  Isr: 1,2
        Topic: topic-create-same  Partition: 3 Leader: 2 Replicas: 2,1  Isr: 2,1

[root@node1 kafka_2.11-2.0.0]# bin/kafka-topics.sh --zookeeper localhost:2181/
kafka --create --topic topic-create-diff --replica-assignment 1:2,2:0,0:1,1:0
    Created topic "topic-create-diff".

[root@node1 kafka_2.11-2.0.0]# bin/kafka-topics.sh --zookeeper localhost:2181/
kafka --describe --topic topic-create-diff
    Topic:topic-create-diff  PartitionCount:4 ReplicationFactor:2  Configs:
        Topic: topic-create-diff  Partition: 0 Leader: 1 Replicas: 1,2  Isr: 1,2
        Topic: topic-create-diff  Partition: 1 Leader: 2 Replicas: 2,0  Isr: 2,0
        Topic: topic-create-diff  Partition: 2 Leader: 0 Replicas: 0,1  Isr: 0,1
        Topic: topic-create-diff  Partition: 3 Leader: 1 Replicas: 1,0  Isr: 1,0
```

注意同一个分区内的副本不能有重复，比如指定了 0:0,1:1 这种，就会报出 AdminCommand-
FailedException 异常，示例如下：

```
[root@node1 kafka_2.11-2.0.0]# bin/kafka-topics.sh --zookeeper localhost:2181/
kafka --create --topic topic-create-error --replica-assignment 0:0,1:1
```

```
    Error while executing topic command : Partition replica lists may not contain
duplicate entries: 0
    [2018-09-09  11:17:02,549]    ERROR    kafka.common.AdminCommandFailedException:
Partition replica lists may not contain duplicate entries: 0 at …(省略若干)
```

如果分区之间所指定的副本数不同，比如 0:1,0,1:0 这种，就会报出 AdminOperationException 异常，示例如下：

```
    [root@node1 kafka_2.11-2.0.0]# bin/kafka-topics.sh --zookeeper localhost:2181/
kafka --create --topic topic-create-error --replica-assignment 0:1,0,1:0
    Error while executing topic command : Partition 1 has different replication factor:
[I@5e0826e7
    [2018-09-09 11:17:15,684] ERROR kafka.admin.AdminOperationException: Partition
1 has different replication factor: [I@5e0826e7 at …(省略若干)
```

当然，类似 0:1,,0:1,1:0 这种企图跳过一个分区的行为也是不被允许的，示例如下：

```
    [root@node1 kafka_2.11-2.0.0]# bin/kafka-topics.sh --zookeeper localhost:2181/
kafka200 --create --topic topic-create-error --replica-assignment 0:1,,0:1,1:0
    Error while executing topic command : For input string: ""
    [2018-09-09  11:17:27,767]  ERROR  java.lang.NumberFormatException:  For  input
string: "" at …(省略若干)
```

在创建主题时我们还可以通过 config 参数来设置所要创建主题的相关参数，通过这个参数可以覆盖原本的默认配置。在创建主题时可以同时设置多个参数，具体的用法归纳如下：

```
    --config <String:name1=value1>  --config <String:name2=value2>
```

下面的示例使用了 config 参数来创建一个主题 topic-config：

```
    [root@node1 kafka_2.11-2.0.0]# bin/kafka-topics.sh --zookeeper localhost:2181/
kafka --create --topic topic-config --replication-factor 1 --partitions 1 --config
cleanup.policy=compact --config max.message.bytes=10000
    Created topic "topic-config".
```

示例中设置了 cleanup.policy 参数为 compact，以及 max.message.bytes 参数为 10000，这两个参数都是主题端的配置，我们再次通过 describe 指令来查看所创建的主题信息：

```
[root@node1 kafka_2.11-2.0.0]# bin/kafka-topics.sh --zookeeper localhost:2181/
kafka --describe --topic topic-config
    Topic:topic-config    PartitionCount:1 ReplicationFactor:1
    Configs:cleanup.policy=compact,max.message.bytes=10000
    Topic: topic-config Partition: 0 Leader: 0    Replicas: 0 Isr: 0
```

可以看到 Configs 一栏中包含了创建时所设置的参数。我们还可以通过 ZooKeeper 客户端查看所设置的参数，对应的 ZooKeeper 节点为/config/topics/[topic]，示例如下：

```
[zk: localhost:2181/kafka(CONNECTED) 7] get /config/topics/topic-config
{"version":1,"config":{"max.message.bytes":"10000","cleanup.policy":"compact"}}
```

创建主题时对于主题名称的命名方式也很有讲究。首先是不能与已经存在的主题同名，如果创建了同名的主题就会报错。我们尝试创建一个已经存在的主题 topic-create，示例如下：

```
[root@node1 kafka_2.11-2.0.0]# bin/kafka-topics.sh --zookeeper localhost:2181/
kafka --create --topic topic-create --replication-factor 1 --partitions 1
    Error while executing topic command : Topic 'topic-create' already exists.
    [2018-09-08 23:04:29,542]  ERROR  org.apache.kafka.common.errors.TopicExists-
Exception: Topic 'topic-create' already exists.
    (kafka.admin.TopicCommand$)
```

通过上面的示例可以看出，在发生命名冲突时会报出 TopicExistsException 的异常信息。在 kafka-topics.sh 脚本中还提供了一个 if-not-exists 参数，如果在创建主题时带上了这个参数，那么在发生命名冲突时将不做任何处理（既不创建主题，也不报错）。如果没有发生命名冲突，那么和不带 if-not-exists 参数的行为一样正常创建主题。我们再次尝试创建一个已经存在的主题 topic-create，示例如下：

```
[root@node1 kafka_2.11-2.0.0]# bin/kafka-topics.sh --zookeeper localhost:2181/
kafka --create --topic topic-create --replication-factor 1 --partitions 1 --if-not-
exists
```

```
[root@node1 kafka_2.11-2.0.0]# bin/kafka-topics.sh --zookeeper localhost:2181/
kafka --describe --topic topic-create
    Topic:topic-create    PartitionCount:4 ReplicationFactor:2  Configs:
        Topic: topic-create   Partition: 0 Leader: 2    Replicas: 2,0    Isr: 2,0
        Topic: topic-create   Partition: 1 Leader: 0    Replicas: 0,1    Isr: 0,1
        Topic: topic-create   Partition: 2 Leader: 2    Replicas: 1,2    Isr: 2,1
```

```
Topic: topic-create   Partition: 3 Leader: 2   Replicas: 2,1   Isr: 2,1
```

通过上面的示例可以看出，在添加 if-not-exists 参数之后，并没有像第一次创建主题时的那样出现 "Created topic "topic-create"." 的提示信息。通过 describe 指令查看主题中的分区数和副本因子数，还是同第一次创建时的一样分别为 4 和 2，也并没有被覆盖，如此便证实了 if-not-exists 参数可以在发生命名冲突时不做任何处理。在实际应用中，如果不想在创建主题的时候跳出 TopicExistsException 的异常信息，不妨试一下这个参数。

kafka-topics.sh 脚本在创建主题时还会检测是否包含 "." 或 "_" 字符。为什么要检测这两个字符呢？因为在 Kafka 的内部做埋点时会根据主题的名称来命名 metrics 的名称，并且会将点号 "." 改成下画线 "_"。假设遇到一个名称为 "topic.1_2" 的主题，还有一个名称为 "topic_1.2" 的主题，那么最后的 metrics 的名称都会为 "topic_1_2"，这样就发生了名称冲突。举例如下，首先创建一个以 "topic.1_2" 为名称的主题，提示 WARNING 警告，之后再创建 "topic_1.2" 时发生 InvalidTopicException 异常。

```
[root@node1 kafka_2.11-2.0.0]# bin/kafka-topics.sh --zookeeper localhost:2181/
kafka --create --replication-factor 1 --partitions 1 --topic topic.1_2
   WARNING: Due to limitations in metric names, topics with a period ('.') or
underscore ('_') could collide. To avoid issues it is best to use either, but not
both.
   Created topic "topic.1_2".

[root@node1 kafka_2.11-2.0.0]# bin/kafka-topics.sh --zookeeper localhost:2181/
kafka --create --replication-factor 1 --partitions 1 --topic topic_1.2
   WARNING: Due to limitations in metric names, topics with a period ('.') or
underscore ('_') could collide. To avoid issues it is best to use either, but not
both.
   Error while executing topic command : Topic 'topic_1.2' collides with existing
topics: topic.1_2
   [2018-09-09 00:21:41,113] ERROR org.apache.kafka.common.errors.InvalidTopicException:
Topic 'topic_1.2' collides with existing topics: topic.1_2
   (kafka.admin.TopicCommand$)
```

注意要点：主题的命名同样不推荐（虽然可以这样做）使用双下画线 "__" 开头，因为以双下画线开头的主题一般看作 Kafka 的内部主题，比如 __consumer_offsets 和 __transaction_state。主题的名称必须由大小写字母、数字、点号 "."、连接线 "-"、下画线 "_" 组成，不能为空，不能只有点号 "."，也不能只有双点号 ".."，且长度不能超过 249。

　　Kafka 从 0.10.x 版本开始支持指定 broker 的机架信息（机架的名称）。如果指定了机架信息，则在分区副本分配时会尽可能地让分区副本分配到不同的机架上。指定机架信息是通过 broker 端参数 `broker.rack` 来配置的，比如配置当前 broker 所在的机架为"RACK1"：

```
broker.rack=RACK1
```

　　如果一个集群中有部分 broker 指定了机架信息，并且其余的 broker 没有指定机架信息，那么在执行 kafka-topics.sh 脚本创建主题时会报出的 AdminOperationException 的异常，示例如下：

```
[root@node1 kafka_2.11-2.0.0]# bin/kafka-topics.sh --zookeeper localhost:2181/
kafka --create --topic topic-create-rack -replication-factor 1 --partitions 1
    Error while executing topic command : Not all brokers have rack information. Add
--disable-rack-aware in command line to make replica assignment without rack
information.
    [2018-09-09 14:52:32,723] ERROR kafka.admin.AdminOperationException: Not all
brokers have rack information. Add --disable-rack-aware in command line to make replica
assignment without rack information.
    …（省略若干）
```

　　此时若要成功创建主题，要么将集群中的所有 broker 都加上机架信息或都去掉机架信息，要么使用 `disable-rack-aware` 参数来忽略机架信息，示例如下：

```
[root@node1 kafka_2.11-2.0.0]# bin/kafka-topics.sh --zookeeper localhost:2181/
kafka --create --topic topic-create-rack -replication-factor 1 --partitions 1
--disable-rack-aware
    Created topic "topic-create-rack".
```

　　如果集群中的所有 broker 都有机架信息，那么也可以使用 `disable-rack-aware` 参数来忽略机架信息对分区副本的分配影响，有关分区副本的分配细节会在 4.1.2 节中做详细介绍。

　　本节开头就提及了 kafka-topics.sh 脚本实质上是调用了 kafka.admin.TopicCommand 类，通过向 TopicCommand 类中传入一些关键参数来实现主题的管理。我们也可以直接调用 TopicCommand 类中的 main()函数来直接管理主题，比如这里创建一个分区数为 1、副本因子为 1 的主题 topic-create-api，如代码清单 4-1 所示。

代码清单 4-1　使用 TopicCommand 创建主题

```
public static void createTopic(){
    String[] options = new String[]{
            "--zookeeper", "localhost:2181/kafka",
```

```
        "--create",
        "--replication-factor", "1",
        "--partitions", "1",
        "--topic", "topic-create-api"
    };
    kafka.admin.TopicCommand.main(options);
}
```

使用这种方式需要添加相应的 Maven 依赖：

```
<dependency>
    <groupId>org.apache.kafka</groupId>
    <artifactId>kafka_2.11</artifactId>
    <version>2.0.0</version>
</dependency>
```

可以看到这种方式与使用 kafka-topics.sh 脚本的方式并无太大差别，可以使用这种方式集成到自动化管理系统中来创建相应的主题。当然这种方式也可以适用于对主题的删、改、查等操作的实现，只需修改对应的参数即可。不过更推荐使用 4.2 节中介绍的 KafkaAdminClient 来代替这种实现方式。

4.1.2　分区副本的分配

4.1.1 节中多处提及了分区副本的分配，读者对此或许有点迷惑，在生产者和消费者中也都有分区分配的概念。生产者的分区分配是指为每条消息指定其所要发往的分区，消费者中的分区分配是指为消费者指定其可以消费消息的分区，而这里的分区分配是指为集群制定创建主题时的分区副本分配方案，即在哪个 broker 中创建哪些分区的副本。

在创建主题时，如果使用了 replica-assignment 参数，那么就按照指定的方案来进行分区副本的创建；如果没有使用 replica-assignment 参数，那么就需要按照内部的逻辑来计算分配方案了。使用 kafka-topics.sh 脚本创建主题时的内部分配逻辑按照机架信息划分成两种策略：未指定机架信息和指定机架信息。如果集群中所有的 broker 节点都没有配置 broker.rack 参数，或者使用 disable-rack-aware 参数来创建主题，那么采用的就是未指定机架信息的分配策略，否则采用的就是指定机架信息的分配策略。

首先看一下未指定机架信息的分配策略，具体的实现涉及代码的逻辑细节，未指定机架信息的分配策略比较容易理解，这里通过源码来逐一进行分析。所对应的具体实现为

kafka.admin.AdminUtils.scala 文件中的 assignReplicasToBrokersRackUnaware()方法，该方法的内容如下：

```scala
private def assignReplicasToBrokersRackUnaware(
    nPartitions: Int,          //分区数
    replicationFactor: Int,    //副本因子
    brokerList: Seq[Int],      //集群中 broker 列表
    fixedStartIndex: Int,      //起始索引，即第一个副本分配的位置，默认值为-1
    startPartitionId: Int):    //起始分区编号，默认值为-1
Map[Int, Seq[Int]] = {
  val ret = mutable.Map[Int, Seq[Int]]() //保存分配结果的集合
  val brokerArray = brokerList.toArray   //brokerId 的列表
//如果起始索引 fixedStartIndex 小于 0，则根据 broker 列表长度随机生成一个，以此来保证是
//有效的 brokerId
  val startIndex = if (fixedStartIndex >= 0) fixedStartIndex
    else rand.nextInt(brokerArray.length)
  //确保起始分区号不小于 0
  var currentPartitionId = math.max(0, startPartitionId)
  //指定了副本的间隔，目的是为了更均匀地将副本分配到不同的 broker 上
  var nextReplicaShift = if (fixedStartIndex >= 0) fixedStartIndex
    else rand.nextInt(brokerArray.length)
  //轮询所有分区，将每个分区的副本分配到不同的 broker 上
  for (_ <- 0 until nPartitions) {
    if (currentPartitionId > 0 && (currentPartitionId % brokerArray.length == 0))
      nextReplicaShift += 1
    val firstReplicaIndex = (currentPartitionId + startIndex) % brokerArray.length
    val replicaBuffer = mutable.ArrayBuffer(brokerArray(firstReplicaIndex))
    //保存该分区所有副本分配的 broker 集合
    for (j <- 0 until replicationFactor - 1)
      replicaBuffer += brokerArray(
        replicaIndex(firstReplicaIndex, nextReplicaShift,
          j, brokerArray.length)) //为其余的副本分配 broker
    //保存该分区所有副本的分配信息
    ret.put(currentPartitionId, replicaBuffer)
    //继续为下一个分区分配副本
    currentPartitionId += 1
  }
  ret
}
```

该方法参数列表中的 fixedStartIndex 和 startPartitionId 值是从上游的方法中调用传下来的，都是-1，分别表示第一个副本分配的位置和起始分区编号。assignReplicasToBrokersRackUnaware()方法的核心是遍历每个分区 partition，然后从 brokerArray（brokerId 的列表）中选取 replicationFactor 个 brokerId 分配给这个 partition。

该方法首先创建一个可变的 Map 用来存放该方法将要返回的结果，即分区 partition 和分配副本的映射关系。由于 fixedStartIndex 为-1，所以 startIndex 是一个随机数，用来计算一个起始分配的 brokerId，同时又因为 startPartitionId 为-1，所以 currentPartitionId 的值为 0，可见默认情况下创建主题时总是从编号为 0 的分区依次轮询进行分配。

nextReplicaShift 表示下一次副本分配相对于前一次分配的位移量，从字面上理解有点绕口。举个例子：假设集群中有 3 个 broker 节点，对应于代码中的 brokerArray，创建的某个主题中有 3 个副本和 6 个分区，那么首先从 partitionId（partition 的编号）为 0 的分区开始进行分配，假设第一次计算（由 rand.nextInt(brokerArray.length)随机产生）得到的 nextReplicaShift 值为 1，第一次随机产生的 startIndex 值为 2，那么 partitionId 为 0 的第一个副本的位置（这里指的是 brokerArray 的数组下标）firstReplicaIndex = (currentPartitionId + startIndex) % brokerArray.length=(0+2)%3=2，第二个副本的位置为 replicaIndex(firstReplicaIndex, nextReplicaShift, j, brokerArray.length) = replicaIndex(2, nextReplicaShift+1,0, 3)=?，这里引入了一个新的方法 replicaIndex()，不过这个方法很简单，具体如下：

```
private def replicaIndex(firstReplicaIndex: Int, secondReplicaShift: Int,
                    replicaIndex: Int, nBrokers: Int): Int = {
  val shift = 1 + (secondReplicaShift + replicaIndex) % (nBrokers - 1)
  (firstReplicaIndex + shift) % nBrokers
}
```

继续计算 replicaIndex(2,nextReplicaShift+1,0,3) = replicaIndex(2,2,0,3) = (2+(1+(2+0) % (3-1)))) % 3 = 0。继续计算下一个副本的位置 replicaIndex(2,2,1,3) = (2+(1+(2+1)%(3-1)))%3 = 1。所以 partitionId 为 0 的副本分配位置列表为[2,0,1]，如果 brokerArray 正好是从 0 开始编号的，也正好是顺序不间断的，即 brokerArray 为[0,1,2]，那么当前 partitionId 为 0 的副本分配策略为 [2,0,1]。如果 brokerId 不是从 0 开始的，也不是顺序的（有可能之前集群的其中几个 broker 下线了），最终的 brokerArray 为[2,5,8]，那么 partitionId 为 0 的分区的副本分配策略为[8,2,5]。为了便于说明问题，可以简单假设 brokerArray 就是[0,1,2]。

同样计算下一个分区，即 partitionId 为 1 的副本分配策略。此时 nextReplicaShift 的值还是 2，没有满足自增的条件。这个分区的 firstReplicaIndex=(1+2)%3=0。第二个副本的位置 replicaIndex(0,2,0,3) = (0+(1+(2+0)%(3-1)))%3 = 1，第三个副本的位置 replicaIndex(0,2,1,3) = 2，最终 partitionId 为 2 的分区分配策略为[0,1,2]。

依次类推，更多的分配细节可以参考下面的示例，topic-test2 的分区分配策略和上面陈述的一致：

```
[root@node1 kafka_2.11-2.0.0]# bin/kafka-topics.sh --zookeeper localhost:2181/
kafka --create --topic topic-test2 --replication-factor 3 --partitions 6
    Created topic "topic-test2".

[root@node1 kafka_2.11-2.0.0]# bin/kafka-topics.sh --zookeeper localhost:2181/
kafka --describe --topic topic-test2
Topic:topic-test2    PartitionCount:6      ReplicationFactor:3 Configs:
    Topic: topic-test2 Partition: 0    Leader: 2    Replicas: 2,0,1 Isr: 2,0,1
    Topic: topic-test2 Partition: 1    Leader: 0    Replicas: 0,1,2 Isr: 0,1,2
    Topic: topic-test2 Partition: 2    Leader: 1    Replicas: 1,2,0 Isr: 1,2,0
    Topic: topic-test2 Partition: 3    Leader: 2    Replicas: 2,1,0 Isr: 2,1,0
    Topic: topic-test2 Partition: 4    Leader: 0    Replicas: 0,2,1 Isr: 0,2,1
    Topic: topic-test2 Partition: 5    Leader: 1    Replicas: 1,0,2 Isr: 1,0,2
```

我们无法预先获知 startIndex 和 nextReplicaShift 的值，因为都是随机产生的。startIndex 和 nextReplicaShift 的值可以通过最终的分区分配方案来反推，比如上面的 topic-test2，第一个分区（即 partitionId=0 的分区）的第一个副本为 2，那么可由 2 = (0+startIndex)%3 推断出 startIndex 为 2。之所以 startIndex 选择随机产生，是因为这样可以在多个主题的情况下尽可能地均匀分布分区副本，如果这里固定为一个特定值，那么每次的第一个副本都是在这个 broker 上，进而导致少数几个 broker 所分配到的分区副本过多而其余 broker 分配到的分区副本过少，最终导致负载不均衡。尤其是某些主题的副本数和分区数都比较少，甚至都为 1 的情况下，所有的副本都落到了那个指定的 broker 上。与此同时，在分配时位移量 nextReplicaShift 也可以更好地使分区副本分配得更加均匀。

相比较而言，指定机架信息的分配策略比未指定机架信息的分配策略要稍微复杂一些，但主体思想并没相差很多，只是将机架信息作为附加的参考项。假设目前有 3 个机架 rack1、rack2 和 rack3，Kafka 集群中的 9 个 broker 点都部署在这 3 个机架之上，机架与 broker 节点的对照关系如下：

```
rack1: 0, 1, 2
rack2: 3, 4, 5
rack3: 6, 7, 8
```

如果不考虑机架信息，那么对照 assignReplicasToBrokersRackUnaware() 方法里的 brokerArray 变量的值为[0, 1, 2, 3, 4, 5, 6, 7, 8]。指定基架信息的 assignReplicasToBrokersRackAware() 方法里

的 brokerArray 的值在这里就会被转换为[0, 3, 6, 1, 4, 7, 2, 5, 8]，显而易见，这是轮询各个机架而产生的结果，如此新的 brokerArray（确切地说是 arrangedBrokerList）中包含了简单的机架分配信息。之后的步骤也和 assignReplicasToBrokersRackUnaware()方法类似，同样包含 startIndex、currentPartiionId、nextReplicaShift 的概念，循环为每一个分区分配副本。分配副本时，除了处理第一个副本，其余的也调用 replicaIndex() 方法来获得一个 broker，但这里和 assignReplicasToBrokersRackUnaware()不同的是，这里不是简单地将这个 broker 添加到当前分区的副本列表之中，还要经过一层筛选，满足以下任意一个条件的 broker 不能被添加到当前分区的副本列表之中：

- 如果此 broker 所在的机架中已经存在一个 broker 拥有该分区的副本，并且还有其他的机架中没有任何一个 broker 拥有该分区的副本。
- 如果此 broker 中已经拥有该分区的副本，并且还有其他 broker 中没有该分区的副本。

当创建一个主题时，无论通过 kafka-topics.sh 脚本，还是通过其他方式（比如 4.2 节中介绍的 KafkaAdminClient）创建主题时，实质上是在 ZooKeeper 中的/brokers/topics 节点下创建与该主题对应的子节点并写入分区副本分配方案，并且在/config/topics/节点下创建与该主题对应的子节点并写入主题相关的配置信息（这个步骤可以省略不执行）。而 Kafka 创建主题的实质性动作是交由控制器异步去完成的，有关控制器的更多细节可以参考 6.4 节的相关内容。

知道了 kafka-topics.sh 脚本的实质之后，我们可以直接使用 ZooKeeper 的客户端在/brokers/topics 节点下创建相应的主题节点并写入预先设定好的分配方案，这样就可以创建一个新的主题了。这种创建主题的方式还可以绕过一些原本使用 kafka-topics.sh 脚本创建主题时的一些限制，比如分区的序号可以不用从 0 开始连续累加了。首先我们通过 ZooKeeper 客户端创建一个除了与主题 topic-create 名称不同其余都相同的主题 topic-create-zk，示例如下：

```
[zk: localhost:2181/kafka(CONNECTED) 29] create /brokers/topics/topic-create-zk
{"version":1,"partitions":{"2":[1,2],"1":[0,1],"3":[2,1],"0":[2,0]}}
Created /brokers/topics/topic-create-zk
```

通过查看主题 topic-create-zk 的分配情况，可以看到与主题 topic-create 的信息没有什么差别。

```
[root@node1 kafka_2.11-2.0.0]# bin/kafka-topics.sh --zookeeper localhost:2181/
kafka --describe --topic topic-create-zk
    Topic:topic-create-zk    PartitionCount:4 ReplicationFactor:2 Configs:
    Topic: topic-create-zk    Partition: 0 Leader: 2 Replicas: 2,0  Isr: 2,0
        Topic: topic-create-zk    Partition: 1 Leader: 0 Replicas: 0,1  Isr: 0,1
```

```
        Topic: topic-create-zk      Partition: 2 Leader: 1  Replicas: 1,2  Isr: 1,2
        Topic: topic-create-zk      Partition: 3 Leader: 2  Replicas: 2,1  Isr: 2,1
```

我们再创建一个另类的主题，分配情况和主题 topic-create 一样，唯独分区号已经与主题 topic-create-special 大相径庭，示例如下：

```
[zk: localhost:2181/kafka (CONNECTED) 31] create /brokers/topics/topic-create-
special {"version":1,"partitions":{"10":[1,2],"21":[0,1],"33":[2,1],"40":[2,0]}}
Created /brokers/topics/topic-create-special
```

```
[root@node1 kafka_2.11-2.0.0]# bin/kafka-topics.sh --zookeeper localhost:2181/
kafka --describe --topic topic-create-special
    Topic:topic-create-special       PartitionCount:4 ReplicationFactor:2  Configs:
    Topic: topic-create-special  Partition: 10 Leader: 1  Replicas: 1,2 Isr: 1,2
    Topic: topic-create-special  Partition: 21 Leader: 0  Replicas: 0,1 Isr: 0,1
    Topic: topic-create-special  Partition: 33 Leader: 2  Replicas: 2,1 Isr: 2,1
    Topic: topic-create-special  Partition: 40 Leader: 2  Replicas: 2,0 Isr: 2,0
```

可以看到分区号为 10、21、33 和 40，而通过单纯地使用 kafka-topics.sh 脚本是无法实现的。不过这种方式也只是一些实战方面上的技巧，笔者还是建议使用更加正统的 kafka-topics.sh 脚本或 KafkaAdminClient 来管理相应的主题。

4.1.3　查看主题

4.1.1 节中提及了 kafka-topics.sh 脚本有 5 种指令类型：create、list、describe、alter 和 delete。其中 list 和 describe 指令可以用来方便地查看主题信息，在前面的内容中我们已经接触过了 describe 指令的用法，本节会对其做更细致的讲述。

通过 list 指令可以查看当前所有可用的主题，示例如下：

```
[root@node1 kafka_2.11-2.0.0]# bin/kafka-topics.sh --zookeeper localhost:2181/
kafka -list
    __consumer_offsets
    topic-create
    topic-demo
    topic-config
```

前面的章节我们都是通过 describe 指令来查看单个主题信息的，如果不使用 --topic

指定主题，则会展示出所有主题的详细信息。--topic 还支持指定多个主题，示例如下：

```
[root@node1 kafka_2.11-2.0.0]# bin/kafka-topics.sh --zookeeper localhost:2181/
kafka --describe --topic topic-create,topic-demo
    Topic:topic-create    PartitionCount:4 ReplicationFactor:2 Configs:
    Topic: topic-create   Partition: 0 Leader: 2    Replicas: 2,0    Isr: 2,0
    Topic: topic-create   Partition: 1 Leader: 0    Replicas: 0,1    Isr: 0,1
    Topic: topic-create   Partition: 2 Leader: 2    Replicas: 1,2    Isr: 2,1
    Topic: topic-create   Partition: 3 Leader: 2    Replicas: 2,1    Isr: 2,1
    Topic:topic-demo PartitionCount:4 ReplicationFactor:3 Configs:
    Topic: topic-demo     Partition: 0 Leader: 2    Replicas: 2,1,0  Isr: 2,0,1
    Topic: topic-demo     Partition: 1 Leader: 2    Replicas: 0,2,1  Isr: 2,0,1
    Topic: topic-demo     Partition: 2 Leader: 2    Replicas: 1,0,2  Isr: 2,0,1
    Topic: topic-demo     Partition: 3 Leader: 2    Replicas: 2,0,1  Isr: 2,0,1
```

在使用 describe 指令查看主题信息时还可以额外指定 topics-with-overrides、under-replicated-partitions 和 unavailable-partitions 这三个参数来增加一些附加功能。

增加 topics-with-overrides 参数可以找出所有包含覆盖配置的主题，它只会列出包含了与集群不一样配置的主题。注意使用 topics-with-overrides 参数时只显示原本只使用 describe 指令的第一行信息，参考示例如下：

```
[root@node1 kafka_2.11-2.0.0]# bin/kafka-topics.sh --zookeeper localhost:2181/
kafka --describe --topics-with-overrides
    Topic:__consumer_offsets PartitionCount:50    ReplicationFactor:1
    Configs:segment.bytes=104857600,cleanup.policy=compact,compression.type=prod
ucer
    Topic:topic-config    PartitionCount:1 ReplicationFactor:1
    Configs:cleanup.policy=compact,max.message.bytes=10000
```

under-replicated-partitions 和 unavailable-partitions 参数都可以找出有问题的分区。通过 under-replicated-partitions 参数可以找出所有包含失效副本的分区。包含失效副本的分区可能正在进行同步操作，也有可能同步发生异常，此时分区的 ISR 集合小于 AR 集合。对于通过该参数查询到的分区要重点监控，因为这很可能意味着集群中的某个 broker 已经失效或同步效率降低等。有关失效副本的更多细节可以参阅 8.1.1 节。

举个例子，参照主题 topic-create 的环境，我们将集群中的 node2 节点下线，之后再通过这个参数来查看 topic-create 的信息，参考如下：

```
[root@node1 kafka_2.11-2.0.0]# bin/kafka-topics.sh --zookeeper localhost:2181/
kafka --describe --topic topic-create --under-replicated-partitions
    Topic: topic-create  Partition: 1 Leader: 0    Replicas: 0,1    Isr: 0
    Topic: topic-create  Partition: 2 Leader: 2    Replicas: 1,2    Isr: 2
    Topic: topic-create  Partition: 3 Leader: 2    Replicas: 2,1    Isr: 2
```

我们再将 node2 节点恢复，执行同样的命令，可以看到没有任何信息显示：

```
[root@node1 kafka_2.11-2.0.0]# bin/kafka-topics.sh --zookeeper localhost:2181/
kafka --describe --topic topic-create --under-replicated-partitions
```

通过 unavailable-partitions 参数可以查看主题中没有 leader 副本的分区，这些分区已经处于离线状态，对于外界的生产者和消费者来说处于不可用的状态。

举个例子，参考主题 topic-create 的环境，我们将集群中的 node2 和 node3 节点下线，之后再通过这个参数来查看 topic-create 的信息，参考如下：

```
[root@node1 kafka_2.11-2.0.0]# bin/kafka-topics.sh --zookeeper localhost:2181/
kafka --describe --topic topic-create --unavailable-partitions
    Topic: topic-create  Partition: 2 Leader: -1   Replicas: 1,2    Isr: 1
    Topic: topic-create  Partition: 3 Leader: -1   Replicas: 2,1    Isr: 1
```

```
[root@node1 kafka_2.11-2.0.0]# bin/kafka-topics.sh --zookeeper localhost:2181/
kafka --describe --topic topic-create
    Topic:topic-create    PartitionCount:4 ReplicationFactor:2  Configs:
    Topic: topic-create  Partition: 0 Leader: 0    Replicas: 2,0    Isr: 0
    Topic: topic-create  Partition: 1 Leader: 0    Replicas: 0,1    Isr: 0
    Topic: topic-create  Partition: 2 Leader: -1   Replicas: 1,2    Isr: 1
    Topic: topic-create  Partition: 3 Leader: -1   Replicas: 2,1    Isr: 1
```

我们再将 node2 和 node3 恢复，执行同样的命令，可以看到没有任何信息：

```
[root@node1 kafka_2.11-2.0.0]# bin/kafka-topics.sh --zookeeper localhost:2181/
kafka --describe --topic topic-create --unavailable-partitions
```

4.1.4　修改主题

当一个主题被创建之后，依然允许我们对其做一定的修改，比如修改分区个数、修改配置等，这个修改的功能就是由 kafka-topics.sh 脚本中的 alter 指令提供的。

我们首先来看如何增加主题的分区数。以前面的主题 topic-config 为例，当前分区数为 1，修改为 3，示例如下：

```
[root@node1 kafka_2.11-2.0.0]# bin/kafka-topics.sh --zookeeper localhost:2181/
kafka --alter --topic topic-config --partitions 3
    WARNING: If partitions are increased for a topic that has a key, the partition
logic or ordering of the messages will be affected
    Adding partitions succeeded!

[root@node1 kafka_2.11-2.0.0]# bin/kafka-topics.sh --zookeeper
localhost:2181/kafka --describe --topic topic-config
    Topic:topic-config    PartitionCount:3 ReplicationFactor:1  Configs:
        Topic: topic-config    Partition: 0 Leader: 2    Replicas: 2 Isr: 2
        Topic: topic-config    Partition: 1 Leader: 0    Replicas: 0 Isr: 0
        Topic: topic-config    Partition: 2 Leader: 1    Replicas: 1 Isr: 1
```

注意上面提示的告警信息：当主题中的消息包含 key 时（即 key 不为 null），根据 key 计算分区的行为就会受到影响。当 topic-config 的分区数为 1 时，不管消息的 key 为何值，消息都会发往这一个分区；当分区数增加到 3 时，就会根据消息的 key 来计算分区号，原本发往分区 0 的消息现在有可能会发往分区 1 或分区 2。如此还会影响既定消息的顺序，所以在增加分区数时一定要三思而后行。对于基于 key 计算的主题而言，建议在一开始就设置好分区数量，避免以后对其进行调整。

目前 Kafka 只支持增加分区数而不支持减少分区数。比如我们再将主题 topic-config 的分区数修改为 1，就会报出 InvalidPartitionException 的异常，示例如下：

```
[root@node1 kafka_2.11-2.0.0]# bin/kafka-topics.sh --zookeeper localhost:2181/
kafka --alter --topic topic-config --partitions 1
    WARNING: If partitions are increased for a topic that has a key, the partition
logic or ordering of the messages will be affected
    Error while executing topic command : The number of partitions for a topic can
only be increased. Topic topic-config currently has 3 partitions, 1 would not be an
increase.
    [2018-09-10 19:28:40,031] ERROR org.apache.kafka.common.errors.InvalidPartitionsException:
The number of partitions for a topic can only be increased. Topic topic-config currently
has 3 partitions, 1 would not be an increase.
    (kafka.admin.TopicCommand$)
```

为什么不支持减少分区？

按照 Kafka 现有的代码逻辑，此功能完全可以实现，不过也会使代码的复杂度急剧增大。实现此功能需要考虑的因素很多，比如删除的分区中的消息该如何处理？如果随着分区一起消失则消息的可靠性得不到保障；如果需要保留则又需要考虑如何保留。直接存储到现有分区的尾部，消息的时间戳就不会递增，如此对于 Spark、Flink 这类需要消息时间戳（事件时间）的组件将会受到影响；如果分散插入现有的分区，那么在消息量很大的时候，内部的数据复制会占用很大的资源，而且在复制期间，此主题的可用性又如何得到保障？与此同时，顺序性问题、事务性问题，以及分区和副本的状态机切换问题都是不得不面对的。反观这个功能的收益点却是很低的，如果真的需要实现此类功能，则完全可以重新创建一个分区数较小的主题，然后将现有主题中的消息按照既定的逻辑复制过去即可。

在创建主题时有一个 `if-not-exists` 参数来忽略一些异常，在这里也有对应的参数，如果所要修改的主题不存在，可以通过 `if-exists` 参数来忽略异常。下面修改一个不存在的主题 topic-unknown 的分区，会报出错误信息 "Topic topic-unknown does not exist"，示例如下：

```
[root@node1 kafka_2.11-2.0.0]# bin/kafka-topics.sh --zookeeper localhost:2181/
kafka --alter --topic topic-unknown --partitions 4
    Error while executing topic command : Topic topic-unknown does not exist on ZK
path localhost:2181/kafka
    [2018-09-11  11:14:55,458]  ERROR  java.lang.IllegalArgumentException:  Topic
topic-unknown does not exist on ZK path localhost:2181/kafka
    at kafka.admin.TopicCommand$.alterTopic(TopicCommand.scala:123)
    at kafka.admin.TopicCommand$.main(TopicCommand.scala:65)
    at kafka.admin.TopicCommand.main(TopicCommand.scala)
     (kafka.admin.TopicCommand$)

[root@node1 kafka_2.11-2.0.0]# bin/kafka-topics.sh --zookeeper localhost:2181/
kafka --alter --topic topic-unknown --partitions 4 --if-exists
```

除了修改分区数，我们还可以使用 kafka-topics.sh 脚本的 `alter` 指令来变更主题的配置。在创建主题的时候我们可以通过 `config` 参数来设置所要创建主题的相关参数，通过这个参数可以覆盖原本的默认配置。在创建完主题之后，我们还可以通过 `alter` 指令配合 `config` 参数增加或修改一些配置以覆盖它们配置原有的值。

下面的示例中演示了将主题 topic-config 的 `max.message.bytes` 配置值从 10000 修改为 20000，示例如下：

```
[root@node1 kafka_2.11-2.0.0]# bin/kafka-topics.sh --zookeeper localhost:2181/
kafka --describe --topic topic-config
    Topic:topic-config    PartitionCount:1 ReplicationFactor:1
    Configs:cleanup.policy=compact,max.message.bytes=10000
        Topic: topic-config Partition: 0 Leader: 2     Replicas: 2 Isr: 2


[root@node1 kafka_2.11-2.0.0]# bin/kafka-topics.sh --zookeeper localhost:2181/
kafka --alter --topic topic-config --config max.message.bytes=20000
    WARNING: Altering topic configuration from this script has been deprecated and
may be removed in future releases.
        Going forward, please use kafka-configs.sh for this functionality
    Updated config for topic "topic-config".


[root@node1 kafka_2.11-2.0.0]# bin/kafka-topics.sh --zookeeper localhost:2181/
kafka --describe --topic topic-config
    Topic:topic-config    PartitionCount:1 ReplicationFactor:1
    Configs:max.message.bytes=20000,cleanup.policy=compact
        Topic: topic-config Partition: 0 Leader: 2     Replicas: 2 Isr: 2
```

我们再次覆盖主题 topic-config 的另一个配置 segment.bytes（看上去相当于增加动作），示例如下：

```
[root@node1 kafka_2.11-2.0.0]# bin/kafka-topics.sh --zookeeper localhost:2181/
kafka --alter --topic topic-config --config segment.bytes=1048577
    WARNING: Altering topic configuration from this script has been deprecated and
may be removed in future releases.
        Going forward, please use kafka-configs.sh for this functionality
    Updated config for topic "topic-config".


[root@node1 kafka_2.11-2.0.0]# bin/kafka-topics.sh --zookeeper localhost:2181/
kafka --describe --topic topic-config
    Topic:topic-config    PartitionCount:1 ReplicationFactor:1
    Configs:segment.bytes=1048577,cleanup.policy=compact,max.message.bytes=20000
    Topic: topic-config Partition: 0 Leader: 2     Replicas: 2 Isr: 2
```

我们可以通过 delete-config 参数来删除之前覆盖的配置，使其恢复原有的默认值。下面的示例将主题 topic-config 中所有修改过的 3 个配置都删除：

```
[root@node1 kafka_2.11-2.0.0]# bin/kafka-topics.sh --zookeeper localhost:2181/
kafka --alter --topic topic-config --delete-config segment.bytes
     WARNING: Altering topic configuration from this script has been deprecated and
may be removed in future releases.
          Going forward, please use kafka-configs.sh for this functionality
     Updated config for topic "topic-config".


[root@node1 kafka_2.11-2.0.0]# bin/kafka-topics.sh --zookeeper localhost:2181/
kafka --alter --topic topic-config --delete-config max.message.bytes --delete-config
cleanup.policy
     WARNING: Altering topic configuration from this script has been deprecated and
may be removed in future releases.
          Going forward, please use kafka-configs.sh for this functionality
     Updated config for topic "topic-config".


[root@node1 kafka_2.11-2.0.0]# bin/kafka-topics.sh --zookeeper localhost:2181/
kafka --describe --topic topic-config
     Topic:topic-config     PartitionCount:1 ReplicationFactor:1  Configs:
     Topic: topic-config  Partition: 0 Leader: 2    Replicas: 2 Isr: 2
```

注意到在变更（增、删、改）配置的操作执行之后都会提示一段告警信息，指明了使用 kafka-topics.sh 脚本的 alter 指令来变更主题配置的功能已经过时（deprecated），将在未来的版本中删除，并且推荐使用 kafka-configs.sh 脚本来实现相关功能。

4.1.5　配置管理

kafka-configs.sh 脚本是专门用来对配置进行操作的，这里的操作是指在运行状态下修改原有的配置，如此可以达到动态变更的目的。kafka-configs.sh 脚本包含变更配置 alter 和查看配置 describe 这两种指令类型。同使用 kafka-topics.sh 脚本变更配置的原则一样，增、删、改的行为都可以看作变更操作，不过 kafka-configs.sh 脚本不仅可以支持操作主题相关的配置，还可以支持操作 broker、用户和客户端这 3 个类型的配置。

kafka-configs.sh 脚本使用 entity-type 参数来指定操作配置的类型，并且使用 entity-name 参数来指定操作配置的名称。比如查看主题 topic-config 的配置可以按如下方式执行：

```
bin/kafka-configs.sh --zookeeper localhost:2181/kafka --describe --entity-type
topics --entity-name topic-config
```

--describe 指定了查看配置的指令动作，--entity-type 指定了查看配置的实体类型，--entity-name 指定了查看配置的实体名称。entity-type 只可以配置 4 个值：topics、brokers 、clients 和 users，entity-type 与 entity-name 的对应关系如表 4-1 所示。

表 4-1　entity-type 和 entity-name 的对应关系

entity–type 的释义	entity–name 的释义
主题类型的配置，取值为 topics	指定主题的名称
broker 类型的配置，取值为 brokers	指定 brokerId 值，即 broker 中 broker.id 参数配置的值
客户端类型的配置，取值为 clients	指定 clientId 值，即 KafkaProducer 或 KafkaConsumer 的 client.id 参数配置的值
用户类型的配置，取值为 users	指定用户名

使用 alter 指令变更配置时，需要配合 add-config 和 delete-config 这两个参数一起使用。add-config 参数用来实现配置的增、改，即覆盖原有的配置；delete-config 参数用来实现配置的删，即删除被覆盖的配置以恢复默认值。

下面的示例演示了 add-config 参数的用法，覆盖了主题 topic-config 的两个配置 cleanup.policy 和 max.message.bytes（示例执行之前主题 topic-config 无任何被覆盖的配置）：

```
[root@node1 kafka_2.11-2.0.0]# bin/kafka-configs.sh --zookeeper localhost:2181/
kafka --alter --entity-type topics --entity-name topic-config --add-config
cleanup.policy=compact,max.message.bytes=10000
Completed Updating config for entity: topic 'topic-config'.

[root@node1 kafka_2.11-2.0.0]# bin/kafka-configs.sh --zookeeper localhost:2181/
kafka --describe --entity-type topics --entity-name topic-config
Configs for topic 'topic-config' are max.message.bytes=10000,cleanup.policy=
compact

[root@node1 kafka_2.11-2.0.0]# bin/kafka-topics.sh --zookeeper localhost:2181/
kafka --describe --topic topic-config --topics-with-overrides
Topic:topic-config    PartitionCount:3 ReplicationFactor:1
Configs:max.message.bytes=10000,cleanup.policy=compact
```

上面示例中还使用了两种方式来查看主题 topic-config 中配置信息，注意比较这两者之间的差别。

使用 delete-config 参数删除配置时，同 add-config 参数一样支持多个配置的操作，多个配置之间用逗号","分隔，下面的示例中演示了如何删除上面刚刚增加的主题配置：

```
[root@node1 kafka_2.11-2.0.0]# bin/kafka-configs.sh --zookeeper localhost:2181/
kafka --alter --entity-type topics --entity-name topic-config --delete-config
cleanup.policy,max.message.bytes
Completed Updating config for entity: topic 'topic-config'.

[root@node1 kafka_2.11-2.0.0]# bin/kafka-configs.sh --zookeeper localhost:2181/
kafka --describe --entity-type topics --entity-name topic-config
Configs for topic 'topic-config' are
```

使用 kafka-configs.sh 脚本来变更（alter）配置时，会在 ZooKeeper 中创建一个命名形式为/config/<entity-type>/<entity-name>的节点，并将变更的配置写入这个节点，比如对于主题 topic-config 而言，对应的节点名称为/config/topics/topic-config，节点中的数据内容为：

```
[zk: localhost:2181/kafka (CONNECTED) 1] get /config/topics/topic-config
{"version":1,"config":{"cleanup.policy":"compact","max.message.bytes":"10000"}}
```

可以推导出节点内容的数据格式为：

```
{"version":1,"config":{<property-name>:<property-value>}}
```

其中 property-name 代表属性名，property-value 代表属性值。增加配置实际上是往节点内容中添加属性的键值对，修改配置是在节点内容中修改相应属性的属性值，删除配置是删除相应的属性键值对。

变更配置时还会在 ZooKeeper 中的/config/changes/节点下创建一个以"config_change_"为前缀的持久顺序节点（PERSISTENT_SEQUENTIAL），节点命名形式可以归纳为/config/changes/config_change_<seqNo>。比如示例中的主题 topic-config 与此对应的节点名称和节点内容如下：

```
[zk: localhost:2181/kafka (CONNECTED) 3] get
      /config/changes/config_change_0000000010
{"version":2,"entity_path":"topics/topic-config"}
```

seqNo 是一个单调递增的 10 位数字的字符串，不足位则用 0 补齐。

查看（describe）配置时，就是从/config/<entity-type>/<entity-name>节点

中获取相应的数据内容。如果使用 kafka-configs.sh 脚本查看配置信息时没有指定 entity-name 参数的值，则会查看 entity-type 所对应的所有配置信息。示例如下：

```
[root@node1 kafka_2.11-2.0.0]# bin/kafka-configs.sh --zookeeper localhost:2181/
kafka --describe --entity-type topics
Configs for topic 'topic-config' are
    cleanup.policy=compact,max.message.bytes=20000
Configs for topic 'topic-create' are
Configs for topic '__consumer_offsets' are
    segment.bytes=104857600,cleanup.policy=compact,compression.type=producer
Configs for topic 'topic-demo' are
```

4.1.6 主题端参数

与主题相关的所有配置参数在 broker 层面都有对应参数，比如主题端参数 cleanup.policy 对应 broker 层面的 log.cleanup.policy。如果没有修改过主题的任何配置参数，那么就会使用 broker 端的对应参数作为其默认值。可以在创建主题时覆盖相应参数的默认值，也可以在创建完主题之后变更相应参数的默认值。比如在创建主题的时候没有指定 cleanup.policy 参数的值，那么就使用 log.cleanup.policy 参数所配置的值作为 cleanup.policy 的值。

与主题相关的参数也有很多，由于篇幅限制，在前面的配置变更的示例中难以一一列出所有的参数，但是从配置变更的角度而言，其操作方式都是一样的。为了便于读者查阅，表 4-2 列出了主题端参数与 broker 端参数的对照关系。

表 4-2　主题端参数与 broker 端参数的对照关系

主题端参数	释　义	对应的 broker 端参数
cleanup.policy	日志压缩策略。默认值为 delete，还可以配置为 compact	log.cleanup.policy
compression.type	消息的压缩类型。默认值为 producer，表示保留生产者中所使用的原始压缩类型。还可以配置为 uncompressed、snappy、lz4、gzip	compression.type
delete.retention.ms	被标识为删除的数据能够保留多久。默认值为 86400000，即 1 天	log.cleaner.delete.retention.ms
file.delete.delay.ms	清理文件之前可以等待多长时间，默认值为 60000，即 1 分钟	log.segment.delete.delay.ms

续表

主题端参数	释　义	对应的 broker 端参数
flush.messages	需要收集多少消息才会将它们强制刷新到磁盘，默认值为 Long.MAX_VALUE，即让操作系统来决定。建议不要修改此参数的默认值	log.flush.interval.messages
flush.ms	需要等待多久才会将消息强制刷新到磁盘，默认值为 Long.MAX_VALUE，即让操作系统来决定。建议不要修改此参数的默认值	log.flush.interval.ms
follower.replication.throttled.replicas	用来配置被限制速率的主题所对应的 follower 副本列表	follower.replication.throttled.replicas
index.interval.bytes	用来控制添加索引项的频率。每超过这个参数所设置的消息字节数时就可以添加一个新的索引项，默认值为 4096	log.index.interval.bytes
leader.replication.throttled.replicas	用来配置被限制速率的主题所对应的 leader 副本列表	leader.replication.throttled.replicas
max.message.bytes	消息的最大字节数，默认值为 1000012	message.max.bytes
message.format.version	消息格式的版本，默认值为 2.0-IV1	log.message.format.version
message.timestamp.difference.max.ms	消息中自带的时间戳与 broker 收到消息时的时间戳之间最大的差值，默认值为 Long.MAX_VALUE。此参数只有在 meesage.timestamp.type 参数设置为 CreateTime 时才有效	log.message.timestamp.difference.max.ms
message.timestamp.type	消息的时间戳类型。默认值为 CreateTime，还可以设置为 LogAppendTime	log.message.timestamp.type
min.cleanable.dirty.ratio	日志清理时的最小污浊率，默认值为 0.5	log.cleaner.min.cleanable.ratio
min.compaction.lag.ms	日志再被清理前的最小保留时间，默认值为 0	log.cleaner.min.compaction.lag.ms
min.insync.replicas	分区 ISR 集合中至少要有多少个副本，默认值为 1	min.insync.replicas
preallocate	在创建日志分段的时候是否要预分配空间，默认值为 false	log.preallocate
retention.bytes	分区中所能保留的消息总量，默认值为-1，即没有限制	log.retention.bytes

续表

主题端参数	释　义	对应的 broker 端参数
retention.ms	使用 delete 的日志清理策略时消息能够保留多长时间，默认值为 604800000，即 7 天。如果设置为-1，则表示没有限制	log.retention.ms
segment.bytes	日志分段的最大值，默认值为 1073741824，即 1GB	log.segment.bytes
segment.index.bytes	日志分段索引的最大值，默认值为 10485760，即 10MB	log.index.size.max.bytes
segment.jitter.ms	滚动日志分段时，在 segment.ms 的基础之上增加的随机数，默认为 0	log.roll.jitter.ms
segment.ms	最长多久滚动一次日志分段，默认值为 604800000，即 7 天	log.roll.ms
unclean.leader.election.enable	是否可以从非 ISR 集合中选举 leader 副本，默认值为 false，如果设置为 true，则可能造成数据丢失	unclean.leader.election.enable

4.1.7　删除主题

如果确定不再使用一个主题，那么最好的方式是将其删除，这样可以释放一些资源，比如磁盘、文件句柄等。kafka-topics.sh 脚本中的 delete 指令就可以用来删除主题，比如删除一个主题 topic-delete：

```
[root@node1 kafka_2.11-2.0.0]# bin/kafka-topics.sh --zookeeper localhost:2181/
kafka --delete --topic topic-delete
Topic topic-delete is marked for deletion.
Note: This will have no impact if delete.topic.enable is not set to true.
```

可以看到在执行完删除命令之后会有相关的提示信息，这个提示信息和 broker 端配置参数 delete.topic.enable 有关。必须将 delete.topic.enable 参数配置为 true 才能够删除主题，这个参数的默认值就是 true，如果配置为 false，那么删除主题的操作将会被忽略。在实际生产环境中，建议将这个参数的值设置为 true。

如果要删除的主题是 Kafka 的内部主题，那么删除时就会报错。截至 Kafka 2.0.0，Kafka 的内部一共包含 2 个主题，分别为__consumer_offsets 和__transaction_state。下面的示例中尝试删除内部主题__consumer_offsets：

```
[root@node1 kafka_2.11-2.0.0]# bin/kafka-topics.sh --zookeeper localhost:2181/
kafka --delete --topic __consumer_offsets
    Error while executing topic command : Topic __consumer_offsets is a kafka internal
topic and is not allowed to be marked for deletion.
    [2018-09-11 11:30:32,635] ERROR kafka.admin.AdminOperationException: Topic
__consumer_offsets is a kafka internal topic and is not allowed to be marked for
deletion.
    ...（省略若干项）
```

尝试删除一个不存在的主题也会报错。比如下面的示例中尝试删除一个不存在的主题 topic-unknown：

```
[root@node1 kafka_2.11-2.0.0]# bin/kafka-topics.sh --zookeeper localhost:2181/
kafka --delete --topic topic-unknown
    Error while executing topic command : Topic topic-unknown does not exist on ZK
path localhost:2181/kafka
    [2018-09-11 23:43:22,186] ERROR java.lang.IllegalArgumentException: Topic
topic-unknown does not exist on ZK path localhost:2181/kafka
    ...（省略若干项）
```

这里同 alter 指令一样，也可以通过 if-exists 参数来忽略异常，参考如下：

```
[root@node1 kafka_2.11-2.0.0]# bin/kafka-topics.sh --zookeeper localhost:2181/
kafka --delete --topic topic-unknown --if-exists
    [root@node1 kafka_2.11-2.0.0]#
```

使用 kafka-topics.sh 脚本删除主题的行为本质上只是在 ZooKeeper 中的 /admin/delete_topics 路径下创建一个与待删除主题同名的节点，以此标记该主题为待删除的状态。与创建主题相同的是，真正删除主题的动作也是由 Kafka 的控制器负责完成的。

了解这一原理之后，我们可以直接通过 ZooKeeper 的客户端来删除主题。下面示例中使用 ZooKeeper 客户端 zkCli.sh 来删除主题 topic-delete：

```
[zk: localhost:2181/kafka (CONNECTED) 15] create /admin/delete_topics/topic-
delete ""
    Created /admin/delete_topics/topic-delete
```

我们还可以通过手动的方式来删除主题。主题中的元数据存储在 ZooKeeper 中的 /brokers/topics 和 /config/topics 路径下，主题中的消息数据存储在 log.dir 或

`log.dirs` 配置的路径下，我们只需要手动删除这些地方的内容即可。下面的示例中演示了如何删除主题 topic-delete，总共分 3 个步骤，第一步和第二步的顺序可以互换。

第一步，删除 ZooKeeper 中的节点 `/config/topics/topic-delete`。

```
[zk: localhost:2181/kafka (CONNECTED) 7] delete /config/topics/topic-delete
```

第二步，删除 ZooKeeper 中的节点 `/brokers/topics/topic-delete` 及其子节点。

```
[zk: localhost:2181/kafka (CONNECTED) 8] rmr /brokers/topics/topic-delete
```

第三步，删除集群中所有与主题 topic-delete 有关的文件。

```
#集群中的各个 broker 节点中执行 rm -rf /tmp/kafka-logs/topic-delete*命令来删除与主题
topic-delete 有关的文件
    [root@node1 kafka_2.11-2.0.0]# rm -rf /tmp/kafka-logs/topic-delete*
    [root@node2 kafka_2.11-2.0.0]# rm -rf /tmp/kafka-logs/topic-delete*
    [root@node3 kafka_2.11-2.0.0]# rm -rf /tmp/kafka-logs/topic-delete*
```

注意，删除主题是一个不可逆的操作。一旦删除之后，与其相关的所有消息数据会被全部删除，所以在执行这一操作的时候也要三思而后行。

介绍到这里，基本上 kafka-topics.sh 脚本的使用也就讲完了，为了方便读者查阅，表 4-3 中列出了所有 kafka-topics.sh 脚本中的参数。读者也可以通过执行无任何参数的 kafka-topics.sh 脚本，或者执行 kafka-topics.sh –help 来查看帮助信息。

表 4-3　kafka-topics.sh 脚本中的参数

参 数 名 称	释 义
alter	用于修改主题，包括分区数及主题的配置
config <键值对>	创建或修改主题时，用于设置主题级别的参数
create	创建主题
delete	删除主题
delete-config <配置名称>	删除主题级别被覆盖的配置
describe	查看主题的详细信息
disable-rack-aware	创建主题时不考虑机架信息
help	打印帮助信息
if-exists	修改或删除主题时使用，只有当主题存在时才会执行动作
if-not-exists	创建主题时使用，只有主题不存在时才会执行动作
list	列出所有可用的主题
partitions <分区数>	创建主题或增加分区时指定分区数

参 数 名 称	释 义
replica-assignment <分配方案>	手工指定分区副本分配方案
replication-factor <副本数>	创建主题时指定副本因子
topic <主题名称>	指定主题名称
topics-with-overrides	使用 describe 查看主题信息时，只展示包含覆盖配置的主题
unavailable-partitions	使用 describe 查看主题信息时，只展示包含没有 leader 副本的分区
under-replicated-partitions	使用 describe 查看主题信息时，只展示包含失效副本的分区
zookeeper	指定连接的 ZooKeeper 地址信息（必填项）

4.2　初识 KafkaAdminClient

　　一般情况下，我们都习惯使用 kafka-topics.sh 脚本来管理主题，但有些时候我们希望将主题管理类的功能集成到公司内部的系统中，打造集管理、监控、运维、告警为一体的生态平台，那么就需要以程序调用 API 的方式去实现。本节主要介绍 KafkaAdminClient 的基本使用方式，以及采用这种调用 API 方式下的创建主题时的合法性验证。

4.2.1　基本使用

　　代码清单 4-1 中使用 TopicCommand 创建了一个主题，当然我们也可以用它来实现主题的删除、修改、查看等操作，实质上与使用 kafka-config.sh 脚本的方式无异。这种方式与应用程序之间的交互性非常差，且不说它的编程模型类似于拼写字符串，它本身调用的 TopicCommand 类的 main()方法的返回值是一个 void 类，并不能提供给调用者有效的反馈信息。比如我们使用下面的方式来查看主题 topic-create 的详细信息，如代码清单 4-2 所示。

　　代码清单 4-2　查看主题

```
public static void describeTopic(){
    String[] options = new String[]{
        "--zookeeper", "localhost:2181/kafka",
        "--describe",
        "--topic", "topic-create"
    };
    kafka.admin.TopicCommand.main(options);
}
```

当调用 describeTopic()方法时，虽然我们可以在终端看到主题 topic-create 的详细信息，但方法的调用者却无法捕获这个信息，因为返回值类型为 void。对于方法的调用者而言，执行这个方法和不执行这个方法没有什么区别。

在 Kafka 0.11.0.0 版本之前，我们可以通过 kafka-core 包（Kafka 服务端代码）下的 kafka.admin.AdminClient 和 kafka.admin.AdminUtils 来实现部分 Kafka 的管理功能，但它们都已经过时了，在未来的版本中会被删除。从 0.11.0.0 版本开始，Kafka 提供了另一个工具类 org.apache.kafka.clients.admin.KafkaAdminClient 来作为替代方案。KafkaAdminClient 不仅可以用来管理 broker、配置和 ACL（Access Control List），还可以用来管理主题。

KafkaAdminClient 继承了 org.apache.kafka.clients.admin.AdminClient 抽象类，并提供了多种方法。篇幅限制，下面只列出与本章内容相关的一些方法。

- 创建主题：CreateTopicsResult createTopics(Collection<NewTopic> newTopics)。
- 删除主题：DeleteTopicsResult deleteTopics(Collection<String> topics)。
- 列出所有可用的主题：ListTopicsResult listTopics()。
- 查看主题的信息：DescribeTopicsResult describeTopics(Collection<String> topicNames)。
- 查询配置信息：DescribeConfigsResult describeConfigs(Collection<ConfigResource> resources)。
- 修改配置信息：AlterConfigsResult alterConfigs(Map<ConfigResource, Config> configs)。
- 增加分区：CreatePartitionsResult createPartitions(Map<String, NewPartitions> newPartitions)。

下面分别介绍这些方法的具体使用方式。首先分析如何使用 KafkaAdminClient 创建一个主题，下面的示例中创建了一个分区数为 4、副本因子为 1 的主题 topic-admin，如代码清单 4-3 所示。

代码清单 4-3　使用 KafkaAdminClient 创建一个主题

```
String brokerList = "localhost:9092";
String topic = "topic-admin";

Properties props = new Properties();                                     ①
props.put(AdminClientConfig.BOOTSTRAP_SERVERS_CONFIG, brokerList);
props.put(AdminClientConfig.REQUEST_TIMEOUT_MS_CONFIG, 30000);
AdminClient client = AdminClient.create(props);                          ②

NewTopic newTopic = new NewTopic(topic, 4, (short) 1);                   ③
CreateTopicsResult result = client.
        createTopics(Collections.singleton(newTopic));                  ④
```

```
try {
    result.all().get();                                        ⑤
} catch (InterruptedException | ExecutionException e) {
    e.printStackTrace();
}
client.close();                                                ⑥
```

示例中第②行创建了一个 KafkaAdminClient 实例，实例中通过引入在第①行中建立的配置来连接 Kafka 集群。AdminClient.create()方法实际上调用的就是 KafkaAdminClient 中的 createInternal 方法构建的 KafkaAdminClient 实例，具体定义如下：

```
public static AdminClient create(Properties props) {
    return KafkaAdminClient.createInternal(
            new AdminClientConfig(props), null);
}
```

第③行中的 NewTopic 用来设定所要创建主题的具体信息，包含创建主题时需要的主题名称、分区数和副本因子等。NewTopic 中的成员变量如下所示。

```
private final String name;     //主题名称
private final int numPartitions; //分区数
private final short replicationFactor;   //副本因子
private final Map<Integer, List<Integer>> replicasAssignments;     //分配方案
private Map<String, String> configs = null;   //配置
```

同 kafka-topics.sh 脚本一样，可以通过指定分区数和副本因子来创建一个主题，也可以通过指定区副本的具体分配方案来创建一个主题，比如将第③行替换为下面的内容：

```
Map<Integer, List<Integer>> replicasAssignments = new HashMap<>();
replicasAssignments.put(0, Arrays.asList(0));
replicasAssignments.put(1, Arrays.asList(0));
replicasAssignments.put(2, Arrays.asList(0));
replicasAssignments.put(3, Arrays.asList(0));
NewTopic newTopic = new NewTopic(topic, replicasAssignments);
```

也可以在创建主题时指定需要覆盖的配置。比如覆盖 cleanup.policy 配置，需要在第③和第④行之间加入如下代码：

```
Map<String, String> configs = new HashMap<>();
configs.put("cleanup.policy", "compact");
newTopic.configs(configs);
```

第④行是真正的创建主题的核心。KafkaAdminClient 内部使用 Kafka 的一套自定义二进制协议来实现诸如创建主题的管理功能。它主要的实现步骤如下：

（1）客户端根据方法的调用创建相应的协议请求，比如创建主题的 createTopics 方法，其内部就是发送 CreateTopicsRequest 请求。

（2）客户端将请求发送至服务端。

（3）服务端处理相应的请求并返回响应，比如这个与 CreateTopicsRequest 请求对应的就是 CreateTopicsResponse。

（4）客户端接收相应的响应并进行解析处理。和协议相关的请求和相应的类基本都在 org.apache.kafka.common.requests 包下，AbstractRequest 和 AbstractResponse 是这些请求和响应类的两个基本父类。

有关 Kafka 的自定义协议的更多内容可以参阅 6.1 节。

第④行中的返回值是 CreateTopicsResult 类型，它的具体定义也很简单，如代码清单 4-4 所示。

代码清单 4-4　CreateTopicsResult 的具体内容

```
public class CreateTopicsResult {
    private final Map<String, KafkaFuture<Void>> futures;

    CreateTopicsResult(Map<String, KafkaFuture<Void>> futures) {
        this.futures = futures;
    }

    public Map<String, KafkaFuture<Void>> values() {
        return futures;
    }

    public KafkaFuture<Void> all() {
        return KafkaFuture.allOf(futures.values()
                .toArray(new KafkaFuture[0]));
    }
}
```

CreateTopicsResult 中的方法主要还是针对成员变量 futures 的操作，futures 的类型 Map<String, KafkaFuture<Void>>中的 key 代表主题名称，而 KafkaFuture<Void>代表创建后的返回值类型。KafkaAdminClient 中的 createTopics()方法可以一次性创建多个主题。KafkaFuture 是原本为了支持 JDK8 以下的版本而自定义实现的一个类，实现了 Future 接口，可以通过 Future.get() 方法来等待服务端的返回，参见代码清单 4-3 中的第⑤行。在未来的版本中，会有计划地将 KafkaFuture 替换为 JDK8 中引入的 CompletableFuture。

虽然这里创建主题之后的返回值类型为 Void，但并不代表所有操作的返回值类型都是 Void，比如 KafkaAdminClient 中的 listTopics()方法的返回值为 ListTopicsResult 类型，这个 ListTopicsResult 类型内部的成员变量 future 的类型为 KafkaFuture<Map<String, TopicListing>>，这里就包含了具体的返回信息。

在使用 KafkaAdminClient 之后记得要调用 close()方法来释放资源。

KafkaAdminClient 中的 deleteTopics()、listTopics()及 describeTopics()方法都很简单，读者不妨自己实践一下。下面讲一讲 describeConfigs()和 alterConfigs()这两个方法。首先查看刚刚创建的主题 topic-admin 的具体配置信息，如代码清单 4-5 所示。

代码清单 4-5　describeConfigs()方法的使用示例

```
public static void describeTopicConfig() throws ExecutionException,
        InterruptedException {
    String brokerList = "localhost:9092";
    String topic = "topic-admin";

    Properties props = new Properties();
    props.put(AdminClientConfig.BOOTSTRAP_SERVERS_CONFIG, brokerList);
    props.put(AdminClientConfig.REQUEST_TIMEOUT_MS_CONFIG, 30000);
    AdminClient client = AdminClient.create(props);

    ConfigResource resource =
            new ConfigResource(ConfigResource.Type.TOPIC, topic);      ①
    DescribeConfigsResult result =
            client.describeConfigs(Collections.singleton(resource));   ②
    Config config = result.all().get().get(resource);                  ③
    System.out.println(config);                                        ④
    client.close();
}
```

最终的输出结果不会只列出被覆盖的配置信息，而是会列出主题中所有的配置信息。

alterConfigs() 方 法 的 使 用 方 式 也 很 简 单 。 下 面 的 示 例 中 将 主 题 topic-admin 的 cleanup.policy 参数修改为 compact，只需将代码清单 4-5 中的第①至第④行替换为下面的内容即可：

```
ConfigResource resource = new ConfigResource(ConfigResource.Type.TOPIC, topic);
ConfigEntry entry = new ConfigEntry("cleanup.policy", "compact");
Config config = new Config(Collections.singleton(entry));
Map<ConfigResource, Config> configs = new HashMap<>();
configs.put(resource, config);
AlterConfigsResult result = client.alterConfigs(configs);
result.all().get();
```

本章的最后将演示如何使用 KafkaAdminClient 的 createPartitions()方法来增加一个主题的分区。下面的示例将主题 topic-admin 的分区从 4 增加到 5，只需将代码清单 4-5 中的第①至第④行替换为下面的内容即可：

```
NewPartitions newPartitions = NewPartitions.increaseTo(5);
Map<String, NewPartitions> newPartitionsMap = new HashMap<>();
newPartitionsMap.put(topic, newPartitions);
CreatePartitionsResult result = client.createPartitions(newPartitionsMap);
result.all().get();
```

本节主要讲述如何使用 KafkaAdminClient 来管理主题，对于其他的功能介绍，以及如何改造扩展 KafkaAdminClient 的功能并没有涉及，不过这些都会在 6.4.2 节和 10.2 节中进行扩充。

4.2.2　主题合法性验证

一般情况下，Kafka 生产环境中的 auto.create.topics.enable 参数会被设置为 false，即自动创建主题这条路会被堵住。kafka-topics.sh 脚本创建的方式一般由运维人员操作，普通用户无权过问。那么 KafkaAdminClient 就为普通用户提供了一个"口子"，或者将其集成到公司内部的资源申请、审核系统中会更加方便。普通用户在创建主题的时候，有可能由于误操作或其他原因而创建了不符合运维规范的主题，比如命名不规范，副本因子数太低等，这些都会影响后期的系统运维。如果创建主题的操作封装在资源申请、审核系统中，那么在前端就可以根据规则过滤不符合规范的申请操作。如果用户用 KafkaAdminClient 或类似的工具创建了一个错误的主题，我们有什么办法可以做相应的规范处理呢？

Kafka broker 端有一个这样的参数：create.topic.policy.class.name，默认值为

null，它提供了一个入口用来验证主题创建的合法性。使用方式很简单，只需要自定义实现
org.apache.kafka.server.policy.CreateTopicPolicy 接口，比如下面示例中的 PolicyDemo。然后在
broker 端的配置文件 config/server.properties 中配置参数 `create.topic.policy.class.`
`name` 的值为 org.apache.kafka.server.policy.PolicyDemo，最后启动服务。PolicyDemo 的代码参考
代码清单 4-6，主要实现接口中的 configure()、close() 及 validate() 方法，configure() 方法会在 Kafka
服务启动的时候执行，validate() 方法用来鉴定主题参数的合法性，其在创建主题时执行，close()
方法在关闭 Kafka 服务时执行。

代码清单 4-6　主题合法性验证示例

```
public class PolicyDemo implements CreateTopicPolicy {
    public void configure(Map<String, ?> configs) {
    }

    public void close() throws Exception {
    }

    public void validate(RequestMetadata requestMetadata)
            throws PolicyViolationException {
        if (requestMetadata.numPartitions() != null ||
            requestMetadata.replicationFactor() != null) {
            if (requestMetadata.numPartitions() < 5) {
                throw new PolicyViolationException("Topic should have at " +
                        "least 5 partitions, received: "+
                        requestMetadata.numPartitions());
            }
            if (requestMetadata.replicationFactor() <= 1) {
                throw new PolicyViolationException("Topic should have at " +
                        "least 2 replication factor, recevied: "+
                        requestMetadata.replicationFactor());
            }
        }
    }
}
```

此时如果采用代码清单 4-3 中的方式创建一个分区数为 4、副本因子为 1 的主题，那么客户
端就出报出如下的错误：

```
java.util.concurrent.ExecutionException:
org.apache.kafka.common.errors.PolicyViolationException: Topic should have at least
5 partitions, received: 4
```

相应的 Kafka 服务端的日志如下：

```
CreateTopicPolicy.RequestMetadata(topic=topic-test2, numPartitions=4, replicationFactor=1,
replicasAssignments=null, configs={})
    [2018-04-18 19:52:02,747] INFO [Admin Manager on Broker 0]: Error processing create
topic request for topic topic-test2 with arguments (numPartitions=4, replicationFactor=1,
replicasAssignments={}, configs={}) (kafka.server.AdminManager)
    org.apache.kafka.common.errors.PolicyViolationException: Topic should have at
least 5 partitions, received: 4
```

4.3　分区的管理

本节主要介绍与分区相关的知识和操作，包括优先副本的选举、分区重分配、复制限流、修改副本因子等内容。

4.3.1　优先副本的选举

分区使用多副本机制来提升可靠性，但只有 leader 副本对外提供读写服务，而 follower 副本只负责在内部进行消息的同步。如果一个分区的 leader 副本不可用，那么就意味着整个分区变得不可用，此时就需要 Kafka 从剩余的 follower 副本中挑选一个新的 leader 副本来继续对外提供服务。虽然不够严谨，但从某种程度上说，broker 节点中 leader 副本个数的多少决定了这个节点负载的高低。

在创建主题的时候，该主题的分区及副本会尽可能均匀地分布到 Kafka 集群的各个 broker 节点上，对应的 leader 副本的分配也比较均匀。比如我们使用 kafka-topics.sh 脚本创建一个分区数为 3、副本因子为 3 的主题 topic-partitions，创建之后的分布信息如下：

```
[root@node1 kafka_2.11-2.0.0]# bin/kafka-topics.sh --zookeeper localhost:2181/
kafka --describe --topic topic-partitions
    Topic:topic-partitions    PartitionCount:3 ReplicationFactor:3 Configs:
    Topic: topic-partitions    Partition: 0 Leader: 1    Replicas: 1,2,0 Isr: 1,2,0
    Topic: topic-partitions    Partition: 1 Leader: 2    Replicas: 2,0,1 Isr: 2,0,1
    Topic: topic-partitions    Partition: 2 Leader: 0    Replicas: 0,1,2 Isr: 0,1,2
```

　　可以看到 leader 副本均匀分布在 brokerId 为 0、1、2 的 broker 节点之中。针对同一个分区而言，同一个 broker 节点中不可能出现它的多个副本，即 Kafka 集群的一个 broker 中最多只能有它的一个副本，我们可以将 leader 副本所在的 broker 节点叫作分区的 leader 节点，而 follower 副本所在的 broker 节点叫作分区的 follower 节点。

　　随着时间的更替，Kafka 集群的 broker 节点不可避免地会遇到宕机或崩溃的问题，当分区的 leader 节点发生故障时，其中一个 follower 节点就会成为新的 leader 节点，这样就会导致集群的负载不均衡，从而影响整体的健壮性和稳定性。当原来的 leader 节点恢复之后重新加入集群时，它只能成为一个新的 follower 节点而不再对外提供服务。比如我们将 brokerId 为 2 的节点重启，那么主题 topic-partitions 新的分布信息如下：

```
[root@node1 kafka_2.11-2.0.0]# bin/kafka-topics.sh --zookeeper localhost:2181/
kafka --describe --topic topic-partitions
Topic:topic-partitions     PartitionCount:3 ReplicationFactor:3  Configs:
    Topic: topic-partitions Partition: 0 Leader: 1     Replicas: 1,2,0   Isr: 1,0,2
    Topic: topic-partitions Partition: 1 Leader: 0     Replicas: 2,0,1   Isr: 0,1,2
    Topic: topic-partitions Partition: 2 Leader: 0     Replicas: 0,1,2   Isr: 0,1,2
```

　　可以看到原本分区 1 的 leader 节点为 2，现在变成了 0，如此一来原本均衡的负载变成了失衡：节点 0 的负载最高，而节点 2 的负载最低。

　　为了能够有效地治理负载失衡的情况，Kafka 引入了优先副本（preferred replica）的概念。所谓的优先副本是指在 AR 集合列表中的第一个副本。比如上面主题 topic-partitions 中分区 0 的 AR 集合列表（Replicas）为[1,2,0]，那么分区 0 的优先副本即为 1。理想情况下，优先副本就是该分区的 leader 副本，所以也可以称之为 preferred leader。Kafka 要确保所有主题的优先副本在 Kafka 集群中均匀分布，这样就保证了所有分区的 leader 均衡分布。如果 leader 分布过于集中，就会造成集群负载不均衡。

　　所谓的优先副本的选举是指通过一定的方式促使优先副本选举为 leader 副本，以此来促进集群的负载均衡，这一行为也可以称为"分区平衡"。

　　需要注意的是，分区平衡并不意味着 Kafka 集群的负载均衡，因为还要考虑集群中的分区分配是否均衡。更进一步，每个分区的 leader 副本的负载也是各不相同的，有些 leader 副本的负载很高，比如需要承载 TPS 为 30000 的负荷，而有些 leader 副本只需承载个位数的负荷。也就是说，就算集群中的分区分配均衡、leader 分配均衡，也并不能确保整个集群的负载就是均衡的，还需要其他一些硬性的指标来做进一步的衡量，这个会在后面的章节中涉及，本节只探讨优先副本的选举。

在 Kafka 中可以提供分区自动平衡的功能，与此对应的 broker 端参数是 `auto.leader.rebalance.enable`，此参数的默认值为 true，即默认情况下此功能是开启的。如果开启分区自动平衡的功能，则 Kafka 的控制器会启动一个定时任务，这个定时任务会轮询所有的 broker 节点，计算每个 broker 节点的分区不平衡率（broker 中的不平衡率=非优先副本的 leader 个数/分区总数）是否超过 `leader.imbalance.per.broker.percentage` 参数配置的比值，默认值为 10%，如果超过设定的比值则会自动执行优先副本的选举动作以求分区平衡。执行周期由参数 `leader.imbalance.check.interval.seconds` 控制，默认值为 300 秒，即 5 分钟。

不过在生产环境中不建议将 `auto.leader.rebalance.enable` 设置为默认的 true，因为这可能引起负面的性能问题，也有可能引起客户端一定时间的阻塞。因为执行的时间无法自主掌控，如果在关键时期（比如电商大促波峰期）执行关键任务的关卡上执行优先副本的自动选举操作，势必会有业务阻塞、频繁超时之类的风险。前面也分析过，分区及副本的均衡也不能完全确保集群整体的均衡，并且集群中一定程度上的不均衡也是可以忍受的，为防止出现关键时期"掉链子"的行为，笔者建议还是将掌控权把控在自己的手中，可以针对此类相关的埋点指标设置相应的告警，在合适的时机执行合适的操作，而这个"合适的操作"就是指手动执行分区平衡。

Kafka 中 kafka-perferred-replica-election.sh 脚本提供了对分区 leader 副本进行重新平衡的功能。优先副本的选举过程是一个安全的过程，Kafka 客户端可以自动感知分区 leader 副本的变更。下面的示例演示了 kafka-perferred-replica-election.sh 脚本的具体用法：

```
[root@node1 kafka_2.11-2.0.0]# bin/kafka-preferred-replica-election.sh --zookeeper
localhost:2181/kafka

Created preferred replica election path with topic-demo-3,__consumer_offsets-22,
topic-config-1,__consumer_offsets-30,__bigdata_monitor-12,__consumer_offsets-8,_
_consumer_offsets-21,topic-create-0,__consumer_offsets-4,topic-demo-1,topic-part
itions-1,__consumer_offsets-27,__consumer_offsets-7,__consumer_offsets-9,__consu
mer_offsets-46,(…省略若干)

[root@node1 kafka_2.11-2.0.0]# bin/kafka-topics.sh --zookeeper localhost:2181/
kafka --describe --topic topic-partitions
    Topic:topic-partitions    PartitionCount:3 ReplicationFactor:3 Configs:
        Topic: topic-partitions Partition: 0 Leader: 1    Replicas: 1,2,0   Isr: 1,0,2
        Topic: topic-partitions Partition: 1 Leader: 2    Replicas: 2,0,1   Isr: 0,1,2
        Topic: topic-partitions Partition: 2 Leader: 0    Replicas: 0,1,2   Isr: 0,1,2
```

可以看到在脚本执行之后，主题 topic-partitions 中的所有 leader 副本的分布已经和刚创建时的一样了，所有的优先副本都成为 leader 副本。

上面示例中的这种使用方式会将集群上所有的分区都执行一遍优先副本的选举操作，分区数越多打印出来的信息也就越多。leader 副本的转移也是一项高成本的工作，如果要执行的分区数很多，那么必然会对客户端造成一定的影响。如果集群中包含大量的分区，那么上面的这种使用方式有可能会失效。在优先副本的选举过程中，具体的元数据信息会被存入 ZooKeeper 的 /admin/preferred_replica_election 节点，如果这些数据超过了 ZooKeeper 节点所允许的大小，那么选举就会失败。默认情况下 ZooKeeper 所允许的节点数据大小为 1MB。

kafka-perferred-replica-election.sh 脚本中还提供了 path-to-json-file 参数来小批量地对部分分区执行优先副本的选举操作。通过 path-to-json-file 参数来指定一个 JSON 文件，这个 JSON 文件里保存需要执行优先副本选举的分区清单。

举个例子，我们再将集群中 brokerId 为 2 的节点重启，不过我们现在只想对主题 topic-partitions 执行优先副本的选举操作，那么先创建一个 JSON 文件，文件名假定为 election.json，文件的内容如下：

```
{
    "partitions":[
        {
            "partition":0,
            "topic":"topic-partitions"
        },
        {
            "partition":1,
            "topic":"topic-partitions"
        },
        {
            "partition":2,
            "topic":"topic-partitions"
        }
    ]
}
```

然后通过 kafka-perferred-replica-election.sh 脚本配合 path-to-json-file 参数来对主题 topic-partitions 执行优先副本的选举操作，具体示例如下：

```
[root@node1 kafka_2.11-2.0.0]# bin/kafka-preferred-replica-election.sh --zookeeper
```

```
localhost:2181/kafka --path-to-json-file election.json
    Created preferred replica election path with topic-partitions-0,topic-partitions-1,
topic-partitions-2
    Successfully started preferred replica election for partitions Set(topic-
partitions-0, topic-partitions-1, topic-partitions-2)

    [root@node1 kafka_2.11-2.0.0]# bin/kafka-topics.sh --zookeeper localhost:2181/
kafka --describe --topic topic-partitions
    Topic:topic-partitions    PartitionCount:3 ReplicationFactor:3 Configs:
        Topic: topic-partitions Partition: 0 Leader: 1    Replicas: 1,2,0   Isr: 1,0,2
        Topic: topic-partitions Partition: 1 Leader: 2    Replicas: 2,0,1   Isr: 0,1,2
        Topic: topic-partitions Partition: 2 Leader: 0    Replicas: 0,1,2   Isr: 0,1,2
```

读者可以自行查看一下集群中的其他主题是否像之前没有使用 path-to-json-file 参数的一样也被执行了选举操作。

在实际生产环境中，一般使用 path-to-json-file 参数来分批、手动地执行优先副本的选举操作。尤其是在应对大规模的 Kafka 集群时，理应杜绝采用非 path-to-json-file 参数的选举操作方式。同时，优先副本的选举操作也要注意避开业务高峰期，以免带来性能方面的负面影响。

4.3.2　分区重分配

当集群中的一个节点突然宕机下线时，如果节点上的分区是单副本的，那么这些分区就变得不可用了，在节点恢复前，相应的数据也就处于丢失状态；如果节点上的分区是多副本的，那么位于这个节点上的 leader 副本的角色会转交到集群的其他 follower 副本中。总而言之，这个节点上的分区副本都已经处于功能失效的状态，Kafka 并不会将这些失效的分区副本自动地迁移到集群中剩余的可用 broker 节点上，如果放任不管，则不仅会影响整个集群的均衡负载，还会影响整体服务的可用性和可靠性。

当要对集群中的一个节点进行有计划的下线操作时，为了保证分区及副本的合理分配，我们也希望通过某种方式能够将该节点上的分区副本迁移到其他的可用节点上。

当集群中新增 broker 节点时，只有新创建的主题分区才有可能被分配到这个节点上，而之前的主题分区并不会自动分配到新加入的节点中，因为在它们被创建时还没有这个新节点，这样新节点的负载和原先节点的负载之间严重不均衡。

为了解决上述问题，需要让分区副本再次进行合理的分配，也就是所谓的分区重分配。Kafka 提供了 kafka-reassign-partitions.sh 脚本来执行分区重分配的工作，它可以在集群扩容、broker

节点失效的场景下对分区进行迁移。

　　kafka-reassign-partitions.sh 脚本的使用分为 3 个步骤：首先创建需要一个包含主题清单的 JSON 文件，其次根据主题清单和 broker 节点清单生成一份重分配方案，最后根据这份方案执行具体的重分配动作。

　　下面我们通过一个具体的案例来演示 kafka-reassign-partitions.sh 脚本的用法。首先在一个由 3 个节点（broker 0、broker 1、broker 2）组成的集群中创建一个主题 topic-reassign，主题中包含 4 个分区和 2 个副本：

```
[root@node1 kafka_2.11-2.0.0]# bin/kafka-topics.sh --zookeeper localhost:2181/
kafka --create --topic topic-reassign --replication-factor 2 --partitions 4
    Created topic "topic-reassign".

[root@node1 kafka_2.11-2.0.0]# bin/kafka-topics.sh --zookeeper localhost:2181/
kafka --describe --topic topic-reassign
    Topic:topic-reassign PartitionCount:4 ReplicationFactor:2  Configs:
        Topic: topic-reassign Partition: 0 Leader: 0    Replicas: 0,2   Isr: 0,2
        Topic: topic-reassign Partition: 1 Leader: 1    Replicas: 1,0   Isr: 1,0
        Topic: topic-reassign Partition: 2 Leader: 2    Replicas: 2,1   Isr: 2,1
        Topic: topic-reassign Partition: 3 Leader: 0    Replicas: 0,1   Isr: 0,1
```

　　我们可以观察到主题 topic-reassign 在 3 个节点中都有相应的分区副本分布。由于某种原因，我们想要下线 brokerId 为 1 的 broker 节点，在此之前，我们要做的就是将其上的分区副本迁移出去。使用 kafka-reassign-partitions.sh 脚本的第一步就是要创建一个 JSON 文件（文件的名称假定为 reassign.json），文件内容为要进行分区重分配的主题清单。对主题 topic-reassign 而言，示例如下：

```
{
    "topics":[
        {
            "topic":"topic-reassign"
        }
    ],
    "version":1
}
```

　　第二步就是根据这个 JSON 文件和指定所要分配的 broker 节点列表来生成一份候选的重分配方案，具体内容参考如下：

```
[root@node1 kafka_2.11-2.0.0]# bin/kafka-reassign-partitions.sh --zookeeper
localhost:2181/kafka --generate --topics-to-move-json-file reassign.json
--broker-list 0,2
    Current partition replica assignment
    {"version":1,"partitions":[{"topic":"topic-reassign","partition":2,"replicas
":[2,1],"log_dirs":["any","any"]},{"topic":"topic-reassign","partition":1,"repli
cas":[1,0],"log_dirs":["any","any"]},{"topic":"topic-reassign","partition":3,"re
plicas":[0,1],"log_dirs":["any","any"]},{"topic":"topic-reassign","partition":0,
"replicas":[0,2],"log_dirs":["any","any"]}]}

    Proposed partition reassignment configuration
    {"version":1,"partitions":[{"topic":"topic-reassign","partition":2,"replicas
":[2,0],"log_dirs":["any","any"]},{"topic":"topic-reassign","partition":1,"repli
cas":[0,2],"log_dirs":["any","any"]},{"topic":"topic-reassign","partition":3,"re
plicas":[0,2],"log_dirs":["any","any"]},{"topic":"topic-reassign","partition":0,
"replicas":[2,0],"log_dirs":["any","any"]}]}
```

上面的示例中包含 4 个参数，其中 zookeeper 已经很常见了，用来指定 ZooKeeper 的地址。generate 是 kafka-reassign-partitions.sh 脚本中指令类型的参数，可以类比于 kafka-topics.sh 脚本中的 create、list 等，它用来生成一个重分配的候选方案。topic-to-move-json 用来指定分区重分配对应的主题清单文件的路径，该清单文件的具体的格式可以归纳为 {"topics": [{"topic": "foo"},{"topic": "foo1"}],"version": 1}。broker-list 用来指定所要分配的 broker 节点列表，比如示例中的 "0,2"。

上面示例中打印出了两个 JSON 格式的内容。第一个 "Current partition replica assignment" 所对应的 JSON 内容为当前的分区副本分配情况，在执行分区重分配的时候最好将这个内容保存起来，以备后续的回滚操作。第二个 "Proposed partition reassignment configuration" 所对应的 JSON 内容为重分配的候选方案，注意这里只是生成一份可行性的方案，并没有真正执行重分配的动作。生成的可行性方案的具体算法和创建主题时的一样，这里也包含了机架信息，具体的细节可以参考 4.1.2 节的内容。

我们需要将第二个 JSON 内容保存在一个 JSON 文件中，假定这个文件的名称为 project.json。

第三步执行具体的重分配动作，详细参考如下：

```
[root@node1 kafka_2.11-2.0.0]# bin/kafka-reassign-partitions.sh --zookeeper
localhost:2181/kafka --execute --reassignment-json-file project.json
    Current partition replica assignment
```

```
{"version":1,"partitions":[{"topic":"topic-reassign","partition":2,"replicas
":[2,1],"log_dirs":["any","any"]},{"topic":"topic-reassign","partition":1,"repli
cas":[1,0],"log_dirs":["any","any"]},{"topic":"topic-reassign","partition":3,"re
plicas":[0,1],"log_dirs":["any","any"]},{"topic":"topic-reassign","partition":0,
"replicas":[0,2],"log_dirs":["any","any"]}]}

Save this to use as the --reassignment-json-file option during rollback
Successfully started reassignment of partitions.
```

我们再次查看主题 topic-reassign 的具体信息：

```
[root@node1 kafka_2.11-2.0.0]# bin/kafka-topics.sh --zookeeper localhost:2181/
kafka --describe --topic topic-reassign
Topic:topic-reassign PartitionCount:4 ReplicationFactor:2  Configs:
    Topic: topic-reassign Partition: 0 Leader: 0     Replicas: 2,0    Isr: 0,2
    Topic: topic-reassign Partition: 1 Leader: 0     Replicas: 0,2    Isr: 0,2
    Topic: topic-reassign Partition: 2 Leader: 2     Replicas: 2,0    Isr: 2,0
    Topic: topic-reassign Partition: 3 Leader: 0     Replicas: 0,2    Isr: 0,2
```

可以看到主题中的所有分区副本都只在 0 和 2 的 broker 节点上分布了。

在第三步的操作中又多了 2 个参数，execute 也是指令类型的参数，用来指定执行重分配的动作。reassignment-json-file 指定分区重分配方案的文件路径，对应于示例中的 project.json 文件。

除了让脚本自动生成候选方案，用户还可以自定义重分配方案，这样也就不需要执行第一步和第二步的操作了。

分区重分配的基本原理是先通过控制器为每个分区添加新副本（增加副本因子），新的副本将从分区的 leader 副本那里复制所有的数据。根据分区的大小不同，复制过程可能需要花一些时间，因为数据是通过网络复制到新副本上的。在复制完成之后，控制器将旧副本从副本清单里移除（恢复为原先的副本因子数）。注意在重分配的过程中要确保有足够的空间。

细心的读者可能观察到主题 topic-reassign 中有 3 个 leader 副本在 broker 0 上，而只有 1 个 leader 副本在 broker 2 上，这样负载就不均衡了。不过我们可以借助 4.3.1 节中的 kafka-perferred-replica-election.sh 脚本来执行一次优先副本的选举动作，之后可以看到主题 topic-reassign 的具体信息已经趋于完美：

```
[root@node1 kafka_2.11-2.0.0]# bin/kafka-topics.sh --zookeeper localhost:2181/
kafka --describe --topic topic-reassign
```

```
Topic:topic-reassign PartitionCount:4 ReplicationFactor:2  Configs:
    Topic: topic-reassign Partition: 0 Leader: 2     Replicas: 2,0    Isr: 0,2
    Topic: topic-reassign Partition: 1 Leader: 0     Replicas: 0,2    Isr: 0,2
    Topic: topic-reassign Partition: 2 Leader: 2     Replicas: 2,0    Isr: 2,0
    Topic: topic-reassign Partition: 3 Leader: 0     Replicas: 0,2    Isr: 0,2
```

对于分区重分配而言，这里还有可选的第四步操作，即验证查看分区重分配的进度。只需将上面的 execute 替换为 verify 即可，具体示例如下：

```
[root@node1 kafka_2.11-2.0.0]# bin/kafka-reassign-partitions.sh --zookeeper
localhost:2181/kafka --verify --reassignment-json-file project.json
Status of partition reassignment:
Reassignment of partition topic-reassign-2 completed successfully
Reassignment of partition topic-reassign-1 completed successfully
Reassignment of partition topic-reassign-3 completed successfully
Reassignment of partition topic-reassign-0 completed successfully
```

分区重分配对集群的性能有很大的影响，需要占用额外的资源，比如网络和磁盘。在实际操作中，我们将降低重分配的粒度，分成多个小批次来执行，以此来将负面的影响降到最低，这一点和优先副本的选举有异曲同工之妙。

还需要注意的是，如果要将某个 broker 下线，那么在执行分区重分配动作之前最好先关闭或重启 broker。这样这个 broker 就不再是任何分区的 leader 节点了，它的分区就可以被分配给集群中的其他 broker。这样可以减少 broker 间的流量复制，以此提升重分配的性能，以及减少对集群的影响。

4.3.3　复制限流

在 4.3.2 节中我们了解了分区重分配本质在于数据复制，先增加新的副本，然后进行数据同步，最后删除旧的副本来达到最终的目的。数据复制会占用额外的资源，如果重分配的量太大必然会严重影响整体的性能，尤其是处于业务高峰期的时候。减小重分配的粒度，以小批次的方式来操作是一种可行的解决思路。如果集群中某个主题或某个分区的流量在某段时间内特别大，那么只靠减小粒度是不足以应对的，这时就需要有一个限流的机制，可以对副本间的复制流量加以限制来保证重分配期间整体服务不会受太大的影响。

副本间的复制限流有两种实现方式：kafka-config.sh 脚本和 kafka-reassign-partitions.sh 脚本。

首先，我们讲述如何通过 kafka-config.sh 脚本来实现限流，如果对这个脚本的使用有些遗忘，则可以再回顾一下 4.1.5 节的内容。不过 4.1.5 节里只演示了主题相关的配置变更，并没有涉及其他的类型，本节的内容会与 broker 类型的配置相关，不妨借助这个机会再来了解一下 broker 类型的配置用法。

kafka-config.sh 脚本主要以动态配置的方式来达到限流的目的，在 broker 级别有两个与复制限流相关的配置参数：`follower.replication.throttled.rate` 和 `leader.replication.throttled.rate`，前者用于设置 follower 副本复制的速度，后者用于设置 leader 副本传输的速度，它们的单位都是 B/s。通常情况下，两者的配置值是相同的。下面的示例中将 broker 1 中的 leader 副本和 follower 副本的复制速度限制在 1024B/s 之内，即 1KB/s：

```
[root@node1 kafka_2.11-2.0.0]# bin/kafka-configs.sh --zookeeper localhost:
2181/kafka --entity-type brokers --entity-name 1 --alter --add-config follower.replication.
throttled.rate=1024,leader.replication.throttled.rate=1024
Completed Updating config for entity: brokers '1'.
```

我们再来查看一下 broker 1 中刚刚添加的配置，参考如下：

```
[root@node1 kafka_2.11-2.0.0]# bin/kafka-configs.sh --zookeeper localhost:
2181/kafka --entity-type brokers --entity-name 1 --describe
Configs for brokers '1' are leader.replication.throttled.rate=1024,follower.
replication.throttled.rate=1024
```

在 4.1.5 节中我们了解到变更配置时会在 ZooKeeper 中创建一个命名形式为/config/<entity-type>/<entity-name> 的节点，对于这里的示例而言，其节点就是/config/brokers/1，节点中相应的信息如下：

```
[zk: localhost:2181/kafka(CONNECTED) 6] get /config/brokers/1
{"version":1,"config":{"leader.replication.throttled.rate":"1024","follower.
replication.throttled.rate":"1024"}}
```

删除刚刚添加的配置也很简单，与 4.1.5 节中主题类型的方式一样，参考如下：

```
[root@node1 kafka_2.11-2.0.0]# bin/kafka-configs.sh --zookeeper localhost:
2181/kafka --entity-type brokers --entity-name 1 --alter --delete-config follower.
replication.throttled.rate,leader.replication.throttled.rate
Completed Updating config for entity: brokers '1'.
```

在主题级别也有两个相关的参数来限制复制的速度：`leader.replication.throttled.`

replicas 和 follower.replication.throttled.replicas，它们分别用来配置被限制速度的主题所对应的 leader 副本列表和 follower 副本列表。为了演示具体的用法，我们先创建一个分区数为 3、副本数为 2 的主题 topic-throttle，并查看它的详细信息：

```
[root@node1 kafka_2.11-2.0.0]# bin/kafka-topics.sh --zookeeper localhost:2181/
kafka --create --topic topic-throttle --replication-factor 2 --partitions 3
Created topic "topic-throttle".

[root@node1 kafka_2.11-2.0.0]# bin/kafka-topics.sh --zookeeper localhost:2181/
kafka --describe --topic topic-throttle
Topic:topic-throttle PartitionCount:3 ReplicationFactor:2 Configs:
    Topic: topic-throttle Partition: 0 Leader: 0    Replicas: 0,1    Isr: 0,1
    Topic: topic-throttle Partition: 1 Leader: 1    Replicas: 1,2    Isr: 1,2
    Topic: topic-throttle Partition: 2 Leader: 2    Replicas: 2,0    Isr: 2,0
```

在上面示例中，主题 topic-throttle 的三个分区所对应的 leader 节点分别为 0、1、2，即分区与代理的映射关系为 0:0、1:1、2:2，而对应的 follower 节点分别为 1、2、0，相关的分区与代理的映射关系为 0:1、1:2、2:0，那么此主题的限流副本列表及具体的操作细节如下：

```
[root@node1 kafka_2.11-2.0.0]# bin/kafka-configs.sh --zookeeper localhost:
2181/kafka --entity-type topics --entity-name topic-throttle --alter --add-config
leader.replication.throttled.replicas=[0:0,1:1,2:2],follower.replication.throttl
ed.replicas=[0:1,1:2,2:0]
Completed Updating config for entity: topic 'topic-throttle'.
```

对应的 ZooKeeper 中的 /config/topics/topic-throttle 节点信息如下：

```
{"version":1,"config":{"leader.replication.throttled.replicas":"0:0,1:1,2:2"
,"follower.replication.throttled.replicas":"0:1,1:2,2:0"}}
```

在了解了与限流相关的 4 个配置参数之后，我们演示一下带有限流的分区重分配的用法。首先按照 4.3.2 节的步骤创建一个包含可行性方案的 project.json 文件，内容如下：

```
{"version":1,"partitions":[{"topic":"topic-throttle","partition":1,"replicas
":[2,0],"log_dirs":["any","any"]},{"topic":"topic-throttle","partition":0,"repli
cas":[0,2],"log_dirs":["any","any"]},{"topic":"topic-throttle","partition":2,"re
plicas":[0,2],"log_dirs":["any","any"]}]}
```

接下来设置被限流的副本列表，这里就很有讲究了，首先看一下重分配前和分配后的分区副本布局对比，详细如下：

partition	重分配前的 AR	分配后的预期 AR
0	0,1	0,2
1	1,2	2,0
2	2,0	0,2

　　如果分区重分配会引起某个分区 AR 集合的变更，那么这个分区中与 leader 有关的限制会应用于重分配前的所有副本，因为任何一个副本都可能是 leader，而与 follower 有关的限制会应用于所有移动的目的地。从概念上理解会比较抽象，这里不妨举个例子，对上面的布局对比而言，分区 0 重分配的 AR 为[0,1]，重分配后的 AR 为[0,2]，那么这里的目的地就是新增的 2。也就是说，对分区 0 而言，leader.replication.throttled.replicas 配置为[0:0, 0:1]，follower.replication.throttled.replicas 配置为[0:2]。同理，对于分区 1 而言，leader.replication.throttled.replicas 配置为[1:1,1:2]，follower.replication.throttled.replicas 配置为[1:0]。分区 3 的 AR 集合没有发生任何变化，这里可以忽略。

　　获取限流副本列表之后，我们就可以执行具体的操作了，详细如下：

```
[root@node1 kafka_2.11-2.0.0]# bin/kafka-configs.sh --zookeeper localhost:
2181/kafka --entity-type topics --entity-name topic-throttle --alter --add-config
leader.replication.throttled.replicas=[1:1,1:2,0:0,0:1],follower.replication.thr
ottled.replicas=[1:0,0:2]
Completed Updating config for entity: topic 'topic-throttle'.
```

　　接下来再设置 broker 2 的复制速度为 10B/s，这样在下面的操作中可以很方便地观察限流与不限流的不同：

```
[root@node1 kafka_2.11-2.0.0]# bin/kafka-configs.sh --zookeeper localhost:
2181/kafka --entity-type brokers --entity-name 2 --alter --add-config follower.
replication.throttled.rate=10,leader.replication.throttled.rate=10
Completed Updating config for entity: brokers '2'.
```

　　在执行具体的重分配操作之前，我们需要开启一个生产者并向主题 topic-throttle 中发送一批消息，这样可以方便地观察正在进行数据复制的过程。

　　之后我们再执行正常的分区重分配的操作，示例如下：

```
[root@node1 kafka_2.11-2.0.0]# bin/kafka-reassign-partitions.sh --zookeeper
localhost:2181/kafka --execute --reassignment-json-file project.json
```

```
Current partition replica assignment

{"version":1,"partitions":[{"topic":"topic-throttle","partition":2,"replicas":[2,0],"log_dirs":["any","any"]},{"topic":"topic-throttle","partition":1,"replicas":[1,2],"log_dirs":["any","any"]},{"topic":"topic-throttle","partition":0,"replicas":[0,1],"log_dirs":["any","any"]}]}

Save this to use as the --reassignment-json-file option during rollback
Successfully started reassignment of partitions.
```

执行之后，可以查看执行的进度，示例如下：

```
[root@node1 kafka_2.11-2.0.0]# bin/kafka-reassign-partitions.sh --zookeeper localhost:2181/kafka --verify --reassignment-json-file project.json
Status of partition reassignment:
Reassignment of partition topic-throttle-1 completed successfully
Reassignment of partition topic-throttle-0 is still in progress
Reassignment of partition topic-throttle-2 completed successfully
```

可以看到分区 topic-throttle-0 还在同步过程中，因为我们之前设置了 broker 2 的复制速度为 10B/s，这样使同步变得缓慢，分区 topic-throttle-0 需要同步数据到位于 broker 2 的新增副本中。随着时间的推移，分区 topic-throttle-0 最终会变成"completed successful"的状态。

为了不影响 Kafka 本身的性能，往往对临时设置的一些限制性的配置在使用完后要及时删除，而 kafka-reassign-partitions.sh 脚本配合指令参数 verify 就可以实现这个功能，在所有的分区都重分配完成之后执行查看进度的命令时会有如下的信息：

```
[root@node1 kafka_2.11-2.0.0]# bin/kafka-reassign-partitions.sh --zookeeper localhost:2181/kafka --verify --reassignment-json-file project.json
Status of partition reassignment:
Reassignment of partition topic-throttle-1 completed successfully
Reassignment of partition topic-throttle-0 completed successfully
Reassignment of partition topic-throttle-2 completed successfully
Throttle was removed.
```

注意到最后一行信息"Throttle was removed."，它提示了所有之前针对限流做的配置都已经被清除了，读者可以自行查看一下相应的 ZooKeeper 节点中是否还有相关的配置。

kafka-reassign-partitions.sh 脚本本身也提供了限流的功能，只需一个 throttle 参数即可，具体用法如下：

```
[root@node1 kafka_2.11-2.0.0]# bin/kafka-reassign-partitions.sh --zookeeper
localhost:2181/kafka --execute --reassignment-json-file project.json  --throttle 10
    Current partition replica assignment

    {"version":1,"partitions":[{"topic":"topic-throttle","partition":2,"replicas
":[2,0],"log_dirs":["any","any"]},{"topic":"topic-throttle","partition":1,"repli
cas":[1,2],"log_dirs":["any","any"]},{"topic":"topic-throttle","partition":0,"re
plicas":[0,1],"log_dirs":["any","any"]}]}

    Save this to use as the --reassignment-json-file option during rollback
    Warning: You must run Verify periodically, until the reassignment completes, to
ensure the throttle is removed. You can also alter the throttle by rerunning the Execute
command passing a new value.
    The inter-broker throttle limit was set to 10 B/s
    Successfully started reassignment of partitions.
```

上面的信息中包含了明确的告警信息：需要周期性地执行查看进度的命令直到重分配完成，这样可以确保限流设置被移除。也就是说，使用这种方式的限流同样需要显式地执行某些操作以使在重分配完成之后可以删除限流的设置。上面的信息中还告知了目前限流的速度上限为10B/s。

如果想在重分配期间修改限制来增加吞吐量，以便完成得更快，则可以重新运行 kafka-reassign-partitions.sh 脚本的 execute 命令，使用相同的 reassignment-json-file，示例如下：

```
[root@node1 kafka_2.11-2.0.0]# bin/kafka-reassign-partitions.sh --zookeeper
localhost:2181/kafka --execute --reassignment-json-file project.json  --throttle
1024
    There is an existing assignment running.
```

这样限流的速度上限为 1024B/s，可以查看对应的 ZooKeeper 节点内容：

```
[zk: localhost:2181/kafka(CONNECTED) 30] get /config/topics/topic-throttle
    {"version":1,"config":{"follower.replication.throttled.replicas":"1:0,0:2","
leader.replication.throttled.replicas":"1:1,1:2,0:0,0:1"}}
```

可以看到 ZooKeeper 节点内容中的限流副本列表和前面使用 kafka-config.sh 脚本时的一样。其实 kafka-reassign-partitions.sh 脚本提供的限流功能背后的实现原理就是配置与限流相关的那4

个参数而已，没有什么太大的差别。不过使用 kafka-config.sh 脚本的方式来实现复制限流的功能比较烦琐，并且在手动配置限流副本列表时也比较容易出错，这里推荐大家使用 kafka-reassign-partitions.sh 脚本配合 `throttle` 参数的方式，方便快捷且不容易出错。

4.3.4　修改副本因子

创建主题之后我们还可以修改分区的个数，同样可以修改副本因子（副本数）。修改副本因子的使用场景也很多，比如在创建主题时填写了错误的副本因子数而需要修改，再比如运行一段时间之后想要通过增加副本因子数来提高容错性和可靠性。

前面主要讲述了分区重分配的相关细节，本节中修改副本因子的功能也是通过重分配所使用的 kafka-reassign-partition.sh 脚本实现的。我们仔细观察一下 4.3.3 节中的示例使用的 project.json 文件：

```
{
    "version": 1,
    "partitions": [
        {
            "topic": "topic-throttle",
            "partition": 1,
            "replicas": [
                2,
                0
            ],
            "log_dirs": [
                "any",
                "any"
            ]
        },
        {
            "topic": "topic-throttle",
            "partition": 0,
            "replicas": [
                0,
                2
            ],
            "log_dirs": [
                "any",
```

```
                    "any"
                ]
            },
            {
                "topic": "topic-throttle",
                "partition": 2,
                "replicas": [
                    0,
                    2
                ],
                "log_dirs": [
                    "any",
                    "any"
                ]
            }
        ]
    }
```

可以观察到 JSON 内容里的 replicas 都是 2 个副本，我们可以自行添加一个副本，比如对分区 1 而言，可以改成下面的内容（注意加粗的部分）：

```
{
    "topic": "topic-throttle",
    "partition": 1,
    "replicas": [
        2,
        1,
        0
    ],
    "log_dirs": [
        "any",
        "any",
        "any"
    ]
}
```

我们可以将其他分区的 replicas 内容也改成[0,1,2]，这样每个分区的副本因子就都从 2 增加到了 3。注意增加副本因子时也要在 log_dirs 中添加一个"any"，这个 log_dirs 代表 Kafka 中的日志目录，对应于 broker 端的 `log.dir` 或 `log.dirs` 参数的配置值，如果不需要关注此方面的细节，那么可以简单地设置为 "any"。我们将修改后的 JSON 内容保存为新的 add.json 文件。在执行 kafka-reassign-partition.sh 脚本前，主题 topic-throttle 的详细信息（副本因子为 2）如下：

```
[root@node1 kafka_2.11-2.0.0]# bin/kafka-topics.sh --zookeeper localhost:2181/
kafka --describe --topic topic-throttle
Topic:topic-throttle    PartitionCount:3    ReplicationFactor:2 Configs:
    Topic: topic-throttle  Partition: 0  Leader: 0  Replicas: 0,1  Isr: 0,1
    Topic: topic-throttle  Partition: 1  Leader: 1  Replicas: 1,2  Isr: 2,1
    Topic: topic-throttle  Partition: 2  Leader: 2  Replicas: 2,0  Isr: 2,0
```

执行 kafka-reassign-partition.sh 脚本（execute），详细信息如下：

```
[root@node1 kafka_2.11-2.0.0]# bin/kafka-reassign-partitions.sh --zookeeper
localhost:2181/kafka --execute --reassignment-json-file add.json
Current partition replica assignment

{"version":1,"partitions":[{"topic":"topic-throttle","partition":2,"replicas
":[2,0],"log_dirs":["any","any"]},{"topic":"topic-throttle","partition":1,"repli
cas":[1,2],"log_dirs":["any","any"]},{"topic":"topic-throttle","partition":0,"re
plicas":[0,1],"log_dirs":["any","any"]}]}

Save this to use as the --reassignment-json-file option during rollback
Successfully started reassignment of partitions.
```

执行之后再次查看主题 topic-throttle 的详细信息，详细信息如下：

```
[root@node1 kafka_2.11-2.0.0]# bin/kafka-topics.sh --zookeeper localhost:2181/
kafka --describe --topic topic-throttle
Topic:topic-throttle    PartitionCount:3    ReplicationFactor:3 Configs:
    Topic: topic-throttle  Partition: 0  Leader: 0  Replicas: 0,1,2 Isr: 0,1,2
    Topic: topic-throttle  Partition: 1  Leader: 1  Replicas: 0,1,2 Isr: 2,1,0
    Topic: topic-throttle  Partition: 2  Leader: 2  Replicas: 0,1,2 Isr: 2,0,1
```

可以看到相应的副本因子数已经增加到 3 了。

与修改分区数不同的是，副本数还可以减少，这个其实很好理解，最直接的方式是关闭一些 broker，不过这种手法不太正规。这里我们同样可以通过 kafka-reassign-partition.sh 脚本来减少分区的副本因子。再次修改 project.json 文件中的内容，内容参考如下：

```
{"version":1,"partitions":[{"topic":"topic-throttle","partition":2,"replicas
":[0],"log_dirs":["any"]},{"topic":"topic-throttle","partition":1,"replicas":[1]
,"log_dirs":["any"]},{"topic":"topic-throttle","partition":0,"replicas":[2],"log
_dirs":["any"]}]}
```

再次执行 kafka-reassign-partition.sh 脚本（execute）之后，主题 topic-throttle 的详细信息如下：

```
[root@node1 kafka_2.11-2.0.0]# bin/kafka-topics.sh --zookeeper localhost:2181/
kafka --describe --topic topic-throttle
Topic:topic-throttle PartitionCount:3 ReplicationFactor:1  Configs:
        Topic: topic-throttle    Partition: 0 Leader: 2    Replicas: 2 Isr: 2
        Topic: topic-throttle    Partition: 1 Leader: 1    Replicas: 1 Isr: 1
        Topic: topic-throttle    Partition: 2 Leader: 0    Replicas: 0 Isr: 0
```

可以看到主题 topic-throttle 的副本因子又被修改为 1 了。细心的读者可能注意到我们执行 kafka-reassign-partition.sh 脚本（execute）所使用的候选方案都是手动修改的，在增加副本因子的时候由于整个示例集群中只有 3 个 broker 节点，从 2 增加到 3 只需填满副本即可。再者，示例中减少副本因子的时候改成了 1，这样可以简单地把各个 broker 节点轮询一遍，如此也就不太会有负载不均衡的影响。不过在真实应用中，可能面对的是一个包含了几十个 broker 节点的集群，将副本数从 2 修改为 5，或者从 4 修改为 3 的时候，如何进行合理的分配是一个关键的问题。我们可以参考 4.1.2 节中的分区副本的分配来进行相应的计算，不过如果不是通过程序来得出结果而是通过人工去计算的，也确实比较烦琐。下面演示了如何通过程序来计算出分配方案（实质上是 4.1.2 节中对应的方法），如代码清单 4-7 所示。

代码清单 4-7　分配方案计算（Scala）

```scala
object ComputeReplicaDistribution {
  val partitions = 3
  val replicaFactor = 2

  def main(args: Array[String]): Unit = {
    val brokerMetadatas = List(new BrokerMetadata(0, Option("rack1")),
      new BrokerMetadata(1, Option("rack1")),
      new BrokerMetadata(2, Option("rack1")))
    val replicaAssignment = AdminUtils.assignReplicasToBrokers(brokerMetadatas,
```

```
        partitions, replicaFactor)
    println(replicaAssignment)
  }
}
```

代码中计算的是集群节点为[0,1,2]、分区数为 3、副本因子为 2、无机架信息的分配方案，程序输出如下：

```
Map(2 -> ArrayBuffer(0, 2), 1 -> ArrayBuffer(2, 1), 0 -> ArrayBuffer(1, 0))
```

分区 2 对应于[0,2]，分区 1 对应于[2,1]，分区 0 对应于[1,0]，所以在一个 3 节点的集群中将副本因子修改为 2 的对应候选方案为：

```
{"version":1,"partitions":[{"topic":"topic-throttle","partition":2,"replicas":[0,2],"log_dirs":["any","any"]},{"topic":"topic-throttle","partition":1,"replicas":[2,1],"log_dirs":["any","any"]},{"topic":"topic-throttle","partition":0,"replicas":[1,0],"log_dirs":["any","any"]}]}
```

4.4 如何选择合适的分区数

如何选择合适的分区数？这是很多 Kafka 的使用者经常面临的问题，不过对这个问题而言，似乎并没有非常权威的答案。而且这个问题显然也没有固定的答案，只能从某些角度来做具体的分析，最终还是要根据实际的业务场景、软件条件、硬件条件、负载情况等来做具体的考量。本节主要介绍与本问题相关的一些重要决策因素，使读者在遇到类似问题时能够有参考依据。

4.4.1 性能测试工具

在 Kafka 中，性能与分区数有着必然的关系，在设定分区数时一般也需要考虑性能的因素。对不同的硬件而言，其对应的性能也会不太一样。在实际生产环境中，我们需要了解一套硬件所对应的性能指标之后才能分配其合适的应用和负荷，所以性能测试工具必不可少。

本节要讨论的性能测试工具是 Kafka 本身提供的用于生产者性能测试的 kafka-producer-perf-test.sh 和用于消费者性能测试的 kafka-consumer-perf-test.sh。

首先我们通过一个示例来了解一下 kafka-producer-perf-test.sh 脚本的使用。我们向一个只有 1 个分区和 1 个副本的主题 topic-1 中发送 100 万条消息，并且每条消息大小为 1024B，生产者对应的 acks 参数为 1。详细内容参考如下：

```
[root@node1 kafka_2.11-2.0.0]# bin/kafka-producer-perf-test.sh --topic topic-1
--num-records 1000000 --record-size 1024 --throughput -1 --producer-props bootstrap.
servers=localhost:9092 acks=1
   273616 records sent, 54723.2 records/sec (53.44 MB/sec), 468.6 ms avg latency,
544.0 max latency.
   337410 records sent, 67482.0 records/sec (65.90 MB/sec), 454.4 ms avg latency,
521.0 max latency.
   341910 records sent, 68382.0 records/sec (66.78 MB/sec), 449.4 ms avg latency,
478.0 max latency.
   1000000 records sent, 63690.210815 records/sec (62.20 MB/sec), 456.17 ms avg
latency, 544.00 ms max latency, 458 ms 50th, 517 ms 95th, 525 ms 99th, 543 ms 99.9th.
```

示例中在使用 kafka-producer-perf-test.sh 脚本时用了多一个参数，其中 topic 用来指定生产者发送消息的目标主题；num-records 用来指定发送消息的总条数；record-size 用来设置每条消息的字节数；producer-props 参数用来指定生产者的配置，可同时指定多组配置，各组配置之间以空格分隔，与 producer-props 参数对应的还有一个 producer.config 参数，它用来指定生产者的配置文件；throughput 用来进行限流控制，当设定的值小于 0 时不限流，当设定的值大于 0 时，当发送的吞吐量大于该值时就会被阻塞一段时间。下面的示例中设置了 throughout 的值为 100 字节，我们来看一下实际的效果：

```
[root@node1 kafka_2.11-2.0.0]# bin/kafka-producer-perf-test.sh --topic topic-1
--num-records 1000000 --record-size 1024 --throughput 100 --producer-props bootstrap.
servers=localhost:9092 acks=1
   502 records sent, 100.3 records/sec (0.10 MB/sec), 2.5 ms avg latency, 266.0 max latency.
   501 records sent, 100.0 records/sec (0.10 MB/sec), 0.9 ms avg latency, 11.0 max latency.
   500 records sent, 99.9 records/sec (0.10 MB/sec), 0.8 ms avg latency, 3.0 max latency.
   501 records sent, 100.2 records/sec (0.10 MB/sec), 0.7 ms avg latency, 3.0 max latency.
   500 records sent, 100.0 records/sec (0.10 MB/sec), 0.7 ms avg latency, 5.0 max latency.
   (...省略若干)
```

kafka-producer-perf-test.sh 脚本中还有一个有意思的参数 print-metrics，指定了这个参数时会在测试完成之后打印很多指标信息，对很多测试任务而言具有一定的参考价值。示例参考如下：

```
[root@node1 kafka_2.11-2.0.0]# bin/kafka-producer-perf-test.sh --topic topic-1
--num-records   1000000   --record-size   1024   --throughput   -1   --print-metrics
--producer-props bootstrap.servers=localhost:9092 acks=1
   272926 records sent, 54585.2 records/sec (53.31 MB/sec), 469.6 ms avg latency,
```

```
638.0 max latency.
    331020 records sent, 66204.0 records/sec (64.65 MB/sec), 463.8 ms avg latency,
507.0 max latency.
    345960 records sent, 69192.0 records/sec (67.57 MB/sec), 443.8 ms avg latency,
477.0 max latency.
    1000000 records sent, 63552.589768 records/sec (62.06 MB/sec), 457.73 ms avg
latency, 638.00 ms max latency, 457 ms 50th, 532 ms 95th, 592 ms 99th, 633 ms 99.9th.


Metric Name                                                   Value
app-info:commit-id:{client-id=producer-1}                   : 3402a8361b734732
app-info:version:{client-id=producer-1}                     : 2.0.0
kafka-metrics-count:count:{client-id=producer-1}            : 94.000
producer-metrics:batch-size-avg:{client-id=producer-1}      : 15555.923
producer-metrics:batch-size-max:{client-id=producer-1}      : 15556.000
producer-metrics:batch-split-rate:{client-id=producer-1}    : 0.000
producer-metrics:batch-split-total:{client-id=producer-1}   : 0.000
producer-metrics:buffer-available-bytes:{client-id=producer-1}  : 33554432.000
producer-metrics:buffer-exhausted-rate:{client-id=producer-1}   : 0.000
producer-metrics:buffer-exhausted-total:{client-id=producer-1}  : 0.000
producer-metrics:buffer-total-bytes:{client-id=producer-1}      : 33554432.000
producer-metrics:bufferpool-wait-ratio:{client-id=producer-1}   : 0.278
producer-metrics:bufferpool-wait-time-total:{client-id=producer-1} : 12481086207.000
(...省略若干)
```

kafka-producer-perf-test.sh 脚本中还有一些其他的参数，比如 payload-delimiter、transactional-id 等，读者可以自行探索一下此脚本的更多细节。

我们再来关注 kafka-producer-perf-test.sh 脚本的输出信息，以下面的一行内容为例：

```
    1000000 records sent, 63690.210815 records/sec (62.20 MB/sec), 456.17 ms avg
latency, 544.00 ms max latency, 458 ms 50th, 517 ms 95th, 525 ms 99th, 543 ms 99.9th.
```

records sent 表示测试时发送的消息总数；records/sec 表示以每秒发送的消息数来统计吞吐量，括号中的 MB/sec 表示以每秒发送的消息大小来统计吞吐量，注意这两者的维度；avg latency 表示消息处理的平均耗时；max latency 表示消息处理的最大耗时；50th、95th、99th 和 99.9th 分别表示 50%、95%、99% 和 99.9% 的消息处理耗时。

kafka-consumer-perf-test.sh 脚本的使用也比较简单，下面的示例简单地演示了其使用方式：

```
[root@node1 kafka_2.11-2.0.0]# bin/kafka-consumer-perf-test.sh --topic topic-1
--messages 1000000 --broker-list localhost:9092
start.time, end.time, data.consumed.in.MB, MB.sec, data.consumed.in.nMsg,
nMsg.sec, rebalance.time.ms, fetch.time.ms, fetch.MB.sec, fetch.nMsg.sec
2018-09-22 12:27:49:827, 2018-09-22 12:27:57:068, 976.5625, 134.8657, 1000000,
138102.4720, 105, 7136, 136.8501, 140134.5291
```

示例中只是简单地消费主题 topic-1 中的 100 万条消息。脚本中还包含了许多其他的参数，比如 from-latest、group、print-metrics、threads 等，篇幅限制，读者可以自行了解这些参数的使用细节。

输出结果中包含了多项信息，分别对应起始运行时间（start.time）、结束运行时间（end.time）、消费的消息总量（data.consumed.in.MB，单位为 MB）、按字节大小计算的消费吞吐量（MB.sec，单位为 MB/s）、消费的消息总数（data.consumed.in.nMsg）、按消息个数计算的吞吐量（nMsg.sec）、再平衡的时间（rebalance.time.ms，单位为 ms）、拉取消息的持续时间（fetch.time.ms，单位为 ms）、每秒拉取消息的字节大小（fetch.MB.sec，单位为 MB/s）、每秒拉取消息的个数（fetch.nMsg.sec）。其中 fetch.time.ms = end.time – start.time – rebalance.time.ms。

这里只是简单地了解两个脚本的基本用法，读者还可以通过设置不同的参数来调节测试场景以获得针对当前硬件资源的一份相对比较完善的测试报告。

4.4.2　分区数越多吞吐量就越高吗

分区是 Kafka 中最小的并行操作单元，对生产者而言，每一个分区的数据写入是完全可以并行化的；对消费者而言，Kafka 只允许单个分区中的消息被一个消费者线程消费，一个消费组的消费并行度完全依赖于所消费的分区数。如此看来，如果一个主题中的分区数越多，理论上所能达到的吞吐量就越大，那么事实真的如预想的一样吗？

我们使用 4.4.1 节中介绍的性能测试工具来实际测试一下。首先分别创建分区数为 1、20、50、100、200、500、1000 的主题，对应的主题名称分别为 topic-1、topic-20、topic-50、topic-100、topic-200、topic-500、topic-1000，所有主题的副本因子都设置为 1。

消息中间件的性能一般是指吞吐量（广义来说还包括延迟）。抛开硬件资源的影响，消息写入的吞吐量还会受到消息大小、消息压缩方式、消息发送方式（同步/异步）、消息确认类型（acks）、副本因子等参数的影响，消息消费的吞吐量还会受到应用逻辑处理速度的影响。本案例中暂不考虑这些因素的影响，所有的测试除了主题的分区数不同，其余的因素都保持相同。

本次案例中使用的测试环境为一个由 3 台普通云主机组成的 3 节点的 Kafka 集群，每台云主机的内存大小为 8GB、磁盘大小为 40GB、4 核 CPU 的主频为 2600MHz。JVM 版本为 1.8.0_112，Linux 系统版本为 2.6.32-504.23.4.el6.x86_64。

使用 kafka-producer-perf-test.sh 脚本分别向这些主题中发送 100 万条消息体大小为 1KB 的消息，对应的测试命令如下：

```
bin/kafka-producer-perf-test.sh  --topic  topic-xxx  --num-records  1000000
--record-size 1024 --throughput -1 --producer-props bootstrap.servers=localhost:
9092 acks=1
```

对应的生产者性能测试结果如图 4-2 所示。不同的硬件环境，甚至不同批次的测试得到的测试结果也不会完全相同，但总体趋势还是会保持和图 4-2 中的一样。

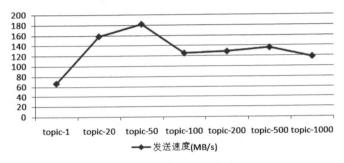

图 4-2　生产者性能测试结果

在图 4-2 中，我们可以看到分区数为 1 时吞吐量最低，随着分区数的增长，相应的吞吐量也跟着上涨。一旦分区数超过了某个阈值之后，整体的吞吐量是不升反降的。也就是说，并不是分区数越多吞吐量也越大。这里的分区数临界阈值针对不同的测试环境也会表现出不同的结果，实际应用中可以通过类似的测试案例（比如复制生产流量以便进行测试回放）来找到一个合理的临界值区间。

上面针对的是消息生产者的测试，对消息消费者而言同样有吞吐量方面的考量。使用 kafka-consumer-perf-test.sh 脚本分别消费这些主题中的 100 万条消息，对应的测试命令如下：

```
bin/kafka-consumer-perf-test.sh --topic topic-xxx --messages 1000000
--broker-list localhost:9092
```

消费者性能测试的结果如图 4-3 所示。与生产者性能测试相同的是，不同的测试环境或不同的测试批次所得到的测试结果也不尽相同，但总体趋势还是会保持和图 4-3 中的一样。

在图 4-3 中，随着分区数的增加，相应的吞吐量也会有所增长。一旦分区数超过了某个阈值之后，整体的吞吐量也是不升反降的，同样说明了分区数越多并不会使吞吐量一直增长。

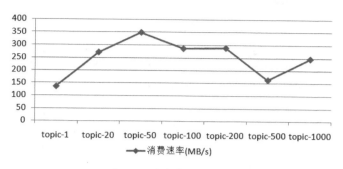

图 4-3 消费者性能测试

在同一套环境下,我们还可以测试一下同时往两个分区数为 200 的主题中发送消息的性能,假设测试结果中两个主题所对应的吞吐量分别为 A 和 B,再测试一下只往一个分区数为 200 的主题中发送消息的性能,假设此次测试结果中得到的吞吐量为 C,会发现 A<C、B<C 且 A+B>C。可以发现由于共享系统资源的因素,A 和 B 之间会彼此影响。通过 A+B>C 的结果,可知图 4-2 中 topic-200 的那个点位也并没有触及系统资源的瓶颈,发生吞吐量有所下降的结果也并非是系统资源瓶颈造成的。

本节针对分区数越多吞吐量越高这个命题进行反证,其实要证明一个观点是错误的,只需要举个反例即可,本节的内容亦是如此。不过本节并没有指明分区数越多吞吐量就越低这个观点,并且具体吞吐量的数值和走势还会和磁盘、文件系统、I/O 调度策略相关。分区数越多吞吐量也就越高?网络上很多资料都认可这一观点,但实际上很多事情都会有一个临界值,当超过这个临界值之后,很多原本符合既定逻辑的走向又会变得不同。读者需要对此有清晰的认知,懂得去伪求真,实地测试验证不失为一座通向真知的桥梁。

4.4.3 分区数的上限

一味地增加分区数并不能使吞吐量一直得到提升,并且分区数也并不能一直增加,如果超过默认的配置值,还会引起 Kafka 进程的崩溃。读者可以试着在一台普通的 Linux 机器上创建包含 10000 个分区的主题,比如在下面示例中创建一个主题 topic-bomb:

```
[root@node1 kafka_2.11-2.0.0]# bin/kafka-topics.sh --zookeeper localhost:2181/
kafka --create --topic topic-bomb --replication-factor 1 --partitions 10000
    Created topic "topic-bomb".
```

执行完成后可以检查 Kafka 的进程是否还存在(比如通过 jps 命令或 ps -aux|grep kafka 命令)。一般情况下,会发现原本运行完好的 Kafka 服务已经崩溃。此时或许会想到,创建这么多分区,是不是因为内存不够而引起的进程崩溃?我们在启动 Kafka 进程的时候将

JVM 堆设置得大一点是不是就可以解决问题了。其实不然，创建这些分区而引起的内存增长完全不足以让 Kafka "畏惧"。

为了分析真实的原因，我们可以打开 Kafka 的服务日志文件（$KAFKA_HOME/logs/server.log）来一探究竟，会发现服务日志中出现大量的异常：

```
[2018-09-13 00:36:40,019] ERROR Error while creating log for topic-bomb-xxx in
dir /tmp/kafka-logs (kafka.server.LogDirFailureChannel)
java.io.IOException: Too many open files
    at java.io.UnixFileSystem.createFileExclusively(Native Method)
    at java.io.File.createNewFile(File.java:1012)
    at kafka.log.AbstractIndex.<init>(AbstractIndex.scala:54)
    at kafka.log.OffsetIndex.<init>(OffsetIndex.scala:53)
    at kafka.log.LogSegment$.open(LogSegment.scala:634)
    at kafka.log.Log.loadSegments(Log.scala:503)
    at kafka.log.Log.<init>(Log.scala:237)
```

异常中最关键的信息是 "Too many open flies"，这是一种常见的 Linux 系统错误，通常意味着文件描述符不足，它一般发生在创建线程、创建 Socket、打开文件这些场景下。在 Linux 系统的默认设置下，这个文件描述符的个数不是很多，通过 ulimit 命令可以查看：

```
[root@node1 kafka_2.11-2.0.0]# ulimit -n
1024
[root@node1 kafka_2.11-2.0.0]# ulimit -Sn
1024
[root@node1 kafka_2.11-2.0.0]# ulimit -Hn
4096
```

ulimit 是在系统允许的情况下，提供对特定 shell 可利用的资源的控制。-H 和-S 选项指定资源的硬限制和软限制。硬限制设定之后不能再添加，而软限制则可以增加到硬限制规定的值。如果-H 和-S 选项都没有指定，则软限制和硬限制同时设定。限制值可以是指定资源的数值或 hard、soft、unlimited 这些特殊值，其中 hard 代表当前硬限制，soft 代表当前软件限制，unlimited 代表不限制。如果不指定限制值，则打印指定资源的软限制值，除非指定了-H 选项。硬限制可以在任何时候、任何进程中设置，但硬限制只能由超级用户设置。软限制是内核实际执行的限制，任何进程都可以将软限制设置为任意小于等于硬限制的值。

我们可以通过测试来验证本案例中的 Kafka 的崩溃是否是由于文件描述符的限制而引起的。下面我们在一个包含 3 个节点的 Kafka 集群中挑选一个节点进行具体的分析。首先通过 jps

命令查看 Kafka 进程 pid 的值：

```
[root@node1 kafka_2.11-2.0.0]# jps -l
31796 kafka.Kafka
```

查看当前 Kafka 进程所占用的文件描述符的个数（注意这个值并不是 Kafka 第一次启动时就需要占用的文件描述符的个数，示例中的 Kafka 环境下已经存在了若干主题）：

```
[root@node1 kafka_2.11-2.0.0]# ls /proc/31796/fd | wc -l
194
```

我们再新建一个只有一个分区的主题，并查看 Kafka 进程所占用的文件描述符的个数：

```
[root@node1 kafka_2.11-2.0.0]# bin/kafka-topics.sh --zookeeper localhost:2181/
kafka --create --topic topic-bomb-1 --replication-factor 1 --partitions 1
Created topic "topic-bomb-1".

[root@node1 kafka_2.11-2.0.0]# ls /proc/31796/fd | wc -l
195
```

可以看到增加了一个分区，对应的也只增加了一个文件描述符。之前我们通过 ulimit 命令可以看到软限制是 1024，我们创建一个具有 829（1024-195=829）个分区的主题：

```
[root@node1 kafka_2.11-2.0.0]# bin/kafka-topics.sh --zookeeper localhost:2181/
kafka --create --topic topic-bomb-2 --replication-factor 1 --partitions 829
Created topic "topic-bomb-2".

[root@node1 kafka_2.11-2.0.0]# ls /proc/31796/fd | wc -l
1024
```

可以看到 Kafka 进程此时占用了 1024 个文件描述符，并且运行完好。这时我们还可以联想到硬限制 4096 这个关键数字，我们再创建一个包含 3071（4096-1024=3072，这里特地少创建 1 个分区）个分区的主题，示例如下：

```
[root@node1 kafka_2.11-2.0.0]# bin/kafka-topics.sh --zookeeper localhost:2181/
kafka --create --topic topic-bomb-3 --replication-factor 1 --partitions 3071
Created topic "topic-bomb-3".

[root@node1 kafka_2.11-2.0.0]# ls /proc/31796/fd | wc -l
4095
```

Kafka 进程依旧完好，文件描述符占用为 4095，逼近最高值 4096。最后我们再次创建一个只有一个分区的主题：

```
[root@node1 kafka_2.11-2.0.0]# bin/kafka-topics.sh --zookeeper localhost:2181/
kafka --create --topic topic-bomb-4 --replication-factor 1 --partitions 1
Created topic "topic-bomb-4".

[root@node1 kafka_2.11-2.0.0]# ls /proc/31796/fd | wc -l
ls: cannot access /proc/31796/fd: No such file or directory
0
```

此时 Kafka 已经崩溃，查看进程号时已没有相关信息。查看 Kafka 中的日志，还会发现报出前面提及的异常"java.io.IOException: Too many open files"，表明已达到上限。

如何避免这种异常情况？对于一个高并发、高性能的应用来说，1024 或 4096 的文件描述符限制未免太少，可以适当调大这个参数。比如使用 `ulimit -n 65535` 命令将上限提高到 65535，这样足以应对大多数的应用情况，再高也完全没有必要了。

```
[root@node1 kafka_2.11-2.0.0]# ulimit -n 65535
#可以再次查看相应的软硬限制数
[root@node1 kafka_2.11-2.0.0]# ulimit -Hn
65535
[root@node1 kafka_2.11-2.0.0]# ulimit -Sn
65535
```

也可以在/etc/security/limits.conf 文件中设置，参考如下：

```
#nofile - max number of open file descriptors
root soft nofile 65535
root hard nofile 65535
```

limits.conf 文件修改之后需要重启才能生效。limits.conf 文件与 ulimit 命令的区别在于前者是针对所有用户的，而且在任何 shell 中都是生效的，即与 shell 无关，而后者只是针对特定用户的当前 shell 的设定。在修改最大文件打开数时，最好使用 limits.conf 文件来修改，通过这个文件，可以定义用户、资源类型、软硬限制等。也可以通过在/etc/profile 文件中添加 ulimit 的设置语句来使全局生效。

设置之后可以再次尝试创建 10000 个分区的主题，检查一下 Kafka 是否还会再次崩溃。

4.4.4　考量因素

如何选择合适的分区数？一个"恰如其分"的答案就是视具体情况而定。

从吞吐量方面考虑，增加合适的分区数可以在一定程度上提升整体吞吐量，但超过对应的阈值之后吞吐量不升反降。如果应用对吞吐量有一定程度上的要求，则建议在投入生产环境之前对同款硬件资源做一个完备的吞吐量相关的测试，以找到合适的分区数阈值区间。

在创建主题之后，虽然我们还能够增加分区的个数，但基于 key 计算的主题需要严谨对待。当生产者向 Kafka 中写入基于 key 的消息时，Kafka 通过消息的 key 来计算出消息将要写入哪个具体的分区，这样具有相同 key 的数据可以写入同一个分区。Kafka 的这一功能对于一部分应用是极为重要的，比如日志压缩（Log Compaction），详细可以参考 5.4 节；再比如对于同一个 key 的所有消息，消费者需要按消息的顺序进行有序的消费，如果分区的数量发生变化，那么有序性就得不到保证。在创建主题时，最好能确定好分区数，这样也可以省去后期增加分区所带来的多余操作。尤其对于与 key 高关联的应用，在创建主题时可以适当地多创建一些分区，以满足未来的需求。通常情况下，可以根据未来 2 年内的目标吞吐量来设定分区数。当然如果应用与 key 弱关联，并且具备便捷的增加分区数的操作接口，那么也可以不用考虑那么长远的目标。

有些应用场景会要求主题中的消息都能保证顺序性，这种情况下在创建主题时可以设定分区数为 1，通过分区有序性的这一特性来达到主题有序性的目的。

当然分区数也不能一味地增加，参考 4.4.3 节的内容，分区数会占用文件描述符，而一个进程所能支配的文件描述符是有限的，这也是通常所说的文件句柄的开销。虽然我们可以通过修改配置来增加可用文件描述符的个数，但凡事总有一个上限，在选择合适的分区数之前，最好再考量一下当前 Kafka 进程中已经使用的文件描述符的个数。

分区数的多少还会影响系统的可用性。在前面章节中，我们了解到 Kafka 通过多副本机制来实现集群的高可用和高可靠，每个分区都会有一至多个副本，每个副本分别存于不同的 broker 节点上，并且只有 leader 副本对外提供服务。在 Kafka 集群的内部，所有的副本都采用自动化的方式进行管理，并确保所有副本中的数据都能保持一定程度上的同步。当 broker 发生故障时，leader 副本所属宿主的 broker 节点上的所有分区将暂时处于不可用的状态，此时 Kafka 会自动在其他的 follower 副本中选举出新的 leader 用于接收外部客户端的请求，整个过程由 Kafka 控制器负责完成（有关控制器的内容可以参考 6.4 节）。分区在进行 leader 角色切换的过程中会变得不可用，不过对于单个分区来说这个过程非常短暂，对用户而言可以忽略不计。如果集群中的某个 broker 节点宕机，那么就会有大量的分区需要同时进行 leader 角色切换，这个切换的过程会耗费一笔可观的时间，并且在这个时间窗口内这些分区也会变得不可用。

分区数越多也会让 Kafka 的正常启动和关闭的耗时变得越长，与此同时，主题的分区数越多不仅会增加日志清理的耗时，而且在被删除时也会耗费更多的时间。对旧版的生产者和消费者客户端而言，分区数越多，也会增加它们的开销，不过这一点在新版的生产者和消费者客户端中有效地得到了抑制。

　　如何选择合适的分区数？从某种意思来说，考验的是决策者的实战经验，更透彻地说，是对 Kafka 本身、业务应用、硬件资源、环境配置等多方面的考量而做出的选择。在设定完分区数，或者更确切地说是创建主题之后，还要对其追踪、监控、调优以求更好地利用它。读者看到本节的内容之前或许没有对分区数有太大的困扰，而看完本节的内容之后反而困惑了起来，其实大可不必太过惊慌，一般情况下，根据预估的吞吐量及是否与 key 相关的规则来设定分区数即可，后期可以通过增加分区数、增加 broker 或分区重分配等手段来进行改进。如果一定要给一个准则，则建议将分区数设定为集群中 broker 的倍数，即假定集群中有 3 个 broker 节点，可以设定分区数为 3、6、9 等，至于倍数的选定可以参考预估的吞吐量。不过，如果集群中的 broker 节点数有很多，比如大几十或上百、上千，那么这种准则也不太适用，在选定分区数时进一步可以引入机架等参考因素。

4.5　总结

　　本章主要讲述了 Kafka 概念中的两大核心——主题和分区。通过对主题的增删查改、配置管理等内容来了解主题相关的知识点。通过对分区副本的一系列操作及分区数设定的考量因素来理解分区相关的概念，比如优先副本、限流、分区重分配等。还介绍了 KafkaAdminClient、kafka-topics.sh、kafka-configs.sh、kafka-perferred-replica-election.sh、kafka-reassign-partitions.sh、kafka-producer-perf-test.sh 和 kafka-consumer-perf-test.sh 等脚本的具体使用，读者可以通过实地操作来加深对本章内容的理解。

第 5 章
日志存储

学习完前 4 章的内容，我们可以较好地使用 Kafka 来完成基本的开发任务了。如果了解 Kafka 内部的一些细节，则可以让我们扬其长、避其短，进而可以更好地利用 Kafka。本章讲述的是有关 Kafka 日志存储相关的知识点，我们知道 Kafka 中的消息是存储在磁盘上的，那么为什么要使用磁盘作为存储介质？具体消息的存储格式又是什么呢？怎么样能够快速检索到指定的消息？消息不可能无限制存储，那么清理规则又是什么呢？带着这些疑问，我们来一探究竟。

5.1　文件目录布局

回顾之前所学的知识：Kafka 中的消息是以主题为基本单位进行归类的，各个主题在逻辑上相互独立。每个主题又可以分为一个或多个分区，分区的数量可以在主题创建的时候指定，也可以在之后修改。每条消息在发送的时候会根据分区规则被追加到指定的分区中，分区中的每条消息都会被分配一个唯一的序列号，也就是通常所说的偏移量（offset），具有 4 个分区的主题的逻辑结构见图 1-2。

如果分区规则设置得合理，那么所有的消息可以均匀地分布到不同的分区中，这样就可以实现水平扩展。不考虑多副本的情况，一个分区对应一个日志（Log）。为了防止 Log 过大，Kafka 又引入了日志分段（LogSegment）的概念，将 Log 切分为多个 LogSegment，相当于一个巨型文件被平均分配为多个相对较小的文件，这样也便于消息的维护和清理。事实上，Log 和 LogSegment 也不是纯粹物理意义上的概念，Log 在物理上只以文件夹的形式存储，而每个 LogSegment 对应于磁盘上的一个日志文件和两个索引文件，以及可能的其他文件（比如以".txnindex"为后缀的事务索引文件）。图 4-1 描绘了主题、分区与副本之间的关系，在图 5-1 中又补充了 Log 和 LogSegment 的关系。

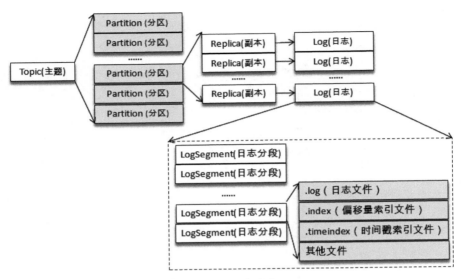

图 5-1　日志关系

在 4.1.1 节中我们知道 Log 对应了一个命名形式为<topic>-<partition>的文件夹。举个例子，假设有一个名为"topic-log"的主题，此主题中具有 4 个分区，那么在实际物理存储上表现为"topic-log-0""topic-log-1""topic-log-2""topic-log-3"这 4 个文件夹：

```
[root@node1 kafka-logs]# ls -al | grep topic-log
drwxr-xr-x    2 root root 4096 May 16 18:33 topic-log-0
drwxr-xr-x    2 root root 4096 May 16 18:33 topic-log-1
drwxr-xr-x    2 root root 4096 May 16 18:33 topic-log-2
drwxr-xr-x    2 root root 4096 May 16 18:33 topic-log-3
```

向 Log 中追加消息时是顺序写入的，只有最后一个 LogSegment 才能执行写入操作，在此之前所有的 LogSegment 都不能写入数据。为了方便描述，我们将最后一个 LogSegment 称为"activeSegment"，即表示当前活跃的日志分段。随着消息的不断写入，当 activeSegment 满足一定的条件时，就需要创建新的 activeSegment，之后追加的消息将写入新的 activeSegment。

为了便于消息的检索，每个 LogSegment 中的日志文件（以 ".log" 为文件后缀）都有对应的两个索引文件：偏移量索引文件（以 ".index" 为文件后缀）和时间戳索引文件（以 ".timeindex" 为文件后缀）。每个 LogSegment 都有一个基准偏移量 baseOffset，用来表示当前 LogSegment 中第一条消息的 offset。偏移量是一个 64 位的长整型数，日志文件和两个索引文件都是根据基准偏移量（baseOffset）命名的，名称固定为 20 位数字，没有达到的位数则用 0 填充。比如第一个 LogSegment 的基准偏移量为 0，对应的日志文件为 00000000000000000000.log。

举例说明，向主题 topic-log 中发送一定量的消息，某一时刻 topic-log-0 目录中的布局如下所示。

```
-rw-r--r-- 1 root root      400 May 15 19:43 00000000000000000000.index
-rw-r--r-- 1 root root     5111 May 15 19:43 00000000000000000000.log
-rw-r--r-- 1 root root      600 May 15 19:43 00000000000000000000.timeindex
-rw-r--r-- 1 root root      296 May 16 18:33 00000000000000000133.index
-rw-r--r-- 1 root root     4085 May 16 18:33 00000000000000000133.log
-rw-r--r-- 1 root root      444 May 16 18:33 00000000000000000133.timeindex
-rw-r--r-- 1 root root 10485760 May 16 18:33 00000000000000000251.index
-rw-r--r-- 1 root root     3869 May 16 18:33 00000000000000000251.log
-rw-r--r-- 1 root root 10485756 May 16 18:33 00000000000000000251.timeindex
```

示例中第 2 个 LogSegment 对应的基准位移是 133，也说明了该 LogSegment 中的第一条消息的偏移量为 133，同时可以反映出第一个 LogSegment 中共有 133 条消息（偏移量从 0 至 132 的消息）。

注意每个 LogSegment 中不只包含 ".log" ".index" ".timeindex" 这 3 种文件，还可能包含 ".deleted" ".cleaned" ".swap" 等临时文件，以及可能的 ".snapshot" ".txnindex" "leader-epoch-checkpoint" 等文件。

从更加宏观的视角上看，Kafka 中的文件不只上面提及的这些文件，比如还有一些检查点文件，当一个 Kafka 服务第一次启动的时候，默认的根目录下就会创建以下 5 个文件：

```
[root@node1 kafka-logs]# ls
cleaner-offset-checkpoint log-start-offset-checkpoint meta.properties
recovery-point-offset-checkpoint replication-offset-checkpoint
```

在 3.2.5 节中我们了解到消费者提交的位移是保存在 Kafka 内部的主题 __consumer_offsets 中的，初始情况下这个主题并不存在，当第一次有消费者消费消息时会自动创建这个主题。

在某一时刻，Kafka 中的文件目录布局如图 5-2 所示。每一个根目录都会包含最基本的 4 个检查点文件（xxx-checkpoint）和 meta.properties 文件。在创建主题的时候，如果当前 broker 中不止配置了一个根目录，那么会挑选分区数最少的那个根目录来完成本次创建任务。

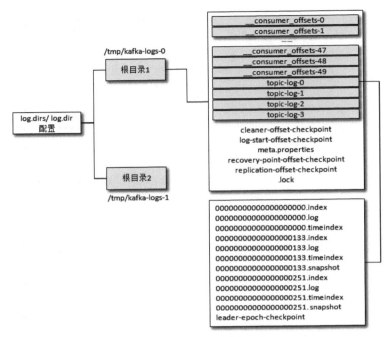

图 5-2 文件目录布局

5.2 日志格式的演变

对一个成熟的消息中间件而言，消息格式（或者称为"日志格式"）不仅关系功能维度的扩展，还牵涉性能维度的优化。随着 Kafka 的迅猛发展，其消息格式也在不断升级改进，从 0.8.x 版本开始到现在的 2.0.0 版本，Kafka 的消息格式也经历了 3 个版本：v0 版本、v1 版本和 v2 版本。

每个分区由内部的每一条消息组成，如果消息格式设计得不够精炼，那么其功能和性能都会大打折扣。比如有冗余字段，势必会不必要地增加分区的占用空间，进而不仅使存储的开销变大、网络传输的开销变大，也会使 Kafka 的性能下降。反观如果缺少字段，比如在最初的 Kafka 消息版本中没有 timestamp 字段，对内部而言，其影响了日志保存、切分策略，对外部而言，其影响了消息审计、端到端延迟、大数据应用等功能的扩展。虽然可以在消息体内部添加一个时间戳，但解析变长的消息体会带来额外的开销，而存储在消息体（参考图 5-3 中的 value 字段）前面可以通过指针偏移量获取其值而容易解析，进而减少了开销（可以查看 v1 版本），虽然相比于没有 timestamp 字段的开销会大一点。由此可见，仅在一个字段的一增一减之间就有这么多门道，那么 Kafka 具体是怎么做的呢？本节只针对 Kafka 0.8.x 之上（包含）的版本做相应说明，对于之前的版本不做陈述。

5.2.1　v0 版本

Kafka 消息格式的第一个版本通常称为 v0 版本，在 Kafka 0.10.0 之前都采用的这个消息格式（在 0.8.x 版本之前，Kafka 还使用过一个更古老的消息格式，不过对目前的 Kafka 而言，我们也不需要了解这个版本的消息格式）。如无特殊说明，我们只讨论消息未压缩的情形。

图 5-3 中左边的"RECORD"部分就是 v0 版本的消息格式，大多数人会把图 5-3 中左边的整体（即包括 offset 和 message size 字段）都看作消息，因为每个 RECORD（v0 和 v1版）必定对应一个 offset 和 message size。每条消息都有一个 offset 用来标志它在分区中的偏移量，这个 offset 是逻辑值，而非实际物理偏移值，message size 表示消息的大小，这两者在一起被称为日志头部（LOG_OVERHEAD），固定为 12B。LOG_OVERHEAD 和RECORD 一起用来描述一条消息，为了配合陈述的语境，在讲述具体消息格式时会偏向于将单纯的 RECORD 看作消息，而在其他地方则偏向于将 LOG_OVERHEAD 和 RECORD 的整体看作消息，读者需要留意其中的区别。与消息对应的还有消息集的概念，消息集中包含一条或多条消息，消息集不仅是存储于磁盘及在网络上传输（Produce & Fetch）的基本形式，而且是 Kafka中压缩的基本单元，详细结构参考图 5-3 中的右边部分。

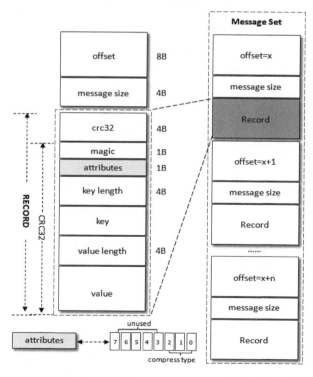

图 5-3　v0 版本的消息格式

下面具体陈述一下消息格式中的各个字段，从 crc32 开始算起，各个字段的解释如下。

- crc32（4B）：crc32 校验值。校验范围为 magic 至 value 之间。
- magic（1B）：消息格式版本号，此版本的 magic 值为 0。
- attributes（1B）：消息的属性。总共占 1 个字节，低 3 位表示压缩类型：0 表示 NONE、1 表示 GZIP、2 表示 SNAPPY、3 表示 LZ4（LZ4 自 Kafka 0.9.x 引入），其余位保留。
- key length（4B）：表示消息的 key 的长度。如果为-1，则表示没有设置 key，即 key = null。
- key：可选，如果没有 key 则无此字段。
- value length（4B）：实际消息体的长度。如果为-1，则表示消息为空。
- value：消息体。可以为空，比如墓碑（tombstone）消息。

v0 版本中一个消息的最小长度（RECORD_OVERHEAD_V0）为 crc32 + magic + attributes + key length + value length = 4B + 1B + 1B + 4B + 4B =14B。也就是说，v0 版本中一条消息的最小长度为 14B，如果小于这个值，那么这就是一条破损的消息而不被接收。

这里我们来做一个测试，首先创建一个分区数和副本因子都为 1 的主题，名称为"msg_format_v0"，然后往 msg_format_v0 中发送一条 key ="key"、value = "value"的消息，之后查看对应的日志（这里采用 Kafka 0.8.2.1 的版本）：

```
[root@node1 kafka_2.10-0.8.2.1]# bin/kafka-run-class.sh
    kafka.tools.DumpLogSegments --files
    /tmp/kafka-logs/msg_format_v0-0/00000000000000000000.log
Dumping /tmp/kafka-logs-08/msg_format_v0-0/00000000000000000000.log
Starting offset: 0
offset: 0 position: 0 isvalid: true payloadsize: 5 magic: 0
compresscodec: NoCompressionCodec crc: 592888119 keysize: 3
```

日志的大小（即 00000000000000000000.log 文件的大小）为 34B，其值正好等于 LOG_OVERHEAD + RECORD_OVERHEAD_V0 + 3B 的 key + 5B 的 value = 12B + 14B + 3B + 5B = 34B。

```
[root@node1 msg_format_v0-0]# ll *.log
-rw-r--r-- 1 root root        34 Apr 26 02:52 00000000000000000000.log
```

我们再发送一条 key = null，value = "value"的消息，之后查看日志的大小：

```
[root@node1 msg_format_v0-0]# ll *.log
-rw-r--r-- 1 root root      65 Apr 26 02:56 00000000000000000000.log
```

日志大小为 65B，减去上一条 34B 的消息（LOG_OVERHEAD+RECORD），可以得知本条消息的大小为 31B，正好等于 LOG_OVERHEAD + RECORD_OVERHEAD_V0 + 5B 的 value = 12B + 14B+ 5B = 31B。

5.2.2　v1 版本

Kafka 从 0.10.0 版本开始到 0.11.0 版本之前所使用的消息格式版本为 v1，比 v0 版本就多了一个 timestamp 字段，表示消息的时间戳。v1 版本的消息结构如图 5-4 所示。

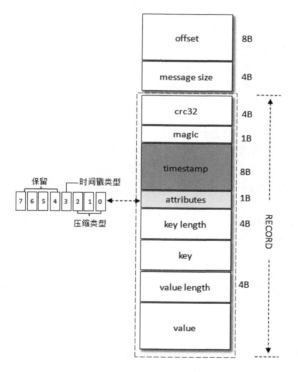

图 5-4　v1 版本的消息结构

v1 版本的 magic 字段的值为 1。v1 版本的 attributes 字段中的低 3 位和 v0 版本的一样，还是表示压缩类型，而第 4 个位（bit）也被利用了起来：0 表示 timestamp 类型为 CreateTime，而 1 表示 timestamp 类型为 LogAppendTime，其他位保留。timestamp 类型由 broker 端参数 log.message.timestamp.type 来配置，默认值为 CreateTime，即采用生产者创建消息时的时间戳。如果在创建 ProducerRecord 时没有显式指定消息的时间戳，那么 KafkaProducer 也会在发送这条消息前自动添加上。下面是 KafkaProducer 中与此对应的一句关键代码：

```
long timestamp = record.timestamp() == null ? time.milliseconds() :
record.timestamp();
```

v1 版本的消息的最小长度（RECORD_OVERHEAD_V1）要比 v0 版本的大 8 个字节，即 22B。如果像 v0 版本介绍的一样发送一条 key = "key"、value = "value"的消息，那么此条消息 在 v1 版本中会占用 42B，具体测试步骤参考 v0 版的相关介绍。

5.2.3 消息压缩

常见的压缩算法是数据量越大压缩效果越好，一条消息通常不会太大，这就导致压缩效果 并不是太好。而 Kafka 实现的压缩方式是将多条消息一起进行压缩，这样可以保证较好的压缩 效果。在一般情况下，生产者发送的压缩数据在 broker 中也是保持压缩状态进行存储的，消费 者从服务端获取的也是压缩的消息，消费者在处理消息之前才会解压消息，这样保持了端到端 的压缩。

Kafka 日志中使用哪种压缩方式是通过参数 compression.type 来配置的，默认值为 "producer"，表示保留生产者使用的压缩方式。这个参数还可以配置为"gzip""snappy""lz4"， 分别对应 GZIP、SNAPPY、LZ4 这 3 种压缩算法。如果参数 compression.type 配置为 "uncompressed"，则表示不压缩。

> **注意要点**：压缩率是压缩后的大小与压缩前的对比。例如：把 100MB 的文件压缩后是 90MB， 压缩率为 90/100×100%=90%，压缩率越小，压缩效果越好。一般口语化陈述时会误描述为压缩 率越高越好，为了避免混淆，本节不引入学术上的压缩率而引入压缩效果，这样容易达成共识。

以上都是针对消息未压缩的情况，而当消息压缩时是将整个消息集进行压缩作为内层消息 （inner message），内层消息整体作为外层（wrapper message）的 value，其结构如图 5-5 所示。

压缩后的外层消息（wrapper message）中的 key 为 null，所以图 5-5 左半部分没有画出 key 字段，value 字段中保存的是多条压缩消息（inner message，内层消息），其中 Record 表示的 是从 crc32 到 value 的消息格式。当生产者创建压缩消息的时候，对内部压缩消息设置的 offset 从 0 开始为每个内部消息分配 offset，详细可以参考图 5-6 右半部分。

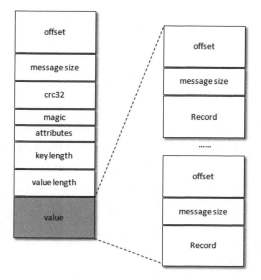

图 5-5　消息压缩

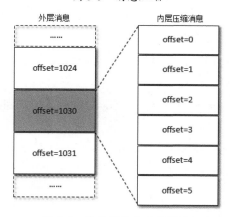

图 5-6　外层消息和内层消息

其实每个从生产者发出的消息集中的消息 offset 都是从 0 开始的，当然这个 offset 不能直接存储在日志文件中，对 offset 的转换是在服务端进行的，客户端不需要做这个工作。外层消息保存了内层消息中最后一条消息的绝对位移（absolute offset），绝对位移是相对于整个分区而言的。参考图 5-6，对于未压缩的情形，图右内层消息中最后一条的 offset 理应是 1030，但被压缩之后就变成了 5，而这个 1030 被赋予给了外层的 offset。当消费者消费这个消息集的时候，首先解压缩整个消息集，然后找到内层消息中最后一条消息的 inner offset，根据如下公式找到内层消息中最后一条消息前面的消息的 absolute offset（RO 表示 Relative Offset，IO 表示 Inner Offset，而 AO 表示 Absolute Offset）：

```
RO = IO_of_a_message - IO_of_the_last_message
AO = AO_Of_Last_Inner_Message + RO
```

注意这里的 RO 是前面的消息相对最后一条消息的 IO 而言的，所以其值小于等于 0，0 表示最后一条消息自身。

注意要点：压缩消息，英文是 compress message，Kafka 中还有一个 compact message，常常被人们直译成压缩消息，需要注意两者的区别。compact message 是针对日志清理策略而言的（cleanup.policy = compact），是指日志压缩（Log Compaction）后的消息，这个在 5.4 节中会有相关介绍。本节中的压缩消息单指 compress message，即采用 GZIP、LZ4 等压缩工具压缩的消息。

在讲述 v1 版本的消息时，我们了解到 v1 版本比 v0 版的消息多了一个 `timestamp` 字段。对于压缩的情形，外层消息的 `timestamp` 设置为：

- 如果 `timestamp` 类型是 CreateTime，那么设置的是内层消息中最大的时间戳。
- 如果 `timestamp` 类型是 LogAppendTime，那么设置的是 Kafka 服务器当前的时间戳。

内层消息的 `timestamp` 设置为：

- 如果外层消息的 `timestamp` 类型是 CreateTime，那么设置的是生产者创建消息时的时间戳。
- 如果外层消息的 `timestamp` 类型是 LogAppendTime，那么所有内层消息的时间戳都会被忽略。

对 `attributes` 字段而言，它的 `timestamp` 位只在外层消息中设置，内层消息中的 `timestamp` 类型一直都是 CreateTime。

5.2.4 变长字段

Kafka 从 0.11.0 版本开始所使用的消息格式版本为 v2，这个版本的消息相比 v0 和 v1 的版本而言改动很大，同时还参考了 Protocol Buffer[1] 而引入了变长整型（Varints）和 ZigZag 编码。为了更加形象地说明问题，首先我们来了解一下变长整型。

Varints 是使用一个或多个字节来序列化整数的一种方法。数值越小，其占用的字节数就越少。Varints 中的每个字节都有一个位于最高位的 msb 位（most significant bit），除最后一个字节外，其余 msb 位都设置为 1，最后一个字节的 msb 位为 0。这个 msb 位表示其后的字节是否

---

[1] https://developers.google.com/protocol-buffers/docs/encoding

和当前字节一起来表示同一个整数。除 msb 位外，剩余的 7 位用于存储数据本身，这种表示类型又称为 Base 128。通常而言，一个字节 8 位可以表示 256 个值，所以称为 Base 256，而这里只能用 7 位表示，2 的 7 次方即 128。Varints 中采用的是小端字节序，即最小的字节放在最前面。

举个例子，比如数字 1，它只占一个字节，所以 msb 位为 0：

```
0000 0001
```

再举一个复杂点的例子，比如数字 300：

```
1010 1100 0000 0010
```

300 的二进制表示原本为 0000 0001 0010 1100 = 256+32+8+4=300，那么为什么 300 的变长表示为上面的这种形式？

首先去掉每个字节的 msb 位，表示如下：

```
1010 1100 0000 0010
    -> 010 1100 000 0010
```

如前所述，Varints 使用的是小端字节序的布局方式，所以这里两个字节的位置需要翻转一下：

```
010 1100 000 0010
    -> 000 0010 010 1100 (翻转)
    -> 000 0010 ++ 010 1100
    -> 0000 0001 0010 1100 = 256+32+8+4=300
```

Varints 可以用来表示 int32、int64、uint32、uint64、sint32、sint64、bool、enum 等类型。在实际使用过程中，如果当前字段可以表示为负数，那么对 int32/int64 和 sint32/sint64 而言，它们在进行编码时存在较大的区别。比如使用 int64 表示一个负数，那么哪怕是-1，其编码后的长度始终为 10 个字节（可以通过下面的代码来测试长度），就如同对待一个很大的无符号长整型数一样。为了使编码更加高效，Varints 使用了 ZigZag 的编码方式。

```java
public int sizeOfLong(int v) {
    int bytes = 1;
    while ((v & 0xffffffffffffff80L) != 0L) {
        bytes += 1;
        v >>>= 7;
    }
```

```
        return bytes;
    }
```

ZigZag 编码以一种锯齿形（zig-zags）的方式来回穿梭正负整数，将带符号整数映射为无符号整数，这样可以使绝对值较小的负数仍然享有较小的 Varints 编码值，比如-1 编码为 1，1 编码为 2，-2 编码为 3，如表 5-1 所示。

表 5-1　ZigZag 编码示例表

原　　值	编码后的值
0	0
-1	1
1	2
-2	3
2147483647	4294967294
-2147483648	4294967295

对应的公式为：

```
(n << 1) ^ (n >> 31)
```

这是对 sint32 而言的，sint64 对应的公式为：

```
(n << 1) ^ (n >> 63)
```

以-1 为例，其二进制表现形式为 1111 1111 1111 1111 1111 1111 1111 1111（补码）。

```
(n << 1)     = 1111 1111 1111 1111 1111 1111 1111 1110
(n >> 31)    = 1111 1111 1111 1111 1111 1111 1111 1111
(n << 1) ^ (n >> 31) = 1
```

最终-1 的 Varints 编码为 0000 0001，这样原本用 4 个字节表示的-1 现在可以用 1 个字节来表示了。1 就显得非常简单了，其二进制表现形式为 0000 0000 0000 0000 0000 0000 0000 0001。

```
(n << 1)     = 0000 0000 0000 0000 0000 0000 0000 0010
(n >> 31)    = 0000 0000 0000 0000 0000 0000 0000 0000
(n << 1) ^ (n >> 31) = 2
```

最终 1 的 Varints 编码为 0000 0010，也只占用 1 个字节。

前面说过 Varints 中的一个字节中只有 7 位是有效数值位，即只能表示 128 个数值，转变成绝对值之后其实质上只能表示 64 个数值。比如对消息体长度而言，其值肯定是大于等于 0 的正整数，那么一个字节长度的 Varints 最大只能表示 63。64 的二进制数表示为：

```
0100 0000
```

经过 ZigZag 处理后为：

```
1000 0000 ^ 0000 0000 = 1000 0000
```

每个字节的低 7 位是有效数值位，所以 1000 0000 进一步转变为：

```
000 0001 000 0000
```

而 Varints 使用小端字节序，所以需要翻转一下位置：

```
000 0000 000 0001
```

设置非最后一个字节的 msb 位为 1，最后一个字节的 msb 位为 0，最终有：

```
1000 0000 0000 0001
```

所以最终 64 表示为 1000 0000 0000 0001，而 63 却表示为 0111 1110。

具体的编码实现如下（针对 int32 类型）：

```
public static void writeVarint(int value, ByteBuffer buffer) {
    int v = (value << 1) ^ (value >> 31);
    while ((v & 0xffffff80) != 0L) {
        byte b = (byte) ((v & 0x7f) | 0x80);
        buffer.put(b);
        v >>>= 7;
    }
    buffer.put((byte) v);
}
```

对应的解码实现如下（针对 int32 类型）：

```
public static int readVarint(ByteBuffer buffer) {
    int value = 0;
    int i = 0;
    int b;
```

```
while (((b = buffer.get()) & 0x80) != 0) {
    value |= (b & 0x7f) << i;
    i += 7;
    if (i > 28)
        throw illegalVarintException(value);
}
value |= b << i;
return (value >>> 1) ^ -(value & 1);
}
```

回顾 Kafka v0 和 v1 版本的消息格式，如果消息本身没有 key，那么 key length 字段为-1，int 类型的需要 4 个字节来保存，而如果采用 Varints 来编码则只需要 1 个字节。根据 Varints 的规则可以推导出 0~63 之间的数字占 1 个字节，64~8191 之间的数字占 2 个字节，8192~1048575 之间的数字占 3 个字节。而 Kafka broker 端配置 message.max.bytes 的默认大小为 1000012（Varints 编码占 3 个字节），如果消息格式中与长度有关的字段采用 Varints 的编码，那么绝大多数情况下都会节省空间，而 v2 版本的消息格式也正是这样做的。

不过需要注意的是，Varints 并非一直会节省空间，一个 int32 最长会占用 5 个字节（大于默认的 4 个字节），一个 int64 最长会占用 10 个字节（大于默认的 8 个字节）。下面的代码展示了如何计算一个 int32 占用的字节个数：

```
public static int sizeOfVarint(int value) {
    int v = (value << 1) ^ (value >> 31);
    int bytes = 1;
    while ((v & 0xffffff80) != 0L) {
        bytes += 1;
        v >>>= 7;
    }
    return bytes;
}
```

有关 int32/int64 的更多实现细节可以参考 org.apache.kafka.common.utils.ByteUtils。

5.2.5　v2 版本

v2 版本中消息集称为 Record Batch，而不是先前的 Message Set，其内部也包含了一条或多条消息，消息的格式参见图 5-7 的中部和右部。在消息压缩的情形下，Record Batch Header 部分（参见图 5-7 左部，从 first offset 到 records count 字段）是不被压缩的，而被压缩的是 records 字段中的所有内容。生产者客户端中的 ProducerBatch 对应这里的 RecordBatch，而 ProducerRecord 对应这里的 Record。

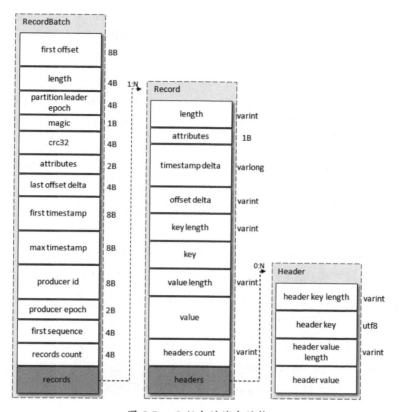

图 5-7　v2 版本的消息结构

先讲述消息格式 Record 的关键字段，可以看到内部字段大量采用了 Varints，这样 Kafka 可以根据具体的值来确定需要几个字节来保存。v2 版本的消息格式去掉了 crc 字段，另外增加了 length（消息总长度）、timestamp delta（时间戳增量）、offset delta（位移增量）和 headers 信息，并且 attributes 字段被弃用了，笔者对此做如下分析（key、key length、value、value length 字段同 v0 和 v1 版本的一样，这里不再赘述）。

- length：消息总长度。
- attributes：弃用，但还是在消息格式中占据 1B 的大小，以备未来的格式扩展。
- timestamp delta：时间戳增量。通常一个 timestamp 需要占用 8 个字节，如果像这里一样保存与 RecordBatch 的起始时间戳的差值，则可以进一步节省占用的字节数。
- offset delta：位移增量。保存与 RecordBatch 起始位移的差值，可以节省占用的字节数。

- headers：这个字段用来支持应用级别的扩展，而不需要像 v0 和 v1 版本一样不得不将一些应用级别的属性值嵌入消息体。Header 的格式如图 5-7 最右部分所示，包含 key 和 value，一个 Record 里面可以包含 0 至多个 Header。

对于 v1 版本的消息，如果用户指定的 timestamp 类型是 LogAppendTime 而不是 CreateTime，那么消息从生产者进入 broker 后，timestamp 字段会被更新，此时消息的 crc 值将被重新计算，而此值在生产者中已经被计算过一次。再者，broker 端在进行消息格式转换时（比如 v1 版转成 v0 版的消息格式）也会重新计算 crc 的值。在这些类似的情况下，消息从生产者到消费者之间流动时，crc 的值是变动的，需要计算两次 crc 的值，所以这个字段的设计在 v0 和 v1 版本中显得比较"鸡肋"。在 v2 版本中将 crc 的字段从 Record 中转移到了 RecordBatch 中。

v2 版本对消息集（RecordBatch）做了彻底的修改，参考图 5-7 最左部分，除了刚刚提及的 crc 字段，还多了如下字段。

- first offset：表示当前 RecordBatch 的起始位移。
- length：计算从 partition leader epoch 字段开始到末尾的长度。
- partition leader epoch：分区 leader 纪元，可以看作分区 leader 的版本号或更新次数，详细内容请参考 8.1.4 节。
- magic：消息格式的版本号，对 v2 版本而言，magic 等于 2。
- attributes：消息属性，注意这里占用了两个字节。低 3 位表示压缩格式，可以参考 v0 和 v1；第 4 位表示时间戳类型；第 5 位表示此 RecordBatch 是否处于事务中，0 表示非事务，1 表示事务。第 6 位表示是否是控制消息（ControlBatch），0 表示非控制消息，而 1 表示是控制消息，控制消息用来支持事务功能，详细内容请参考 7.4 节。
- last offset delta：RecordBatch 中最后一个 Record 的 offset 与 first offset 的差值。主要被 broker 用来确保 RecordBatch 中 Record 组装的正确性。
- first timestamp：RecordBatch 中第一条 Record 的时间戳。
- max timestamp：RecordBatch 中最大的时间戳，一般情况下是指最后一个 Record 的时间戳，和 last offset delta 的作用一样，用来确保消息组装的正确性。
- producer id：PID，用来支持幂等和事务，详细内容请参考 7.4 节。
- producer epoch：和 producer id 一样，用来支持幂等和事务，详细内容请参考 7.4 节。
- first sequence：和 producer id、producer epoch 一样，用来支持幂等和

事务，详细内容请参考 7.4 节。

- records count：RecordBatch 中 Record 的个数。

为了验证这个格式的正确性，我们往某个分区中一次性发送 6 条 key 为 "key"、value 为 "value" 的消息，相应的日志内容如下：

```
0000 0000 0000 0000 0000 0090 0000 0000
0207 3fbb 9a00 0000 0000 0500 0001 6363
9e4c cc00 0001 6363 9e4e 7bff ffff ffff
ffff ffff ffff ffff ff00 0000 061c 0000
0006 6b65 790a 7661 6c75 6500 1e00 d406
0206 6b65 790a 7661 6c75 6500 1e00 d806
0406 6b65 790a 7661 6c75 6500 1e00 da06
0606 6b65 790a 7661 6c75 6500 1e00 dc06
0806 6b65 790a 7661 6c75 6500 1e00 de06
0a06 6b65 790a 7661 6c75 6500
```

可以看到全部是以 16 进制数来表示的，未免晦涩难懂，下面对照图 5-7 来详细讲解每个字节所表示的具体含义，具体参考如下：

```
0000 0000 0000 0000         first offset = 0                      RecordBatch
0000 0090                   length = 144
0000 0000                   partition leader epoch = 0
02                          magic = 2
07 3fbb 9a                  crc
00 00                       attributes
00 0000 05                  last offset delta = 5
00 0001 6363 9e4c cc        first timestamp = 1526384708812
00 0001 6363 9e4e 7b        max timestamp = 1526384709243
ff ffff ffff ffff ff        producer id = -1
ff ff                       producer epoch = -1
ff ffff ff                  first sequence = 0
00 0000 06                  records count = 6
----------------------------------------------------------------------
1c                          length = readVaint(0x1c) = 14        第 1 个 Record
00                          attributes
00                          timestamp delta = readVaint(0x00) = 0
00                          offset delta = readVaint(0x00) = 0
06                          key length = readVaint(0x06) = 3
```

```
6b65 79                     key = "key" 查 ASCII 码表可知：'k'->0x6b 'e'->0x65
'y'->0x79
0a                          value length = readVaint(0x0a) = 5
7661 6c75 65                value = "value" 查 ASCII 码表（略）
00                          headers count = readVaint(0x00) = 0
-----------------------------------------------------------------------
1e                          length = readVaint(0x1e) = 15        第 2 个 Record
00                          attributes
d406                        timestamp delta = readVaint(d406) = 426
02                          offset delta = readVaint(0x02) = 1
06                          key length = readVaint(0x06) = 3
6b65 79                     key = "key"
0a                          value length = readVaint(0x0a) = 5
7661 6c75 65                value = "value"
00                          headers count = readVaint(0x00) = 0
-----------------------------------------------------------------------
1e00 d806 0406 6b65 790a 7661 6c75 6500               第 3 个 Record
1e00 da06 0606 6b65 790a 7661 6c75 6500               第 4 个 Record
1e00 dc06 0806 6b65 790a 7661 6c75 6500               第 5 个 Record
1e00 de06 0a06 6b65 790a 7661 6c75 6500               第 6 个 Record
```

这里我们再来做一个测试，在 2.0.0 版本的 Kafka 中创建一个分区数和副本因子数都为 1 的主题，名称为 "msg_format_v2"。然后同样插入一条 key = "key"、value = "value"的消息，日志结果如下：

```
[root@node1 kafka_2.11-2.0.0]# bin/kafka-dump-log.sh --files
    /tmp/kafka-logs/msg_format_v2-0/00000000000000000000.log
Dumping /tmp/kafka-logs/msg_format_v2-0/00000000000000000000.log
Starting offset: 0
baseOffset: 0 lastOffset: 0 count: 1 baseSequence: -1 lastSequence: -1 producerId:
-1 producerEpoch: -1 partitionLeaderEpoch: 0 isTransactional: false position: 0
CreateTime: 1538049867325 isvalid: true size: 76 magic: 2 compresscodec: NONE crc:
1494132791

[root@node1 kafka_2.11-2.0.0]# bin/kafka-dump-log.sh --files
    /tmp/kafka-logs/msg_format_v2-0/00000000000000000000.log --print-data-log
Dumping /tmp/kafka-logs/msg_format_v2-0/00000000000000000000.log
Starting offset: 0
```

offset: 0 position: 0 CreateTime: 1538049867325 isvalid: true keysize: 3 valuesize: 5 magic: 2 compresscodec: NONE producerId: -1 producerEpoch: -1 sequence: -1 isTransactional: false headerKeys: [] **key: key payload: value**

可以看到示例中 `size` 字段为 76，我们根据图 5-7 中的 v2 版本的日志格式来验证一下，Record Batch Header 部分共 61B。Record 部分中的 `attributes` 占 1B；`timestamp delta` 的值为 0，占 1B；`offset delta` 的值为 0，占 1B；`key length` 的值为 3，占 1B；key 占 3B；`value length` 的值为 5，占 1B，value 占 5B；`headers count` 的值为 0，占 1B；无 headers。Record 部分的总长度=1B+1B+1B+1B+3B+1B+5B+1B=14B，所以 Record 的 `length` 字段的值为 14，编码变为长整型数之后占 1B。最后推导出这条消息的占用字节数 =61B+14B+1B=76B，符合测试结果。同样再发一条 key = null、value = "value"的消息，可以计算出这条消息占 73B。

这么看上去 v2 版本的消息好像要比之前版本的消息所占用的空间大得多，的确对单条消息而言是这样的，如果我们连续向主题 msg_format_v2 中再发送 10 条 value 长度为 6、key 为 null 的消息，可以得到：

```
baseOffset: 2 lastOffset: 11 baseSequence: -1 lastSequence: -1 producerId: -1
producerEpoch: -1 partitionLeaderEpoch: 0 isTransactional: false position: 149
CreateTime: 1524712213771 isvalid: true size: 191 magic: 2 compresscodec: NONE
crc: 820363253
```

本来应该占用 740B 大小的空间，实际上只占用了 191B，在 v0 版本中这 10 条消息需要占用 320B 的空间大小，而 v1 版本则需要占用 400B 的空间大小，这样看来 v2 版本又节省了很多空间，因为它将多个消息（Record）打包存放到单个 RecordBatch 中，又通过 Varints 编码极大地节省了空间。有兴趣的读者可以自行测试一下在大批量消息的情况下，v2 版本和其他版本消息占用大小的对比，比如往主题 msg_format_v0 和 msg_format_v2 中各自发送 100 万条 1KB 的消息。

v2 版本的消息不仅提供了更多的功能，比如事务、幂等性等，某些情况下还减少了消息的空间占用，总体性能提升很大。

细心的读者可能注意到前面在演示如何查看日志内容时，既使用了 kafka-run-class.sh kafka.tools.DumpLogSegments 的方式，又使用了 kafka-dump-log.sh 的方式。而 kafka-dump-log.sh 脚本的内容为：

```
exec $(dirname $0)/kafka-run-class.sh kafka.tools.DumpLogSegments "$@"
```

两种方式在本质上没有什么区别，只不过在 Kafka 2.0.0 之前并没有 kafka-dump-log.sh 脚本，所以只能使用 kafka-run-class.sh kafka.tools.DumpLogSegments 的形式，而从 Kafka 2.0.0 开始，

可以直接使用 kafka-dump-log.sh 脚本来避免书写错误。

5.3　日志索引

本章开头就提及了每个日志分段文件对应了两个索引文件，主要用来提高查找消息的效率。偏移量索引文件用来建立消息偏移量（offset）到物理地址之间的映射关系，方便快速定位消息所在的物理文件位置；时间戳索引文件则根据指定的时间戳（timestamp）来查找对应的偏移量信息。

Kafka 中的索引文件以稀疏索引（sparse index）的方式构造消息的索引，它并不保证每个消息在索引文件中都有对应的索引项。每当写入一定量（由 broker 端参数 log.index.interval.bytes 指定，默认值为 4096，即 4KB）的消息时，偏移量索引文件和时间戳索引文件分别增加一个偏移量索引项和时间戳索引项，增大或减小 log.index.interval.bytes 的值，对应地可以缩小或增加索引项的密度。

稀疏索引通过 MappedByteBuffer 将索引文件映射到内存中，以加快索引的查询速度。偏移量索引文件中的偏移量是单调递增的，查询指定偏移量时，使用二分查找法来快速定位偏移量的位置，如果指定的偏移量不在索引文件中，则会返回小于指定偏移量的最大偏移量。时间戳索引文件中的时间戳也保持严格的单调递增，查询指定时间戳时，也根据二分查找法来查找不大于该时间戳的最大偏移量，至于要找到对应的物理文件位置还需要根据偏移量索引文件来进行再次定位。稀疏索引的方式是在磁盘空间、内存空间、查找时间等多方面之间的一个折中。

本章开头也提及日志分段文件达到一定的条件时需要进行切分，那么其对应的索引文件也需要进行切分。日志分段文件切分包含以下几个条件，满足其一即可。

（1）当前日志分段文件的大小超过了 broker 端参数 log.segment.bytes 配置的值。log.segment.bytes 参数的默认值为 1073741824，即 1GB。

（2）当前日志分段中消息的最大时间戳与当前系统的时间戳的差值大于 log.roll.ms 或 log.roll.hours 参数配置的值。如果同时配置了 log.roll.ms 和 log.roll.hours 参数，那么 log.roll.ms 的优先级高。默认情况下，只配置了 log.roll.hours 参数，其值为 168，即 7 天。

（3）偏移量索引文件或时间戳索引文件的大小达到 broker 端参数 log.index.size.max.bytes 配置的值。log.index.size.max.bytes 的默认值为 10485760，即 10MB。

（4）追加的消息的偏移量与当前日志分段的偏移量之间的差值大于 Integer.MAX_VALUE，即要追加的消息的偏移量不能转变为相对偏移量（offset - baseOffset > Integer.MAX_VALUE）。

对非当前活跃的日志分段而言，其对应的索引文件内容已经固定而不需要再写入索引项，所以会被设定为只读。而对当前活跃的日志分段（activeSegment）而言，索引文件还会追加更多的索引项，所以被设定为可读写。在索引文件切分的时候，Kafka 会关闭当前正在写入的索引文件并置为只读模式，同时以可读写的模式创建新的索引文件，索引文件的大小由 broker 端参数 `log.index.size.max.bytes` 配置。Kafka 在创建索引文件的时候会为其预分配 `log.index.size.max.bytes` 大小的空间，注意这一点与日志分段文件不同，只有当索引文件进行切分的时候，Kafka 才会把该索引文件裁剪到实际的数据大小。也就是说，与当前活跃的日志分段对应的索引文件的大小固定为 `log.index.size.max.bytes`，而其余日志分段对应的索引文件的大小为实际的占用空间。

5.3.1　偏移量索引

偏移量索引项的格式如图 5-8 所示。每个索引项占用 8 个字节，分为两个部分。

（1）relativeOffset：相对偏移量，表示消息相对于 baseOffset 的偏移量，占用 4 个字节，当前索引文件的文件名即为 baseOffset 的值。

（2）position：物理地址，也就是消息在日志分段文件中对应的物理位置，占用 4 个字节。

图 5-8　偏移量索引项的格式

消息的偏移量（offset）占用 8 个字节，也可以称为绝对偏移量。索引项中没有直接使用绝对偏移量而改为只占用 4 个字节的相对偏移量（relativeOffset = offset − baseOffset），这样可以减小索引文件占用的空间。举个例子，一个日志分段的 baseOffset 为 32，那么其文件名就是 00000000000000000032.log，offset 为 35 的消息在索引文件中的 relativeOffset 的值为 35−32=3。

再来回顾一下前面日志分段文件切分的第 4 个条件：追加的消息的偏移量与当前日志分段的偏移量之间的差值大于 Integer.MAX_VALUE。如果彼此的差值超过了 Integer.MAX_VALUE，那么 relativeOffset 就不能用 4 个字节表示了，进而不能享受这个索引项的设计所带来的便利了。

我们以本章开头 topic-log-0 目录下的 00000000000000000000.index 为例来进行具体分析，截取 00000000000000000000.index 部分内容如下：

```
0000 0006 0000 009c
0000 000e 0000 01cb
0000 0016 0000 02fa
0000 001a 0000 03b0
0000 001f 0000 0475
```

虽然是以 16 进制数表示的，但参考索引项的格式可以知道如下内容：

```
relativeOffset=6, position=156
relativeOffset=14, position=459
relativeOffset=22, position=656
relativeOffset=26, position=838
relativeOffset=31, position=1050
```

这里也可以使用前面讲的 kafka-dump-log.sh 脚本来解析.index 文件（还包括.timeindex、.snapshot、.txnindex 等文件），示例如下：

```
[root@node1 kafka_2.11-2.0.0]# bin/kafka-dump-log.sh --files /tmp/kafka-logs/
topic-log-0/00000000000000000000.index
Dumping /tmp/kafka-logs/topic-log-0/00000000000000000000.index
offset: 6 position: 156
offset: 14 position: 459
offset: 22 position: 656
offset: 26 position: 838
offset: 31 position: 1050
```

单纯地讲解数字不免过于枯燥，我们这里给出 00000000000000000000.index 和 00000000000000000000.log 的对照图来做进一步的陈述，如图 5-9 所示。

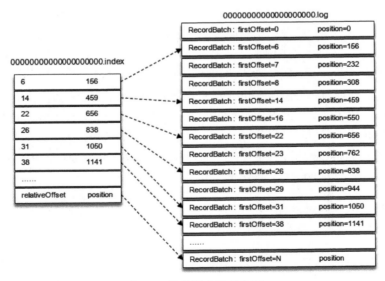

图 5-9 偏移量索引示意图

如果我们要查找偏移量为 23 的消息，那么应该怎么做呢？首先通过二分法在偏移量索引文件中找到不大于 23 的最大索引项，即[22, 656]，然后从日志分段文件中的物理位置 656 开始顺序查找偏移量为 23 的消息。

以上是最简单的一种情况。参考图 5-10，如果要查找偏移量为 268 的消息，那么应该怎么办呢？首先肯定是定位到 baseOffset 为 251 的日志分段，然后计算相对偏移量 relativeOffset = 268 - 251 = 17，之后再在对应的索引文件中找到不大于 17 的索引项，最后根据索引项中的 position 定位到具体的日志分段文件位置开始查找目标消息。那么又是如何查找 baseOffset 为 251 的日志分段的呢？这里并不是顺序查找，而是用了跳跃表的结构。Kafka 的每个日志对象中使用了 ConcurrentSkipListMap 来保存各个日志分段，每个日志分段的 baseOffset 作为 key，这样可以根据指定偏移量来快速定位到消息所在的日志分段。

图 5-10　查找偏移量

还需要注意的是，Kafka 强制要求索引文件大小必须是索引项大小的整数倍，对偏移量索引文件而言，必须为 8 的整数倍。如果 broker 端参数 `log.index.size.max.bytes` 配置为 67，那么 Kafka 在内部会将其转换为 64，即不大于 67，并且满足为 8 的整数倍的条件。

5.3.2　时间戳索引

时间戳索引项的格式如图 5-11 所示。

图 5-11　时间戳索引项的格式

每个索引项占用 12 个字节，分为两个部分。

（1）timestamp：当前日志分段最大的时间戳。

（2）relativeOffset：时间戳所对应的消息的相对偏移量。

时间戳索引文件中包含若干时间戳索引项，每个追加的时间戳索引项中的 timestamp 必须大于之前追加的索引项的 timestamp，否则不予追加。如果 broker 端参数 `log.message.timestamp.type` 设置为 LogAppendTime，那么消息的时间戳必定能够保持单调递增；相反，如果是 CreateTime 类型则无法保证。生产者可以使用类似 ProducerRecord(String topic, Integer partition, Long timestamp, K key, V value)的方法来指定时间戳的值。即使生产者客户端采用自动插入的时间戳也无法保证时间戳能够单调递增，如果两个不同时钟的生产者同时往一个分区中插入消息，那么也会造成当前分区的时间戳乱序。

与偏移量索引文件相似，时间戳索引文件大小必须是索引项大小（12B）的整数倍，如果不满足条件也会进行裁剪。同样假设 broker 端参数 `log.index.size.max.bytes` 配置为 67，那么对应于时间戳索引文件，Kafka 在内部会将其转换为 60。

我们已经知道每当写入一定量的消息时，就会在偏移量索引文件和时间戳索引文件中分别增加一个偏移量索引项和时间戳索引项。两个文件增加索引项的操作是同时进行的，但并不意味着偏移量索引中的 relativeOffset 和时间戳索引项中的 relativeOffset 是同一个值。与上面偏移量索引一节示例中所对应的时间戳索引文件 00000000000000000000.timeindex 的部分内容如下：

```
0000 0163 639e 5a35 0000 0006
0000 0163 639e 65fa 0000 000f
0000 0163 639e 71bc 0000 0016
0000 0163 639e 71cb 0000 001c
0000 0163 639e 7d8f 0000 0025
```

有兴趣的读者可以自行解析上面内容的 16 进制数据。和讲述偏移量索引时一样，我们画出 00000000000000000000.timeindex 的具体结构，详细参考图 5-12 左上角。

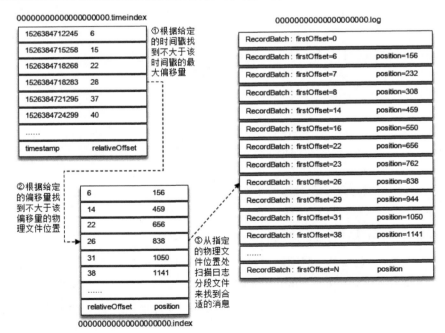

图 5-12 时间戳索引示意图

如果要查找指定时间戳 targetTimeStamp = 1526384718288 开始的消息，首先是找到不小于指定时间戳的日志分段。这里就无法使用跳跃表来快速定位到相应的日志分段了，需要分以下几个步骤来完成。

步骤 1：将 targetTimeStamp 和每个日志分段中的最大时间戳 largestTimeStamp 逐一对比，直到找到不小于 targetTimeStamp 的 largestTimeStamp 所对应的日志分段。日志分段中的 largestTimeStamp 的计算是先查询该日志分段所对应的时间戳索引文件，找到最后一条索引项，若最后一条索引项的时间戳字段值大于 0，则取其值，否则取该日志分段的最近修改时间。

步骤 2：找到相应的日志分段之后，在时间戳索引文件中使用二分查找算法查找到不大于 targetTimeStamp 的最大索引项，即[1526384718283, 28]，如此便找到了一个相对偏移量 28。

步骤 3：在偏移量索引文件中使用二分算法查找到不大于 28 的最大索引项，即[26, 838]。

步骤 4：从步骤 1 中找到日志分段文件中的 838 的物理位置开始查找不小于 targetTimeStamp 的消息。

5.4　日志清理

Kafka 将消息存储在磁盘中，为了控制磁盘占用空间的不断增加就需要对消息做一定的清理操作。Kafka 中每一个分区副本都对应一个 Log，而 Log 又可以分为多个日志分段，这样也便于日志的清理操作。Kafka 提供了两种日志清理策略。

（1）日志删除（Log Retention）：按照一定的保留策略直接删除不符合条件的日志分段。

（2）日志压缩（Log Compaction）：针对每个消息的 key 进行整合，对于有相同 key 的不同 value 值，只保留最后一个版本。

我们可以通过 broker 端参数 `log.cleanup.policy` 来设置日志清理策略，此参数的默认值为"delete"，即采用日志删除的清理策略。如果要采用日志压缩的清理策略，就需要将 `log.cleanup.policy` 设置为"compact"，并且还需要将 `log.cleaner.enable`（默认值为 true）设定为 true。通过将 `log.cleanup.policy` 参数设置为"delete,compact"，还可以同时支持日志删除和日志压缩两种策略。日志清理的粒度可以控制到主题级别，比如与 `log.cleanup.policy` 对应的主题级别的参数为 `cleanup.policy`，为了简化说明，本节只采用 broker 端参数做陈述，topic 级别的参数可以查看 4.1.6 节。

5.4.1　日志删除

在 Kafka 的日志管理器中会有一个专门的日志删除任务来周期性地检测和删除不符合保留条件的日志分段文件，这个周期可以通过 broker 端参数 `log.retention.check.interval.ms`

来配置，默认值为 300000，即 5 分钟。当前日志分段的保留策略有 3 种：基于时间的保留策略、基于日志大小的保留策略和基于日志起始偏移量的保留策略。

1. 基于时间

日志删除任务会检查当前日志文件中是否有保留时间超过设定的阈值（retentionMs）来寻找可删除的日志分段文件集合（deletableSegments），如图 5-13 所示。retentionMs 可以通过 broker 端参数 `log.retention.hours`、`log.retention.minutes` 和 `log.retention.ms` 来配置，其中 `log.retention.ms` 的优先级最高，`log.retention.minutes` 次之，`log.retention.hours` 最低。默认情况下只配置了 `log.retention.hours` 参数，其值为 168，故默认情况下日志分段文件的保留时间为 7 天。

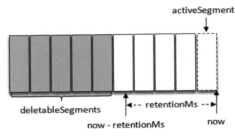

图 5-13　基于时间的保留策略

查找过期的日志分段文件，并不是简单地根据日志分段的最近修改时间 lastModifiedTime 来计算的，而是根据日志分段中最大的时间戳 largestTimeStamp 来计算的。因为日志分段的 lastModifiedTime 可以被有意或无意地修改，比如执行了 touch 操作，或者分区副本进行了重新分配，lastModifiedTime 并不能真实地反映出日志分段在磁盘的保留时间。要获取日志分段中的最大时间戳 largestTimeStamp 的值，首先要查询该日志分段所对应的时间戳索引文件，查找时间戳索引文件中最后一条索引项，若最后一条索引项的时间戳字段值大于 0，则取其值，否则才设置为最近修改时间 lastModifiedTime。

若待删除的日志分段的总数等于该日志文件中所有的日志分段的数量，那么说明所有的日志分段都已过期，但该日志文件中还要有一个日志分段用于接收消息的写入，即必须要保证有一个活跃的日志分段 activeSegment，在此种情况下，会先切分出一个新的日志分段作为 activeSegment，然后执行删除操作。

删除日志分段时，首先会从 Log 对象中所维护日志分段的跳跃表中移除待删除的日志分段，以保证没有线程对这些日志分段进行读取操作。然后将日志分段所对应的所有文件添加上 ".deleted" 的后缀（当然也包括对应的索引文件）。最后交由一个以 "delete-file" 命名的延迟任务来删除这些以 ".deleted" 为后缀的文件，这个任务的延迟执行时间可以通过 `file.delete.delay.ms` 参数来调配，此参数的默认值为 60000，即 1 分钟。

2. 基于日志大小

日志删除任务会检查当前日志的大小是否超过设定的阈值（retentionSize）来寻找可删除的日志分段的文件集合（deletableSegments），如图 5-14 所示。retentionSize 可以通过 broker 端参数 `log.retention.bytes` 来配置，默认值为-1，表示无穷大。注意 `log.retention.bytes` 配置的是 Log 中所有日志文件的总大小，而不是单个日志分段（确切地说应该为.log 日志文件）的大小。单个日志分段的大小由 broker 端参数 `log.segment.bytes` 来限制，默认值为 1073741824，即 1GB。

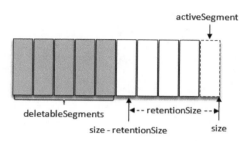

图 5-14 基于日志大小的保留策略

基于日志大小的保留策略与基于时间的保留策略类似，首先计算日志文件的总大小 size 和 retentionSize 的差值 diff，即计算需要删除的日志总大小，然后从日志文件中的第一个日志分段开始进行查找可删除的日志分段的文件集合 deletableSegments。查找出 deletableSegments 之后就执行删除操作，这个删除操作和基于时间的保留策略的删除操作相同，这里不再赘述。

3. 基于日志起始偏移量

一般情况下，日志文件的起始偏移量 logStartOffset 等于第一个日志分段的 baseOffset，但这并不是绝对的，logStartOffset 的值可以通过 DeleteRecordsRequest 请求（比如使用 KafkaAdminClient 的 deleteRecords()方法、使用 kafka-delete-records.sh 脚本，具体用法参考 9.1.3 节）、日志的清理和截断等操作进行修改。

基于日志起始偏移量的保留策略的判断依据是某日志分段的下一个日志分段的起始偏移量 baseOffset 是否小于等于 logStartOffset，若是，则可以删除此日志分段。如图 5-15 所示，假设 logStartOffset 等于 25，日志分段 1 的起始偏移量为 0，日志分段 2 的起始偏移量为 11，日志分段 3 的起始偏移量为 23，通过如下动作收集可删除的日志分段的文件集合 deletableSegments：

（1）从头开始遍历每个日志分段，日志分段 1 的下一个日志分段的起始偏移量为 11，小于 logStartOffset 的大小，将日志分段 1 加入 deletableSegments。

（2）日志分段 2 的下一个日志偏移量的起始偏移量为 23，也小于 logStartOffset 的大小，将日志分段 2 也加入 deletableSegments。

（3）日志分段 3 的下一个日志偏移量在 logStartOffset 的右侧，故从日志分段 3 开始的所有日志分段都不会加入 deletableSegments。

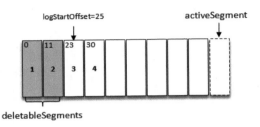

图 5-15　基于日志起始偏移量的保留策略

收集完可删除的日志分段的文件集合之后的删除操作同基于日志大小的保留策略和基于时间的保留策略相同，这里不再赘述。

5.4.2　日志压缩

Kafka 中的 Log Compaction 是指在默认的日志删除（Log Retention）规则之外提供的一种清理过时数据的方式。如图 5-16 所示，Log Compaction 对于有相同 key 的不同 value 值，只保留最后一个版本。如果应用只关心 key 对应的最新 value 值，则可以开启 Kafka 的日志清理功能，Kafka 会定期将相同 key 的消息进行合并，只保留最新的 value 值。

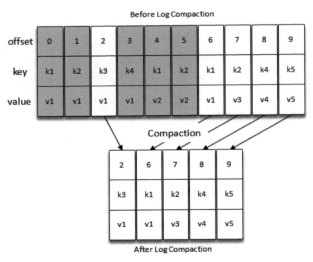

图 5-16　日志压缩

有很多中文资料会把 Log Compaction 翻译为"日志压缩"，笔者认为不够妥当，压缩应该是指 Compression，在 Kafka 中消息可以采用 gzip、Snappy、LZ4 等压缩方式进行压缩，如果把 Log Compaction 翻译为日志压缩，容易让人和消息压缩（Message Compression）产生关联，其实是两个不同的概念。英文"Compaction"可以直译为"压紧、压实"，如果这里将 Log Compaction 直译为"日志压紧"或"日志压实"又未免太过生硬。考虑到"日志压缩"的说法已经广为用户接受，笔者这里勉强接受此种说法，不过文中尽量直接使用英文 Log Compaction 来表示日志压缩。读者在遇到类似"压缩"的字眼之时需格外注意这个压缩具体是指日志压缩（Log Compaction）还是指消息压缩（Message Compression）。

Log Compaction 执行前后，日志分段中的每条消息的偏移量和写入时的偏移量保持一致。Log Compaction 会生成新的日志分段文件，日志分段中每条消息的物理位置会重新按照新文件来组织。Log Compaction 执行过后的偏移量不再是连续的，不过这并不影响日志的查询。

Kafka 中的 Log Compaction 可以类比于 Redis 中的 RDB 的持久化模式。试想一下，如果一个系统使用 Kafka 来保存状态，那么每次有状态变更都会将其写入 Kafka。在某一时刻此系统异常崩溃，进而在恢复时通过读取 Kafka 中的消息来恢复其应有的状态，那么此系统关心的是它原本的最新状态而不是历史时刻中的每一个状态。如果 Kafka 的日志保存策略是日志删除（Log Deletion），那么系统势必要一股脑地读取 Kafka 中的所有数据来进行恢复，如果日志保存策略是 Log Compaction，那么可以减少数据的加载量进而加快系统的恢复速度。Log Compaction 在某些应用场景下可以简化技术栈，提高系统整体的质量。

我们知道可以通过配置 `log.dir` 或 `log.dirs` 参数来设置 Kafka 日志的存放目录，而每一个日志目录下都有一个名为 "cleaner-offset-checkpoint" 的文件，这个文件就是清理检查点文件，用来记录每个主题的每个分区中已清理的偏移量。通过清理检查点文件可以将 Log 分成两个部分，如图 5-17 所示。通过检查点 cleaner checkpoint 来划分出一个已经清理过的 clean 部分和一个还未清理过的 dirty 部分。在日志清理的同时，客户端也可以读取日志中的消息。dirty 部分的消息偏移量是逐一递增的，而 clean 部分的消息偏移量是断续的，如果客户端总能赶上 dirty 部分，那么它就能读取日志的所有消息，反之就不可能读到全部的消息。

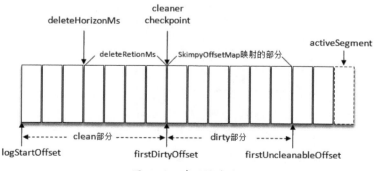

图 5-17　清理检查点

图 5-17 中的 firstDirtyOffset（与 cleaner checkpoint 相等）表示 dirty 部分的起始偏移量，而 firstUncleanableOffset 为 dirty 部分的截止偏移量，整个 dirty 部分的偏移量范围为[firstDirtyOffset, firstUncleanableOffset），注意这里是左闭右开区间。为了避免当前活跃的日志分段 activeSegment 成为热点文件，activeSegment 不会参与 Log Compaction 的执行。同时 Kafka 支持通过参数 `log.cleaner.min.compaction.lag.ms`（默认值为 0）来配置消息在被清理前的最小保留时间，默认情况下 firstUncleanableOffset 等于 activeSegment 的 baseOffset。

注意 Log Compaction 是针对 key 的，所以在使用时应注意每个消息的 key 值不为 null。每个 broker 会启动 `log.cleaner.thread`（默认值为 1）个日志清理线程负责执行清理任务，这些线程会选择"污浊率"最高的日志文件进行清理。用 cleanBytes 表示 clean 部分的日志占用大小，dirtyBytes 表示 dirty 部分的日志占用大小，那么这个日志的污浊率（dirtyRatio）为：

$$dirtyRatio = dirtyBytes / (cleanBytes + dirtyBytes)$$

为了防止日志不必要的频繁清理操作，Kafka 还使用了参数 `log.cleaner.min.cleanable.ratio`（默认值为 0.5）来限定可进行清理操作的最小污浊率。Kafka 中用于保存消费者消费位移的主题 __consumer_offsets 使用的就是 Log Compaction 策略。

这里我们已经知道怎样选择合适的日志文件做清理操作，然而怎么对日志文件中消息的 key 进行筛选操作呢？Kafka 中的每个日志清理线程会使用一个名为"SkimpyOffsetMap"的对象来构建 key 与 offset 的映射关系的哈希表。日志清理需要遍历两次日志文件，第一次遍历把每个 key 的哈希值和最后出现的 offset 都保存在 SkimpyOffsetMap 中，映射模型如图 5-18 所示。第二次遍历会检查每个消息是否符合保留条件，如果符合就保留下来，否则就会被清理。假设一条消息的 offset 为 O1，这条消息的 key 在 SkimpyOffsetMap 中对应的 offset 为 O2，如果 O1 大于等于 O2 即满足保留条件。

图 5-18　映射模型

默认情况下，SkimpyOffsetMap 使用 MD5 来计算 key 的哈希值，占用空间大小为 16B，根据这个哈希值来从 SkimpyOffsetMap 中找到对应的槽位，如果发生冲突则用线性探测法处理。

为了防止哈希冲突过于频繁，也可以通过 broker 端参数 `log.cleaner.io.buffer.load.factor`（默认值为 0.9）来调整负载因子。偏移量占用空间大小为 8B，故一个映射项占用大小为 24B。每个日志清理线程的 SkimpyOffsetMap 的内存占用大小为 `log.cleaner.dedupe.buffer.size` / `log.cleaner.thread`，默认值为 = 128MB/1 = 128MB。所以默认情况下 SkimpyOffsetMap 可以保存 128MB × 0.9 /24B ≈ 5033164 个 key 的记录。假设每条消息的大小为 1KB，那么这个 SkimpyOffsetMap 可以用来映射 4.8GB 的日志文件，如果有重复的 key，那么这个数值还会增大，整体上来说，SkimpyOffsetMap 极大地节省了内存空间且非常高效。

题外话："SkimpyOffsetMap"的取名也很有意思，"Skimpy"可以直译为"不足的"，可以看出它最初的设计者也认为这种实现不够严谨。如果遇到两个不同的 key 但哈希值相同的情况，那么其中一个 key 所对应的消息就会丢失。虽然说 MD5 这类摘要算法的冲突概率非常小，但根据墨菲定律，任何一个事件，只要具有大于 0 的概率，就不能假设它不会发生，所以在使用 Log Compaction 策略时要注意这一点。

Log Compaction 会保留 key 相应的最新 value 值，那么当需要删除一个 key 时怎么办？Kafka 提供了一个墓碑消息（tombstone）的概念，如果一条消息的 key 不为 null，但是其 value 为 null，那么此消息就是墓碑消息。日志清理线程发现墓碑消息时会先进行常规的清理，并保留墓碑消息一段时间。墓碑消息的保留条件是当前墓碑消息所在的日志分段的最近修改时间 lastModifiedTime 大于 deleteHorizonMs，如图 5-17 所示。这个 deleteHorizonMs 的计算方式为 clean 部分中最后一个日志分段的最近修改时间减去保留阈值 deleteRetionMs（通过 broker 端参数 `log.cleaner.delete.retention.ms` 配置，默认值为 86400000，即 24 小时）的大小，即：

```
deleteHorizonMs =
    clean 部分中最后一个 LogSegment 的 lastModifiedTime - deleteRetionMs
```

所以墓碑消息的保留条件为（可以对照图 5-17 中的 deleteRetionMs 所标记的位置去理解）：

```
所在 LogSegment 的 lastModifiedTime > deleteHorizonMs
=> 所在 LogSegment 的 lastModifiedTime > clean 部分中最后一个 LogSegment 的
    lastModifiedTime - deleteRetionMs
=> 所在 LogSegment 的 lastModifiedTime + deleteRetionMs > clean 部分中最后一个
    LogSegment 的 lastModifiedTime
```

Log Compaction 执行过后的日志分段的大小会比原先的日志分段的要小，为了防止出现太多的小文件，Kafka 在实际清理过程中并不对单个的日志分段进行单独清理，而是将日志文件中 offset 从 0 至 firstUncleanableOffset 的所有日志分段进行分组，每个日志分段只属于一组，分组策略为：按照日志分段的顺序遍历，每组中日志分段的占用空间大小之和不超过 segmentSize

（可以通过 broker 端参数 `log.segment.bytes` 设置，默认值为 1GB），且对应的索引文件占用大小之和不超过 maxIndexSize（可以通过 broker 端参数 `log.index.size.max.bytes` 设置，默认值为 10MB）。同一个组的多个日志分段清理过后，只会生成一个新的日志分段。

如图 5-19 所示，假设所有的参数配置都为默认值，在 Log Compaction 之前 checkpoint 的初始值为 0。执行第一次 Log Compaction 之后，每个非活跃的日志分段的大小都有所缩减，checkpoint 的值也有所变化。执行第二次 Log Compaction 时会组队成[0.4GB, 0.4GB]、[0.3GB, 0.7GB]、[0.3GB]、[1GB]这 4 个分组，并且从第二次 Log Compaction 开始还会涉及墓碑消息的清除。同理，第三次 Log Compaction 过后的情形可参考图 5-19 的尾部。Log Compaction 过程中会将每个日志分组中需要保留的消息复制到一个以 ".clean" 为后缀的临时文件中，此临时文件以当前日志分组中第一个日志分段的文件名命名，例如 00000000000000000000.log.clean。Log Compaction 过后将 ".clean" 的文件修改为 ".swap" 后缀的文件，例如：00000000000000000000.log.swap。然后删除原本的日志文件，最后才把文件的 ".swap" 后缀去掉。整个过程中的索引文件的变换也是如此，至此一个完整 Log Compaction 操作才算完成。

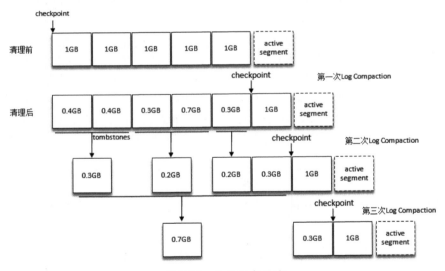

图 5-19　执行日志压缩

以上是整个日志压缩（Log Compaction）过程的详解，读者需要注意将日志压缩和日志删除区分开，日志删除是指清除整个日志分段，而日志压缩是针对相同 key 的消息的合并清理。

5.5　磁盘存储

Kafka 依赖于文件系统（更底层地来说就是磁盘）来存储和缓存消息。在我们的印象中，对于各个存储介质的速度认知大体同图 5-20 所示的相同，层级越高代表速度越快。很显然，磁盘处于一个比较尴尬的位置，这不禁让我们怀疑 Kafka 采用这种持久化形式能否提供有竞争力的性能。在传统的消息中间件 RabbitMQ 中，就使用内存作为默认的存储介质，而磁盘作为备选介质，以此实现高吞吐和低延迟的特性。然而，事实上磁盘可以比我们预想的要快，也可能比我们预想的要慢，这完全取决于我们如何使用它。

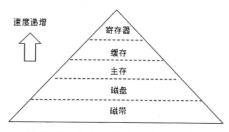

图 5-20 各个存储介质的速度层级

有关测试结果表明，一个由 6 块 7200r/min的RAID-5 阵列组成的磁盘簇的线性（顺序）写入速度可以达到 600MB/s，而随机写入速度只有 100KB/s，两者性能相差 6000 倍。操作系统可以针对线性读写做深层次的优化，比如预读（read-ahead，提前将一个比较大的磁盘块读入内存）和后写（write-behind，将很多小的逻辑写操作合并起来组成一个大的物理写操作）技术。顺序写盘的速度不仅比随机写盘的速度快，而且也比随机写内存的速度快，如图 5-21[1]所示。

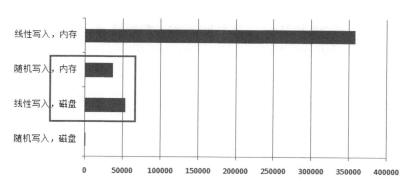

图 5-21 磁盘、SSD 和内存的 I/O 速度对比

Kafka 在设计时采用了文件追加的方式来写入消息，即只能在日志文件的尾部追加新的消息，并且也不允许修改已写入的消息，这种方式属于典型的顺序写盘的操作，所以就算 Kafka 使用磁盘作为存储介质，它所能承载的吞吐量也不容小觑。但这并不是让 Kafka 在性能上具备足够竞争力的唯一因素，我们不妨继续分析。

---

[1] 图片参考 https://queue.acm.org/detail.cfm?id=1563874。

5.5.1　页缓存

页缓存是操作系统实现的一种主要的磁盘缓存，以此用来减少对磁盘 I/O 的操作。具体来说，就是把磁盘中的数据缓存到内存中，把对磁盘的访问变为对内存的访问。为了弥补性能上的差异，现代操作系统越来越"激进地"将内存作为磁盘缓存，甚至会非常乐意将所有可用的内存用作磁盘缓存，这样当内存回收时也几乎没有性能损失，所有对于磁盘的读写也将经由统一的缓存。

当一个进程准备读取磁盘上的文件内容时，操作系统会先查看待读取的数据所在的页（page）是否在页缓存（pagecache）中，如果存在（命中）则直接返回数据，从而避免了对物理磁盘的 I/O 操作；如果没有命中，则操作系统会向磁盘发起读取请求并将读取的数据页存入页缓存，之后再将数据返回给进程。同样，如果一个进程需要将数据写入磁盘，那么操作系统也会检测数据对应的页是否在页缓存中，如果不存在，则会先在页缓存中添加相应的页，最后将数据写入对应的页。被修改过后的页也就变成了脏页，操作系统会在合适的时间把脏页中的数据写入磁盘，以保持数据的一致性。

Linux 操作系统中的 `vm.dirty_background_ratio` 参数用来指定当脏页数量达到系统内存的百分之多少之后就会触发 pdflush/flush/kdmflush 等后台回写进程的运行来处理脏页，一般设置为小于 10 的值即可，但不建议设置为 0。与这个参数对应的还有一个 `vm.dirty_ratio` 参数，它用来指定当脏页数量达到系统内存的百分之多少之后就不得不开始对脏页进行处理，在此过程中，新的 I/O 请求会被阻挡直至所有脏页被冲刷到磁盘中。对脏页有兴趣的读者还可以自行查阅 `vm.dirty_expire_centisecs`、`vm.dirty_writeback.centisecs` 等参数的使用说明。

对一个进程而言，它会在进程内部缓存处理所需的数据，然而这些数据有可能还缓存在操作系统的页缓存中，因此同一份数据有可能被缓存了两次。并且，除非使用 Direct I/O 的方式，否则页缓存很难被禁止。此外，用过 Java 的人一般都知道两点事实：对象的内存开销非常大，通常会是真实数据大小的几倍甚至更多，空间使用率低下；Java 的垃圾回收会随着堆内数据的增多而变得越来越慢。基于这些因素，使用文件系统并依赖于页缓存的做法明显要优于维护一个进程内缓存或其他结构，至少我们可以省去了一份进程内部的缓存消耗，同时还可以通过结构紧凑的字节码来替代使用对象的方式以节省更多的空间。如此，我们可以在 32GB 的机器上使用 28GB 至 30GB 的内存而不用担心 GC 所带来的性能问题。此外，即使 Kafka 服务重启，页缓存还是会保持有效，然而进程内的缓存却需要重建。这样也极大地简化了代码逻辑，因为维护页缓存和文件之间的一致性交由操作系统来负责，这样会比进程内维护更加安全有效。

Kafka 中大量使用了页缓存，这是 Kafka 实现高吞吐的重要因素之一。虽然消息都是先被写入页缓存，然后由操作系统负责具体的刷盘任务的，但在 Kafka 中同样提供了同步刷盘及间断性强制刷盘（fsync）的功能，这些功能可以通过 `log.flush.interval. messages`、`log.flush.interval.ms` 等参数来控制。同步刷盘可以提高消息的可靠性，防止由于机器掉电等异常造成处于页缓存而没有及时写入磁盘的消息丢失。不过笔者并不建议这么做，刷盘任务就应交由操作系统去调配，消息的可靠性应该由多副本机制来保障，而不是由同步刷盘这种严重影响性能的行为来保障。

Linux 系统会使用磁盘的一部分作为 swap 分区，这样可以进行进程的调度：把当前非活跃的进程调入 swap 分区，以此把内存空出来让给活跃的进程。对大量使用系统页缓存的 Kafka 而言，应当尽量避免这种内存的交换，否则会对它各方面的性能产生很大的负面影响。我们可以通过修改 `vm.swappiness` 参数（Linux 系统参数）来进行调节。`vm.swappiness` 参数的上限为 100，它表示积极地使用 swap 分区，并把内存上的数据及时地搬运到 swap 分区中；`vm.swappiness` 参数的下限为 0，表示在任何情况下都不要发生交换（`vm.swappiness=0` 的含义在不同版本的 Linux 内核中不太相同，这里采用的是变更后的最新解释），这样一来，当内存耗尽时会根据一定的规则突然中止某些进程。笔者建议将这个参数的值设置为 1，这样保留了 swap 的机制而又最大限度地限制了它对 Kafka 性能的影响。

5.5.2　磁盘 I/O 流程

读者可能对于前面提及的页缓存、Direct I/O、文件系统等概念的认知比较模糊，下面通过一张磁盘 I/O 的流程图来加深理解，如图 5-22 所示。

参考图 5-22，从编程角度而言，一般磁盘 I/O 的场景有以下四种。

（1）用户调用标准 C 库进行 I/O 操作，数据流为：应用程序 buffer→C 库标准 IObuffer→文件系统页缓存→通过具体文件系统到磁盘。

（2）用户调用文件 I/O，数据流为：应用程序 buffer→文件系统页缓存→通过具体文件系统到磁盘。

（3）用户打开文件时使用 O_DIRECT，绕过页缓存直接读写磁盘。

（4）用户使用类似 dd 工具，并使用 direct 参数，绕过系统 cache 与文件系统直接写磁盘。

发起 I/O 请求的步骤可以表述为如下的内容（以最长链路为例）。

- **写操作**：用户调用 fwrite 把数据写入 C 库标准 IObuffer 后就返回，即写操作通常是异步操作；数据写入 C 库标准 IObuffer 后，不会立即刷新到磁盘，会将多次小数据量相邻写操作先缓存起来合并，最终调用 write 函数一次性写入（或者将大块数据分解多次 write 调用）页缓存；数据到达页缓存后也不会立即刷新到磁盘，内核有 pdflush 线程在不停地检测脏页，判断是否要写回到磁盘，如果是则发起磁盘 I/O 请求。

- **读操作**：用户调用 fread 到 C 库标准 IObuffer 中读取数据，如果成功则返回，否则继续；到页缓存中读取数据，如果成功则返回，否则继续；发起 I/O 请求，读取数据后缓存 buffer 和 C 库标准 IObuffer 并返回。可以看出，读操作是同步请求。

- **I/O 请求处理**：通用块层根据 I/O 请求构造一个或多个 bio 结构并提交给调度层；调度器将 bio 结构进行排序和合并组织成队列且确保读写操作尽可能理想：将一个或多个进程的读操作合并到一起读，将一个或多个进程的写操作合并到一起写，尽可能变随机为顺序（因为随机读写比顺序读写要慢），读必须优先满足，而写也不能等太久。

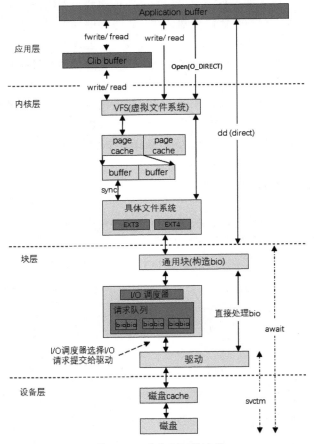

图 5-22　磁盘 I/O 的流程

针对不同的应用场景，I/O 调度策略也会影响 I/O 的读写性能，目前 Linux 系统中的 I/O 调度策略有 4 种，分别为 NOOP、CFQ、DEADLINE 和 ANTICIPATORY，默认为 CFQ。

1. NOOP

NOOP 算法的全写为 No Operation。该算法实现了最简单的 FIFO 队列，所有 I/O 请求大致按照先来后到的顺序进行操作。之所以说"大致"，原因是 NOOP 在 FIFO 的基础上还做了相邻 I/O 请求的合并，并不是完全按照先进先出的规则满足 I/O 请求。

假设有如下的 I/O 请求序列：

```
100, 500, 101, 10, 56, 1000
```

NOOP 将会按照如下顺序满足 I/O 请求：

```
100(101), 500, 10, 56, 1000
```

2. CFQ

CFQ 算法的全写为 Completely Fair Queuing。该算法的特点是按照 I/O 请求的地址进行排序，而不是按照先来后到的顺序进行响应。

假设有如下的 I/O 请求序列：

```
100, 500, 101, 10, 56, 1000
```

CFQ 将会按照如下顺序满足：

```
100, 101, 500, 1000, 10, 56
```

CFQ 是默认的磁盘调度算法，对于通用服务器来说是最好的选择。它试图均匀地分布对 I/O 带宽的访问。CFQ 为每个进程单独创建一个队列来管理该进程所产生的请求，也就是说，每个进程一个队列，各队列之间的调度使用时间片进行调度，以此来保证每个进程都能被很好地分配到 I/O 带宽。I/O 调度器每次执行一个进程的 4 次请求。在传统的 SAS 盘上，磁盘寻道花去了绝大多数的 I/O 响应时间。CFQ 的出发点是对 I/O 地址进行排序，以尽量少的磁盘旋转次数来满足尽可能多的 I/O 请求。在 CFQ 算法下，SAS 盘的吞吐量大大提高了。相比于 NOOP 的缺点是，先来的 I/O 请求并不一定能被满足，可能会出现"饿死"的情况。

3. DEADLINE

DEADLINE 在 CFQ 的基础上，解决了 I/O 请求"饿死"的极端情况。除了 CFQ 本身具有的 I/O 排序队列，DEADLINE 额外分别为读 I/O 和写 I/O 提供了 FIFO 队列。读 FIFO 队列的最大等待时间为 500ms，写 FIFO 队列的最大等待时间为 5s。FIFO 队列内的 I/O 请求优先级要比 CFQ 队列中的高，而读 FIFO 队列的优先级又比写 FIFO 队列的优先级高。优先级可以表示如下：

```
FIFO(Read) > FIFO(Write) > CFQ
```

4. ANTICIPATORY

CFQ 和 DEADLINE 考虑的焦点在于满足零散 I/O 请求上。对于连续的 I/O 请求，比如顺序读，并没有做优化。为了满足随机 I/O 和顺序 I/O 混合的场景，Linux 还支持 ANTICIPATORY 调度算法。ANTICIPATORY 在 DEADLINE 的基础上，为每个读 I/O 都设置了 6ms 的等待时间窗口。如果在 6ms 内 OS 收到了相邻位置的读 I/O 请求，就可以立即满足。ANTICIPATORY 算法通过增加等待时间来获得更高的性能，假设一个块设备只有一个物理查找磁头（例如一个单独的 SATA 硬盘），将多个随机的小写入流合并成一个大写入流（相当于将随机读写变顺序读写），通过这个原理来使用读取/写入的延时换取最大的读取/写入吞吐量。适用于大多数环境，特别是读取/写入较多的环境。

不同的磁盘调度算法（以及相应的 I/O 优化手段）对 Kafka 这类依赖磁盘运转的应用的影响很大，建议根据不同的业务需求来测试并选择合适的磁盘调度算法。

从文件系统层面分析，Kafka 操作的都是普通文件，并没有依赖于特定的文件系统，但是依然推荐使用 EXT4 或 XFS。尤其是对 XFS 而言，它通常有更好的性能，这种性能的提升主要影响的是 Kafka 的写入性能。

5.5.3　零拷贝

除了消息顺序追加、页缓存等技术，Kafka 还使用零拷贝（Zero-Copy）技术来进一步提升性能。所谓的零拷贝是指将数据直接从磁盘文件复制到网卡设备中，而不需要经由应用程序之手。零拷贝大大提高了应用程序的性能，减少了内核和用户模式之间的上下文切换。对 Linux 操作系统而言，零拷贝技术依赖于底层的 sendfile() 方法实现。对应于 Java 语言，FileChannal.transferTo() 方法的底层实现就是 sendfile() 方法。

单纯从概念上理解"零拷贝"比较抽象，这里简单地介绍一下它。考虑这样一种常用的情形：你需要将静态内容（类似图片、文件）展示给用户。这个情形就意味着需要先将静态内容从磁盘中复制出来放到一个内存 buf 中，然后将这个 buf 通过套接字（Socket）传输给用户，进而用户获得静态内容。这看起来再正常不过了，但实际上这是很低效的流程，我们把上面的这种情形抽象成下面的过程：

```
read(file, tmp_buf, len);
write(socket, tmp_buf, len);
```

首先调用 read() 将静态内容（这里假设为文件 A）读取到 tmp_buf，然后调用 write() 将 tmp_buf 写入 Socket，如图 5-23 所示。

在这个过程中，文件 A 经历了 4 次复制的过程：

（1）调用 read() 时，文件 A 中的内容被复制到了内核模式下的 Read Buffer 中。

（2）CPU 控制将内核模式数据复制到用户模式下。

（3）调用 write() 时，将用户模式下的内容复制到内核模式下的 Socket Buffer 中。

（4）将内核模式下的 Socket Buffer 的数据复制到网卡设备中传送。

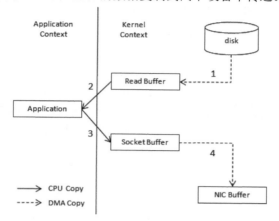

图 5-23　非零拷贝技术

从上面的过程可以看出，数据平白无故地从内核模式到用户模式“走了一圈”，浪费了 2 次复制过程：第一次是从内核模式复制到用户模式；第二次是从用户模式再复制回内核模式，即上面 4 次过程中的第 2 步和第 3 步。而且在上面的过程中，内核和用户模式的上下文的切换也是 4 次。

如果采用了零拷贝技术，那么应用程序可以直接请求内核把磁盘中的数据传输给 Socket，如图 5-24 所示。

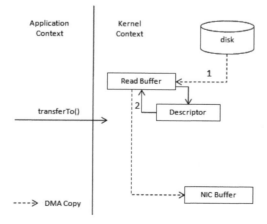

图 5-24　零拷贝技术

零拷贝技术通过 DMA（Direct Memory Access）技术将文件内容复制到内核模式下的 Read Buffer 中。不过没有数据被复制到 Socket Buffer，相反只有包含数据的位置和长度的信息的文件描述符被加到 Socket Buffer 中。DMA 引擎直接将数据从内核模式中传递到网卡设备（协议引擎）。这里数据只经历了 2 次复制就从磁盘中传送出去了，并且上下文切换也变成了 2 次。零拷贝是针对内核模式而言的，数据在内核模式下实现了零拷贝。

5.6　总结

本章主要讲述的是 Kafka 中与存储相关的知识点，既包含 Kafka 自身的日志格式、日志索引、日志清理等方面的内容，也包含底层物理存储相关的知识点。通过对本章内容的学习，相信读者对 Kafka 的一些核心机理有了比较深刻的认知。下一章会讲述在存储层之上的 Kafka 的核心实现原理，这样可以让读者对 Kafka 的整理实现脉络有比较清晰的认知。

第 6 章

深入服务端

在前面的章节中我们学习了服务端的配置搭建、生产者客户端和消费者客户端的使用、主题与分区的管理操作和原理解析，以及日志存储等相关内容，但对于 Kafka 服务端的一些核心设计与运行机理还未涉及，如果要对 Kafka 有一个更深层次的了解，那么本章的内容就必不可少了。本章涉及协议设计、时间轮、延迟操作、控制器及参数解密，尤其是协议设计和控制器的介绍，这些是深入了解 Kafka 的必备知识点。

6.1 协议设计

在实际应用中，Kafka 经常被用作高性能、可扩展的消息中间件。Kafka 自定义了一组基于 TCP 的二进制协议，只要遵守这组协议的格式，就可以向 Kafka 发送消息，也可以从 Kafka 中拉取消息，或者做一些其他的事情，比如提交消费位移等。

在目前的 Kafka 2.0.0 中，一共包含了 43 种协议类型，每种协议类型都有对应的请求（Request）和响应（Response），它们都遵守特定的协议模式。每种类型的 Request 都包含相同结构的协议请求头（RequestHeader）和不同结构的协议请求体（RequestBody），如图 6-1 所示。

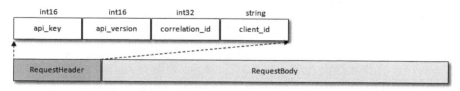

图 6-1　协议请求头

协议请求头中包含 4 个域（Field）：api_key、api_version、correlation_id 和

client_id，这 4 个域对应的描述可以参考表 6-1。

表 6-1 协议请求头

域（Field）	描述（Description）
api_key	API 标识，比如 PRODUCE、FETCH 等分别表示发送消息和拉取消息的请求
api_version	API 版本号
correlation_id	由客户端指定的一个数字来唯一地标识这次请求的 id，服务端在处理完请求后也会把同样的 coorelation_id 写到 Response 中，这样客户端就能把某个请求和响应对应起来了
client_id	客户端 id

每种类型的 Response 也包含相同结构的协议响应头（ResponseHeader）和不同结构的响应体（ResponseBody），如图 6-2 所示。

图 6-2 协议响应头

协议响应头中只有一个 correlation_id，对应的释义可以参考表 6-1 中的相关描述。

细心的读者会发现不管是在图 6-1 中还是在图 6-2 中都有类似 int32、int16、string 的字样，它们用来表示当前域的数据类型。Kafka 中所有协议类型的 Request 和 Response 的结构都是具备固定格式的，并且它们都构建于多种基本数据类型之上。这些基本数据类型如表 6-2 所示。

表 6-2 基本数据类型

类型（Type）	描述（Description）
boolean	布尔类型，使用 0 和 1 分别代表 false 和 true
int8	带符号整型，占 8 位，值在 -2^7 至 2^7-1 之间
int16	带符号整型，占 16 位，值在 -2^{15} 至 $2^{15}-1$ 之间
int32	带符号整型，占 32 位，值在 -2^{31} 至 $2^{31}-1$ 之间
int64	带符号整型，占 64 位，值在 -2^{63} 至 $2^{63}-1$ 之间
unit32	无符号整型，占 32 位，值在 0 至 $2^{32}-1$ 之间
varint	变长整型，值在 -2^{31} 至 $2^{31}-1$ 之间，使用 ZigZag 编码，详细参考 5.2.4 节
varlong	变长长整型，值在 -2^{63} 至 $2^{63}-1$ 之间，使用 ZigZag 编码，详细参考 5.2.4 节
string	字符串类型。开头是一个 int16 类型的长度字段（非负数），代表字符串的长度 N，后面包含 N 个 UTF-8 编码的字符

续表

类型（Type）	描述（Description）
nullable_string	可为空的字符串类型。如果此类型的值为空，则用-1 表示，其余情况同 string 类型一样
bytes	表示一个字节序列。开头是一个 int32 类型的长度字段，代表后面字节序列的长度 N，后面再跟 N 个字节
nullable_bytes	表示一个可为空的字节序列，为空时用-1 表示，其余情况同 bytes
records	表示 Kafka 中的一个消息序列，也可以看作 nullable_bytes
array	表示一个给定类型 T 的数组，也就是说，数组中包含若干 T 类型的实例。T 可以是基础类型或基础类型组成的一个结构。该域开头的是一个 int32 类型的长度字段，代表 T 实例的个数为 N，后面再跟 N 个 T 的实例。可用-1 表示一个空的数组

下面就以最常见的消息发送和消息拉取的两种协议类型做细致的讲解。首先要讲述的是消息发送的协议类型，即 ProduceRequest/ProduceResponse，对应的 api_key = 0，表示 PRODUCE。从 Kafka 建立之初，其所支持的协议类型就一直在增加，并且对特定的协议类型而言，内部的组织结构也并非一成不变。以 ProduceRequest/ ProduceResponse 为例，截至目前就经历了 7 个版本（V0～V6）的变迁。下面就以最新版本（V6，即 api_version = 6）的结构为例来做细致的讲解。ProduceRequest 的组织结构如图 6-3 所示。

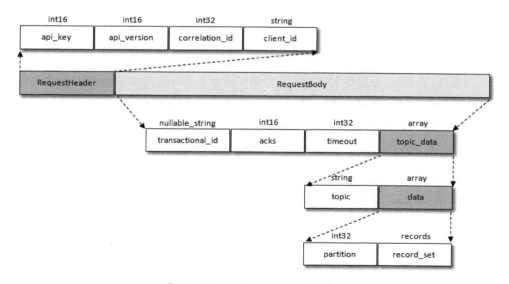

图 6-3　ProduceRequest 的组织结构

除了请求头中的 4 个域，其余 ProduceRequest 请求体中各个域的含义如表 6-3 所示。

表 6-3　ProduceRequest 请求体中各个域的含义

域（Field）			类　　型	描述（Description）
transactional_id			nullable_string	事务 id，从 Kafka 0.11.0 开始支持事务。如果不使用事务的功能，那么该域的值为 null
acks			int16	对应 2.3 节中提及的客户端参数 acks
timeout			int32	请求超时时间，对应客户端参数 request.timeout.ms，默认值为 30000，即 30 秒
topic_data			array	代表 ProduceRequest 中所要发送的数据集合。以主题名称分类，主题中再以分区分类。注意这个域是数组类型
	topic		string	主题名称
	data		array	与主题对应的数据，注意这个域也是数组类型
		partition	int32	分区编号
		record_set	records	与分区对应的数据

在 2.2.1 节中我们了解到：消息累加器 RecordAccumulator 中的消息是以<分区, Deque<ProducerBatch>>的形式进行缓存的，之后由 Sender 线程转变成<Node, List<ProducerBatch>>的形式，针对每个 Node，Sender 线程在发送消息前会将对应的 List<ProducerBatch>形式的内容转变成 ProduceRequest 的具体结构。List<ProducerBatch>中的内容首先会按照主题名称进行分类（对应 ProduceRequest 中的域 topic），然后按照分区编号进行分类（对应 ProduceRequest 中的域 partition），分类之后的 ProducerBatch 集合就对应 ProduceRequest 中的域 record_set。从另一个角度来讲，每个分区中的消息是顺序追加的，那么在客户端中按照分区归纳好之后就可以省去在服务端中转换的操作了，这样将负载的压力分摊给了客户端，从而使服务端可以专注于它的分内之事，如此也可以提升整体的性能。

如果参数 acks 设置非 0 值，那么生产者客户端在发送 ProduceRequest 请求之后就需要（异步）等待服务端的响应 ProduceResponse。对 ProduceResponse 而言，V6 版本中 ProduceResponse 的组织结构如图 6-4 所示。

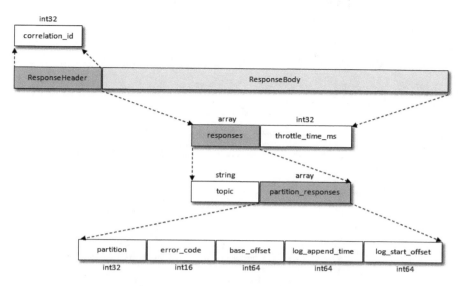

图 6-4　ProduceResponse 的组织结构

除了响应头中的 `correlation_id`，其余 ProduceResponse 各个域的含义如表 6-4 所示。

表 6-4　其余 ProduceResponse 各个域的含义

域（Field）			类　　型	描述（Description）
throttle_time_ms			int32	如果超过了配额（quota）限制则需要延迟该请求的处理时间。如果没有配置配额，那么该字段的值为 0
responses			array	代表 ProudceResponse 中要返回的数据集合。同样按照主题分区的粒度进行划分，注意这个域是一个数组类型
	topic		string	主题名称
	partition_responses		array	主题中所有分区的响应，注意这个域也是一个数组类型
		partition	int32	分区编号
		error_code	int16	错误码，用来标识错误类型。目前版本的错误码有 74 种，具体可以参考：http://kafka.apache.org/protocol.html# protocol_error_codes
		base_offset	int64	消息集的起始偏移量
		log_append_time	int64	消息写入 broker 端的时间
		log_start_offset	int64	所在分区的起始偏移量

消息追加是针对单个分区而言的，那么响应也是针对分区粒度来进行划分的，这样 ProduceRequest 和 ProduceResponse 做到了一一对应。

我们再来了解一下拉取消息的协议类型，即 FetchRequest/FetchResponse，对应的 api_key = 1，表示 FETCH。截至目前，FetchRequest/FetchResponse 一共历经了 9 个版本（V0～V8）的变迁，下面就以最新版本（V8）的结构为例来做细致的讲解。FetchRequest 的组织结构如图 6-5 所示。

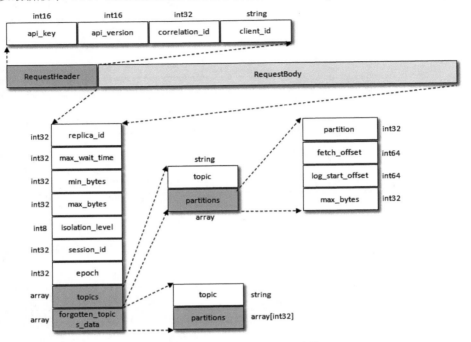

图 6-5　FetchRequest 的组织结构

除了请求头中的 4 个域，其余 FetchRequest 中各个域的含义如表 6-5 所示。

表 6-5　其余 FetchRequest 请求体中各域的释义

域（Field）	类　　型	描述（Description）
replica_id	int32	用来指定副本的 brokerId，这个域是用于 follower 副本向 leader 副本发起 FetchRequest 请求的，对于普通消费者客户端而言，这个域的值保持为-1
max_wait_time	int32	和消费者客户端参数 fetch.max.wait.ms 对应，默认值为 500，具体参考 3.2.11 节的内容
min_bytes	int32	和消费者客户端参数 fetch.min.bytes 对应，默认值为 1，具体参考 3.2.11 节的内容
max_bytes	int32	和消费者客户端参数 fetch.max.bytes 对应，默认值为 52428800，即 50MB，具体参考 3.2.11 节的内容

续表

域（Field）			类　　型	描述（Description）
isolation_level			int8	和消费者客户端参数 isolation.level 对应，默认值为 "read_uncommitted"，可选值为 "read_committed"，这两个值分别对应本域的 0 和 1 的值，有关 isolation.level 的细节可以参考 3.2.11 节的内容
session_id			int32	fetch session 的 id，详细参考下面的释义
epoch			int32	fetch session 的 epoch 纪元，它和 seesion_id 一样都是 fetch session 的元数据，详细参考下面的释义
topics			array	所要拉取的主题信息，注意这是一个数组类型
	topic		string	主题名称
	partitions		array	分区信息，注意这也是一个数组类型
		partition	int32	分区编号
		fetch_offset	int64	指定从分区的哪个位置开始读取消息。如果是 follower 副本发起的请求，那么这个域可以看作当前 follower 副本的 LEO，更多内容可以参考 8.1.3 节
		log_start_offset	int64	该域专门用于 follower 副本发起的 FetchRequest 请求，用来指明分区的起始偏移量。对于普通消费者客户端而言这个值保持为-1
		max_bytes	int32	注意在最外层中也包含同样名称的域，但是两个所代表的含义不同，这里是针对单个分区而言的，和消费者客户端参数 max.partition.fetch.bytes 对应，默认值为 1048576，即 1MB，具体参考 3.2.11 节的内容
forgotten_topics_data			array	数组类型，指定从 fetch session 中指定要去除的拉取信息，详细参考下面的释义
	topic		string	主题名称
	partitions		array	数组类型，表示分区编号的集合

　　不管是 follower 副本还是普通的消费者客户端，如果要拉取某个分区中的消息，就需要指定详细的拉取信息，也就是需要设定 `partition`、`fetch_offset`、`log_start_offset` 和 `max_bytes` 这 4 个域的具体值，那么对每个分区而言，就需要占用 4B+8B+8B+4B = 24B 的空间。一般情况下，不管是 follower 副本还是普通的消费者，它们的订阅信息是长期固定的。也就是说，FetchRequest 中的 `topics` 域的内容是长期固定的，只有在拉取开始时或发生某些异常时会有所变动。FetchRequest 请求是一个非常频繁的请求，如果要拉取的分区数有很多，

比如有 1000 个分区，那么在网络上频繁交互 FetchRequest 时就会有固定的 1000×24B ≈ 24KB 的字节的内容在传动，如果可以将这 24KB 的状态保存起来，那么就可以节省这部分所占用的带宽。

Kafka 从 1.1.0 版本开始针对 FetchRequest 引入了 `session_id`、`epoch` 和 `forgotten_topics_data` 等域，`session_id` 和 `epoch` 确定一条拉取链路的 fetch session，当 session 建立或变更时会发送全量式的 FetchRequest，所谓的全量式就是指请求体中包含所有需要拉取的分区信息；当 session 稳定时则会发送增量式的 FetchRequest 请求，里面的 `topics` 域为空，因为 `topics` 域的内容已经被缓存在了 session 链路的两侧。如果需要从当前 fetch session 中取消对某些分区的拉取订阅，则可以使用 `forgotten_topics_data` 字段来实现。

这个改进在大规模（有大量的分区副本需要及时同步）的 Kafka 集群中非常有用，它可以提升集群间的网络带宽的有效使用率。不过对客户端而言效果不是那么明显，一般情况下单个客户端不会订阅太多的分区，不过总体上这也是一个很好的优化改进。

与 FetchRequest 对应的 FetchResponse 的组织结构（V8 版本）可以参考图 6-6。

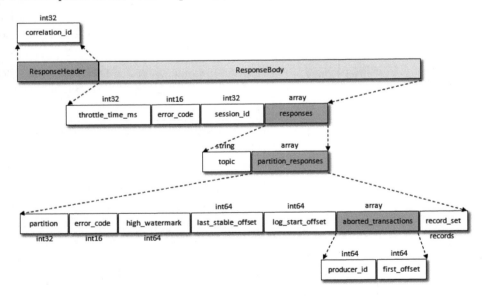

图 6-6　FetchResponse 的组织结构

FetchResponse 结构中的域也很多，它主要分为 4 层，第 1 层包含 `throttle_time_ms`、`error_code`、`session_id` 和 `responses`，前面 3 个域都见过，其中 `session_id` 和 FetchRequest 中的 `session_id` 对应。`responses` 是一个数组类型，表示响应的具体内容，也就是 FetchResponse 结构中的第 2 层，具体地细化到每个分区的响应。第 3 层中包含分区的元数据信息（`partition`、`error_code` 等）及具体的消息内容（`record_set`）， aborted_transactions 和事务相关。

　　除了 Kafka 客户端开发人员，绝大多数的其他开发人员基本接触不到或不需要接触具体的协议，那么我们为什么还要了解它们呢？其实，协议的具体定义可以让我们从另一个角度来了解 Kafka 的本质。以 PRODUCE 和 FETCH 为例，从协议结构中就可以看出消息的写入和拉取消费都是细化到每一个分区层级的。并且，通过了解各个协议版本变迁的细节也能够从侧面了解 Kafka 变迁的历史，在变迁的过程中遇到过哪方面的瓶颈，又采取哪种优化手段，比如 FetchRequest 中的 session_id 的引入。

　　由于篇幅限制，笔者并不打算列出所有Kafka协议类型的细节。不过对于Kafka协议的介绍并没有到此为止，后面的章节中会针对其余 41 种类型的部分协议进行相关的介绍，完整的协议类型列表可以参考官方文档 [1]。Kafka中最枯燥的莫过于它的上百个参数、几百个监控指标和几十种请求协议，掌握这三者的"套路"，相信你会对Kafka有更深入的理解。

6.2　时间轮

　　Kafka 中存在大量的延时操作，比如延时生产、延时拉取和延时删除等。Kafka 并没有使用 JDK 自带的 Timer 或 DelayQueue 来实现延时的功能，而是基于时间轮的概念自定义实现了一个用于延时功能的定时器（SystemTimer）。JDK 中 Timer 和 DelayQueue 的插入和删除操作的平均时间复杂度为 $O(n\log n)$ 并不能满足 Kafka 的高性能要求，而基于时间轮可以将插入和删除操作的时间复杂度都降为 $O(1)$。时间轮的应用并非 Kafka 独有，其应用场景还有很多，在 Netty、Akka、Quartz、ZooKeeper 等组件中都存在时间轮的踪影。

　　如图 6-7 所示，Kafka 中的时间轮（TimingWheel）是一个存储定时任务的环形队列，底层采用数组实现，数组中的每个元素可以存放一个定时任务列表（TimerTaskList）。TimerTaskList 是一个环形的双向链表，链表中的每一项表示的都是定时任务项（TimerTaskEntry），其中封装了真正的定时任务（TimerTask）。

　　时间轮由多个时间格组成，每个时间格代表当前时间轮的基本时间跨度（tickMs）。时间轮的时间格个数是固定的，可用 wheelSize 来表示，那么整个时间轮的总体时间跨度（interval）可以通过公式 tickMs×wheelSize 计算得出。时间轮还有一个表盘指针（currentTime），用来表示时间轮当前所处的时间，currentTime 是 tickMs 的整数倍。currentTime 可以将整个时间轮划分为到期部分和未到期部分，currentTime 当前指向的时间格也属于到期部分，表示刚好到期，需要处理此时间格所对应的 TimerTaskList 中的所有任务。

[1]　http://kafka.apache.org/protocol.html#protocol_api_keys。

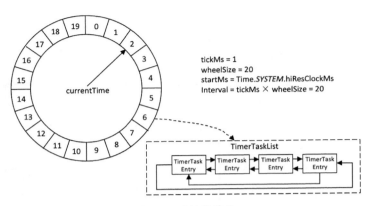

图 6-7　时间轮结构

若时间轮的 tickMs 为 1ms 且 wheelSize 等于 20，那么可以计算得出总体时间跨度 interval 为 20ms。初始情况下表盘指针 currentTime 指向时间格 0，此时有一个定时为 2ms 的任务插进来会存放到时间格为 2 的 TimerTaskList 中。随着时间的不断推移，指针 currentTime 不断向前推进，过了 2ms 之后，当到达时间格 2 时，就需要将时间格 2 对应的 TimeTaskList 中的任务进行相应的到期操作。此时若又有一个定时为 8ms 的任务插进来，则会存放到时间格 10 中，currentTime 再过 8ms 后会指向时间格 10。如果同时有一个定时为 19ms 的任务插进来怎么办？新来的 TimerTaskEntry 会复用原来的 TimerTaskList，所以它会插入原本已经到期的时间格 1。总之，整个时间轮的总体跨度是不变的，随着指针 currentTime 的不断推进，当前时间轮所能处理的时间段也在不断后移，总体时间范围在 currentTime 和 currentTime+interval 之间。

如果此时有一个定时为 350ms 的任务该如何处理？直接扩充 wheelSize 的大小？Kafka 中不乏几万甚至几十万毫秒的定时任务，这个 wheelSize 的扩充没有底线，就算将所有的定时任务的到期时间都设定一个上限，比如 100 万毫秒，那么这个 wheelSize 为 100 万毫秒的时间轮不仅占用很大的内存空间，而且也会拉低效率。Kafka 为此引入了层级时间轮的概念，当任务的到期时间超过了当前时间轮所表示的时间范围时，就会尝试添加到上层时间轮中。

如图 6-8 所示，复用之前的案例，第一层的时间轮 tickMs=1ms、wheelSize=20、interval=20ms。第二层的时间轮的 tickMs 为第一层时间轮的 interval，即 20ms。每一层时间轮的 wheelSize 是固定的，都是 20，那么第二层的时间轮的总体时间跨度 interval 为 400ms。以此类推，这个 400ms 也是第三层的 tickMs 的大小，第三层的时间轮的总体时间跨度为 8000ms。

对于之前所说的 350ms 的定时任务，显然第一层时间轮不能满足条件，所以就升级到第二层时间轮中，最终被插入第二层时间轮中时间格 17 所对应的 TimerTaskList。如果此时又有一个定时为 450ms 的任务，那么显然第二层时间轮也无法满足条件，所以又升级到第三层时间轮中，最终被插入第三层时间轮中时间格 1 的 TimerTaskList。注意到在到期时间为[400ms,800ms)区间内的多个任务（比如 446ms、455ms 和 473ms 的定时任务）都会被放入第三层时间轮的时间格

1，时间格 1 对应的 TimerTaskList 的超时时间为 400ms。随着时间的流逝，当此 TimerTaskList 到期之时，原本定时为 450ms 的任务还剩下 50ms 的时间，还不能执行这个任务的到期操作。这里就有一个时间轮降级的操作，会将这个剩余时间为 50ms 的定时任务重新提交到层级时间轮中，此时第一层时间轮的总体时间跨度不够，而第二层足够，所以该任务被放到第二层时间轮到期时间为[40ms,60ms)的时间格中。再经历 40ms 之后，此时这个任务又被"察觉"，不过还剩余 10ms，还是不能立即执行到期操作。所以还要再有一次时间轮的降级，此任务被添加到第一层时间轮到期时间为[10ms,11ms)的时间格中，之后再经历 10ms 后，此任务真正到期，最终执行相应的到期操作。

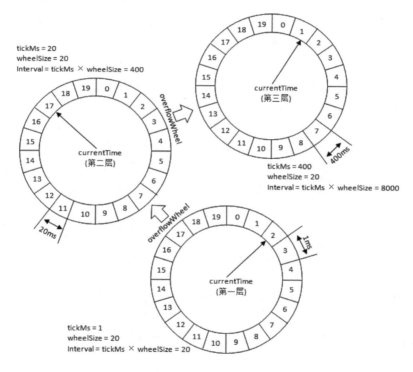

图 6-8　多层时间轮

设计源于生活。我们常见的钟表就是一种具有三层结构的时间轮，第一层时间轮 tickMs=1s、wheelSize=60、interval=1min，此为秒钟；第二层 tickMs=1min、wheelSize=60、interval=1hour，此为分钟；第三层 tickMs=1hour、wheelSize=12、interval=12hours，此为时钟。

在 Kafka 中，第一层时间轮的参数同上面的案例一样：tickMs=1ms、wheelSize=20、interval=20ms，各个层级的 wheelSize 也固定为 20，所以各个层级的 tickMs 和 interval 也可以相应地推算出来。Kafka 在具体实现时间轮 TimingWheel 时还有一些小细节：

- TimingWheel 在创建的时候以当前系统时间为第一层时间轮的起始时间（startMs），这里的当前系统时间并没有简单地调用 System.currentTimeMillis()，而是调用了 Time.SYSTEM.hiResClockMs，这是因为 currentTimeMillis()方法的时间精度依赖于操作系统的具体实现，有些操作系统下并不能达到毫秒级的精度，而 Time.SYSTEM.hiResClockMs 实质上采用了 System.nanoTime()/1_000_000 来将精度调整到毫秒级。

- TimingWheel 中的每个双向环形链表 TimerTaskList 都会有一个哨兵节点（sentinel），引入哨兵节点可以简化边界条件。哨兵节点也称为哑元节点（dummy node），它是一个附加的链表节点，该节点作为第一个节点，它的值域中并不存储任何东西，只是为了操作的方便而引入的。如果一个链表有哨兵节点，那么线性表的第一个元素应该是链表的第二个节点。

- 除了第一层时间轮，其余高层时间轮的起始时间（startMs）都设置为创建此层时间轮时前面第一轮的 currentTime。每一层的 currentTime 都必须是 tickMs 的整数倍，如果不满足则会将 currentTime 修剪为 tickMs 的整数倍，以此与时间轮中的时间格的到期时间范围对应起来。修剪方法为：currentTime = startMs - (startMs % tickMs)。currentTime 会随着时间推移而推进，但不会改变为 tickMs 的整数倍的既定事实。若某一时刻的时间为 timeMs，那么此时时间轮的 currentTime = timeMs - (timeMs % tickMs)，时间每推进一次，每个层级的时间轮的 currentTime 都会依据此公式执行推进。

- Kafka 中的定时器只需持有 TimingWheel 的第一层时间轮的引用，并不会直接持有其他高层的时间轮，但每一层时间轮都会有一个引用（overflowWheel）指向更高一层的应用，以此层级调用可以实现定时器间接持有各个层级时间轮的引用。

关于时间轮的细节就描述到这里，各个组件中对时间轮的实现大同小异。读者读到这里是否会好奇文中一直描述的一个情景——"随着时间的流逝"或"随着时间的推移"，那么在 Kafka 中到底是怎么推进时间的呢？类似采用 JDK 中的 scheduleAtFixedRate 来每秒推进时间轮？显然这样并不合理，TimingWheel 也失去了大部分意义。

Kafka 中的定时器借了 JDK 中的 DelayQueue 来协助推进时间轮。具体做法是对于每个使用到的 TimerTaskList 都加入 DelayQueue，"每个用到的 TimerTaskList" 特指非哨兵节点的定时任务项 TimerTaskEntry 对应的 TimerTaskList。DelayQueue 会根据 TimerTaskList 对应的超时时间 expiration 来排序，最短 expiration 的 TimerTaskList 会被排在 DelayQueue 的队头。Kafka 中会有一个线程来获取 DelayQueue 中到期的任务列表，有意思的是这个线程所对应的名称叫作 "ExpiredOperationReaper"，可以直译为"过期操作收割机"，和 5.4.2 节中的"SkimpyOffsetMap"的取名有异曲同工之妙。当"收割机"线程获取 DelayQueue 中超时的任务列表 TimerTaskList 之后，既可以根据 TimerTaskList 的 expiration 来推进时间轮的时间，也可以就获取的

TimerTaskList 执行相应的操作，对里面的 TimerTaskEntry 该执行过期操作的就执行过期操作，该降级时间轮的就降级时间轮。

读到这里或许会感到困惑，开头明确指明的 DelayQueue 不适合 Kafka 这种高性能要求的定时任务，为何这里还要引入 DelayQueue 呢？注意对定时任务项 TimerTaskEntry 的插入和删除操作而言，TimingWheel 时间复杂度为 $O(1)$，性能高出 DelayQueue 很多，如果直接将 TimerTaskEntry 插入 DelayQueue，那么性能显然难以支撑。就算我们根据一定的规则将若干 TimerTaskEntry 划分到 TimerTaskList 这个组中，然后将 TimerTaskList 插入 DelayQueue，如果在 TimerTaskList 中又要多添加一个 TimerTaskEntry 时该如何处理呢？对 DelayQueue 而言，这类操作显然变得力不从心。

分析到这里可以发现，Kafka 中的 TimingWheel 专门用来执行插入和删除 TimerTaskEntry 的操作，而 DelayQueue 专门负责时间推进的任务。试想一下，DelayQueue 中的第一个超时任务列表的 expiration 为 200ms，第二个超时任务为 840ms，这里获取 DelayQueue 的队头只需要 $O(1)$ 的时间复杂度（获取之后 DelayQueue 内部才会再次切换出新的队头）。如果采用每秒定时推进，那么获取第一个超时的任务列表时执行的 200 次推进中有 199 次属于"空推进"，而获取第二个超时任务时又需要执行 639 次"空推进"，这样会无故空耗机器的性能资源，这里采用 DelayQueue 来辅助以少量空间换时间，从而做到了"精准推进"。Kafka 中的定时器真可谓"知人善用"，用 TimingWheel 做最擅长的任务添加和删除操作，而用 DelayQueue 做最擅长的时间推进工作，两者相辅相成。

6.3　延时操作

如果在使用生产者客户端发送消息的时候将 acks 参数设置为-1，那么就意味着需要等待 ISR 集合中的所有副本都确认收到消息之后才能正确地收到响应的结果，或者捕获超时异常。

如图 6-9、图 6-10 和图 6-11 所示，假设某个分区有 3 个副本：leader、follower1 和 follower2，它们都在分区的 ISR 集合中。为了简化说明，这里我们不考虑 ISR 集合伸缩的情况。Kafka 在收到客户端的生产请求（ProduceRequest）后，将消息 3 和消息 4 写入 leader 副本的本地日志文件。由于客户端设置了 acks 为-1，那么需要等到 follower1 和 follower2 两个副本都收到消息 3 和消息 4 后才能告知客户端正确地接收了所发送的消息。如果在一定的时间内，follower1 副本或 follower2 副本没能够完全拉取到消息 3 和消息 4，那么就需要返回超时异常给客户端。生产请求的超时时间由参数 request.timeout.ms 配置，默认值为 30000，即 30s。

那么这里等待消息 3 和消息 4 写入 follower1 副本和 follower2 副本，并返回相应的响应结果给客户端的动作是由谁来执行的呢？在将消息写入 leader 副本的本地日志文件之后，Kafka 会创建一个延时的生产操作（DelayedProduce），用来处理消息正常写入所有副本或超时的情况，以返回相应的响应结果给客户端。

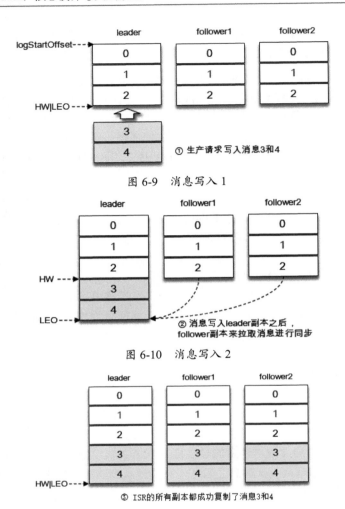

图 6-9　消息写入 1

图 6-10　消息写入 2

图 6-11　消息写入 3

在 Kafka 中有多种延时操作，比如前面提及的延时生产，还有延时拉取（DelayedFetch）、延时数据删除（DelayedDeleteRecords）等。延时操作需要延时返回响应的结果，首先它必须有一个超时时间（delayMs），如果在这个超时时间内没有完成既定的任务，那么就需要强制完成以返回响应结果给客户端。其次，延时操作不同于定时操作，定时操作是指在特定时间之后执行的操作，而延时操作可以在所设定的超时时间之前完成，所以延时操作能够支持外部事件的触发。就延时生产操作而言，它的外部事件是所要写入消息的某个分区的 HW（高水位）发生增长。也就是说，随着 follower 副本不断地与 leader 副本进行消息同步，进而促使 HW 进一步增长，HW 每增长一次都会检测是否能够完成此次延时生产操作，如果可以就执行以此返回响应结果给客户端；如果在超时时间内始终无法完成，则强制执行。

延时操作创建之后会被加入延时操作管理器（DelayedOperationPurgatory）来做专门的处理。延时操作有可能会超时，每个延时操作管理器都会配备一个定时器（SystemTimer）来做超时管理，定时器的底层就是采用时间轮（TimingWheel）实现的。在 6.2 节中提及时间轮的轮转是靠"收割机"线程 ExpiredOperationReaper 来驱动的，这里的"收割机"线程就是由延时操作管理器启动的。也就是说，定时器、"收割机"线程和延时操作管理器都是一一对应的。延时操作需要支持外部事件的触发，所以还要配备一个监听池来负责监听每个分区的外部事件——查看是否有分区的 HW 发生了增长。另外需要补充的是，ExpiredOperationReaper 不仅可以推进时间轮，还会定期清理监听池中已完成的延时操作。

题外话：在 Kafka 中将延时操作管理器称为 DelayedOperationPurgatory，这个名称比之前提及的 ExpiredOperationReaper 和 SkimpyOffsetMap 的取名更有意思。Purgatory 直译为"炼狱"，但丁的《神曲》中有炼狱的相关描述。炼狱共有 9 层，在生前犯有罪过但可以得到宽恕的灵魂，按照人类的七宗罪（傲慢、忌妒、愤怒、怠惰、贪财、贪食、贪色）分别在这里修炼洗涤，而后一层层升向光明和天堂。Kafka 中采用这一称谓，将延时操作看作需要被洗涤的灵魂，在炼狱中慢慢修炼，等待解脱升入天堂（即完成延时操作）。

图 6-12 描绘了客户端在请求写入消息到收到响应结果的过程中与延时生产操作相关的细节，在了解相关的概念之后应该比较容易理解：如果客户端设置的 acks 参数不为-1，或者没有成功的消息写入，那么就直接返回结果给客户端，否则就需要创建延时生产操作并存入延时操作管理器，最终要么由外部事件触发，要么由超时触发而执行。

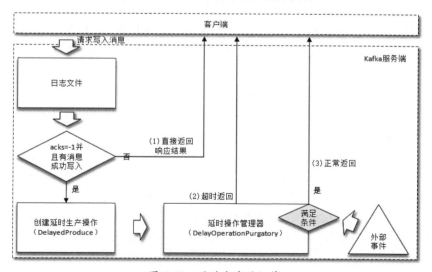

图 6-12　延时生产的细节

有延时生产就有延时拉取。以图 6-13 为例，两个 follower 副本都已经拉取到了 leader 副本的最新位置，此时又向 leader 副本发送拉取请求，而 leader 副本并没有新的消息写入，那么此时 leader 副本该如何处理呢？可以直接返回空的拉取结果给 follower 副本，不过在 leader 副本一直没有新消息写入的情况下，follower 副本会一直发送拉取请求，并且总收到空的拉取结果，这样徒耗资源，显然不太合理。

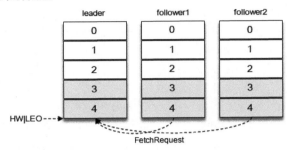

图 6-13　延时拉取

Kafka 选择了延时操作来处理这种情况。Kafka 在处理拉取请求时，会先读取一次日志文件，如果收集不到足够多（fetchMinBytes，由参数 `fetch.min.bytes` 配置，默认值为 1）的消息，那么就会创建一个延时拉取操作（DelayedFetch）以等待拉取到足够数量的消息。当延时拉取操作执行时，会再读取一次日志文件，然后将拉取结果返回给 follower 副本。延时拉取操作也会有一个专门的延时操作管理器负责管理，大体的脉络与延时生产操作相同，不再赘述。如果拉取进度一直没有追赶上 leader 副本，那么在拉取 leader 副本的消息时一般拉取的消息大小都会不小于 fetchMinBytes，这样 Kafka 也就不会创建相应的延时拉取操作，而是立即返回拉取结果。

延时拉取操作同样是由超时触发或外部事件触发而被执行的。超时触发很好理解，就是等到超时时间之后触发第二次读取日志文件的操作。外部事件触发就稍复杂了一些，因为拉取请求不单单由 follower 副本发起，也可以由消费者客户端发起，两种情况所对应的外部事件也是不同的。如果是 follower 副本的延时拉取，它的外部事件就是消息追加到了 leader 副本的本地日志文件中；如果是消费者客户端的延时拉取，它的外部事件可以简单地理解为 HW 的增长。

目前版本的 Kafka 还引入了事务的概念，对于消费者或 follower 副本而言，其默认的事务隔离级别为"read_uncommitted"。不过消费者可以通过客户端参数 `isolation.level` 将事务隔离级别设置为"read_committed"（注意：follower 副本不可以将事务隔离级别修改为这个值），这样消费者拉取不到生产者已经写入却尚未提交的消息。对应的消费者的延时拉取，它的外部事件实际上会切换为由 LSO（LastStableOffset）的增长来触发。LSO 是 HW 之前除去未提交的事务消息的最大偏移量，LSO≤HW，有关事务和 LSO 的内容可以分别参考 7.4 节和 10.2 节。

本节主要讲述与日志（消息）存储有关的延时生产和延时拉取的操作，至于其他类型的延时操作就不一一介绍了，不过在讲解到相关内容时会做相应的阐述。

6.4 控制器

在 Kafka 集群中会有一个或多个 broker，其中有一个 broker 会被选举为控制器（Kafka Controller），它负责管理整个集群中所有分区和副本的状态。当某个分区的 leader 副本出现故障时，由控制器负责为该分区选举新的 leader 副本。当检测到某个分区的 ISR 集合发生变化时，由控制器负责通知所有 broker 更新其元数据信息。当使用 `kafka-topics.sh` 脚本为某个 topic 增加分区数量时，同样还是由控制器负责分区的重新分配。

6.4.1 控制器的选举及异常恢复

Kafka 中的控制器选举工作依赖于 ZooKeeper，成功竞选为控制器的 broker 会在 ZooKeeper 中创建 `/controller` 这个临时（EPHEMERAL）节点，此临时节点的内容参考如下：

```
{"version":1,"brokerid":0,"timestamp":"1529210278988"}
```

其中 `version` 在目前版本中固定为 1，`brokerid` 表示成为控制器的 broker 的 id 编号，`timestamp` 表示竞选成为控制器时的时间戳。

在任意时刻，集群中有且仅有一个控制器。每个 broker 启动的时候会去尝试读取 `/controller` 节点的 `brokerid` 的值，如果读取到 `brokerid` 的值不为-1，则表示已经有其他 broker 节点成功竞选为控制器，所以当前 broker 就会放弃竞选；如果 ZooKeeper 中不存在 `/controller` 节点，或者这个节点中的数据异常，那么就会尝试去创建 `/controller` 节点。当前 broker 去创建节点的时候，也有可能其他 broker 同时去尝试创建这个节点，只有创建成功的那个 broker 才会成为控制器，而创建失败的 broker 竞选失败。每个 broker 都会在内存中保存当前控制器的 `brokerid` 值，这个值可以标识为 **activeControllerId**。

ZooKeeper 中还有一个与控制器有关的 `/controller_epoch` 节点，这个节点是持久（PERSISTENT）节点，节点中存放的是一个整型的 `controller_epoch` 值。`controller_epoch` 用于记录控制器发生变更的次数，即记录当前的控制器是第几代控制器，我们也可以称之为"控制器的纪元"。

`controller_epoch` 的初始值为 1，即集群中第一个控制器的纪元为 1，当控制器发生变更时，每选出一个新的控制器就将该字段值加 1。每个和控制器交互的请求都会携带 `controller_epoch` 这个字段，如果请求的 `controller_epoch` 值小于内存中的 `controller_epoch` 值，则认为这个请求是向已经过期的控制器所发送的请求，那么这个请求会被认定为无效的请求。如果请求的 `controller_epoch` 值大于内存中的 `controller_epoch` 值，那么说明已经有新的控制器当选了。由此可见，Kafka 通过 `controller_epoch` 来保证控制器的唯一性，进而保证相关操作的一致性。

具备控制器身份的 broker 需要比其他普通的 broker 多一份职责，具体细节如下：

- 监听分区相关的变化。为 ZooKeeper 中的`/admin/reassign_partitions`节点注册 PartitionReassignmentHandler，用来处理分区重分配的动作。为 ZooKeeper 中的`/isr_change_notification`节点注册 IsrChangeNotificetionHandler，用来处理 ISR 集合变更的动作。为 ZooKeeper 中的`/admin/preferred-replica-election`节点添加 PreferredReplicaElectionHandler，用来处理优先副本的选举动作。

- 监听主题相关的变化。为 ZooKeeper 中的`/brokers/topics`节点添加 TopicChangeHandler，用来处理主题增减的变化；为 ZooKeeper 中的`/admin/delete_topics`节点添加 TopicDeletionHandler，用来处理删除主题的动作。

- 监听 broker 相关的变化。为 ZooKeeper 中的`/brokers/ids`节点添加 BrokerChangeHandler，用来处理 broker 增减的变化。

- 从 ZooKeeper 中读取获取当前所有与主题、分区及 broker 有关的信息并进行相应的管理。对所有主题对应的 ZooKeeper 中的`/brokers/topics/<topic>`节点添加 PartitionModificationsHandler，用来监听主题中的分区分配变化。

- 启动并管理分区状态机和副本状态机。

- 更新集群的元数据信息。

- 如果参数 `auto.leader.rebalance.enable` 设置为 true，则还会开启一个名为 "auto-leader-rebalance-task" 的定时任务来负责维护分区的优先副本的均衡。

控制器在选举成功之后会读取 ZooKeeper 中各个节点的数据来初始化上下文信息（ControllerContext），并且需要管理这些上下文信息。比如为某个主题增加了若干分区，控制器在负责创建这些分区的同时要更新上下文信息，并且需要将这些变更信息同步到其他普通的 broker 节点中。不管是监听器触发的事件，还是定时任务触发的事件，或者是其他事件（比如 ControlledShutdown，具体可以参考 6.4.2 节）都会读取或更新控制器中的上下文信息，那么这样就会涉及多线程间的同步。如果单纯使用锁机制来实现，那么整体的性能会大打折扣。针对这一现象，Kafka 的控制器使用单线程基于事件队列的模型，将每个事件都做一层封装，然后按照事件发生的先后顺序暂存到 LinkedBlockingQueue 中，最后使用一个专用的线程（ControllerEventThread）按照 FIFO（First Input First Output，先入先出）的原则顺序处理各个事件，这样不需要锁机制就可以在多线程间维护线程安全，具体可以参考图 6-14。

在 Kafka 的早期版本中，并没有采用 Kafka Controller 这样一个概念来对分区和副本的状态进行管理，而是依赖于 ZooKeeper，每个 broker 都会在 ZooKeeper 上为分区和副本注册大量的监听器（Watcher）。当分区或副本状态变化时，会唤醒很多不必要的监听器，这种严重依赖

ZooKeeper 的设计会有脑裂、羊群效应，以及造成 ZooKeeper 过载的隐患（旧版的消费者客户端存在同样的问题，详细内容参考 7.2.1 节）。在目前的新版本的设计中，只有 Kafka Controller 在 ZooKeeper 上注册相应的监听器，其他的 broker 极少需要再监听 ZooKeeper 中的数据变化，这样省去了很多不必要的麻烦。不过每个 broker 还是会对/controller 节点添加监听器，以此来监听此节点的数据变化（ControllerChangeHandler）。

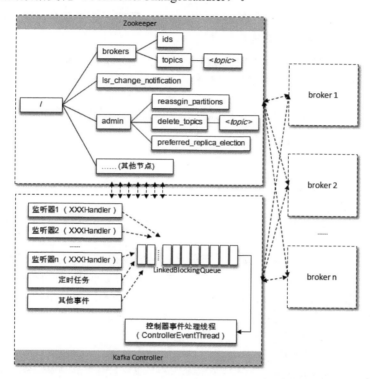

图 6-14　控制器

当/controller 节点的数据发生变化时，每个 broker 都会更新自身内存中保存的 activeControllerId。如果 broker 在数据变更前是控制器，在数据变更后自身的 brokerid 值与新的 activeControllerId 值不一致，那么就需要"退位"，关闭相应的资源，比如关闭状态机、注销相应的监听器等。有可能控制器由于异常而下线，造成/controller 这个临时节点被自动删除；也有可能是其他原因将此节点删除了。

当/controller 节点被删除时，每个 broker 都会进行选举，如果 broker 在节点被删除前是控制器，那么在选举前还需要有一个"退位"的动作。如果有特殊需要，则可以手动删除/controller 节点来触发新一轮的选举。当然关闭控制器所对应的 broker，以及手动向/controller 节点写入新的 brokerid 的所对应的数据，同样可以触发新一轮的选举。

6.4.2 优雅关闭

如何优雅地关闭 Kafka？笔者在做测试的时候经常性使用 jps（或者 ps ax）配合 kill -9 的方式来快速关闭 Kafka broker 的服务进程，显然 kill -9 这种“强杀”的方式并不够优雅，它并不会等待 Kafka 进程合理关闭一些资源及保存一些运行数据之后再实施关闭动作。在有些场景中，用户希望主动关闭正常运行的服务，比如更换硬件、操作系统升级、修改 Kafka 配置等。如果依然使用上述方式关闭就略显粗暴。

那么合理的操作应该是什么呢？Kafka 自身提供了一个脚本工具，就是存放在其 bin 目录下的 kafka-server-stop.sh，这个脚本的内容非常简单，具体内容如下：

```
PIDS=$(ps ax | grep -i 'kafka\.Kafka' | grep java | grep -v grep | awk '{print $1}')

if [ -z "$PIDS" ]; then
  echo "No kafka server to stop"
  exit 1
else
  kill -s TERM $PIDS
fi
```

可以看出 kafka-server-stop.sh 首先通过 ps ax 的方式找出正在运行 Kafka 的进程号 PIDS，然后使用 kill -s TERM $PIDS 的方式来关闭。但是这个脚本在很多时候并不奏效，这一点与 ps 命令有关系。在 Linux 操作系统中，ps 命令限制输出的字符数不得超过页大小 PAGE_SIZE，一般 CPU 的内存管理单元（Memory Management Unit，简称 MMU）的 PAGE_SIZE 为 4096。也就是说，ps 命令的输出的字符串长度限制在 4096 内，这会有什么问题呢？我们使用 ps ax 命令来输出与 Kafka 进程相关的信息，如图 6-15 所示。

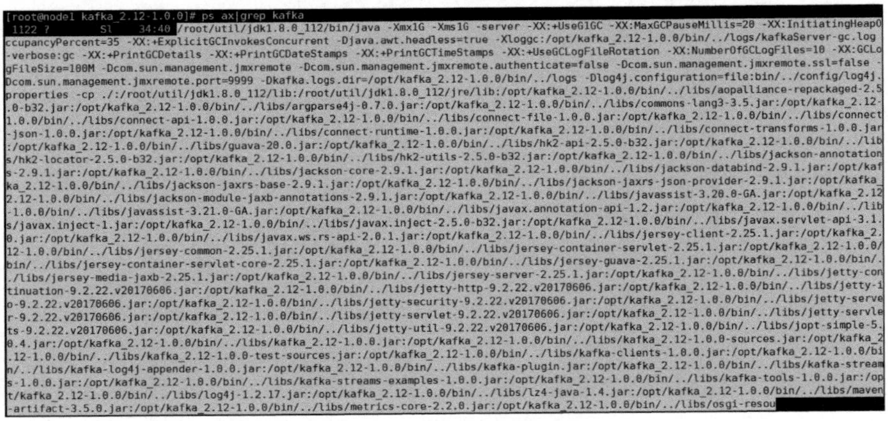

```
[root@node1 kafka_2.12-1.0.0]# ps ax|grep kafka
 1122 ?        Sl    34:40 /root/util/jdk1.8.0_112/bin/java -Xmx1G -Xms1G -server -XX:+UseG1GC -XX:MaxGCPauseMillis=20 -XX:InitiatingHeapOccupancyPercent=35 -XX:+ExplicitGCInvokesConcurrent -Djava.awt.headless=true -Xloggc:/opt/kafka_2.12-1.0.0/bin/../logs/kafkaServer-gc.log -verbose:gc -XX:+PrintGCDetails -XX:+PrintGCDateStamps -XX:+PrintGCTimeStamps -XX:+UseGCLogFileRotation -XX:NumberOfGCLogFiles=10 -XX:GCLogFileSize=100M -Dcom.sun.management.jmxremote -Dcom.sun.management.jmxremote.authenticate=false -Dcom.sun.management.jmxremote.ssl=false -Dcom.sun.management.jmxremote.port=9999 -Dkafka.logs.dir=/opt/kafka_2.12-1.0.0/bin/../logs -Dlog4j.configuration=file:bin/../config/log4j.properties -cp ./:/root/util/jdk1.8.0_112/lib:/root/util/jdk1.8.0_112/jre/lib:/opt/kafka_2.12-1.0.0/bin/../libs/aopalliance-repackaged-2.5.0-b32.jar:/opt/kafka_2.12-1.0.0/bin/../libs/argparse4j-0.7.0.jar:/opt/kafka_2.12-1.0.0/bin/../libs/commons-lang3-3.5.jar:/opt/kafka_2.12-1.0.0/bin/../libs/connect-api-1.0.0.jar:/opt/kafka_2.12-1.0.0/bin/../libs/connect-file-1.0.0.jar:/opt/kafka_2.12-1.0.0/bin/../libs/connect-json-1.0.0.jar:/opt/kafka_2.12-1.0.0/bin/../libs/connect-runtime-1.0.0.jar:/opt/kafka_2.12-1.0.0/bin/../libs/connect-transforms-1.0.0.jar:/opt/kafka_2.12-1.0.0/bin/../libs/guava-20.0.jar:/opt/kafka_2.12-1.0.0/bin/../libs/hk2-api-2.5.0-b32.jar:/opt/kafka_2.12-1.0.0/bin/../libs/hk2-locator-2.5.0-b32.jar:/opt/kafka_2.12-1.0.0/bin/../libs/hk2-utils-2.5.0-b32.jar:/opt/kafka_2.12-1.0.0/bin/../libs/jackson-annotations-2.9.1.jar:/opt/kafka_2.12-1.0.0/bin/../libs/jackson-core-2.9.1.jar:/opt/kafka_2.12-1.0.0/bin/../libs/jackson-databind-2.9.1.jar:/opt/kafka_2.12-1.0.0/bin/../libs/jackson-jaxrs-base-2.9.1.jar:/opt/kafka_2.12-1.0.0/bin/../libs/jackson-jaxrs-json-provider-2.9.1.jar:/opt/kafka_2.12-1.0.0/bin/../libs/jackson-module-jaxb-annotations-2.9.1.jar:/opt/kafka_2.12-1.0.0/bin/../libs/javassist-3.20.0-GA.jar:/opt/kafka_2.12-1.0.0/bin/../libs/javassist-3.21.0-GA.jar:/opt/kafka_2.12-1.0.0/bin/../libs/javax.annotation-api-1.2.jar:/opt/kafka_2.12-1.0.0/bin/../libs/javax.inject-1.jar:/opt/kafka_2.12-1.0.0/bin/../libs/javax.inject-2.5.0-b32.jar:/opt/kafka_2.12-1.0.0/bin/../libs/javax.servlet-api-3.1.0.jar:/opt/kafka_2.12-1.0.0/bin/../libs/javax.ws.rs-api-2.0.1.jar:/opt/kafka_2.12-1.0.0/bin/../libs/jersey-client-2.25.1.jar:/opt/kafka_2.12-1.0.0/bin/../libs/jersey-common-2.25.1.jar:/opt/kafka_2.12-1.0.0/bin/../libs/jersey-container-servlet-2.25.1.jar:/opt/kafka_2.12-1.0.0/bin/../libs/jersey-container-servlet-core-2.25.1.jar:/opt/kafka_2.12-1.0.0/bin/../libs/jersey-guava-2.25.1.jar:/opt/kafka_2.12-1.0.0/bin/../libs/jersey-media-jaxb-2.25.1.jar:/opt/kafka_2.12-1.0.0/bin/../libs/jersey-server-2.25.1.jar:/opt/kafka_2.12-1.0.0/bin/../libs/jetty-continuation-9.2.22.v20170606.jar:/opt/kafka_2.12-1.0.0/bin/../libs/jetty-http-9.2.22.v20170606.jar:/opt/kafka_2.12-1.0.0/bin/../libs/jetty-io-9.2.22.v20170606.jar:/opt/kafka_2.12-1.0.0/bin/../libs/jetty-security-9.2.22.v20170606.jar:/opt/kafka_2.12-1.0.0/bin/../libs/jetty-server-9.2.22.v20170606.jar:/opt/kafka_2.12-1.0.0/bin/../libs/jetty-servlet-9.2.22.v20170606.jar:/opt/kafka_2.12-1.0.0/bin/../libs/jetty-servlets-9.2.22.v20170606.jar:/opt/kafka_2.12-1.0.0/bin/../libs/jetty-util-9.2.22.v20170606.jar:/opt/kafka_2.12-1.0.0/bin/../libs/jopt-simple-5.0.4.jar:/opt/kafka_2.12-1.0.0/bin/../libs/kafka_2.12-1.0.0.jar:/opt/kafka_2.12-1.0.0/bin/../libs/kafka_2.12-1.0.0-sources.jar:/opt/kafka_2.12-1.0.0/bin/../libs/kafka_2.12-1.0.0-test-sources.jar:/opt/kafka_2.12-1.0.0/bin/../libs/kafka-clients-1.0.0.jar:/opt/kafka_2.12-1.0.0/bin/../libs/kafka-log4j-appender-1.0.0.jar:/opt/kafka_2.12-1.0.0/bin/../libs/kafka-plugin.jar:/opt/kafka_2.12-1.0.0/bin/../libs/kafka-streams-1.0.0.jar:/opt/kafka_2.12-1.0.0/bin/../libs/kafka-streams-examples-1.0.0.jar:/opt/kafka_2.12-1.0.0/bin/../libs/kafka-tools-1.0.0.jar:/opt/kafka_2.12-1.0.0/bin/../libs/log4j-1.2.17.jar:/opt/kafka_2.12-1.0.0/bin/../libs/lz4-java-1.4.jar:/opt/kafka_2.12-1.0.0/bin/../libs/maven-artifact-3.5.0.jar:/opt/kafka_2.12-1.0.0/bin/../libs/metrics-core-2.2.0.jar:/opt/kafka_2.12-1.0.0/bin/../libs/osgi-resou
```

图 6-15　Kafka 进程信息

细心的读者可以留意到白色部分中的信息并没有打印全，因为已经达到了 4096 的字符数的限制。而且打印的信息里面也没有 kafka-server-stop.sh 中 ps ax | grep -i 'kafka\.Kafka' 所需要的 "kafka.Kafka" 这个关键字段，因为这个关键字段在 4096 个字符的范围之外。与 Kafka 进程有关的输出信息太长，所以 kafka-server-stop.sh 脚本在很多情况下并不会奏效。

> **注意要点**：Kafka 服务启动的入口就是 kafka.Kafka，采用 Scala 语言编写 object。

那么怎么解决这种问题呢？我们先来看一下 ps 命令的相关源码（Linux 2.6.x 源码的 /fs/proc/base.c 文件中的部分内容）：

```
static int proc_pid_cmdline(struct task_struct *task, char * buffer)
{
  int res = 0;
  unsigned int len;
  struct mm_struct *mm = get_task_mm(task);
  if (!mm)
    goto out;
  if (!mm->arg_end)
    goto out_mm;   /* Shh! No looking before we're done */

  len = mm->arg_end - mm->arg_start;

  if (len > PAGE_SIZE)
    len = PAGE_SIZE;

  res = access_process_vm(task, mm->arg_start, buffer, len, 0);
(....省略若干....)
```

我们可以看到 ps 的输出长度 len 被硬编码成小于等于 PAGE_SIZE 的大小，那么我们调大这个 PAGE_SIZE 的大小不就可以了吗？这样是肯定行不通的，因为对于一个 CPU 来说，它的 MMU 的页大小 PAGE_SIZE 的值是固定的，无法通过参数调节。要想改变 PAGE_SIZE 的大小，就必须更换成相应的 CPU，显然这也太过于"兴师动众"了。还有一种办法是，将上面代码中的 PAGE_SIZE 换成一个更大的其他值，然后重新编译，这个办法对于大多数人来说不太适用，需要掌握一定深度的 Linux 的相关知识。

那么有没有其他的办法？这里我们可以直接修改 kafka-server-stop.sh 脚本的内容，将其中的第一行命令修改如下：

```
PIDS=$(ps ax | grep -i 'kafka' | grep java | grep -v grep | awk '{print $1}')
```

即把 "\.Kafka" 去掉，这样在绝大多数情况下是可以奏效的。如果有极端情况，即使这样也不能关闭，那么只需要按照以下两个步骤就可以优雅地关闭 Kafka 的服务进程：

（1）获取 Kafka 的服务进程号 PIDS。可以使用 Java 中的 jps 命令或使用 Linux 系统中的 ps 命令来查看。

（2）使用 kill -s TERM $PIDS 或 kill -15 $PIDS 的方式来关闭进程，注意千万不要使用 kill -9 的方式。

为什么这样关闭的方式会是优雅的？Kafka 服务入口程序中有一个名为 "kafka-shutdown-hock" 的关闭钩子，待 Kafka 进程捕获终止信号的时候会执行这个关闭钩子中的内容，其中除了正常关闭一些必要的资源，还会执行一个控制关闭（ControlledShutdown）的动作。使用 ControlledShutdown 的方式关闭 Kafka 有两个优点：一是可以让消息完全同步到磁盘上，在服务下次重新上线时不需要进行日志的恢复操作；二是 ControllerShutdown 在关闭服务之前，会对其上的 leader 副本进行迁移，这样就可以减少分区的不可用时间。

若要成功执行 ControlledShutdown 动作还需要有一个先决条件，就是参数 controlled.shutdown.enable 的值需要设置为 true，不过这个参数的默认值就为 true，即默认开始此项功能。ControlledShutdown 动作如果执行不成功还会重试执行，这个重试的动作由参数 controlled.shutdown.max.retries 配置，默认为 3 次，每次重试的间隔由参数 controlled.shutdown.retry.backoff.ms 设置，默认为 5000ms。

下面我们具体探讨 ControlledShutdown 的整个执行过程。

参考图 6-16，假设此时有两个 broker，其中待关闭的 broker 的 id 为 x，Kafka 控制器所对应的 broker 的 id 为 y。待关闭的 broker 在执行 ControlledShutdown 动作时首先与 Kafka 控制器建立专用连接（对应图 6-16 中的步骤①），然后发送 ControlledShutdownRequest 请求，ControlledShutdownRequest 请求中只有一个 brokerId 字段，这个 brokerId 字段的值设置为自身的 brokerId 的值，即 x（对应图 6-16 中的步骤②）。

Kafka 控制器在收到 ControlledShutdownRequest 请求之后会将与待关闭 broker 有关联的所有分区进行专门的处理，这里的"有关联"是指分区中有副本位于这个待关闭的 broker 之上（这里会涉及 Kafka 控制器与待关闭 broker 之间的多次交互动作，涉及 leader 副本的迁移和副本的关闭动作，对应图 6-16 中的步骤③）。

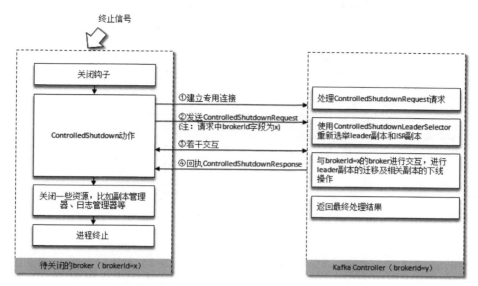

图 6-16 ControlledShutdown 的执行过程

ControlledShutdownRequest 的结构如图 6-17 所示。

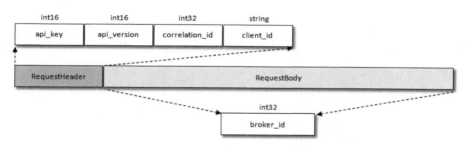

图 6-17 ControlledShutdownRequest 的结构

如果这些分区的副本数大于 1 且 leader 副本位于待关闭 broker 上，那么需要实施 leader 副本的迁移及新的 ISR 的变更。具体的选举分配的方案由专用的选举器 ControlledShutdown-LeaderSelector 提供，有关选举的细节可以参考 6.4.3 节的内容。

如果这些分区的副本数只是大于 1，leader 副本并不位于待关闭 broker 上，那么就由 Kafka 控制器来指导这些副本的关闭。如果这些分区的副本数只是为 1，那么这个副本的关闭动作会在整个 ControlledShutdown 动作执行之后由副本管理器来具体实施。

对于分区的副本数大于 1 且 leader 副本位于待关闭 broker 上的这种情况，如果在 Kafka 控制器处理之后 leader 副本还没有成功迁移，那么会将这些没有成功迁移 leader 副本的分区记录下来，并且写入 ControlledShutdownResponse 的响应（对应图 6-16 中的步骤④，整个

ControlledShutdown 动作是一个同步阻塞的过程）。ControlledShutdownResponse 的结构如图 6-18 所示。

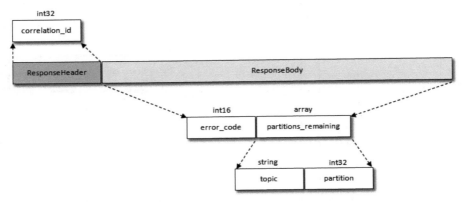

图 6-18　ControlledShutdownResponse 的结构

待关闭的 broker 在收到 ControlledShutdownResponse 响应之后，需要判断整个 ControlledShutdown 动作是否执行成功，以此来进行可能的重试或继续执行接下来的关闭资源的动作。执行成功的标准是 ControlledShutdownResponse 中 error_code 字段值为 0，并且 partitions_remaining 数组字段为空。

注意要点：图 6-16 中也有可能 x=y，即待关闭的 broker 同时是 Kafka 控制器，这也就意味着自己可以给自己发送 ControlledShutdownRequest 请求，以及等待自身的处理并接收 ControlledShutdownResponse 的响应，具体的执行细节和 x!=y 的场景相同。

在了解了整个 ControlledShutdown 动作的具体细节之后，我们不难看出这一切实质上都是由 ControlledShutdownRequest 请求引发的，我们完全可以自己开发一个程序来连接 Kafka 控制器，以此来模拟对某个 broker 实施 ControlledShutdown 的动作。为了实现方便，我们可以对 KafkaAdminClient 做一些扩展来达到目的。

首先参考 org.apache.kafka.clients.admin.AdminClient 接口中的惯有编码样式来添加两个方法：

```
public abstract ControlledShutdownResult controlledShutdown(
        Node node, final ControlledShutdownOptions options);

public ControlledShutdownResult controlledShutdown(Node node){
    return controlledShutdown(node, new ControlledShutdownOptions());
}
```

第一个方法中的 ControlledShutdownOptions 和 ControlledShutdownResult 都是 KafkaAdminClient 的惯有编码样式，ControlledShutdownOptions 中没有实质性的内容，具体参考如下：

```
@InterfaceStability.Evolving
public class ControlledShutdownOptions extends
AbstractOptions<ControlledShutdownOptions> {
}
```

ControlledShutdownResult 的实现如下：

```
@InterfaceStability.Evolving
public class ControlledShutdownResult {
    private final KafkaFuture<ControlledShutdownResponse> future;
    public ControlledShutdownResult(
    KafkaFuture<ControlledShutdownResponse> future) {
        this.future = future;
    }
    public KafkaFuture<ControlledShutdownResponse> values(){
        return future;
    }
}
```

ControlledShutdownResult 中没有像 KafkaAdminClient 中惯有的那样对 ControlledShutdownResponse 进行细致化的处理，而是直接将 ControlledShutdownResponse 暴露给用户，这样用户可以更加细腻地操控内部的细节。

第二个方法中的参数 Node 是我们需要执行 ControlledShutdown 动作的 broker 节点，Node 的构造方法至少需要三个参数：id、host 和 port，分别代表所对应的 broker 的 id 编号、IP 地址和端口号。一般情况下，对用户而言，并不一定清楚这个三个参数的具体值，有的要么只知道要关闭的 broker 的 IP 地址和端口号，要么只清楚具体的 id 编号，为了程序的通用性，我们还需要做进一步的处理。详细看一下 org.apache.kafka.clients.admin.KafkaAdminClient 中的具体做法：

```
public ControlledShutdownResult controlledShutdown(
        Node node,
        final ControlledShutdownOptions options) {
    final KafkaFutureImpl<ControlledShutdownResponse> future
        = new KafkaFutureImpl<>();
    final long now = time.milliseconds();
```

```
    runnable.call(new Call("controlledShutdown",
            calcDeadlineMs(now, options.timeoutMs()),
            new ControllerNodeProvider()) {
        @Override
        AbstractRequest.Builder createRequest(int timeoutMs) {
            int nodeId = node.id();
            if (nodeId < 0) {
                List<Node> nodes = metadata.fetch().nodes();
                for (Node nodeItem : nodes) {
                    if (nodeItem.host().equals(node.host())
                            && nodeItem.port() == node.port()) {
                        nodeId = nodeItem.id();
                        break;
                    }
                }
            }
            return new ControlledShutdownRequest.Builder(nodeId,
                    ApiKeys.CONTROLLED_SHUTDOWN.latestVersion());
        }

        @Override
        void handleResponse(AbstractResponse abstractResponse) {
            ControlledShutdownResponse response =
                    (ControlledShutdownResponse) abstractResponse;
            future.complete(response);
        }

        @Override
        void handleFailure(Throwable throwable) {
            future.completeExceptionally(throwable);
        }
    }, now);

    return new ControlledShutdownResult(future);
}
```

我们可以看到在内部的 **createRequest** 方法中对 Node 的 `id` 做了一些处理，因为对

ControlledShutdownRequest 协议的包装只需要这个 id 的值。程序中首先判断 Node 的 id 是否大于 0，如果不是则需要根据 host 和 port 去 KafkaAdminClient 缓存的元数据 metadata 中查找匹配的 id。注意到代码里还有一个标粗的 ControllerNodeProvider，它提供了 Kafka 控制器对应的节点信息，这样用户只需要提供 Kafka 集群中的任意节点的连接信息，不需要知晓具体的 Kafka 控制器是谁。

最后我们再用一段测试程序来模拟发送 ControlledShutdownRequest 请求及处理 ControlledShutdownResponse，详细参考如下：

```
String brokerUrl = "hostname1:9092";
Properties props = new Properties();
props.put(CommonClientConfigs.BOOTSTRAP_SERVERS_CONFIG, brokerUrl);
//1. 初始化 KafkaAdminClient
AdminClient adminClient = AdminClient.create(props);

//2. 需要关闭的节点node，暂不清楚 node 的 id，故设置为-1
Node node = new Node(-1, "hostname2", 9092);
//3. 使用 KafkaAdminClient 发送 ControlledShutdownRequest 请求及
//阻塞等待 ControlledShutdownResponse 响应
ControlledShutdownResponse response =
        adminClient.controlledShutdown(node).values().get();
if (response.error() == Errors.NONE
        && response.partitionsRemaining().isEmpty()) {
    System.out.println("controlled shutdown completed");
}else {
    System.out.println("controlled shutdown occured error with: "
            + response.error().message());
}
```

其中 brokerUrl 是连接的任意节点，node 是需要关闭的 broker 节点，当然这两个可以是同一个节点，即代码中的 hostname1 等于 hostname2。使用 KafkaAdminClient 的整个流程为：首先连接集群中的任意节点；接着通过这个连接向 Kafka 集群发起元数据请求（MetadataRequest）来获取集群的元数据 metadata；然后获取需要关闭的 broker 节点的 id，如果没有指定则去 metadata 中查找，根据这个 id 封装 ControlledShutdownRequest 请求；之后再去 metadata 中查找 Kafka 控制器的节点，向这个 Kafka 控制器节点发送请求；最后等待 Kafka 控制器的 ControlledShutdownResponse 响应并做相应的处理。

注意 ControlledShutdown 只是关闭 Kafka broker 的一个中间过程，所以不能寄希望于只使用 ControlledShutdownRequest 请求就可以关闭整个 Kafka broker 的服务进程。

6.4.3 分区 leader 的选举

分区 leader 副本的选举由控制器负责具体实施。当创建分区（创建主题或增加分区都有创建分区的动作）或分区上线（比如分区中原先的 leader 副本下线，此时分区需要选举一个新的 leader 上线来对外提供服务）的时候都需要执行 leader 的选举动作，对应的选举策略为 OfflinePartitionLeaderElectionStrategy。这种策略的基本思路是按照 AR 集合中副本的顺序查找第一个存活的副本，并且这个副本在 ISR 集合中。一个分区的 AR 集合在分配的时候就被指定，并且只要不发生重分配的情况，集合内部副本的顺序是保持不变的，而分区的 ISR 集合中副本的顺序可能会改变。

注意这里是根据 AR 的顺序而不是 ISR 的顺序进行选举的。举个例子，集群中有 3 个节点：broker0、broker1 和 broker2，在某一时刻具有 3 个分区且副本因子为 3 的主题 topic-leader 的具体信息如下：

```
[root@node1 kafka_2.11-2.0.0]# bin/kafka-topics.sh --zookeeper localhost:2181/
kafka --describe --topic topic-leader
    Topic:topic-leader    PartitionCount:3 ReplicationFactor:3 Configs:
        Topic: topic-leader    Partition: 0 Leader: 1    Replicas: 1,2,0 Isr: 2,0,1
        Topic: topic-leader    Partition: 1 Leader: 2    Replicas: 2,0,1 Isr: 2,0,1
        Topic: topic-leader    Partition: 2 Leader: 0    Replicas: 0,1,2 Isr: 0,2,1
```

此时关闭 broker0，那么对于分区 2 而言，存活的 AR 就变为[1,2]，同时 ISR 变为[2,1]。此时查看主题 topic-leader 的具体信息（参考如下），分区 2 的 leader 就变为了 1 而不是 2。

```
[root@node1 kafka_2.11-2.0.0]# bin/kafka-topics.sh --zookeeper localhost:2181/
kafka --describe --topic topic-leader
    Topic:topic-leader    PartitionCount:3 ReplicationFactor:3 Configs:
        Topic: topic-leader    Partition: 0 Leader: 1    Replicas: 1,2,0 Isr: 2,1
        Topic: topic-leader    Partition: 1 Leader: 2    Replicas: 2,0,1 Isr: 2,1
        Topic: topic-leader    Partition: 2 Leader: 1    Replicas: 0,1,2 Isr: 2,1
```

如果 ISR 集合中没有可用的副本，那么此时还要再检查一下所配置的 unclean.leader.election.enable 参数（默认值为 false）。如果这个参数配置为 true，那么表示允许从非 ISR 列表中的选举 leader，从 AR 列表中找到第一个存活的副本即为 leader。

当分区进行重分配（可以先回顾一下 4.3.2 节的内容）的时候也需要执行 leader 的选举动作，

对应的选举策略为 ReassignPartitionLeaderElectionStrategy。这个选举策略的思路比较简单：从重分配的 AR 列表中找到第一个存活的副本，且这个副本在目前的 ISR 列表中。

当发生优先副本（可以先回顾一下 4.3.1 节的内容）的选举时，直接将优先副本设置为 leader 即可，AR 集合中的第一个副本即为优先副本（PreferredReplicaPartitionLeaderElectionStrategy）。

还有一种情况会发生 leader 的选举，当某节点被优雅地关闭（也就是执行 ControlledShutdown）时，位于这个节点上的 leader 副本都会下线，所以与此对应的分区需要执行 leader 的选举。与此对应的选举策略（ControlledShutdownPartitionLeaderElectionStrategy）为：从 AR 列表中找到第一个存活的副本，且这个副本在目前的 ISR 列表中，与此同时还要确保这个副本不处于正在被关闭的节点上。

6.5　参数解密

如果 broker 端没有显式配置 listeners（或 advertised.listeners）使用 IP 地址，那么最好将 bootstrap.server 配置成主机名而不要使用 IP 地址，因为 Kafka 内部使用的是全称域名（Fully Qualified Domain Name）。如果不统一，则会出现无法获取元数据的异常。

6.5.1　broker.id

broker.id 是 broker 在启动之前必须设定的参数之一，在 Kafka 集群中，每个 broker 都有唯一的 id（也可以记作 brokerId）值用来区分彼此。broker 在启动时会在 ZooKeeper 中的 /brokers/ids 路径下创建一个以当前 brokerId 为名称的虚节点，broker 的健康状态检查就依赖于此虚节点。当 broker 下线时，该虚节点会自动删除，其他 broker 节点或客户端通过判断 /brokers/ids 路径下是否有此 broker 的 brokerId 节点来确定该 broker 的健康状态。

可以通过 broker 端的配置文件 config/server.properties 里的 broker.id 参数来配置 brokerId，默认情况下 broker.id 值为-1。在 Kafka 中，brokerId 值必须大于等于 0 才有可能正常启动，但这里并不是只能通过配置文件 config/server.properties 来设定这个值，还可以通过 meta.properties 文件或自动生成功能来实现。

首先了解一下 meta.properties 文件，meta.properties 文件中的内容参考如下：

```
#Sun May 27 23:03:04 CST 2018
version=0
broker.id=0
```

meta.properties 文件中记录了与当前 Kafka 版本对应的一个 version 字段，不过目前只有一个为 0 的固定值。还有一个 `broker.id`，即 brokerId 值。broker 在成功启动之后在每个日志根目录下都会有一个 meta.properties 文件。

meta.properties 文件与 `broker.id` 的关联如下：

（1）如果 `log.dir` 或 `log.dirs` 中配置了多个日志根目录，这些日志根目录中的 meta.properties 文件所配置的 `broker.id` 不一致则会抛出 InconsistentBrokerIdException 的异常。

（2）如果 config/server.properties 配置文件里配置的 `broker.id` 的值和 meta.properties 文件里的 `broker.id` 值不一致，那么同样会抛出 InconsistentBrokerIdException 的异常。

（3）如果 config/server.properties 配置文件中并未配置 `broker.id` 的值，那么就以 meta.properties 文件中的 `broker.id` 值为准。

（4）如果没有 meta.properties 文件，那么在获取合适的 `broker.id` 值之后会创建一个新的 meta.properties 文件并将 `broker.id` 值存入其中。

如果 config/server.properties 配置文件中并未配置 `broker.id`，并且日志根目录中也没有任何 meta.properties 文件（比如第一次启动时），那么应该如何处理呢？

Kafka 还提供了另外两个 broker 端参数：`broker.id.generation.enable` 和 `reserved.broker.max.id` 来配合生成新的 brokerId。`broker.id.generation.enable` 参数用来配置是否开启自动生成 brokerId 的功能，默认情况下为 true，即开启此功能。自动生成的 brokerId 有一个基准值，即自动生成的 brokerId 必须超过这个基准值，这个基准值通过 `reserverd.broker.max.id` 参数配置，默认值为 1000。也就是说，默认情况下自动生成的 brokerId 从 1001 开始。

自动生成的 brokerId 的原理是先往 ZooKeeper 中的 `/brokers/seqid` 节点中写入一个空字符串，然后获取返回的 Stat 信息中的 version 值，进而将 version 的值和 `reserved.broker.max.id` 参数配置的值相加。先往节点中写入数据再获取 Stat 信息，这样可以确保返回的 version 值大于 0，进而就可以确保生成的 brokerId 值大于 `reserved.broker.max.id` 参数配置的值，符合非自动生成的 `broker.id` 的值在[0, reserved.broker.max.id]区间设定。

初始化时 ZooKeeper 中 `/brokers/seqid` 节点的状态如下：

```
[zk: xxx.xxx.xxx.xxx:2181/kafka(CONNECTED) 6] get /brokers/seqid
null
cZxid = 0x200001b2b
ctime = Mon Nov 13 17:39:54 CST 2018
mZxid = 0x200001b2b
```

```
mtime = Mon Nov 13 17:39:54 CST 2018
pZxid = 0x200001b2b
cversion = 0
dataVersion = 0
aclVersion = 0
ephemeralOwner = 0x0
dataLength = 0
numChildren = 0
```

可以看到 dataVersion=0，这个就是前面所说的 version。在插入一个空字符串之后，
dataVersion 就自增 1，表示数据发生了变更，这样通过 ZooKeeper 的这个功能来实现集群层面
的序号递增，整体上相当于一个发号器。

```
[zk: xxx.xxx.xxx.xxx:2181/kafka(CONNECTED) 7] set /brokers/seqid ""
cZxid = 0x200001b2b
ctime = Mon Nov 13 17:39:54 CST 2017
mZxid = 0x2000e6eb2
mtime = Mon May 28 18:19:03 CST 2018
pZxid = 0x200001b2b
cversion = 0
dataVersion = 1
aclVersion = 0
ephemeralOwner = 0x0
dataLength = 2
numChildren = 0
```

大多数情况下我们一般通过并且习惯于用最普通的 config/server.properties 配置文件的方式
来设定 brokerId 的值，如果知晓其中的细枝末节，那么在遇到诸如 InconsistentBrokerIdException
异常时就可以处理得游刃有余，也可以通过自动生成 brokerId 的功能来实现一些另类的功能。

6.5.2　bootstrap.servers

bootstrap.servers 不仅是 Kafka Producer、Kafka Consumer 客户端中的必备参数，而
且在 Kafka Connect、Kafka Streams 和 KafkaAdminClient 中都有涉及，是一个至关重要的参数。

如果你使用过旧版的生产者或旧版的消费者客户端，那么你可能还会对 bootstrap.servers
相关的另外两个参数 metada.broker.list 和 zookeeper.connect 有些许印象，这 3 个

参数也见证了 Kafka 的升级变迁。

我们一般可以简单地认为 `bootstrap.servers` 这个参数所要指定的就是将要连接的 Kafka 集群的 broker 地址列表。不过从深层次的意义上来讲，这个参数配置的是用来发现 Kafka 集群元数据信息的服务地址。为了更加形象地说明问题，我们先来看一下图 6-19。

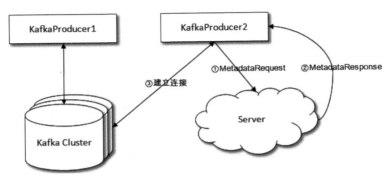

图 6-19　bootstrap.servers 参数原理示意图

客户端 KafkaProducer1 与 Kafka Cluster 直连，这是客户端给我们的既定印象，而事实上客户端连接 Kafka 集群要经历以下 3 个过程，如图 6-19 中的右边所示。

（1）客户端 KafkaProducer2 与 `bootstrap.servers` 参数所指定的 Server 连接，并发送 MetadataRequest 请求来获取集群的元数据信息。

（2）Server 在收到 MetadataRequest 请求之后，返回 MetadataResponse 给 KafkaProducer2，在 MetadataResponse 中包含了集群的元数据信息。

（3）客户端 KafkaProducer2 收到的 MetadataResponse 之后解析出其中包含的集群元数据信息，然后与集群中的各个节点建立连接，之后就可以发送消息了。

在绝大多数情况下，Kafka 本身就扮演着第一步和第二步中的 Server 角色，我们完全可以将这个 Server 的角色从 Kafka 中剥离出来。我们可以在这个 Server 的角色上大做文章，比如添加一些路由的功能、负载均衡的功能。

下面演示如何将 Server 的角色与 Kafka 分开。默认情况下，客户端从 Kafka 中的某个节点来拉取集群的元数据信息，我们可以将所拉取的元数据信息复制一份存放到 Server 中，然后对外提供这份副本的内容信息。

由此可见，我们首先需要做的就是获取集群信息的副本，可以在 Kafka 的 org.apache.kafka. common.request.MetadataResponse 的构造函数中嵌入代码来复制信息，MetadataResponse 的构造函数如下所示。

```
public MetadataResponse(int throttleTimeMs, List<Node> brokers,
                String clusterId, int controllerId,
```

```
                        List<TopicMetadata> topicMetadata) {
    this.throttleTimeMs = throttleTimeMs;
    this.brokers = brokers;
    this.controller = getControllerNode(controllerId, brokers);
    this.topicMetadata = topicMetadata;
    this.clusterId = clusterId;
    //客户端在获取集群的元数据之后会调用这个构造函数，所以在这里嵌入代码将 5 个成
    //员变量的值保存起来，为后面的 Server 提供内容
}
```

获取集群元数据的副本之后，我们就可以实现一个服务程序来接收 MetadataRequest 请求和返回 MetadataResponse，从零开始构建一个这样的服务程序也需要不少的工作量，需要实现对MetadataRequest 与 MetadataResponse 相关协议解析和包装，这里不妨再修改一下 Kafka 的代码，让其只提供 Server 相关的内容。整个示例的架构如图 6-20 所示。

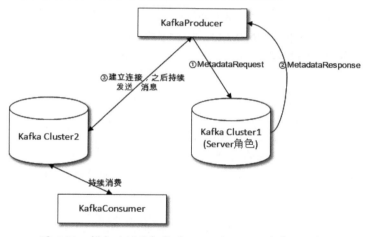

图 6-20　整个示例的架构（Server 与 Kafka 角色分离）

为了演示方便，图 6-20 中的 Kafka Cluster1 和 Kafka Cluster2 都只包含一个 broker 节点。Kafka Cluster1 扮演的是 Server 的角色，下面我们修改它的代码让其返回 Kafka Cluster2 的集群元数据信息。假设我们已经通过前面一步的操作获取了 Kafka Cluster2 的集群元数据信息，在Kafka Cluster1 中将这份副本回放。

在 Kafka 的代码 kafka.server.KafkaApis 中有关专门处理元数据信息的方法如下所示。

```
def handleTopicMetadataRequest(request: RequestChannel.Request)
```

我们将这个方法内部的最后一段代码替换，详情如下：

```
//sendResponseMaybeThrottle(request, requestThrottleMs =>
//  new MetadataResponse(
//    requestThrottleMs,
//    brokers.flatMap(_.getNode(request.context.listenerName)).asJava,
//    clusterId,
//    metadataCache.getControllerId
//      .getOrElse(MetadataResponse.NO_CONTROLLER_ID),
//    completeTopicMetadata.asJava
//  ))

sendResponseMaybeThrottle(request, requestThrottleMs =>
  BootstrapServerParam.getMetadata(requestThrottleMs)
)
```

上面示例代码中有"//"注释的是原本的代码实现，没有"//"注释的两行代码是我们修改后的代码实现，代码里的 BootstrapServerParam.getMetadata()方法也是需要自定义实现的，这个方法返回的就是从 Kafka Cluster2 中获取的元数据信息的副本回放，BootstrapServerParam 的实现如下：

```
public class BootstrapServerParam {
    public static final String topic = "topic-demo";
    public static MetadataResponse getMetadata(int throttleTimeMs){
        Node node = new Node(0, "localhost", 9093);
        List<Node> brokers = Collections.singletonList(node);
        int controllerId = 0;
        String clusterId = "64PniqfkRHa4ASfUisNXrw";

        List<Node> empty = new ArrayList<>();
        PartitionMetadata pMeta1 = new
                PartitionMetadata(Errors.NONE, 0, node, brokers, brokers, empty);
        PartitionMetadata pMeta2 = new
                PartitionMetadata(Errors.NONE, 1, node, brokers, brokers, empty);
        PartitionMetadata pMeta3 = new
                PartitionMetadata(Errors.NONE, 2, node, brokers, brokers, empty);
        PartitionMetadata pMeta4 = new
                PartitionMetadata(Errors.NONE, 3, node, brokers, brokers, empty);
        List<PartitionMetadata> pMetaList = new ArrayList<>();
        pMetaList.add(pMeta1);
```

```
        pMetaList.add(pMeta2);
        pMetaList.add(pMeta3);
        pMetaList.add(pMeta4);
        TopicMetadata tMeta1 = new
                TopicMetadata(Errors.NONE, topic, false, pMetaList);
        List<TopicMetadata> tMetaList = new ArrayList<>();
        tMetaList.add(tMeta1);
        return new MetadataResponse(throttleTimeMs, brokers,
                clusterId, controllerId, tMetaList);
    }
}
```

示例代码中用了最笨的方法来创建了一个 MetadataResponse，如果我们在复制 Kafka Cluster2 元数据信息的时候使用了某种序列化手段，那么在这里我们就简单地执行一下反序列化来创建一个 MetadataResponse 对象。

修改完 Kafka Cluster1 的代码之后我们将它和 Kafka Cluster2 都启动起来，然后创建一个生产者 KafkaProducer 来持续发送消息，这个 KafkaProducer 中的 bootstrap.servers 参数配置为 Kafka Cluster1 的服务地址。我们再创建一个消费者 KafkaConsumer 来持续消费消息，这个 KafkaConsumer 中的 bootstrap.servers 参数配置为 Kafka Cluster2 的服务地址。

实验证明，KafkaProducer 中发送的消息都流入 Kafka Cluster2 并被 KafkaConsumer 消费。查看 Kafka Cluster1 中的日志文件，发现并没有消息流入。如果此时我们再关闭 Kafka Cluster1 的服务，会发现 KafkaProducer 和 KafkaConsumer 都运行完好，已经完全没有 Kafka Cluster1 的任何事情了。

这里只是为了讲解 bootstrap.servers 参数所代表的真正含义而做的一些示例演示，笔者并不建议在真实应用中像示例中的一样分离出 Server 的角色。

在旧版的生产者客户端（Scala 版本）中还没有 bootstrap.servers 这个参数，与此对应的是 metadata.broker.list 参数。metadata.broker.list 这个参数很直观，metadata 表示元数据，broker.list 表示 broker 的地址列表，从取名我们可以看出这个参数很直接地表示所要连接的 Kafka broker 的地址，以此获取元数据。而新版的生产者客户端中的 bootstrap.servers 参数的取名显然更有内涵，可以直观地翻译为"引导程序的服务地址"，这样在取名上就多了一层"代理"的空间，让人可以遐想出 Server 角色与 Kafka 分离的可能。在旧版的消费者客户端（Scala 版本）中也没有 bootstrap.servers 这个参数，与此对应的是 zookeeper.connect 参数，意为通过 ZooKeeper 来建立消费连接。

很多读者从 0.8.x 版本开始沿用到现在的 2.0.0 版本，对于版本变迁的客户端中出现的

bootstrap.servers、metadata.broker.list、zookeeper.connect 参数往往不是很清楚。这一现象还存在 Kafka 所提供的诸多脚本之中，在这些脚本中连接 Kafka 采用的选项参数有--bootstrap-server、--broker-list 和--zookeeper（分别与前面的 3 个参数对应），这让很多 Kafka 的老手也很难分辨哪个脚本该用哪个选项参数。

　　--bootstrap-server 是一个逐渐盛行的选项参数，这一点毋庸置疑。而--broker-list 已经被淘汰，但在 2.0.0 版本中还没有完全被摒弃，在 kafka-console-producer.sh 脚本中还是使用的这个选项参数，在后续的 Kafka 版本中可能会被替代为--bootstrap-server。--zookeeper 这个选项参数也逐渐被替代，在目前的 2.0.0 版本中，kafka-console-consumer.sh 中已经完全没有了它的影子，但并不意味着这个参数在其他脚本中也被摒弃了。在 kafka-topics.sh 脚本中还是使用的--zookeeper 这个选项参数，并且在未来的可期版本中也不见得会被替换，因为 kafka-topics.sh 脚本实际上操纵的就是 ZooKeeper 中的节点，而不是 Kafka 本身，它并没有被替代的必要。

6.5.3　服务端参数列表

　　还有一些服务端参数没有在 1.4 节及本节中提及，这些参数同样非常重要，它们需要用单独的章节或场景来描述，比如 unclean.leader.election.enable、log.segment.bytes 等参数都会在后面的章节中提及。表 6-6 列出了部分服务端重要参数。

表 6-6　部分服务端重要参数

参 数 名 称	默 认 值	参 数 释 义
auto.create.topics.enable	true	是否开启自动创建主题的功能，详细参考 4.1.1 节
auto.leader.rebalance.enable	true	是否开始自动 leader 再均衡的功能，详细参考 4.3.1 节
background.threads	10	指定执行后台任务的线程数
compression.type	producer	消息的压缩类型。Kafka 支持的压缩类型有 Gzip、Snappy、LZ4 等。默认值"producer"表示根据生产者使用的压缩类型压缩，也就是说，生产者不管是否压缩消息，或者使用何种压缩方式都会被 broker 端继承。"uncompressed"表示不启用压缩，详细参考 5.2.3 节
delete.topic.enable	true	是否可以删除主题，详细参考 4.1.7 节

参　数　名　称	默　认　值	参　数　释　义
leader.imbalance.check.interval.seconds	300	检查 leader 是否分布不均衡的周期，详细参考 4.3.1 节
leader.imbalance.per.broker.percentage	10	允许 leader 不均衡的比例，若超过这个值就会触发 leader 再均衡的操作（前提是 auto.leader.rebalance.enable 参数也要设定为 true），详细参考 4.3.1 节
log.flush.interval.messages	9223372036854775807（Long.MAX_VALUE）	如果日志文件中的消息在存入磁盘前的数量达到这个参数所设定的阈值时，则会强制将这些刷新日志文件到磁盘中。消息在写入磁盘前还要经历一层操作系统页缓存，如果期间发生掉电，则这些页缓存中的消息会丢失，调小这个参数的大小会增大消息的可靠性，但也会降低系统的整体性能，详细参考 5.5 节
log.flush.interval.ms	null	刷新日志文件的时间间隔。如果没有配置这个值，则会依据 log.flush.scheduler.interval.ms 参数设置的值来运作，详细参考 5.5 节
log.flush.scheduler.interval.ms	9223372036854775807（Long.MAX_VALUE）	检查日志文件是否需要刷新的时间间隔
log.retention.bytes	-1	日志文件的最大保留大小（分区级别，注意与 log.segment.bytes 的区别），详细参考 5.4.1 节
log.retention.hours	168 （7 天）	日志文件的留存时间，单位为小时，详细参考 5.4.1 节
log.retention.minutes	null	日志文件的留存时间，单位为分钟，详细参考 5.4.1 节
log.retention.ms	null	日志文件的留存时间，单位为毫秒。log.retention.{hours|minutes|ms} 这三个参数中 log.retention.ms 的优先级最高，log.retention.minutes 次之，log.retention.hours 最低，详细参考 5.4.1 节

参 数 名 称	默 认 值	参 数 释 义
log.roll.hours	168（7 天）	经过多长时间之后会强制新建一个日志分段，默认值为 7 天，详细参考 5.3 节
log.roll.ms	null	同上，不过单位为毫秒。优先级比 log.roll.hours 要高，详细参考 5.3 节
log.segment.bytes	1073741824（1GB）	日志分段文件的最大值，超过这个值会强制创建一个新的日志分段，详细参考 5.3 节
log.segment.delete.delay.ms	60000（60 秒）	从操作系统删除文件前的等待时间
min.insync.replicas	1	ISR 集合中最少的副本数，详细参考 8.1.4 节
num.io.threads	8	处理请求的线程数，包含磁盘 I/O
num.network.threads	3	处理接收和返回响应的线程数
log.cleaner.enable	true	是否开启日志清理的功能，详细参考 5.4 节
log.cleaner.min.cleanable.ratio	0.5	限定可执行清理操作的最小污浊率，详细参考 5.4.2 节
log.cleaner.threads	1	用于日志清理的后台线程数
log.cleanup.policy	delete	日志清理策略，还有一个可选项为 compact，表示日志压缩，详细参考 5.4 节
log.index.interval.bytes	4096	每隔多少个字节的消息量写入就添加一条索引，详细参考 5.4.2 节
log.index.size.max.bytes	10485760（10MB）	索引文件的最大值，详细参考 5.3.2 节
log.message.format.version	2.0-IV1	消息格式的版本
log.message.timestamp.type	CreateTime	消息中的时间戳类型，另一个可选项为 LogAppendTime。CreateTime 表示消息创建的时间，LogAppendTime 表示消息追加到日志中的时间，详细参考 5.3.2 节
log.retention.check.interval.ms	300000（5 分钟）	日志清理的检查周期，详细参考 5.4.1 节
num.partitions	1	主题中默认的分区数，详细参考 4.1.1 节

参 数 名 称	默 认 值	参 数 释 义
reserved.broker.max.id	1000	broker.id 能配置的最大值，同时 reserved.broker.max.id+1 也是自动创建 broker.id 值的起始大小，详细参考 6.5.1 节
create.topic.policy.class.name	null	创建主题时用来验证合法性的策略，这个参数配置的是一个类的全限定名，需要实现 org.apache.kafka.server. policy.CreateTopicPolicy 接口，详细参考 4.2.2 节
broker.id.generation.enable	true	是否开启自动生成 broker.id 的功能，详细参考 6.5.1 节
broker.rack	null	配置 broker 的机架信息，详细参考 4.1.2 节

6.6　总结

　　本章主要讲解 Kafka 服务端的一些核心概念，方便读者加深对 Kafka 的理解，并且为下面章节中的讲解做好铺垫。比如，本章涉及的协议设计，它可以帮助我们更好地理解组协调器和事务协调器的工作原理，还可以帮助我们理解 Kafka 中的数据可靠性、数据一致性等更深层次的理念。如果读者对 Kafka 的源码有兴趣，那么掌握好本章中的内容可以让你在阅读源码的时候事半功倍。附录 A 中演示了如何搭建 Kafka 源码环境，有兴趣的读者可以参考一下。

第 7 章
深入客户端

第 2 章和第 3 章分别讲述了如何使用生产者客户端和消费者客户端，理解了这两章的内容，足以应付大多数的开发场景。但在需要解决某些异常问题时，或者开发封装某些高级或复杂的功能时，这两章的内容就难以应对了。

虽然本章的题目为"深入客户端"，但客户端也是需要与服务端交互的，要能够深入理解客户端，那么深入理解服务端的过程也是必不可少的。本章从客户端的角度入手，同时涉及客户端和服务端的内容，以便深入地挖掘 Kafka 的实现原理，从底层的概念去构建 Kafka 的知识体系。

7.1　分区分配策略

在 3.1 节中讲述了消费者与消费组的模型，并且在默认分区分配策略的背景下通过案例进行了具体的分析。Kafka 提供了消费者客户端参数 `partition.assignment.strategy` 来设置消费者与订阅主题之间的分区分配策略。默认情况下，此参数的值为 org.apache.kafka. clients.consumer.RangeAssignor，即采用 RangeAssignor 分配策略。除此之外，Kafka 还提供了另外两种分配策略：RoundRobinAssignor 和 StickyAssignor。消费者客户端参数 `partition. assignment.strategy` 可以配置多个分配策略，彼此之间以逗号分隔。

7.1.1　RangeAssignor 分配策略

RangeAssignor 分配策略的原理是按照消费者总数和分区总数进行整除运算来获得一个跨度，然后将分区按照跨度进行平均分配，以保证分区尽可能均匀地分配给所有的消费者。对于每一个主题，RangeAssignor 策略会将消费组内所有订阅这个主题的消费者按照名称的字典序排序，然后为每个消费者划分固定的分区范围，如果不够平均分配，那么字典序靠前的消费者会被多分配一个分区。

假设 n=分区数/消费者数量，m=分区数%消费者数量，那么前 m 个消费者每个分配 n+1 个分区，后面的（消费者数量-m）个消费者每个分配 n 个分区。

除了第 3.1 节的示例，为了更加通俗地讲解 RangeAssignor 策略，我们不妨再举一些示例。假设消费组内有 2 个消费者 C0 和 C1，都订阅了主题 t0 和 t1，并且每个主题都有 4 个分区，那么订阅的所有分区可以标识为：t0p0、t0p1、t0p2、t0p3、t1p0、t1p1、t1p2、t1p3。最终的分配结果为：

```
消费者 C0：t0p0、t0p1、t1p0、t1p1
消费者 C1：t0p2、t0p3、t1p2、t1p3
```

这样分配得很均匀，那么这个分配策略能够一直保持这种良好的特性吗？我们不妨再来看另一种情况。假设上面例子中 2 个主题都只有 3 个分区，那么订阅的所有分区可以标识为：t0p0、t0p1、t0p2、t1p0、t1p1、t1p2。最终的分配结果为：

```
消费者 C0：t0p0、t0p1、t1p0、t1p1
消费者 C1：t0p2、t1p2
```

可以明显地看到这样的分配并不均匀，如果将类似的情形扩大，则有可能出现部分消费者过载的情况。对此我们再来看另一种 RoundRobinAssignor 策略的分配效果如何。

7.1.2　RoundRobinAssignor 分配策略

RoundRobinAssignor 分配策略的原理是将消费组内所有消费者及消费者订阅的所有主题的分区按照字典序排序，然后通过轮询方式逐个将分区依次分配给每个消费者。RoundRobinAssignor 分配策略对应的 `partition.assignment.strategy` 参数值为 org.apache.kafka.clients. consumer.RoundRobinAssignor。

如果同一个消费组内所有的消费者的订阅信息都是相同的，那么 RoundRobinAssignor 分配策略的分区分配会是均匀的。举个例子，假设消费组中有 2 个消费者 C0 和 C1，都订阅了主题 t0 和 t1，并且每个主题都有 3 个分区，那么订阅的所有分区可以标识为：t0p0、t0p1、t0p2、t1p0、t1p1、t1p2。最终的分配结果为：

```
消费者 C0：t0p0、t0p2、t1p1
消费者 C1：t0p1、t1p0、t1p2
```

如果同一个消费组内的消费者订阅的信息是不相同的，那么在执行分区分配的时候就不是完全的轮询分配，有可能导致分区分配得不均匀。如果某个消费者没有订阅消费组内的某个主题，那么在分配分区的时候此消费者将分配不到这个主题的任何分区。

举个例子，假设消费组内有 3 个消费者（C0、C1 和 C2），它们共订阅了 3 个主题（t0、t1、t2），这 3 个主题分别有 1、2、3 个分区，即整个消费组订阅了 t0p0、t1p0、t1p1、t2p0、t2p1、t2p2 这 6 个分区。具体而言，消费者 C0 订阅的是主题 t0，消费者 C1 订阅的是主题 t0 和 t1，消费者 C2 订阅的是主题 t0、t1 和 t2，那么最终的分配结果为：

消费者 C0：t0p0
消费者 C1：t1p0
消费者 C2：t1p1、t2p0、t2p1、t2p2

可以看到 RoundRobinAssignor 策略也不是十分完美，这样分配其实并不是最优解，因为完全可以将分区 t1p1 分配给消费者 C1。

7.1.3　StickyAssignor 分配策略

我们再来看一下 StickyAssignor 分配策略，"sticky" 这个单词可以翻译为"黏性的"，Kafka 从 0.11.x 版本开始引入这种分配策略，它主要有两个目的：

（1）分区的分配要尽可能均匀。

（2）分区的分配尽可能与上次分配的保持相同。

当两者发生冲突时，第一个目标优先于第二个目标。鉴于这两个目标，StickyAssignor 分配策略的具体实现要比 RangeAssignor 和 RoundRobinAssignor 这两种分配策略要复杂得多。我们举例来看一下 StickyAssignor 分配策略的实际效果。

假设消费组内有 3 个消费者（C0、C1 和 C2），它们都订阅了 4 个主题（t0、t1、t2、t3），并且每个主题有 2 个分区。也就是说，整个消费组订阅了 t0p0、t0p1、t1p0、t1p1、t2p0、t2p1、t3p0、t3p1 这 8 个分区。最终的分配结果如下：

消费者 C0：t0p0、t1p1、t3p0
消费者 C1：t0p1、t2p0、t3p1
消费者 C2：t1p0、t2p1

这样初看上去似乎与采用 RoundRobinAssignor 分配策略所分配的结果相同，但事实是否真的如此呢？再假设此时消费者 C1 脱离了消费组，那么消费组就会执行再均衡操作，进而消费分区会重新分配。如果采用 RoundRobinAssignor 分配策略，那么此时的分配结果如下：

消费者 C0：t0p0、t1p0、t2p0、t3p0

消费者 C2：t0p1、t1p1、t2p1、t3p1

如分配结果所示，RoundRobinAssignor 分配策略会按照消费者 C0 和 C2 进行重新轮询分配。如果此时使用的是 StickyAssignor 分配策略，那么分配结果为：

消费者 C0：t0p0、t1p1、t3p0、t2p0

消费者 C2：t1p0、t2p1、t0p1、t3p1

可以看到分配结果中保留了上一次分配中对消费者 C0 和 C2 的所有分配结果，并将原来消费者 C1 的"负担"分配给了剩余的两个消费者 C0 和 C2，最终 C0 和 C2 的分配还保持了均衡。

如果发生分区重分配，那么对于同一个分区而言，有可能之前的消费者和新指派的消费者不是同一个，之前消费者进行到一半的处理还要在新指派的消费者中再次复现一遍，这显然很浪费系统资源。StickyAssignor 分配策略如同其名称中的"sticky"一样，让分配策略具备一定的"黏性"，尽可能地让前后两次分配相同，进而减少系统资源的损耗及其他异常情况的发生。

到目前为止，我们分析的都是消费者的订阅信息都是相同的情况，我们来看一下订阅信息不同的情况下的处理。

举个例子，同样消费组内有 3 个消费者（C0、C1 和 C2），集群中有 3 个主题（t0、t1 和 t2），这 3 个主题分别有 1、2、3 个分区。也就是说，集群中有 t0p0、t1p0、t1p1、t2p0、t2p1、t2p2 这 6 个分区。消费者 C0 订阅了主题 t0，消费者 C1 订阅了主题 t0 和 t1，消费者 C2 订阅了主题 t0、t1 和 t2。

如果此时采用 RoundRobinAssignor 分配策略，那么最终的分配结果如分配清单 7-1 所示（和讲述 RoundRobinAssignor 分配策略时的一样，这样不妨赘述一下）：

分配清单 7-1　RoundRobinAssignor 分配策略的分配结果

消费者 C0：t0p0

消费者 C1：t1p0

消费者 C2：t1p1、t2p0、t2p1、t2p2

如果此时采用的是 StickyAssignor 分配策略，那么最终的分配结果如分配清单 7-2 所示。

分配清单 7-2　StickyAssignor 分配策略的分配结果

消费者 C0：t0p0

消费者 C1：t1p0、t1p1

消费者 C2：t2p0、t2p1、t2p2

可以看到这才是一个最优解（消费者 C0 没有订阅主题 t1 和 t2，所以不能分配主题 t1 和 t2 中的任何分区给它，对于消费者 C1 也可同理推断）。

假如此时消费者 C0 脱离了消费组，那么 RoundRobinAssignor 分配策略的分配结果为：

```
消费者 C1：t0p0、t1p1
消费者 C2：t1p0、t2p0、t2p1、t2p2
```

可以看到 RoundRobinAssignor 策略保留了消费者 C1 和 C2 中原有的 3 个分区的分配：t2p0、t2p1 和 t2p2（针对分配清单 7-1）。如果采用的是 StickyAssignor 分配策略，那么分配结果为：

```
消费者 C1：t1p0、t1p1、t0p0
消费者 C2：t2p0、t2p1、t2p2
```

可以看到 StickyAssignor 分配策略保留了消费者 C1 和 C2 中原有的 5 个分区的分配：t1p0、t1p1、t2p0、t2p1、t2p2。

对 ConsumerRebalanceListener 而言，StickyAssignor 分配策略可以提供一定程度上的优化：

```java
public class TheOldRebalanceListener implements ConsumerRebalanceListener {
    @Override
    public void onPartitionsRevoked(Collection<TopicPartition> partitions) {
        for (TopicPartition topicPartition : partitions) {
            commitOffsets(partition);
            cleanupState(partition);
        }
    }

    @Override
    public void onPartitionsAssigned(Collection<TopicPartition> partitions) {
        for (TopicPartition topicPartition : partitions) {
            initializeState(partition);
            initializeOffset(partition);
        }
    }
}
```

如前所述，使用 StickyAssignor 分配策略的一个优点就是可以使分区重分配具备"黏性"，减少不必要的分区移动（即一个分区剥离之前的消费者，转而分配给另一个新的消费者）。

```java
class TheNewRebalanceListener implements ConsumerRebalanceListener{
    Collection<TopicPartition> lastAssignment = Collections.emptyList();

    @Override
    public void onPartitionsRevoked(Collection<TopicPartition> partitions) {
        for (TopicPartition partition : partitions) {
            commitOffsets(partition);
        }
    }

    @Override
    public void onPartitionsAssigned(Collection<TopicPartition> assignment) {
        for (TopicPartition partition :
                difference(lastAssignment, assignment)) {
            cleanupState(partition);
        }
        for (TopicPartition partition :
                difference(assignment, lastAssignment)) {
            initializeState(partition);
        }
        for (TopicPartition partition : assignment) {
            initializeOffset(partition);
        }
        this.lastAssignment = assignment;
    }
}
```

从结果上看，StickyAssignor 分配策略比另外两者分配策略而言显得更加优异，这个策略的代码实现也异常复杂，如果读者没有接触过这种分配策略，不妨使用一下来尝尝鲜。

7.1.4　自定义分区分配策略

读者不仅可以任意选用 Kafka 提供的 3 种分配策略，还可以自定义分配策略来实现更多可选的功能。自定义的分配策略必须要实现 org.apache.kafka.clients.consumer.internals. PartitionAssignor 接口。PartitionAssignor 接口的定义如下：

```java
Subscription subscription(Set<String> topics);
String name();
```

```
Map<String, Assignment> assign(Cluster metadata,
                               Map<String, Subscription> subscriptions);
void onAssignment(Assignment assignment);

class Subscription {
    private final List<String> topics;
    private final ByteBuffer userData;
（省略若干方法……）
}

class Assignment {
    private final List<TopicPartition> partitions;
    private final ByteBuffer userData;
（省略若干方法……）
}
```

PartitionAssignor 接口中定义了两个内部类：Subscription 和 Assignment。

Subscription 类用来表示消费者的订阅信息，类中有两个属性：topics 和 userData，分别表示消费者的订阅主题列表和用户自定义信息。PartitionAssignor 接口通过 subscription()方法来设置消费者自身相关的 Subscription 信息，注意到此方法中只有一个参数 topics，与 Subscription 类中的 topics 的相呼应，但并没有体现有关 userData 的参数。为了增强用户对分配结果的控制，可以在 subscription()方法内部添加一些影响分配的用户自定义信息赋予 userData，比如权重、IP 地址、host 或机架（rack）等。

举个例子，在 subscription()方法中提供机架信息，标识此消费者所部署的机架位置，在分区分配时可以根据分区的 leader 副本所在的机架位置来实施具体的分配，这样可以让消费者与所需拉取消息的 broker 节点处于同一机架。参考图 7-1，消费者 consumer1 和 broker1 都部署在机架 rack1 上，消费者 consumer2 和 broker2 都部署在机架 rack2 上。如果分区的分配不是机架感知的，那么有可能与图 7-1（上半部分）中的分配结果一样，consumer1 消费 broker2 中的分区，而 consumer2 消费 broker1 中的分区；如果分区的分配是机架感知的，那么就会出现图 7-1（下半部分）的分配结果，consumer1 消费 broker1 中的分区，而 consumer2 消费 broker2 中的分区，这样相比前一种情形，既可以减少消费延时，又可以减少跨机架带宽的占用。

再来说一下 Assignment 类，它用来表示分配结果信息，类中也有两个属性：partitions 和 userData，分别表示所分配到的分区集合和用户自定义的数据。PartitionAssignor 接口中的 onAssignment()方法是在每个消费者收到消费组 leader 分配结果时的回调函数，例如在 StickyAssignor 分配策略中就是通过这个方法保存当前的分配方案，以备在下次消费组再均衡（rebalance）时可以提供分配参考依据。

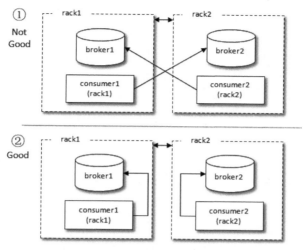

图 7-1　机架感知的分区分配

接口中的 name()方法用来提供分配策略的名称，对 Kafka 提供的 3 种分配策略而言，RangeAssignor 对应的 protocol_name 为"range"，RoundRobinAssignor 对应的 protocol_name 为"roundrobin"，StickyAssignor 对应的 protocol_name 为"sticky"，所以自定义的分配策略中要注意命名的时候不要与已存在的分配策略发生冲突。这个命名用来标识分配策略的名称，在后面所描述的加入消费组及选举消费组 leader 的时候会有涉及。

真正的分区分配方案的实现是在 assign()方法中，方法中的参数 metadata 表示集群的元数据信息，而 subscriptions 表示消费组内各个消费者成员的订阅信息，最终方法返回各个消费者的分配信息。

Kafka 还提供了一个抽象类 org.apache.kafka.clients.consumer.internals.AbstractPartitionAssignor，它可以简化实现 PartitionAssignor 接口的工作，并对 assign()方法进行了详细实现，其中会将 Subscription 中的 userData 信息去掉后再进行分配。Kafka 提供的 3 种分配策略都继承自这个抽象类。如果开发人员在自定义分区分配策略时需要使用 userData 信息来控制分区分配的结果，那么就不能直接继承 AbstractPartitionAssignor 这个抽象类，而需要直接实现 PartitionAssignor 接口。

下面笔者参考 Kafka 的 RangeAssignor 分配策略来自定义一个随机的分配策略，这里笔者称之为 RandomAssignor，具体代码实现如下：

```
package org.apache.kafka.clients.consumer;

import org.apache.kafka.clients.consumer.internals.AbstractPartitionAssignor;
import org.apache.kafka.common.TopicPartition;
```

```java
import java.util.*;

/**
 * Created by 朱小厮 on 2018/12/25.
 * 欢迎关注笔者的微信公众号：朱小厮的博客
 */
public class RandomAssignor extends AbstractPartitionAssignor {
    @Override
    public String name() {
        return "random";
    }

    @Override
    public Map<String, List<TopicPartition>> assign(
            Map<String, Integer> partitionsPerTopic,
            Map<String, Subscription> subscriptions) {
        Map<String, List<String>> consumersPerTopic =
                consumersPerTopic(subscriptions);
        Map<String, List<TopicPartition>> assignment = new HashMap<>();
        for (String memberId : subscriptions.keySet()) {
            assignment.put(memberId, new ArrayList<>());
        }

        //针对每一个主题进行分区分配
        for (Map.Entry<String, List<String>> topicEntry :
                consumersPerTopic.entrySet()) {
            String topic = topicEntry.getKey();
            List<String> consumersForTopic = topicEntry.getValue();
            int consumerSize = consumersForTopic.size();

            Integer numPartitionsForTopic = partitionsPerTopic.get(topic);
            if (numPartitionsForTopic == null) {
                continue;
            }

            //当前主题下的所有分区
            List<TopicPartition> partitions =
                AbstractPartitionAssignor.partitions(topic,
```

```
                    numPartitionsForTopic);
               //将每个分区随机分配给一个消费者
               for (TopicPartition partition : partitions) {
                   int rand = new Random().nextInt(consumerSize);
                   String randomConsumer = consumersForTopic.get(rand);
                   assignment.get(randomConsumer).add(partition);
               }
           }
           return assignment;
       }


       //获取每个主题对应的消费者列表，即[topic, List[consumer]]
       private Map<String, List<String>> consumersPerTopic(
           Map<String, Subscription> consumerMetadata) {
           Map<String, List<String>> res = new HashMap<>();
           for (Map.Entry<String, Subscription> subscriptionEntry :
                   consumerMetadata.entrySet()) {
               String consumerId = subscriptionEntry.getKey();
               for (String topic : subscriptionEntry.getValue().topics())
                   put(res, topic, consumerId);
           }
           return res;
       }
   }
```

在使用时，消费者客户端需要添加相应的 Properties 参数，示例如下：

```
properties.put(ConsumerConfig.PARTITION_ASSIGNMENT_STRATEGY_CONFIG,
    RandomAssignor.class.getName());
```

这里只是演示如何自定义实现一个分区分配策略，RandomAssignor 的实现并不是特别理想，并不见得会比 Kafka 自身提供的 RangeAssignor 之类的策略要好。

在第 3 章中陈述了一个事实：按照 Kafka 默认的消费逻辑设定，一个分区只能被同一个消费组（ConsumerGroup）内的一个消费者消费。但这一设定不是绝对的，我们可以通过自定义分区分配策略使一个分区可以分配给多个消费者消费。

考虑一种极端情况，同一消费组内的任意消费者都可以消费订阅主题的所有分区，从而实现了一种"组内广播（消费）"的功能。针对第 3 章中图 3-4 的 7 个分区和 3 个消费者的情形，如果采用组内广播的分配策略，那么就会变成图 7-2 中的这种分配结果。

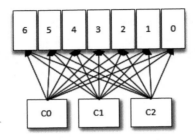

图 7-2　组内广播的分配策略

下面展示了组内广播分配策略的具体代码实现：

```
public class BroadcastAssignor extends AbstractPartitionAssignor{
    @Override
    public String name() {
        return "broadcast";
    }

    private Map<String, List<String>> consumersPerTopic(
            Map<String, Subscription> consumerMetadata) {
        （具体实现请参考 RandomAssignor 中的 consumersPerTopic()方法）
    }

    @Override
    public Map<String, List<TopicPartition>> assign(
            Map<String, Integer> partitionsPerTopic,
            Map<String, Subscription> subscriptions) {
        Map<String, List<String>> consumersPerTopic =
                consumersPerTopic(subscriptions);
        Map<String, List<TopicPartition>> assignment = new HashMap<>();
        //Java8
        subscriptions.keySet().forEach(memberId ->
                assignment.put(memberId, new ArrayList<>()));
        //针对每一个主题，为每一个订阅的消费者分配所有的分区
        consumersPerTopic.entrySet().forEach(topicEntry->{
            String topic = topicEntry.getKey();
            List<String> members = topicEntry.getValue();
```

```
Integer numPartitionsForTopic = partitionsPerTopic.get(topic);
if (numPartitionsForTopic == null || members.isEmpty())
    return;
List<TopicPartition> partitions = AbstractPartitionAssignor
        .partitions(topic, numPartitionsForTopic);
if (!partitions.isEmpty()) {
    members.forEach(memberId ->
            assignment.get(memberId).addAll(partitions));
}
});
return assignment;
    }
}
```

注意组内广播的这种实现方式会有一个严重的问题——默认的消费位移的提交会失效。所有的消费者都会提交它自身的消费位移到 __consumer_offsets 中，后提交的消费位移会覆盖前面提交的消费位移。

假设消费者 consumer1 提交了分区 tp0 的消费位移为 10，这时消费者 consumer2 紧接着提交了同一分区 tp0 的消费位移为 12，如果此时消费者 consumer1 由于某些原因重启了，那么 consumer1 就会从位移 12 之后重新开始消费，这样 consumer1 就丢失了部分消息。

再考虑另一种情况，同样消费者 consumer1 提交了分区 tp0 的消费位移为 10，这时消费者 consumer2 紧接着提交了同一分区的消费位移为 8，如果此时消费者 consumer1 由于某些原因重启了，那么 consumer1 就会从位移 8 之后重新开始消费，这样 consumer1 就重复消费了消息。很多情形下，重复消费少量消息对于上层业务应用来说可以忍受。但是设想这样一种情况，消费组内的消费者对于分区 tp0 的消费位移都在 100000 之后了，此时又有一个新的消费者 consumer3 加入进来，消费了部分消息之后提交了 tp0 的消费位移为 9，那么此时原消费组内的任何消费者重启都会从这个消费位移 9 之后再开始重新消费，这样大量的重复消息会让上层业务应用猝不及防，同样会造成计算资源的浪费。

针对上述这种情况，如果要真正实现组内广播，则需要自己保存每个消费者的消费位移。笔者的实践经验是，可以通过将消费位移保存到本地文件或数据库中等方法来实现组内广播的位移提交。

虽然说可以通过自定义分区分配策略来打破 Kafka 中"一个分区只能被同一个消费组内的一个消费者消费"的禁忌（参考图 7-3 中的消费者 C0 和 C1），但想要通过自定义分区分配策略来实现图 7-3 中的消费者 C3 和 C4 共同分享单个分区的消息是不现实的。更加通俗一点来说，图 7-3 中的消费者 C3 和 C4 都处于正常稳定的状态，此时它们想要共同分享分区 3 中的消息，即 C3 消费 0、1、2 这 3 条消息，而 C4 消费 3、4 这 2 条消息，紧接着 C3 再消费 5、6、7 这 3 条消息，这种分配是无法实现的。不过这种诉求可以配合 KafkaConsumer 中的 seek()方法来实现，实际应用价值不大。

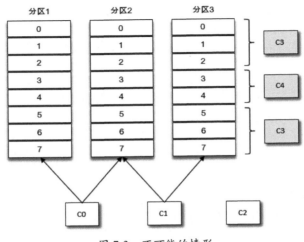

图 7-3　不可能的情形

7.2　消费者协调器和组协调器

了解了 Kafka 中消费者的分区分配策略之后是否会有这样的疑问：如果消费者客户端中配置了两个分配策略，那么以哪个为准呢？如果有多个消费者，彼此所配置的分配策略并不完全相同，那么以哪个为准？多个消费者之间的分区分配是需要协同的，那么这个协同的过程又是怎样的呢？这一切都是交由消费者协调器（ConsumerCoordinator）和组协调器（GroupCoordinator）来完成的，它们之间使用一套组协调协议进行交互。

7.2.1　旧版消费者客户端的问题

消费者协调器和组协调器的概念是针对新版的消费者客户端而言的，Kafka 建立之初并没有它们。旧版的消费者客户端是使用 ZooKeeper 的监听器（Watcher）来实现这些功能的。

每个消费组（<group>）在 ZooKeeper 中都维护了一个/consumers/<group>/ids 路径，在此路径下使用临时节点记录隶属于此消费组的消费者的唯一标识（consumerIdString），consumerIdString 由消费者启动时创建。消费者的唯一标识由 consumer.id+主机名+时间戳+UUID 的部分信息构成，其中 consumer.id 是旧版消费者客户端中的配置，相当于新版客户端中的 client.id。比如某个消费者的唯一标识为 consumerId_localhost-1510734527562-64b377f5，那么其中 consumerId 为指定的 consumer.id，localhost 为计算机的主机名，1510734527562 代表时间戳，而 64b377f5 表示 UUID 的部分信息。

参考图 7-4，与/consumers/<group>/ids 同级的还有两个节点：owners 和 offsets，/consumers/<group>/owner 路径下记录了分区和消费者的对应关系，/consumers/<group>/offsets 路径下记录了此消费组在分区中对应的消费位移。

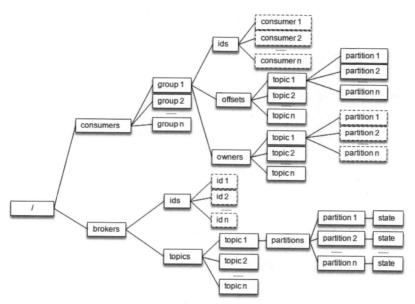

图 7-4　ZooKeeper 中与消费有关的路径节点

每个 broker、主题和分区在 ZooKeeper 中也都对应一个路径：/brokers/ids/<id>记录了 host、port 及分配在此 broker 上的主题分区列表；/brokers/topics/<topic>记录了每个分区的 leader 副本、ISR 集合等信息。/brokers/topics/<topic>/partitions/<partition>/state 记录了当前 leader 副本、leader_epoch 等信息。

每个消费者在启动时都会在/consumers/<group>/ids 和/brokers/ids 路径上注册一个监听器。当/consumers/<group>/ids 路径下的子节点发生变化时，表示消费组中的消费者发生了变化；当/brokers/ids 路径下的子节点发生变化时，表示 broker 出现了增减。这样通过 ZooKeeper 所提供的 Watcher，每个消费者就可以监听消费组和 Kafka 集群的状态了。

这种方式下每个消费者对 ZooKeeper 的相关路径分别进行监听，当触发再均衡操作时，一个消费组下的所有消费者会同时进行再均衡操作，而消费者之间并不知道彼此操作的结果，这样可能导致 Kafka 工作在一个不正确的状态。与此同时，这种严重依赖于 ZooKeeper 集群的做法还有两个比较严重的问题。

（1）羊群效应（Herd Effect）：所谓的羊群效应是指 ZooKeeper 中一个被监听的节点变化，大量的 Watcher 通知被发送到客户端，导致在通知期间的其他操作延迟，也有可能发生类似死锁的情况。

（2）脑裂问题（Split Brain）：消费者进行再均衡操作时每个消费者都与 ZooKeeper 进行通信以判断消费者或 broker 变化的情况，由于 ZooKeeper 本身的特性，可能导致在同一时刻各个消费者获取的状态不一致，这样会导致异常问题发生。

7.2.2　再均衡的原理

新版的消费者客户端对此进行了重新设计，将全部消费组分成多个子集，每个消费组的子集在服务端对应一个 GroupCoordinator 对其进行管理，GroupCoordinator 是 Kafka 服务端中用于管理消费组的组件。而消费者客户端中的 ConsumerCoordinator 组件负责与 GroupCoordinator 进行交互。

ConsumerCoordinator 与 GroupCoordinator 之间最重要的职责就是负责执行消费者再均衡的操作，包括前面提及的分区分配的工作也是在再均衡期间完成的。就目前而言，一共有如下几种情形会触发再均衡的操作：

- 有新的消费者加入消费组。
- 有消费者宕机下线。消费者并不一定需要真正下线，例如遇到长时间的 GC、网络延迟导致消费者长时间未向 GroupCoordinator 发送心跳等情况时，GroupCoordinator 会认为消费者已经下线。
- 有消费者主动退出消费组（发送 LeaveGroupRequest 请求）。比如客户端调用了 unsubscrible()方法取消对某些主题的订阅。
- 消费组所对应的 GroupCoorinator 节点发生了变更。
- 消费组内所订阅的任一主题或者主题的分区数量发生变化。

下面就以一个简单的例子来讲解一下再均衡操作的具体内容。当有消费者加入消费组时，消费者、消费组及组协调器之间会经历一下几个阶段。

第一阶段（FIND_COORDINATOR）

消费者需要确定它所属的消费组对应的 GroupCoordinator 所在的 broker，并创建与该 broker 相互通信的网络连接。如果消费者已经保存了与消费组对应的 GroupCoordinator 节点的信息，并且与它之间的网络连接是正常的，那么就可以进入第二阶段。否则，就需要向集群中的某个节点发送 FindCoordinatorRequest 请求来查找对应的 GroupCoordinator，这里的"某个节点"并非是集群中的任意节点，而是负载最小的节点，即 2.2.2 节中的 leastLoadedNode。

如图 7-5 所示，FindCoordinatorRequest 请求体中只有两个域（Field）：coordinator_key 和 coordinator_type。coordinator_key 在这里就是消费组的名称，即 groupId，coordinator_type 置为 0。这个 FindCoordinatorRequest 请求还会在 Kafka 事务（参考 7.4.3 节）中提及，为了便于说明问题，这里我们暂且忽略它。

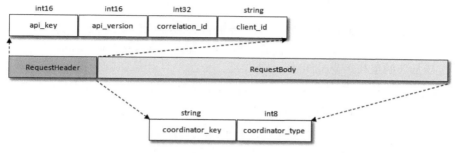

图 7-5　FindCoordinatorRequest 的结构

Kafka 在收到 FindCoordinatorRequest 请求之后，会根据 coordinator_key（也就是 groupId）查找对应的 GroupCoordinator 节点，如果找到对应的 GroupCoordinator 则会返回其相对应的 node_id、host 和 port 信息。

具体查找 GroupCoordinator 的方式是先根据消费组 groupId 的哈希值计算 __consumer_offsets 中的分区编号，具体算法如代码清单 7-1 所示。

代码清单 7-1　消费组所对应的分区号的计算方式

```
Utils.abs(groupId.hashCode) % groupMetadataTopicPartitionCount
```

其中 groupId.hashCode 就是使用 Java 中 String 类的 hashCode()方法获得的，groupMetadataTopicPartitionCount 为主题 __consumer_offsets 的分区个数，这个可以通过 broker 端参数 offsets.topic.num.partitions 来配置，默认值为 50。

找到对应的 __consumer_offsets 中的分区之后，再寻找此分区 leader 副本所在的 broker 节点，该 broker 节点即为这个 groupId 所对应的 GroupCoordinator 节点。消费者 groupId 最终的分区分配方案及组内消费者所提交的消费位移信息都会发送给此分区 leader 副本所在的 broker 节点，让此 broker 节点既扮演 GroupCoordinator 的角色，又扮演保存分区分配方案和组内消费者位移的角色，这样可以省去很多不必要的中间轮转所带来的开销。

第二阶段（JOIN_GROUP）

在成功找到消费组所对应的 GroupCoordinator 之后就进入加入消费组的阶段，在此阶段的消费者会向 GroupCoordinator 发送 JoinGroupRequest 请求，并处理响应。

如图 7-6 所示，JoinGroupRequest 的结构包含多个域：

- `group_id` 就是消费组的 id，通常也表示为 groupId。

- `session_timout` 对应消费端参数 `session.timeout.ms`，默认值为 10000，即 10 秒。GroupCoordinator 超过 `session_timeout` 指定的时间内没有收到心跳报文则认为此消费者已经下线。

- `rebalance_timeout` 对应消费端参数 `max.poll.interval.ms`，默认值为 300000，即 5 分钟。表示当消费组再平衡的时候，GroupCoordinator 等待各个消费者重新加入的最长等待时间。

- `member_id` 表示 GroupCoordinator 分配给消费者的 id 标识。消费者第一次发送 JoinGroupRequest 请求的时候此字段设置为 null。

- `protocol_type` 表示消费组实现的协议，对于消费者而言此字段值为 "consumer"。

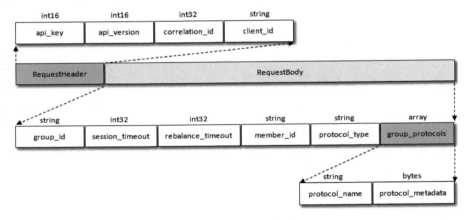

图 7-6　JoinGroupRequest 的结构

JoinGroupRequest 中的 `group_protocols` 域为数组类型，其中可以囊括多个分区分配策略，这个主要取决于消费者客户端参数 `partition.assignment.strategy` 的配置。如果配置了多种策略，那么 JoinGroupRequest 中就会包含多个 `protocol_name` 和 `protocol_metadata`。其中 `protocol_name` 对应于 PartitionAssignor 接口中的 name()方法，我们在讲述消费者分区分配策略的时候提及过相关内容（参考 7.1.4 节）。而 `protocol_metadata` 和 PartitionAssignor 接口中的 subscription()方法有直接关系，`protocol_metadata` 是一个 bytes 类型，其实质上还可以更细粒度地划分为 `version`、`topics` 和 `user_data`，如图 7-7 所示。

图 7-7　protocol_metadata 的结构

version 占 2 个字节，目前其值固定为 0；topics 对应 PartitionAssignor 接口的 subscription() 方法返回值类型 Subscription 中的 topics，代表一个主题列表；user_data 对应 Subscription 中的 userData，可以为空。

如果是原有的消费者重新加入消费组，那么在真正发送 JoinGroupRequest 请求之前还要执行一些准备工作：

（1）如果消费端参数 enable.auto.commit 设置为 true（默认值也为 true），即开启自动提交位移功能，那么在请求加入消费组之前需要向 GroupCoordinator 提交消费位移。这个过程是阻塞执行的，要么成功提交消费位移，要么超时。

（2）如果消费者添加了自定义的再均衡监听器（ConsumerRebalanceListener），那么此时会调用 onPartitionsRevoked() 方法在重新加入消费组之前实施自定义的规则逻辑，比如清除一些状态，或者提交消费位移等。

（3）因为是重新加入消费组，之前与 GroupCoordinator 节点之间的心跳检测也就不需要了，所以在成功地重新加入消费组之前需要禁止心跳检测的运作。

消费者在发送 JoinGroupRequest 请求之后会阻塞等待 Kafka 服务端的响应。服务端在收到 JoinGroupRequest 请求后会交由 GroupCoordinator 来进行处理。GroupCoordinator 首先会对 JoinGroupRequest 请求做合法性校验，比如 group_id 是否为空、当前 broker 节点是否是请求的消费者组所对应的组协调器、rebalance_timeout 的值是否在合理的范围之内。如果消费者是第一次请求加入消费组，那么 JoinGroupRequest 请求中的 member_id 值为 null，即没有它自身的唯一标志，此时组协调器负责为此消费者生成一个 member_id。这个生成的算法很简单，具体如以下伪代码所示。

```
String memberId = clientId + "-" + UUID.randomUUID().toString();
```

其中 clientId 为消费者客户端的 clientId，对应请求头中的 client_id。由此可见消费者的 member_id 由 clientId 和 UUID 用 "-" 字符拼接而成。

选举消费组的 leader

GroupCoordinator 需要为消费组内的消费者选举出一个消费组的 leader，这个选举的算法也很简单，分两种情况分析。如果消费组内还没有 leader，那么第一个加入消费组的消费者即为消费组的 leader。如果某一时刻 leader 消费者由于某些原因退出了消费组，那么会重新选举一个新的 leader，这个重新选举 leader 的过程又更"随意"了，相关代码如下：

```scala
//scala code.
private val members = new mutable.HashMap[String, MemberMetadata]
var leaderId = members.keys.head
```

解释一下这 2 行代码：在 GroupCoordinator 中消费者的信息是以 HashMap 的形式存储的，其中 key 为消费者的 member_id，而 value 是消费者相关的元数据信息。leaderId 表示 leader 消费者的 member_id，它的取值为 HashMap 中的第一个键值对的 key，这种选举的方式基本上和随机无异。总体上来说，消费组的 leader 选举过程是很随意的。

选举分区分配策略

每个消费者都可以设置自己的分区分配策略，对消费组而言需要从各个消费者呈报上来的各个分配策略中选举一个彼此都"信服"的策略来进行整体上的分区分配。这个分区分配的选举并非由 leader 消费者决定，而是根据消费组内的各个消费者投票来决定的。这里所说的"根据组内的各个消费者投票来决定"不是指 GroupCoordinator 还要再与各个消费者进行进一步交互，而是根据各个消费者呈报的分配策略来实施。最终选举的分配策略基本上可以看作被各个消费者支持的最多的策略，具体的选举过程如下：

（1）收集各个消费者支持的所有分配策略，组成候选集 candidates。

（2）每个消费者从候选集 candidates 中找出第一个自身支持的策略，为这个策略投上一票。

（3）计算候选集中各个策略的选票数，选票数最多的策略即为当前消费组的分配策略。

如果有消费者并不支持选出的分配策略，那么就会报出异常 IllegalArgumentException：Member does not support protocol。需要注意的是，这里所说的"消费者所支持的分配策略"是指 partition.assignment.strategy 参数配置的策略，如果这个参数值只配置了 RangeAssignor，那么这个消费者客户端只支持 RangeAssignor 分配策略，而不是消费者客户端代码中实现的 3 种分配策略及可能的自定义分配策略。

在此之后，Kafka 服务端就要发送 JoinGroupResponse 响应给各个消费者，leader 消费者和其他普通消费者收到的响应内容并不相同，首先我们看一下 JoinGroupResponse 的具体结构，如图 7-8 所示。

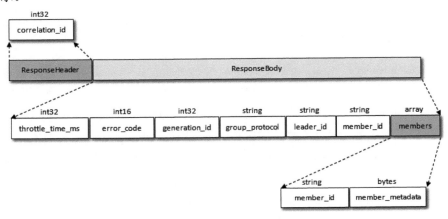

图 7-8　JoinGroupResponse 的结构

JoinGroupResponse 包含了多个域，其中 `generation_id` 用来标识当前消费组的年代信息，避免受到过期请求的影响。`leader_id` 表示消费组 leader 消费者的 `member_id`。

Kafka 发送给普通消费者的 JoinGroupResponse 中的 `members` 内容为空，而只有 leader 消费者的 JoinGroupResponse 中的 `members` 包含有效数据。`members` 为数组类型，其中包含各个成员信息。`member_metadata` 为消费者的订阅信息，与 JoinGroupRequest 中的 `protocol_metadata` 内容相同，不同的是 JoinGroupRequest 可以包含多个<protocol_name, protocol_metadata>的键值对，在收到 JoinGroupRequest 之后，GroupCoordinator 已经选举出唯一的分配策略。也就是说，`protocol_name` 已经确定（`group_protocol`），那么对应的 `protocol_metadata` 也就确定了，最终各个消费者收到的 JoinGroupResponse 响应中的 `member_metadata` 就是这个确定了的 `protocol_metadata`。由此可见，Kafka 把分区分配的具体分配交还给客户端，自身并不参与具体的分配细节，这样即使以后分区分配的策略发生了变更，也只需要重启消费端的应用即可，而不需要重启服务端。

本阶段的内容可以简要概括为图 7-9 和图 7-10。

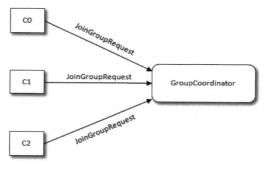

每个消费者都向GroupCoordinator发送JoinGroupRequest请求，其中携带了各自提案的分配策略和订阅信息

图 7-9　客户端发送 JoinGroupRequest 请求

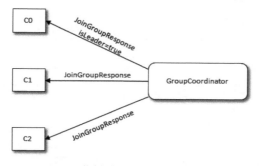

JoinGroupResponse回执中包含GroupCoordinator中投票选举出的分配策略的信息。并且，只有leader消费者的回执中包含各个消费者的订阅信息

图 7-10　客户端接收 JoinGroupResponse 响应

第三阶段（SYNC_GROUP）

leader 消费者根据在第二阶段中选举出来的分区分配策略来实施具体的分区分配，在此之后需要将分配的方案同步给各个消费者，此时 leader 消费者并不是直接和其余的普通消费者同步分配方案，而是通过 GroupCoordinator 这个"中间人"来负责转发同步分配方案的。在第三阶段，也就是同步阶段，各个消费者会向 GroupCoordinator 发送 SyncGroupRequest 请求来同步分配方案，如图 7-11 所示。

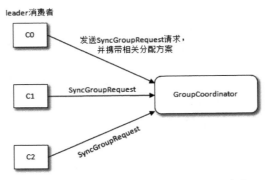

图 7-11　客户端发送 SyncGroupRequest 请求

我们再来看一下 SyncGroupRequest 请求的具体结构，如图 7-12 所示。SyncGroupRequest 中的 `group_id`、`generation_id` 和 `member_id` 前面都有涉及，这里不再赘述。只有 leader 消费者发送的 SyncGroupRequest 请求中才包含具体的分区分配方案，这个分配方案保存在 `group_assignment` 中，而其余消费者发送的 SyncGroupRequest 请求中的 `group_assignment` 为空。

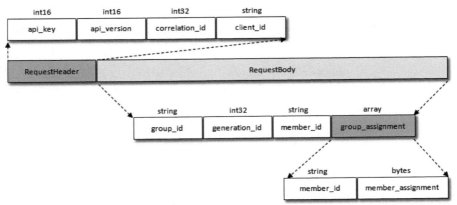

图 7-12　SyncGroupRequest 的结构

`group_assignment` 是一个数组类型，其中包含了各个消费者对应的具体分配方案：

`member_id` 表示消费者的唯一标识，而 `member_assignment` 是与消费者对应的分配方案，它还可以做更具体的划分，`member_assignment` 的结构如图 7-13 所示。

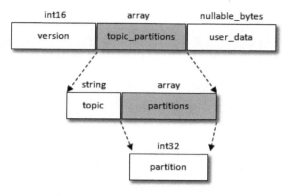

图 7-13　member_assignment 的结构

与 JoinGroupRequest 请求中的 `protocol_metadata` 类似，都可以细分为 3 个更具体的字段，只不过 `protocol_metadata` 存储的是主题的列表信息，而 `member_assignment` 存储的是分区信息，`member_assignment` 中可以包含多个主题的多个分区信息。

服务端在收到消费者发送的 SyncGroupRequest 请求之后会交由 GroupCoordinator 来负责具体的逻辑处理。GroupCoordinator 同样会先对 SyncGroupRequest 请求做合法性校验，在此之后会将从 leader 消费者发送过来的分配方案提取出来，连同整个消费组的元数据信息一起存入 Kafka 的 __consumer_offsets 主题中，最后发送响应给各个消费者以提供给各个消费者各自所属的分配方案。

这里所说的响应就是指 SyncGroupRequest 请求对应的 SyncGroupResponse，SyncGroupResponse 的内容很简单，里面包含的就是消费者对应的所属分配方案，SyncGroupResponse 的结构如图 7-14 所示，具体字段的释义可以从前面的内容中推测出来，这里就不赘述了。

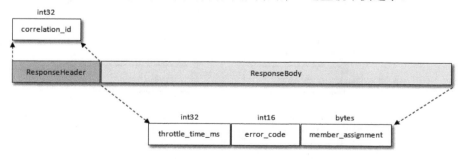

图 7-14　SyncGroupResponse 的结构

当消费者收到所属的分配方案之后会调用 PartitionAssignor 中的 onAssignment()方法。随后再调用 ConsumerRebalanceListener 中的 OnPartitionAssigned()方法。之后开启心跳任务，消费者定期向服务端的 GroupCoordinator 发送 HeartbeatRequest 来确定彼此在线。

消费组元数据信息

我们知道消费者客户端提交的消费位移会保存在 Kafka 的__consumer_offsets 主题中，这里也一样，只不过保存的是消费组的元数据信息（GroupMetadata）。具体来说，每个消费组的元数据信息都是一条消息，不过这类消息并不依赖于具体版本的消息格式，因为它只定义了消息中的 key 和 value 字段的具体内容，所以消费组元数据信息的保存可以做到与具体的消息格式无关。

图 7-15 中对应的就是消费组元数据信息的具体内容格式，上面是消息的 key，下面是消息的 value。可以看到 key 和 value 中都包含 version 字段，用来标识具体的 key 和 value 的版本信息，不同的版本对应的内容格式可能并不相同，就目前版本而言，key 的 version 为 2，而 value 的 version 为 1，读者在理解时其实可以忽略这个字段而探究其他具备特定含义的内容。key 中除了 version 就是 group 字段，它表示消费组的名称，和 JoinGroupRequest 或 SyncGroupRequest 请求中的 group_id 是同一个东西。虽然 key 中包含了 version 字段，但确定这条信息所要存储的分区还是根据单独的 group 字段来计算的，这样就可以保证消费组的元数据信息与消费组对应的 GroupCoordinator 处于同一个 broker 节点上，省去了中间轮转的开销。

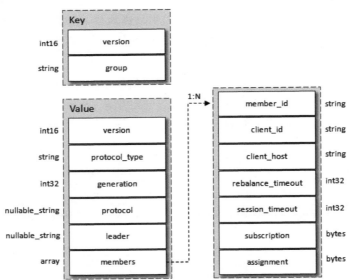

图 7-15　消费组元数据信息

value 中包含的内容有很多，可以参照和 JoinGroupRequest 或 SyncGroupRequest 请求中的

内容来理解，具体各个字段的释义如下。

- `protocol_type`：消费组实现的协议，这里的值为"consumer"。
- `generation`：标识当前消费组的年代信息，避免收到过期请求的影响。
- `protocol`：消费组选取的分区分配策略。
- `leader`：消费组的 leader 消费者的名称。
- `members`：数组类型，其中包含了消费组的各个消费者成员信息，图 7-15 中右边部分就是消费者成员的具体信息，每个具体字段都比较容易辨别，需要着重说明的是 `subscription` 和 `assignment` 这两个字段，分别代码消费者的订阅信息和分配信息。

第四阶段（HEARTBEAT）

进入这个阶段之后，消费组中的所有消费者就会处于正常工作状态。在正式消费之前，消费者还需要确定拉取消息的起始位置。假设之前已经将最后的消费位移提交到了 GroupCoordinator，并且 GroupCoordinator 将其保存到了 Kafka 内部的 __consumer_offsets 主题中，此时消费者可以通过 OffsetFetchRequest 请求获取上次提交的消费位移并从此处继续消费。

消费者通过向 GroupCoordinator 发送心跳来维持它们与消费组的从属关系，以及它们对分区的所有权关系。只要消费者以正常的时间间隔发送心跳，就被认为是活跃的，说明它还在读取分区中的消息。心跳线程是一个独立的线程，可以在轮询消息的空档发送心跳。如果消费者停止发送心跳的时间足够长，则整个会话就被判定为过期，GroupCoordinator 也会认为这个消费者已经死亡，就会触发一次再均衡行为。消费者的心跳间隔时间由参数 heartbeat.interval.ms 指定，默认值为 3000，即 3 秒，这个参数必须比 session.timeout.ms 参数设定的值要小，一般情况下 heartbeat.interval.ms 的配置值不能超过 session.timeout.ms 配置值的 1/3。这个参数可以调整得更低，以控制正常重新平衡的预期时间。

如果一个消费者发生崩溃，并停止读取消息，那么 GroupCoordinator 会等待一小段时间，确认这个消费者死亡之后才会触发再均衡。在这一小段时间内，死掉的消费者并不会读取分区里的消息。这个一小段时间由 session.timeout.ms 参数控制，该参数的配置值必须在 broker 端参数 group.min.session.timeout.ms（默认值为 6000，即 6 秒）和 group.max.session.timeout.ms（默认值为 300000，即 5 分钟）允许的范围内。

还有一个参数 max.poll.interval.ms，它用来指定使用消费者组管理时 poll() 方法调用之间的最大延迟，也就是消费者在获取更多消息之前可以空闲的时间量的上限。如果此超时时间期满之前 poll() 没有调用，则消费者被视为失败，并且分组将重新平衡，以便将分区重新分配给别的成员。

除了被动退出消费组，还可以使用 LeaveGroupRequest 请求主动退出消费组，比如客户端调用了 unsubscrible()方法取消对某些主题的订阅，这个比较简单，这里就不再赘述了。

7.3 __consumer_offsets 剖析

位移提交是使用消费者客户端过程中一个比较"讲究"的操作，3.2.5 节也使用了较大的篇幅来介绍它。位移提交的内容最终会保存到 Kafka 的内部主题__consumer_offsets 中，对于主题__consumer_offsets 的深度掌握也可以让我们更好地理解和使用好位移提交。

一般情况下，当集群中第一次有消费者消费消息时会自动创建主题__consumer_offsets，不过它的副本因子还受 offsets.topic.replication.factor 参数的约束，这个参数的默认值为 3（下载安装的包中此值可能为 1），分区数可以通过 offsets.topic.num.partitions 参数设置，默认为 50。客户端提交消费位移是使用 OffsetCommitRequest 请求实现的，OffsetCommitRequest 的结构如图 7-16 所示。

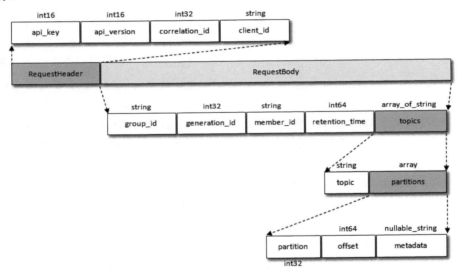

图 7-16 OffsetCommitRequest 的结构

如果已经掌握了 6.1 节和 7.2 节的内容，那么就很容易理解 OffsetCommitRequest 的结构。请求体第一层中的 group_id、generation_id 和 member_id 在前面的内容中已经介绍过多次了，retention_time 表示当前提交的消费位移所能保留的时长，不过对于消费者而言这个值保持为-1。也就是说，按照 broker 端的配置 offsets.retention.minutes 来确定保留时长。offsets.retention.minutes 的默认值为 10080，即 7 天，超过这个时间后消费位移的信息就会被删除（使用墓碑消息和日志压缩策略）。注意这个参数在 2.0.0 版本之前的默认值为 1440，即 1 天，很多关于消费位移的异常也是由这个参数的值配置不当造成的。有些定时消费的任务在执行完某次消费任务之后保存了消费位移，之后隔了一段时间再次执行消费任务，如果这个间隔时间超过 `offsets.retention.minutes` 的配置值，那么原先的位移信息就会丢失，最后只能根据客户端参数 `auto.offset.reset` 来决定开始消费的位置，遇到这种情况时就需要根据实际情况来调配 `offsets.retention.minutes` 参数的值。

　　OffsetCommitRequest 中的其余字段大抵也是按照分区的粒度来划分消费位移的：`topic` 表示主题名称，`partition` 表示分区编号等。注意这里还有一个 `metadata` 字段。在 3.2.5 节中讲到手动位移提交时提到了可以通过 Map<TopicPartition, OffsetAndMetadata> offsets 参数来指定要提交的分区位移，相关使用方法可以参考代码清单 3-3 和代码清单 3-4。OffsetAndMetadata 中包含 2 个成员变量（`offset` 和 `metadata`），与此对应的有两个构造方法，详细如下：

```
public OffsetAndMetadata(long offset)
public OffsetAndMetadata(long offset, String metadata)
```

　　代码清单 3-3 和代码清单 3-4 等示例都只用到了第一种构造方法而忽略了 `metadata`。`metadata` 是自定义的元数据信息，如果不指定这个参数，那么就会被设置为空字符串，注意 `metadata` 的长度不能超过 `offset.metadata.max.bytes` 参数（broker 端配置，默认值为 4096）所配置的大小。

　　同消费组的元数据信息一样，最终提交的消费位移也会以消息的形式发送至主题 __consumer_offsets，与消费位移对应的消息也只定义了 key 和 value 字段的具体内容，它不依赖于具体版本的消息格式，以此做到与具体的消息格式无关。

　　图 7-17 中展示了消费位移对应的消息内容格式，上面是消息的 key，下面是消息的 value。可以看到 key 和 value 中都包含了 version 字段，这个用来标识具体的 key 和 value 的版本信息，不同的版本对应的内容格式可能并不相同。就目前版本而言，key 和 value 的 version 值都为 1。key 中除了 version 字段还有 group、topic、partition 字段，分别表示消费组的 groupId、主题名称和分区编号。虽然 key 中包含了 4 个字段，但最终确定这条消息所要存储的分区还是根据单独的 `group` 字段来计算的，这样就可以保证消费位移信息与消费组对应的 GroupCoordinator 处于同一个 broker 节点上，省去了中间轮转的开销，这一点与消费组的元数据信息的存储是一样的。

　　value 中包含了 5 个字段，除 version 字段外，其余的 `offset`、`metadata`、`commit_timestamp`、`expire_timestamp` 字段分别表示消费位移、自定义的元数据信息、位移提交到 Kafka 的时间戳、消费位移被判定为超时的时间戳。其中 `offset` 和 `metadata` 与 OffsetCommitRequest 请求体中的 `offset` 和 `metadata` 对应，而 `expire_timestamp` 和 OffsetCommitRequest 请求体中的 `retention_time` 也有关联，`commit_timestamp` 值与 `offsets.retention.minutes` 参数值之和即为 expire_timestamp（默认情况下）。

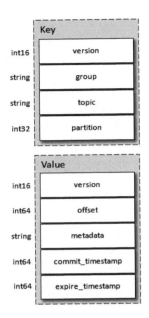

图 7-17　消费位移对应的内容格式

　　在处理完消费位移之后，Kafka 返回 OffsetCommitResponse 给客户端，OffsetCommitResponse 的结构如图 7-18 所示。OffsetCommitResponse 中各个域的具体含义可以通过前面内容中推断出来，这里就不再赘述了。

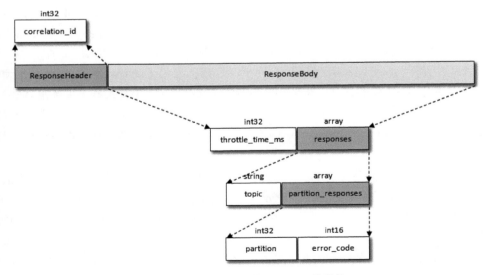

图 7-18　OffsetCommitResponse 的结构

我们可以通过 kafka-console-consumer.sh 脚本来查看 __consumer_offsets 中的内容，不过要设定 formatter 参数为 kafka.coordinator.group.GroupMetadataManager$OffsetsMessageFormatter。假设我们要查看消费组"consumerGroupId"的位移提交信息，首先可以根据代码清单 7-1 中的计算方式得出分区编号为 20，然后查看这个分区中的消息，相关示例如下：

```
[root@node1 kafka_2.11-2.0.0]# bin/kafka-console-consumer.sh --bootstrap-server
localhost:9092 --topic __consumer_offsets --partition 20 --formatter
'kafka.coordinator.group.GroupMetadataManager$OffsetsMessageFormatter'

[consumerGroupId,topic-offsets,30]::[OffsetMetadata[2130,NO_METADATA],Commit
Time 1538843128354,ExpirationTime 1539447928354]
[consumerGroupId,topic-offsets,8]::[OffsetMetadata[2310,NO_METADATA],CommitT
ime 1538843128354,ExpirationTime 1539447928354]
[consumerGroupId,topic-offsets,21]::[OffsetMetadata[1230,NO_METADATA],Commit
Time 1538843128354,ExpirationTime 1539447928354]
[consumerGroupId,topic-offsets,27]::[OffsetMetadata[1230,NO_METADATA],Commit
Time 1538843128354,ExpirationTime 1539447928354]
[consumerGroupId,topic-offsets,9]::[OffsetMetadata[1233,NO_METADATA],CommitT
ime 1538843128354,ExpirationTime 1539447928354]
[consumerGroupId,topic-offsets,35]::[OffsetMetadata[1230,NO_METADATA],Commit
Time 1538843128354,ExpirationTime 1539447928354]
[consumerGroupId,topic-offsets,41]::[OffsetMetadata[3210,NO_METADATA],Commit
Time 1538843128354,ExpirationTime 1539447928354]
[consumerGroupId,topic-offsets,33]::[OffsetMetadata[1310,NO_METADATA],Commit
Time 1538843128354,ExpirationTime 1539447928354]
[consumerGroupId,topic-offsets,23]::[OffsetMetadata[2123,NO_METADATA],Commit
Time 1538843128354,ExpirationTime 1539447928354]
```

（…省略若干）

一般情况下，使用 OffsetsMessageFormatter 打印的格式可以概括为：

```
"[%s,%s,%d]::[OffsetMetadata[%d,%s],CommitTime %d,ExpirationTime %d]".format
(group, topic, partition, offset, metadata, commitTimestamp, expireTimestamp)
```

这里面几个字段的含义可以参照图 7-17 来理解。这里需要说明的是，如果某个 key（version + group + topic + partition 的组合）对应的消费位移过期了，那么对应的 value 就会被设置为 null，也就是墓碑消息（主题 __consumer_offsets 使用的是日志压缩策略），对应的打印结果也会变成如下的形式：

```
" [%s,%s,%d]::null".format(group, topic, partition)
```

有时候在查看主题__consumer_offsets 中的内容时有可能出现下面这种情况：

```
[consumerGroupId,topic-offsets,21]::null
```

这说明对应的消费位移已经过期了。在 Kafka 中有一个名为"delete-expired-group-metadata"的定时任务来负责清理过期的消费位移，这个定时任务的执行周期由参数 offsets.retention.check.interval.ms 控制，默认值为 600000，即 10 分钟。

还有 metadata，一般情况下它的值要么为 null 要么为空字符串，出现这种情况时，OffsetsMessageFormatter 会把它展示为"NO_METADATA"，否则就按实际值进行展示。

> **冷门知识**：如果有若干消费者消费了某个主题中的消息，并且也提交了相应的消费位移，那么在删除这个主题之后会一并将这些消费位移信息删除。

7.4 事务

7.4.1 消息传输保障

一般而言，消息中间件的消息传输保障有 3 个层级，分别如下。

（1）at most once：至多一次。消息可能会丢失，但绝对不会重复传输。

（2）at least once：最少一次。消息绝不会丢失，但可能会重复传输。

（3）exactly once：恰好一次。每条消息肯定会被传输一次且仅传输一次。

Kafka 的消息传输保障机制非常直观。当生产者向 Kafka 发送消息时，一旦消息被成功提交到日志文件，由于多副本机制的存在，这条消息就不会丢失。如果生产者发送消息到 Kafka 之后，遇到了网络问题而造成通信中断，那么生产者就无法判断该消息是否已经提交。虽然 Kafka 无法确定网络故障期间发生了什么，但生产者可以进行多次重试来确保消息已经写入 Kafka，这个重试的过程中有可能会造成消息的重复写入，所以这里 Kafka 提供的消息传输保障为 at least once。

对消费者而言，消费者处理消息和提交消费位移的顺序在很大程度上决定了消费者提供哪一种消息传输保障。如果消费者在拉取完消息之后，应用逻辑先处理消息后提交消费位移，那么在消息处理之后且在位移提交之前消费者宕机了，待它重新上线之后，会从上一次位移提交的位置拉取，这样就出现了重复消费，因为有部分消息已经处理过了只是还没来得及提交消费位移，此时就对应 at least once。如果消费者在拉完消息之后，应用逻辑先提交消费位移后进行消息处理，那么在位移提交之后且在消息处理完成之前消费者宕机了，待它重新上线之后，会从已经提交的位移处开始重新消费，但之前尚有部分消息未进行消费，如此就会发生消息丢失，此时就对应 at most once。

Kafka 从 0.11.0.0 版本开始引入了幂等和事务这两个特性，以此来实现 EOS（exactly once semantics，精确一次处理语义）。

7.4.2　幂等

所谓的幂等，简单地说就是对接口的多次调用所产生的结果和调用一次是一致的。生产者在进行重试的时候有可能会重复写入消息，而使用 Kafka 的幂等性功能之后就可以避免这种情况。

开启幂等性功能的方式很简单，只需要显式地将生产者客户端参数 enable.idempotence 设置为 true 即可（这个参数的默认值为 false），参考如下：

```
properties.put(ProducerConfig.ENABLE_IDEMPOTENCE_CONFIG, true);
# 或者
properties.put("enable.idempotence", true);
```

不过如果要确保幂等性功能正常，还需要确保生产者客户端的 retries、acks、max.in.flight.requests.per.connection 这几个参数不被配置错。实际上在使用幂等性功能的时候，用户完全可以不用配置（也不建议配置）这几个参数。

如果用户显式地指定了 retries 参数，那么这个参数的值必须大于 0，否则会报出 ConfigException：

```
org.apache.kafka.common.config.ConfigException: Must set retries to non-zero
when using the idempotent producer.
```

如果用户没有显式地指定 retries 参数，那么 KafkaProducer 会将它置为 Integer.MAX_VALUE。同时还需要保证 max.in.flight.requests.per.connection 参数的值不能大于 5（这个参数的值默认为 5，在 2.2.1 节中有相关的介绍），否则也会报出 ConfigException：

```
org.apache.kafka.common.config.ConfigException: Must set max.in.flight.
requests.per.connection to at most 5 to use the idempotent producer.
```

如果用户还显式地指定了 acks 参数，那么还需要保证这个参数的值为-1（all），如果不为-1（这个参数的值默认为 1，2.3 节中有相关的介绍），那么也会报出 ConfigException：

```
org.apache.kafka.common.config.ConfigException: Must set acks to all in order
to use the idempotent producer. Otherwise we cannot guarantee idempotence.
```

如果用户没有显式地指定这个参数，那么 KafkaProducer 会将它置为-1。开启幂等性功能之后，生产者就可以如同未开启幂等时一样发送消息了。

为了实现生产者的幂等性，Kafka 为此引入了 producer id（以下简称 PID）和序列号（sequence number）这两个概念，这两个概念其实在 5.2.5 节中就讲过，分别对应 v2 版的日志格式中 RecordBatch 的 `producer id` 和 `first seqence` 这两个字段（参考图 5-7）。每个新的生产者实例在初始化的时候都会被分配一个 PID，这个 PID 对用户而言是完全透明的。对于每个 PID，消息发送到的每一个分区都有对应的序列号，这些序列号从 0 开始单调递增。生产者每发送一条消息就会将<PID，分区>对应的序列号的值加 1。

broker 端会在内存中为每一对<PID，分区>维护一个序列号。对于收到的每一条消息，只有当它的序列号的值（SN_new）比 broker 端中维护的对应的序列号的值（SN_old）大 1（即 SN_new = SN_old + 1）时，broker 才会接收它。如果 SN_new < SN_old + 1，那么说明消息被重复写入，broker 可以直接将其丢弃。如果 SN_new > SN_old + 1，那么说明中间有数据尚未写入，出现了乱序，暗示可能有消息丢失，对应的生产者会抛出 OutOfOrderSequenceException，这个异常是一个严重的异常，后续的诸如 send()、beginTransaction()、commitTransaction()等方法的调用都会抛出 IllegalStateException 的异常。

引入序列号来实现幂等也只是针对每一对<PID，分区>而言的，也就是说，Kafka 的幂等只能保证单个生产者会话（session）中单分区的幂等。

```
ProducerRecord<String, String> record
    = new ProducerRecord<>(topic, "key", "msg");
producer.send(record);
producer.send(record);
```

注意，上面示例中发送了两条相同的消息，不过这仅仅是指消息内容相同，但对 Kafka 而言是两条不同的消息，因为会为这两条消息分配不同的序列号。Kafka 并不会保证消息内容的幂等。

7.4.3 事务

幂等性并不能跨多个分区运作，而事务[1]可以弥补这个缺陷。事务可以保证对多个分区写

---

[1] 参考：https://cwiki.apache.org/confluence/display/KAFKA/KIP-98+-+Exactly+Once+Delivery+and+Transactional+Messaging。

入操作的原子性。操作的原子性是指多个操作要么全部成功，要么全部失败，不存在部分成功、部分失败的可能。

对流式应用（Stream Processing Applications）而言，一个典型的应用模式为 "consume-transform-produce"。在这种模式下消费和生产并存：应用程序从某个主题中消费消息，然后经过一系列转换后写入另一个主题，消费者可能在提交消费位移的过程中出现问题而导致重复消费，也有可能生产者重复生产消息。Kafka 中的事务可以使应用程序将消费消息、生产消息、提交消费位移当作原子操作来处理，同时成功或失败，即使该生产或消费会跨多个分区。

为了实现事务，应用程序必须提供唯一的 transactionalId，这个 transactionalId 通过客户端参数 transactional.id 来显式设置，参考如下：

```
properties.put(ProducerConfig.TRANSACTIONAL_ID_CONFIG, "transactionId");
# 或者
properties.put("transactional.id", "transactionId");
```

事务要求生产者开启幂等特性，因此通过将 transactional.id 参数设置为非空从而开启事务特性的同时需要将 enable.idempotence 设置为 true（如果未显式设置，则 KafkaProducer 默认会将它的值设置为 true），如果用户显式地将 enable.idempotence 设置为 false，则会报出 ConfigException：

```
org.apache.kafka.common.config.ConfigException: Cannot set a transactional.id
without also enabling idempotence.
```

transactionalId 与 PID 一一对应，两者之间所不同的是 transactionalId 由用户显式设置，而 PID 是由 Kafka 内部分配的。另外，为了保证新的生产者启动后具有相同 transactionalId 的旧生产者能够立即失效，每个生产者通过 transactionalId 获取 PID 的同时，还会获取一个单调递增的 producer epoch（对应下面要讲述的 KafkaProducer.initTransactions()方法）。如果使用同一个 transactionalId 开启两个生产者，那么前一个开启的生产者会报出如下的错误：

```
org.apache.kafka.common.errors.ProducerFencedException: Producer attempted an
operation with an old epoch. Either there is a newer producer with the same
transactionalId, or the producer's transaction has been expired by the broker.
```

producer epoch 同 PID 和序列号一样在 5.2.5 节中就讲过了，对应 v2 版的日志格式中 RecordBatch 的 producer epoch 字段（参考图 5-7）。

从生产者的角度分析，通过事务，Kafka 可以保证跨生产者会话的消息幂等发送，以及跨生产者会话的事务恢复。前者表示具有相同 transactionalId 的新生产者实例被创建且工作的时候，旧的且拥有相同 transactionalId 的生产者实例将不再工作。后者指当某个生产者实例宕机后，新的生产者实例可以保证任何未完成的旧事务要么被提交（Commit），要么被中止（Abort），如此可以使新的生产者实例从一个正常的状态开始工作。

而从消费者的角度分析，事务能保证的语义相对偏弱。出于以下原因，Kafka 并不能保证已提交的事务中的所有消息都能够被消费：

- 对采用日志压缩策略的主题而言，事务中的某些消息有可能被清理（相同 key 的消息，后写入的消息会覆盖前面写入的消息）。
- 事务中消息可能分布在同一个分区的多个日志分段（LogSegment）中，当老的日志分段被删除时，对应的消息可能会丢失。
- 消费者可以通过 seek() 方法访问任意 offset 的消息，从而可能遗漏事务中的部分消息。
- 消费者在消费时可能没有分配到事务内的所有分区，如此它也就不能读取事务中的所有消息。

KafkaProducer 提供了 5 个与事务相关的方法，详细如下：

```
void initTransactions();
void beginTransaction() throws ProducerFencedException;
void sendOffsetsToTransaction(Map<TopicPartition, OffsetAndMetadata> offsets,
                    String consumerGroupId)
        throws ProducerFencedException;
void commitTransaction() throws ProducerFencedException;
void abortTransaction() throws ProducerFencedException;
```

initTransactions() 方法用来初始化事务，这个方法能够执行的前提是配置了 transactionalId，如果没有则会报出 IllegalStateException：

```
java.lang.IllegalStateException: Cannot use transactional methods without
enabling transactions by setting the transactional.id configuration property.
```

beginTransaction() 方法用来开启事务；sendOffsetsToTransaction() 方法为消费者提供在事务内的位移提交的操作；commitTransaction() 方法用来提交事务；abortTransaction() 方法用来中止事务，类似于事务回滚。

一个典型的事务消息发送的操作如代码清单 7-2 所示。

代码清单 7-2　事务消息发送示例

```
Properties properties = new Properties();
```

```
properties.put(ProducerConfig.KEY_SERIALIZER_CLASS_CONFIG,
        StringSerializer.class.getName());
properties.put(ProducerConfig.VALUE_SERIALIZER_CLASS_CONFIG,
        StringSerializer.class.getName());
properties.put(ProducerConfig.BOOTSTRAP_SERVERS_CONFIG, brokerList);
properties.put(ProducerConfig.TRANSACTIONAL_ID_CONFIG, transactionId);

KafkaProducer<String, String> producer = new KafkaProducer<>(properties);

producer.initTransactions();
producer.beginTransaction();

try {
    //处理业务逻辑并创建 ProducerRecord
    ProducerRecord<String, String> record1 = new ProducerRecord<>(topic, "msg1");
    producer.send(record1);
    ProducerRecord<String, String> record2 = new ProducerRecord<>(topic, "msg2");
    producer.send(record2);
    ProducerRecord<String, String> record3 = new ProducerRecord<>(topic, "msg3");
    producer.send(record3);
    //处理一些其他逻辑
    producer.commitTransaction();
} catch (ProducerFencedException e) {
    producer.abortTransaction();
}
producer.close();
```

在消费端有一个参数 isolation.level，与事务有着莫大的关联，这个参数的默认值为
"read_uncommitted"，意思是说消费端应用可以看到（消费到）未提交的事务，当然对于已提
交的事务也是可见的。这个参数还可以设置为"read_committed"，表示消费端应用不可以看到
尚未提交的事务内的消息。举个例子，如果生产者开启事务并向某个分区值发送 3 条消息 msg1、
msg2 和 msg3，在执行 commitTransaction()或 abortTransaction()方法前，设置为"read_committed"
的消费端应用是消费不到这些消息的，不过在 KafkaConsumer 内部会缓存这些消息，直到生产
者执行 commitTransaction()方法之后它才能将这些消息推送给消费端应用。反之，如果生产者
执行了 abortTransaction()方法，那么 KafkaConsumer 会将这些缓存的消息丢弃而不推送给消费
端应用。

日志文件中除了普通的消息，还有一种消息专门用来标志一个事务的结束，它就是控制消

息（ControlBatch）。控制消息一共有两种类型：COMMIT 和 ABORT，分别用来表征事务已经成功提交或已经被成功中止。KafkaConsumer 可以通过这个控制消息来判断对应的事务是被提交了还是被中止了，然后结合参数 isolation.level 配置的隔离级别来决定是否将相应的消息返回给消费端应用，如图 7-19 所示。注意 ControlBatch 对消费端应用不可见，后面还会对它有更加详细的介绍。

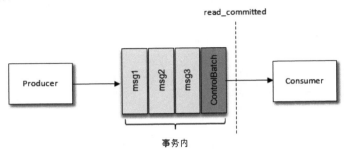

图 7-19　ControlBatch 的作用

　　本节开头就提及了 consume-transform-produce 这种应用模式，这里还涉及在代码清单 7-2 中尚未使用的 sendOffsetsToTransaction()方法。该模式的具体结构如图 7-20 所示。与此对应的应用示例如代码清单 7-3 所示。

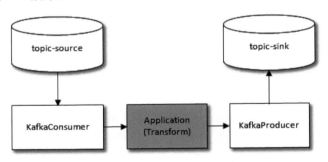

图 7-20　consume-transform-produce 结构

代码清单 7-3　消费—转换—生产模式示例

```
public class TransactionConsumeTransformProduce {
    public static final String brokerList = "localhost:9092";

    public static Properties getConsumerProperties(){
        Properties props = new Properties();
        props.put(ConsumerConfig.BOOTSTRAP_SERVERS_CONFIG, brokerList);
        props.put(ConsumerConfig.KEY_DESERIALIZER_CLASS_CONFIG,
```

```
            StringDeserializer.class.getName());
    props.put(ConsumerConfig.VALUE_DESERIALIZER_CLASS_CONFIG,
            StringDeserializer.class.getName());
    props.put(ConsumerConfig.ENABLE_AUTO_COMMIT_CONFIG, false);
    props.put(ConsumerConfig.GROUP_ID_CONFIG, "groupId");
    return props;
}

public static Properties getProducerProperties(){
    Properties props = new Properties();
    props.put(ProducerConfig.BOOTSTRAP_SERVERS_CONFIG, brokerList);
    props.put(ProducerConfig.KEY_SERIALIZER_CLASS_CONFIG,
            StringSerializer.class.getName());
    props.put(ProducerConfig.VALUE_SERIALIZER_CLASS_CONFIG,
            StringSerializer.class.getName());
    props.put(ProducerConfig.TRANSACTIONAL_ID_CONFIG, "transactionalId");
    return props;
}

public static void main(String[] args) {
    //初始化生产者和消费者
    KafkaConsumer<String, String> consumer =
            new KafkaConsumer<>(getConsumerProperties());
    consumer.subscribe(Collections.singletonList("topic-source"));
    KafkaProducer<String, String> producer =
            new KafkaProducer<>(getProducerProperties());
    //初始化事务
    producer.initTransactions();
    while (true) {
        ConsumerRecords<String, String> records =
                consumer.poll(Duration.ofMillis(1000));
        if (!records.isEmpty()) {
            Map<TopicPartition, OffsetAndMetadata> offsets = new HashMap<>();
            //开启事务
            producer.beginTransaction();
            try {
                for (TopicPartition partition : records.partitions()) {
                    List<ConsumerRecord<String, String>> partitionRecords
```

```
                        = records.records(partition);
            for (ConsumerRecord<String, String> record :
                partitionRecords) {
            //do some logical processing.
            ProducerRecord<String, String> producerRecord =
                    new ProducerRecord<>("topic-sink", record.key(),
                        record.value());
            //消费—生产模型
            producer.send(producerRecord);
            }
            long lastConsumedOffset = partitionRecords.
                    get(partitionRecords.size() - 1).offset();
            offsets.put(partition,
                    new OffsetAndMetadata(lastConsumedOffset + 1));
        }
        //提交消费位移
        producer.sendOffsetsToTransaction(offsets,"groupId");
        //提交事务
        producer.commitTransaction();
    } catch (ProducerFencedException e) {
        //log the exception
        //中止事务
        producer.abortTransaction();
    }
    }
    }
    }
}
```

注意：在使用 KafkaConsumer 的时候要将 `enable.auto.commit` 参数设置为 false，代码里也不能手动提交消费位移。

为了实现事务的功能，Kafka 还引入了事务协调器（TransactionCoordinator）来负责处理事务，这一点可以类比一下组协调器（GroupCoordinator）。每一个生产者都会被指派一个特定的 TransactionCoordinator，所有的事务逻辑包括分派 PID 等都是由 TransactionCoordinator 来负责实施的。TransactionCoordinator 会将事务状态持久化到内部主题__transaction_state 中。下面就以最复杂的 consume-transform-produce 的流程（参考图 7-21）为例来分析 Kafka 事务的实现原理。

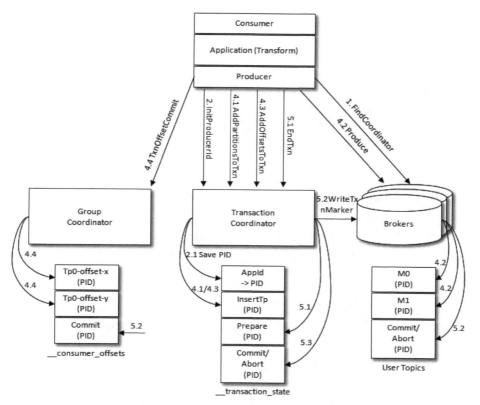

图 7-21　consume-transform-produce 流程

1. 查找 TransactionCoordinator

TransactionCoordinator 负责分配 PID 和管理事务，因此生产者要做的第一件事情就是找出对应的 TransactionCoordinator 所在的 broker 节点。与查找 GroupCoordinator 节点一样，也是通过 FindCoordinatorRequest 请求来实现的，只不过 FindCoordinatorRequest 中的 `coordinator_type` 就由原来的 0 变成了 1，由此来表示与事务相关联（FindCoordinatorRequest 请求的具体结构参考图 7-5）。

Kafka 在收到 FindCoorinatorRequest 请求之后，会根据 `coordinator_key`（也就是 transactionalId）查找对应的 TransactionCoordinator 节点。如果找到，则会返回其相对应的 node_id、host 和 port 信息。具体查找 TransactionCoordinator 的方式是根据 transactionalId 的哈希值计算主题 __transaction_state 中的分区编号，具体算法如代码清单 7-4 所示。

代码清单 7-4　计算分区编号

```
Utils.abs(transactionalId.hashCode) % transactionTopicPartitionCount
```

其中 `transactionTopicPartitionCount` 为主题 __transaction_state 中的分区个数，这个可以通过 broker 端参数 `transaction.state.log.num.partitions` 来配置，默认值为 50。

找到对应的分区之后，再寻找此分区 leader 副本所在的 broker 节点，该 broker 节点即为这个 transactionalId 对应的 TransactionCoordinator 节点。细心的读者可以发现，这一整套的逻辑和查找 GroupCoordinator 的逻辑如出一辙（参考 7.2.2 节）。

2. 获取 PID

在找到 TransactionCoordinator 节点之后，就需要为当前生产者分配一个 PID 了。凡是开启了幂等性功能的生产者都必须执行这个操作，不需要考虑该生产者是否还开启了事务。生产者获取 PID 的操作是通过 InitProducerIdRequest 请求来实现的，InitProducerIdRequest 请求体结构如图 7-22 所示，其中 `transactional_id` 表示事务的 transactionalId，`transaction_timeout_ms` 表示 TransactionCoordinaor 等待事务状态更新的超时时间，通过生产者客户端参数 `transaction.timeout.ms` 配置，默认值为 60000。

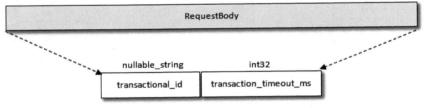

图 7-22　InitProducerIdRequest 请求体结构

保存 PID

生产者的 InitProducerIdRequest 请求会被发送给 TransactionCoordinator。注意，如果未开启事务特性而只开启幂等特性，那么 InitProducerIdRequest 请求可以发送给任意的 broker。当 TransactionCoordinator 第一次收到包含该 transactionalId 的 InitProducerIdRequest 请求时，它会把 transactionalId 和对应的 PID 以消息（我们习惯性地把这类消息称为"事务日志消息"）的形式保存到主题 __transaction_state 中，如图 7-21 步骤 2.1 所示。这样可以保证<transaction_Id, PID>的对应关系被持久化，从而保证即使 TransactionCoordinator 宕机该对应关系也不会丢失。存储到主题 __transaction_state 中的具体内容格式如图 7-23 所示。

其中 `transaction_status` 包含 Empty(0)、Ongoing(1)、PrepareCommit(2)、PrepareAbort(3)、CompleteCommit(4)、CompleteAbort(5)、Dead(6)这几种状态。在存入主题 __transaction_state 之前，事务日志消息同样会根据单独的 transactionalId 来计算要发送的分区，算法同代码清单 7-4 一样。

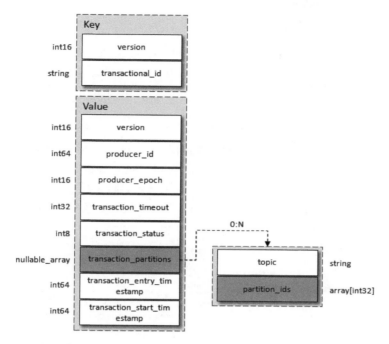

图 7-23 主题__transaction_state 中的具体内容格式

与 InitProducerIdRequest 对应的 InitProducerIdResponse 响应体结构如图 7-24 所示，除了返回 PID，InitProducerIdRequest 还会触发执行以下任务：

- 增加该 PID 对应的 producer_epoch。具有相同 PID 但 producer_epoch 小于该 producer_epoch 的其他生产者新开启的事务将被拒绝。

- 恢复（Commit）或中止（Abort）之前的生产者未完成的事务。

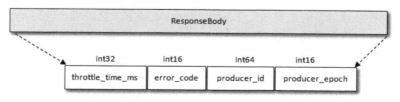

图 7-24 InitProducerIdResponse 响应体结构

3. 开启事务

通过 KafkaProducer 的 beginTransaction()方法可以开启一个事务，调用该方法后，生产者本地会标记已经开启了一个新的事务，只有在生产者发送第一条消息之后 TransactionCoordinator 才会认为该事务已经开启。

4. Consume-Transform-Produce

这个阶段囊括了整个事务的数据处理过程，其中还涉及多种请求。注：如果没有给出具体的请求体或响应体结构，则说明其并不影响读者对内容的理解，笔者为了缩减篇幅而将其省略。

1）AddPartitionsToTxnRequest

当生产者给一个新的分区（TopicPartition）发送数据前，它需要先向 TransactionCoordinator 发送 AddPartitionsToTxnRequest 请求（AddPartitionsToTxnRequest 请求体结构如图 7-25 所示），这个请求会让 TransactionCoordinator 将<transactionId, TopicPartition>的对应关系存储在主题 __transaction_state 中，如图 7-21 步骤 4.1 所示。有了这个对照关系之后，我们就可以在后续的步骤中为每个分区设置 COMMIT 或 ABORT 标记，如图 7-21 步骤 5.2 所示。

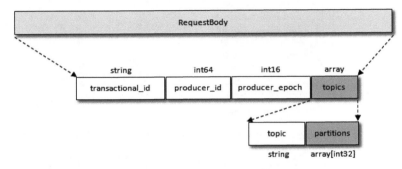

图 7-25　AddPartitionsToTxnRequest 请求体结构

如果该分区是对应事务中的第一个分区，那么此时 TransactionCoordinator 还会启动对该事务的计时。

2）ProduceRequest

这一步骤很容易理解，生产者通过 ProduceRequest 请求发送消息（ProducerBatch）到用户自定义主题中，这一点和发送普通消息时相同，如图 7-21 步骤 4.2 所示。和普通的消息不同的是，ProducerBatch 中会包含实质的 PID、producer_epoch 和 sequence number，可以对照 5.2.5 节的内容。

3）AddOffsetsToTxnRequest

通过 KafkaProducer 的 sendOffsetsToTransaction()方法可以在一个事务批次里处理消息的消费和发送，方法中包含 2 个参数：Map<TopicPartition, OffsetAndMetadata> offsets 和 groupId。这 个 方 法 会 向 TransactionCoordinator 节 点 发 送 AddOffsetsToTxnRequest 请 求（AddOffsetsToTxnRequest 请求体结构如图 7-26 所示），TransactionCoordinator 收到这个请求之后会通过 groupId 来推导出在 __consumer_offsets 中的分区，之后 TransactionCoordinator 会将

这个分区保存在＿＿transaction_state 中，如图 7-21 步骤 4.3 所示。

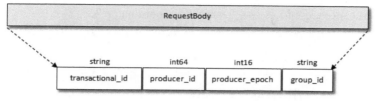

图 7-26　AddOffsetsToTxnRequest 请求体结构

4）TxnOffsetCommitRequest

这个请求也是 sendOffsetsToTransaction()方法中的一部分，在处理完 AddOffsetsToTxnRequest 之后，生产者还会发送 TxnOffsetCommitRequest 请求给 GroupCoordinator，从而将本次事务中包含的消费位移信息 offsets 存储到主题＿＿consumer_offsets 中，如图 7-21 步骤 4.4 所示。

5. 提交或者中止事务

一旦数据被写入成功，我们就可以调用 KafkaProducer 的 commitTransaction()方法或 abortTransaction()方法来结束当前的事务。

1）EndTxnRequest

无 论 调 用 commitTransaction() 方 法 还 是 abortTransaction() 方 法 ， 生 产 者 都 会 向 TransactionCoordinator 发送 EndTxnRequest 请求（对应的 EndTxnRequest 请求体结构如图 7-27 所示），以此来通知它提交（Commit）事务还是中止（Abort）事务。

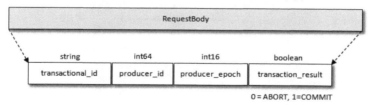

图 7-27　EndTxnRequest 请求体结构

TransactionCoordinator 在收到 EndTxnRequest 请求后会执行如下操作：

（1）将 PREPARE_COMMIT 或 PREPARE_ABORT 消息写入主题＿＿transaction_state，如图 7-21 步骤 5.1 所示。

（2）通过 WriteTxnMarkersRequest 请求将 COMMIT 或 ABORT 信息写入用户所使用的普通主题和＿＿consumer_offsets，如图 7-21 步骤 5.2 所示。

（3）将 COMPLETE_COMMIT 或 COMPLETE_ABORT 信息写入内部主题＿＿transaction_state，如图 7-21 步骤 5.3 所示。

2）WriteTxnMarkersRequest

WriteTxnMarkersRequest 请求是由 TransactionCoordinator 发向事务中各个分区的 leader 节点的，当节点收到这个请求之后，会在相应的分区中写入控制消息（ControlBatch）。控制消息用来标识事务的终结，它和普通的消息一样存储在日志文件中，图 5-7 中提及了控制消息，RecordBatch 中 attributes 字段的第 6 位用来标识当前消息是否是控制消息。如果是控制消息，那么这一位会置为 1，否则会置为 0，如图 7-28 所示。

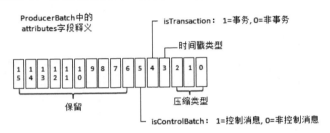

图 7-28 v2 版 RecordBatch 中的 attributes 属性结构

attributes 字段中的第 5 位用来标识当前消息是否处于事务中，如果是事务中的消息，那么这一位置为 1，否则置为 0。由于控制消息也处于事务中，所以 attributes 字段的第 5 位和第 6 位都被置为 1。ControlBatch 中只有一个 Record，Record 中的 timestamp delta 字段和 offset delta 字段的值都为 0，而控制消息的 key 和 value 的内容如图 7-29 所示。

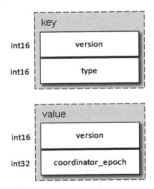

图 7-29 控制消息的 key 和 value 的内容

就目前的 Kafka 版本而言，key 和 value 内部的 version 值都为 0，key 中的 type 表示控制类型：0 表示 ABORT，1 表示 COMMIT；value 中的 coordinator_epoch 表示 TransactionCoordinator 的纪元（版本），TransactionCoordinator 切换的时候会更新其值。

3）写入最终的 COMPLETE_COMMIT 或 COMPLETE_ABORT

TransactionCoordinator 将最终的 COMPLETE_COMMIT 或 COMPLETE_ABORT 信息写入

主题__transaction_state 以表明当前事务已经结束，此时可以删除主题__transaction_state 中所有关于该事务的消息。由于主题__transaction_state 采用的日志清理策略为日志压缩，所以这里的删除只需将相应的消息设置为墓碑消息即可。

7.5　总结

本章内容涉及第 3 章中未详细说明的分区分配策略，以及消费者协调器和组协调器之间的交互原理。本章还对主题__consumer_offsets 和位移提交做了深层次的描述，想必读者对位移提交有了一个更加深刻的认知。本章最后还对 Kafka 中的事务进行了详述，Kafka 的事务可以看作 Kafka 中最难的知识点之一，它和 Kafka 中的控制器有的一拼。如果读者只是想了解 Kafka 事务的使用方式、流转方式和实现机理，那么本章中的内容足以满足要求，如果读者想要深挖事务中涉及的各个模块、异常处理等更加细节化的内容，那么建议细致地去阅读 Kafka 的源码。引入事务之后，还会涉及新的知识点，比如引入事务隔离级别和 LSO（LastStableOffset），这些内容在后面的章节中也会有针对性的说明。

第 8 章
可靠性探究

Kafka 中采用了多副本的机制，这是大多数分布式系统中惯用的手法，以此来实现水平扩展、提供容灾能力、提升可用性和可靠性等。我们对此可以引申出一系列的疑问：Kafka 多副本之间如何进行数据同步，尤其是在发生异常时候的处理机制又是什么？多副本间的数据一致性如何解决，基于的一致性协议又是什么？如何确保 Kafka 的可靠性？Kafka 中的可靠性和可用性之间的关系又如何？

本章从副本的角度切入来深挖 Kafka 中的数据一致性、数据可靠性等问题，主要包括副本剖析、日志同步机制和可靠性分析等内容。

8.1 副本剖析

副本（Replica）是分布式系统中常见的概念之一，指的是分布式系统对数据和服务提供的一种冗余方式。在常见的分布式系统中，为了对外提供可用的服务，我们往往会对数据和服务进行副本处理。数据副本是指在不同的节点上持久化同一份数据，当某一个节点上存储的数据丢失时，可以从副本上读取该数据，这是解决分布式系统数据丢失问题最有效的手段。另一类副本是服务副本，指多个节点提供同样的服务，每个节点都有能力接收来自外部的请求并进行相应的处理。

组成分布式系统的所有计算机都有可能发生任何形式的故障。一个被大量工程实践所检验过的"黄金定理"：任何在设计阶段考虑到的异常情况，一定会在系统实际运行中发生，并且在系统实际运行过程中还会遇到很多在设计时未能考虑到的异常故障。所以，除非需求指标允许，否则在系统设计时不能放过任何异常情况。

Kafka 从 0.8 版本开始为分区引入了多副本机制，通过增加副本数量来提升数据容灾能力。同时，Kafka 通过多副本机制实现故障自动转移，在 Kafka 集群中某个 broker 节点失效的情况下仍然保证服务可用。在 1.1 节中我们已经简要介绍过副本的概念，并且同时介绍了与副本相关的 AR、ISR、HW 和 LEO 的概念，这里简要地复习一下相关的概念：

- 副本是相对于分区而言的，即副本是特定分区的副本。
- 一个分区中包含一个或多个副本，其中一个为 leader 副本，其余为 follower 副本，各个副本位于不同的 broker 节点中。只有 leader 副本对外提供服务，follower 副本只负责数据同步。
- 分区中的所有副本统称为 AR，而 ISR 是指与 leader 副本保持同步状态的副本集合，当然 leader 副本本身也是这个集合中的一员。
- LEO 标识每个分区中最后一条消息的下一个位置，分区的每个副本都有自己的 LEO，ISR 中最小的 LEO 即为 HW，俗称高水位，消费者只能拉取到 HW 之前的消息。

从生产者发出的一条消息首先会被写入分区的 leader 副本，不过还需要等待 ISR 集合中的所有 follower 副本都同步完之后才能被认为已经提交，之后才会更新分区的 HW，进而消费者可以消费到这条消息。

8.1.1　失效副本

正常情况下，分区的所有副本都处于 ISR 集合中，但是难免会有异常情况发生，从而某些副本被剥离出 ISR 集合中。在 ISR 集合之外，也就是处于同步失效或功能失效（比如副本处于非存活状态）的副本统称为失效副本，失效副本对应的分区也就称为同步失效分区，即 under-replicated 分区。

正常情况下，我们通过 kafka-topics.sh 脚本的 under-replicated-partitions 参数来显示主题中包含失效副本的分区时结果会返回空。比如我们来查看一下主题 topic-partitions 的相关信息（主题 topic-partitions 的信息可以参考 4.3.1 节的相关内容）：

```
[root@node1 kafka_2.11-2.0.0]# bin/kafka-topics.sh --zookeeper localhost:
2181/kafka --describe --topic topic-partitions --under-replicated-partitions
```

读者可以自行验证一下，上面的示例中返回为空。紧接着我们将集群中的 brokerId 为 2 的节点关闭，再来执行同样的命令，结果显示如下：

```
[root@node1 kafka_2.11-2.0.0]# bin/kafka-topics.sh --zookeeper localhost:2181/
kafka --describe --topic topic-partitions --under-replicated-partitions
```

```
Topic: topic-partitions       Partition: 0  Leader: 1Replicas: 1,2,0    Isr: 1,0
Topic: topic-partitions       Partition: 1  Leader: 0Replicas: 2,0,1    Isr: 0,1
Topic: topic-partitions       Partition: 2  Leader: 0Replicas: 0,1,2    Isr: 0,1
```

可以看到主题 topic-partitions 中的三个分区都为 under-replicated 分区，因为它们都有副本处于下线状态，即处于功能失效状态。

前面提及失效副本不仅是指处于功能失效状态的副本，处于同步失效状态的副本也可以看作失效副本。怎么判定一个分区是否有副本处于同步失效的状态呢？Kafka 从 0.9.x 版本开始就通过唯一的 broker 端参数 replica.lag.time.max.ms 来抉择，当 ISR 集合中的一个 follower 副本滞后 leader 副本的时间超过此参数指定的值时则判定为同步失败，需要将此 follower 副本剔除出 ISR 集合，具体可以参考图 8-1。replica.lag.time.max.ms 参数的默认值为 10000。

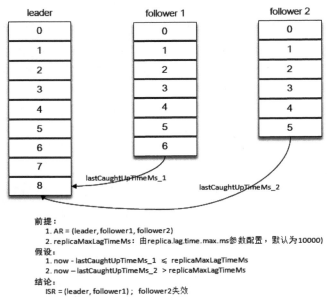

图 8-1　失效副本的判定

具体的实现原理也很容易理解，当 follower 副本将 leader 副本 LEO（LogEndOffset）之前的日志全部同步时，则认为该 follower 副本已经追赶上 leader 副本，此时更新该副本的 lastCaughtUpTimeMs 标识。Kafka 的副本管理器会启动一个副本过期检测的定时任务，而这个定时任务会定时检查当前时间与副本的 lastCaughtUpTimeMs 差值是否大于参数 replica.lag.time.max.ms 指定的值。千万不要错误地认为 follower 副本只要拉取 leader 副本的数据就会更新 lastCaughtUpTimeMs。试想一下，当 leader 副本中消息的流入速度大于 follower 副本中拉取的速度时，就算 follower 副本一直不断地拉取 leader 副本的消息也不能与

leader 副本同步。如果还将此 follower 副本置于 ISR 集合中，那么当 leader 副本下线而选取此 follower 副本为新的 leader 副本时就会造成消息的严重丢失。

Kafka 源码注释中说明了一般有两种情况会导致副本失效：

- follower 副本进程卡住，在一段时间内根本没有向 leader 副本发起同步请求，比如频繁的 Full GC。
- follower 副本进程同步过慢，在一段时间内都无法追赶上 leader 副本，比如 I/O 开销过大。

在这里再补充一点，如果通过工具增加了副本因子（参考 4.3.4 节），那么新增加的副本在赶上 leader 副本之前也都是处于失效状态的。如果一个 follower 副本由于某些原因（比如宕机）而下线，之后又上线，在追赶上 leader 副本之前也处于失效状态。

在 0.9.x 版本之前，Kafka 中还有另一个参数 `replica.lag.max.messages`（默认值为 4000），它也是用来判定失效副本的，当一个 follower 副本滞后 leader 副本的消息数超过 `replica.lag.max.messages` 的大小时，则判定它处于同步失效的状态。它与 `replica.lag.time.max.ms` 参数判定出的失效副本取并集组成一个失效副本的集合，从而进一步剥离出分区的 ISR 集合。

不过这个 `replica.lag.max.messages` 参数很难给定一个合适的值，若设置得太大，则这个参数本身就没有太多意义，若设置得太小则会让 follower 副本反复处于同步、未同步、同步的死循环中，进而又造成 ISR 集合的频繁伸缩。而且这个参数是 broker 级别的，也就是说，对 broker 中的所有主题都生效。以默认的值 4000 为例，对于消息流入速度很低的主题（比如 TPS 为 10），这个参数并无用武之地；而对于消息流入速度很高的主题（比如 TPS 为 20000），这个参数的取值又会引入 ISR 的频繁变动。所以从 0.9.x 版本开始，Kafka 就彻底移除了这一参数，相关的资料还可以参考 KIP16[1]。

具有失效副本的分区可以从侧面反映出 Kafka 集群的很多问题，毫不夸张地说：如果只用一个指标来衡量 Kafka，那么同步失效分区（具有失效副本的分区）的个数必然是首选。有关同步失效分区的更多内容可以参考 10.3 节。

8.1.2　ISR 的伸缩

Kafka 在启动的时候会开启两个与 ISR 相关的定时任务，名称分别为 "isr-expiration" 和 "isr-change-propagation"。isr-expiration 任务会周期性地检测每个分区是否需要缩减其 ISR 集合。这个周期和 `replica.lag.time.max.ms` 参数有关，大小是这个参数值的一半，默认值

---

[1]　https://cwiki.apache.org/confluence/display/KAFKA/KIP-16+-+Automated+Replica+Lag+Tuning

为 5000ms。当检测到 ISR 集合中有失效副本时，就会收缩 ISR 集合。如果某个分区的 ISR 集合发生变更，则会将变更后的数据记录到 ZooKeeper 对应的/brokers/topics/<topic>/partition/<parititon>/state 节点中。节点中的数据示例如下：

```
{"controller_epoch":26,"leader":0,"version":1,"leader_epoch":2,"isr":[0,1]}
```

其中 controller_epoch 表示当前 Kafka 控制器的 epoch，leader 表示当前分区的 leader 副本所在的 broker 的 id 编号，version 表示版本号（当前版本固定为 1），leader_epoch 表示当前分区的 leader 纪元，isr 表示变更后的 ISR 列表。

除此之外，当 ISR 集合发生变更时还会将变更后的记录缓存到 isrChangeSet 中，isr-change-propagation 任务会周期性（固定值为 2500ms）地检查 isrChangeSet，如果发现 isrChangeSet 中有 ISR 集合的变更记录，那么它会在 ZooKeeper 的/isr_change_notification 路径下创建一个以 isr_change_开头的持久顺序节点（比如/isr_change_notification/isr_change_0000000000），并将 isrChangeSet 中的信息保存到这个节点中。Kafka 控制器为/isr_change_notification 添加了一个 Watcher，当这个节点中有子节点发生变化时会触发 Watcher 的动作，以此通知控制器更新相关元数据信息并向它管理的 broker 节点发送更新元数据的请求，最后删除/isr_change_notification 路径下已经处理过的节点。频繁地触发 Watcher 会影响 Kafka 控制器、ZooKeeper 甚至其他 broker 节点的性能。为了避免这种情况，Kafka 添加了限定条件，当检测到分区的 ISR 集合发生变化时，还需要检查以下两个条件：

（1）上一次 ISR 集合发生变化距离现在已经超过 5s。

（2）上一次写入 ZooKeeper 的时间距离现在已经超过 60s。

满足以上两个条件之一才可以将 ISR 集合的变化写入目标节点。

有缩减对应就会有扩充，那么 Kafka 又是何时扩充 ISR 的呢？

随着 follower 副本不断与 leader 副本进行消息同步，follower 副本的 LEO 也会逐渐后移，并最终追赶上 leader 副本，此时该 follower 副本就有资格进入 ISR 集合。追赶上 leader 副本的判定准则是此副本的 LEO 是否不小于 leader 副本的 HW，注意这里并不是和 leader 副本的 LEO 相比。ISR 扩充之后同样会更新 ZooKeeper 中的/brokers/topics/<topic>/partition/<parititon>/state 节点和 isrChangeSet，之后的步骤就和 ISR 收缩时的相同。

当 ISR 集合发生增减时，或者 ISR 集合中任一副本的 LEO 发生变化时，都可能会影响整个分区的 HW。

如图 8-2 所示，leader 副本的 LEO 为 9，follower1 副本的 LEO 为 7，而 follower2 副本的 LEO 为 6，如果判定这 3 个副本都处于 ISR 集合中，那么这个分区的 HW 为 6；如果 follower2

已经被判定为失效副本被剥离出 ISR 集合，那么此时分区的 HW 为 leader 副本和 follower1 副本中 LEO 的最小值，即为 7。

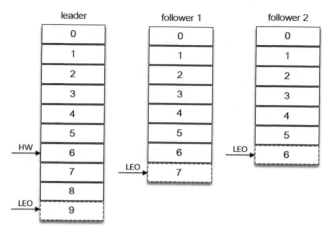

图 8-2　HW 的变更

冷门知识：很多读者对 Kafka 中的 HW 的概念并不陌生，但是却并不知道还有一个 LW 的概念。LW 是 Low Watermark 的缩写，俗称"低水位"，代表 AR 集合中最小的 logStartOffset 值。副本的拉取请求（FetchRequest，它有可能触发新建日志分段而旧的被清理，进而导致 logStartOffset 的增加）和删除消息请求（DeleteRecordRequest）都有可能促使 LW 的增长。

8.1.3　LEO 与 HW

对于副本而言，还有两个概念：本地副本（Local Replica）和远程副本（Remote Replica），本地副本是指对应的 Log 分配在当前的 broker 节点上，远程副本是指对应的 Log 分配在其他的 broker 节点上。在 Kafka 中，同一个分区的信息会存在多个 broker 节点上，并被其上的副本管理器所管理，这样在逻辑层面每个 broker 节点上的分区就有了多个副本，但是只有本地副本才有对应的日志。如图 8-3 所示，某个分区有 3 个副本分别位于 broker0、broker1 和 broker2 节点中，其中带阴影的方框表示本地副本。假设 broker0 上的副本 1 为当前分区的 leader 副本，那么副本 2 和副本 3 就是 follower 副本，整个消息追加的过程可以概括如下：

（1）生产者客户端发送消息至 leader 副本（副本 1）中。

（2）消息被追加到 leader 副本的本地日志，并且会更新日志的偏移量。

（3）follower 副本（副本 2 和副本 3）向 leader 副本请求同步数据。

（4）leader 副本所在的服务器读取本地日志，并更新对应拉取的 follower 副本的信息。

（5）leader 副本所在的服务器将拉取结果返回给 follower 副本。

（6）follower 副本收到 leader 副本返回的拉取结果，将消息追加到本地日志中，并更新日志的偏移量信息。

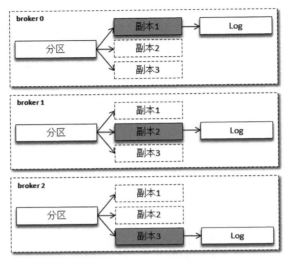

图 8-3　本地副本与远程副本

了解了这些内容后，我们再来分析在这个过程中各个副本 LEO 和 HW 的变化情况。下面的示例采用同图 8-3 中相同的环境背景，如图 8-4 所示，生产者一直在往 leader 副本（带阴影的方框）中写入消息。某一时刻，leader 副本的 LEO 增加至 5，并且所有副本的 HW 还都为 0。

之后 follower 副本（不带阴影的方框）向 leader 副本拉取消息，在拉取的请求中会带有自身的 LEO 信息，这个 LEO 信息对应的是 FetchRequest 请求中的 `fetch_offset`。leader 副本返回给 follower 副本相应的消息，并且还带有自身的 HW 信息，如图 8-5 所示，这个 HW 信息对应的是 FetchResponse 中的 `high_watermark`。

图 8-4　情形 1（初始状态）　　　　　图 8-5　情形 2

此时两个 follower 副本各自拉取到了消息，并更新各自的 LEO 为 3 和 4。与此同时，follower 副本还会更新自己的 HW，更新 HW 的算法是比较当前 LEO 和 leader 副本中传送过来的 HW 的值，取较小值作为自己的 HW 值。当前两个 follower 副本的 HW 都等于 0（min(0,0) = 0）。

接下来 follower 副本再次请求拉取 leader 副本中的消息，如图 8-6 所示。

此时 leader 副本收到来自 follower 副本的 FetchRequest 请求，其中带有 LEO 的相关信息，选取其中的最小值作为新的 HW，即 min(15,3,4)=3。然后连同消息和 HW 一起返回 FetchResponse 给 follower 副本，如图 8-7 所示。注意 leader 副本的 HW 是一个很重要的东西，因为它直接影响了分区数据对消费者的可见性。

图 8-6　情形 3　　　　　　　　　　　　图 8-7　情形 4

两个 follower 副本在收到新的消息之后更新 LEO 并且更新自己的 HW 为 3（min(LEO,3)=3）。

在一个分区中，leader 副本所在的节点会记录所有副本的 LEO，而 follower 副本所在的节点只会记录自身的 LEO，而不会记录其他副本的 LEO。对 HW 而言，各个副本所在的节点都只记录它自身的 HW。变更图 8-3，使其带有相应的 LEO 和 HW 信息，如图 8-8 所示。leader 副本中带有其他 follower 副本的 LEO，那么它们是什么时候更新的呢？leader 副本收到 follower 副本的 FetchRequest 请求之后，它首先会从自己的日志文件中读取数据，然后在返回给 follower 副本数据前先更新 follower 副本的 LEO。

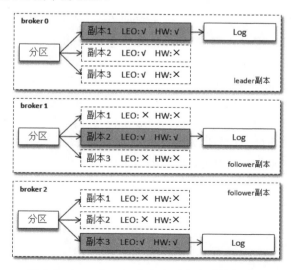

图 8-8　LEO 和 HW 在各个副本中的维护情况

在图 5-2 中，Kafka 的根目录下有 cleaner-offset-checkpoint、log-start-offset-checkpoint、recovery-point-offset-checkpoint 和 replication-offset-checkpoint 四个检查点文件，除了在 5.4.2 节中提及了 cleaner-offset-checkpoint，其余章节都没有做过多的说明。

recovery-point-offset-checkpoint 和 replication-offset-checkpoint 这两个文件分别对应了 LEO 和 HW。Kafka 中会有一个定时任务负责将所有分区的 LEO 刷写到恢复点文件 recovery-point-offset-checkpoint 中，定时周期由 broker 端参数 `log.flush.offset.checkpoint.interval.ms` 来配置，默认值为 60000。还有一个定时任务负责将所有分区的 HW 刷写到复制点文件 replication-offset-checkpoint 中，定时周期由 broker 端参数 `replica.high.watermark.checkpoint.interval.ms` 来配置，默认值为 5000。

log-start-offset-checkpoint 文件对应 logStartOffset（注意不能缩写为 LSO，因为在 Kafka 中 LSO 是 LastStableOffset 的缩写），这个在 5.4.1 节中就讲过，在 FetchRequest 和 FetchResponse 中也有它的身影，它用来标识日志的起始偏移量。各个副本在变动 LEO 和 HW 的过程中，logStartOffset 也有可能随之而动。Kafka 也有一个定时任务来负责将所有分区的 logStartOffset 书写到起始点文件 log-start-offset-checkpoint 中，定时周期由 broker 端参数 `log.flush.start.offset.checkpoint.interval.ms` 来配置，默认值为 60000。

8.1.4 Leader Epoch 的介入

8.1.3 节的内容所陈述的都是在正常情况下的 leader 副本与 follower 副本之间的同步过程，如果 leader 副本发生切换，那么同步过程又该如何处理呢？在 0.11.0.0 版本之前，Kafka 使用的是基于 HW 的同步机制，但这样有可能出现数据丢失或 leader 副本和 follower 副本数据不一致的问题。[1]

首先我们来看一下数据丢失的问题，如图 8-9 所示，Replica B 是当前的 leader 副本（用 L 标记），Replica A 是 follower 副本。参照 8.1.3 节中的图 8-4 至图 8-7 的过程来进行分析：在某一时刻，B 中有 2 条消息 m1 和 m2，A 从 B 中同步了这两条消息，此时 A 和 B 的 LEO 都为 2，同时 HW 都为 1；之后 A 再向 B 中发送请求以拉取消息，FetchRequest 请求中带上了 A 的 LEO 信息，B 在收到请求之后更新了自己的 HW 为 2；B 中虽然没有更多的消息，但还是在延时一段时间之后（参考 6.3 节中的延时拉取）返回 FetchResponse，并在其中包含了 HW 信息；最后 A 根据 FetchResponse 中的 HW 信息更新自己的 HW 为 2。

[1]   参考 KIP101：https://cwiki.apache.org/confluence/display/KAFKA/KIP-101+-+Alter+Replication+Protocol+to+use+Leader+Epoch+rather+than+High+Watermark+for+Truncation。

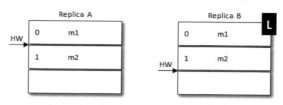

图 8-9　数据丢失场景（part 1）

可以看到整个过程中两者之间的 HW 同步有一个间隙，在 A 写入消息 m2 之后（LEO 更新为 2）需要再一轮的 FetchRequest/ FetchResponse 才能更新自身的 HW 为 2。如图 8-10 所示，如果在这个时候 A 宕机了，那么在 A 重启之后会根据之前 HW 位置（这个值会存入本地的复制点文件 replication-offset-checkpoint）进行日志截断，这样便会将 m2 这条消息删除，此时 A 只剩下 m1 这一条消息，之后 A 再向 B 发送 FetchRequest 请求拉取消息。

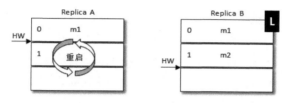

图 8-10　数据丢失场景（part 2）

此时若 B 再宕机，那么 A 就会被选举为新的 leader，如图 8-11 所示。B 恢复之后会成为 follower，由于 follower 副本 HW 不能比 leader 副本的 HW 高，所以还会做一次日志截断，以此将 HW 调整为 1。这样一来 m2 这条消息就丢失了（就算 B 不能恢复，这条消息也同样丢失）。

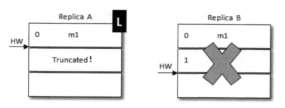

图 8-11　数据丢失场景（part 3）

对于这种情况，也有一些解决方法，比如等待所有 follower 副本都更新完自身的 HW 之后再更新 leader 副本的 HW，这样会增加多一轮的 FetchRequest/ FetchResponse 延迟，自然不够妥当。还有一种方法就是 follower 副本恢复之后，在收到 leader 副本的 FetchResponse 前不要截断 follower 副本（follower 副本恢复之后会做两件事情：截断自身和向 leader 发送 FetchRequest 请求），不过这样也避免不了数据不一致的问题。

如图 8-12 所示，当前 leader 副本为 A，follower 副本为 B，A 中有 2 条消息 m1 和 m2，并且 HW 和 LEO 都为 2，B 中有 1 条消息 m1，并且 HW 和 LEO 都为 1。假设 A 和 B 同时"挂掉"，

然后 B 第一个恢复过来并成为 leader，如图 8-13 所示。

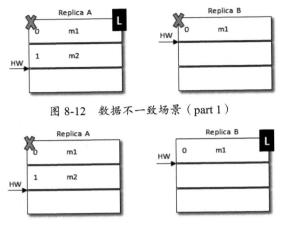

图 8-12　数据不一致场景（part 1）

图 8-13　数据不一致场景（part 2）

之后 B 写入消息 m3，并将 LEO 和 HW 更新至 2（假设所有场景中的 `min.insync.replicas` 参数配置为 1）。此时 A 也恢复过来了，根据前面数据丢失场景中的介绍可知它会被赋予 follower 的角色，并且需要根据 HW 截断日志及发送 FetchRequest 至 B，不过此时 A 的 HW 正好也为 2，那么就可以不做任何调整了，如图 8-14 所示。

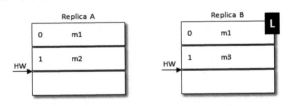

图 8-14　数据不一致场景（part 3）

如此一来 A 中保留了 m2 而 B 中没有，B 中新增了 m3 而 A 也同步不到，这样 A 和 B 就出现了数据不一致的情形。

为了解决上述两种问题，Kafka 从 0.11.0.0 开始引入了 leader epoch 的概念，在需要截断数据的时候使用 leader epoch 作为参考依据而不是原本的 HW。leader epoch 代表 leader 的纪元信息（epoch），初始值为 0。每当 leader 变更一次，leader epoch 的值就会加 1，相当于为 leader 增设了一个版本号。与此同时，每个副本中还会增设一个矢量<LeaderEpoch => StartOffset>，其中 StartOffset 表示当前 LeaderEpoch 下写入的第一条消息的偏移量。每个副本的 Log 下都有一个 leader-epoch-checkpoint 文件，在发生 leader epoch 变更时，会将对应的矢量对追加到这个文件中，其实这个文件在图 5-2 中已有所呈现。5.2.5 节中讲述 v2 版本的消息格式时就提到了消息集中的 `partition leader epoch` 字段，而这个字段正对应这里讲述的 leader epoch。

下面我们再来看一下引入 leader epoch 之后如何应付前面所说的数据丢失和数据不一致的场景。首先讲述应对数据丢失的问题，如图 8-15 所示，这里只比图 8-9 中多了 LE（LeaderEpoch 的缩写，当前 A 和 B 中的 LE 都为 0）。

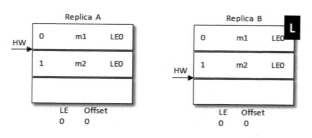

图 8-15　应对数据丢失（part 1）

同样 A 发生重启，之后 A 不是先忙着截断日志而是先发送 OffsetsForLeaderEpochRequest 请求给 B（OffsetsForLeaderEpochRequest 请求体结构如图 8-16 所示，其中包含 A 当前的 LeaderEpoch 值），B 作为目前的 leader 在收到请求之后会返回当前的 LEO（LogEndOffset，注意图中 LE0 和 LEO 的不同），与请求对应的响应为 OffsetsForLeaderEpochResponse，对应的响应体结构可以参考图 8-17，整个过程可以参考图 8-18。

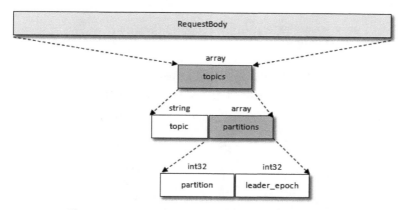

图 8-16　OffsetsForLeaderEpochRequest 请求体结构

如果 A 中的 LeaderEpoch（假设为 LE_A）和 B 中的不相同，那么 B 此时会查找 LeaderEpoch 为 LE_A+1 对应的 StartOffset 并返回给 A，也就是 LE_A 对应的 LEO，所以我们可以将 OffsetsForLeaderEpochRequest 的请求看作用来查找 follower 副本当前 LeaderEpoch 的 LEO。

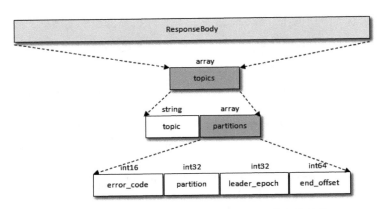

图 8-17　OffsetsForLeaderEpochResponse 响应体结构

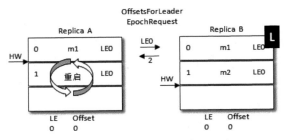

图 8-18　应对数据丢失（part 2）

　　如图 8-18 所示，A 在收到 2 之后发现和目前的 LEO 相同，也就不需要截断日志了。之后同图 8-11 所示的一样，B 发生了宕机，A 成为新的 leader，那么对应的 LE=0 也变成了 LE=1，对应的消息 m2 此时就得到了保留，这是原本图 8-11 中所不能的，如图 8-19 所示。之后不管 B 有没有恢复，后续的消息都可以以 LE1 为 LeaderEpoch 陆续追加到 A 中。

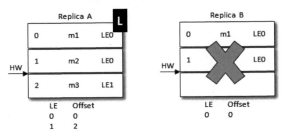

图 8-19　应对数据丢失（part 3）

　　下面我们再来看一下 leader epoch 如何应对数据不一致的场景。如图 8-20 所示，当前 A 为 leader，B 为 follower，A 中有 2 条消息 m1 和 m2，而 B 中有 1 条消息 m1。假设 A 和 B 同时"挂掉"，然后 B 第一个恢复过来并成为新的 leader。

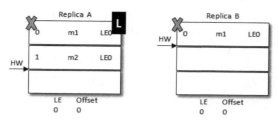

图 8-20　应对数据不一致（part 1）

之后 B 写入消息 m3，并将 LEO 和 HW 更新至 2，如图 8-21 所示。注意此时的 LeaderEpoch 已经从 LE0 增至 LE1 了。

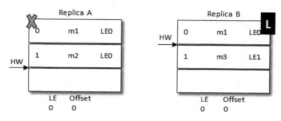

图 8-21　应对数据不一致（part 2）

紧接着 A 也恢复过来成为 follower 并向 B 发送 OffsetsForLeaderEpochRequest 请求，此时 A 的 LeaderEpoch 为 LE0。B 根据 LE0 查询到对应的 offset 为 1 并返回给 A，A 就截断日志并删除了消息 m2，如图 8-22 所示。之后 A 发送 FetchRequest 至 B 请求来同步数据，最终 A 和 B 中都有两条消息 m1 和 m3，HW 和 LEO 都为 2，并且 LeaderEpoch 都为 LE1，如此便解决了数据不一致的问题。

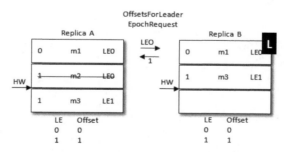

图 8-22　应对数据不一致（part 3）

8.1.5　为什么不支持读写分离

在 Kafka 中，生产者写入消息、消费者读取消息的操作都是与 leader 副本进行交互的，从而实现的是一种主写主读的生产消费模型。数据库、Redis 等都具备主写主读的功能，与此同时还支持主写从读的功能，主写从读也就是读写分离，为了与主写主读对应，这里就以主写从读来称呼。Kafka 并不支持主写从读，这是为什么呢？

从代码层面上来说，虽然增加了代码复杂度，但在 Kafka 中这种功能完全可以支持。对于这个问题，我们可以从"收益点"这个角度来做具体分析。主写从读可以让从节点去分担主节点的负载压力，预防主节点负载过重而从节点却空闲的情况发生。但是主写从读也有 2 个很明显的缺点：

（1）数据一致性问题。数据从主节点转到从节点必然会有一个延时的时间窗口，这个时间窗口会导致主从节点之间的数据不一致。某一时刻，在主节点和从节点中 A 数据的值都为 X，之后将主节点中 A 的值修改为 Y，那么在这个变更通知到从节点之前，应用读取从节点中的 A 数据的值并不为最新的 Y，由此便产生了数据不一致的问题。

（2）延时问题。类似 Redis 这种组件，数据从写入主节点到同步至从节点中的过程需要经历网络→主节点内存→网络→从节点内存这几个阶段，整个过程会耗费一定的时间。而在 Kafka 中，主从同步会比 Redis 更加耗时，它需要经历网络→主节点内存→主节点磁盘→网络→从节点内存→从节点磁盘这几个阶段。对延时敏感的应用而言，主写从读的功能并不太适用。

现实情况下，很多应用既可以忍受一定程度上的延时，也可以忍受一段时间内的数据不一致的情况，那么对于这种情况，Kafka 是否有必要支持主写从读的功能呢？

主写从读可以均摊一定的负载却不能做到完全的负载均衡，比如对于数据写压力很大而读压力很小的情况，从节点只能分摊很少的负载压力，而绝大多数压力还是在主节点上。而在 Kafka 中却可以达到很大程度上的负载均衡，而且这种均衡是在主写主读的架构上实现的。我们来看一下 Kafka 的生产消费模型，如图 8-23 所示。

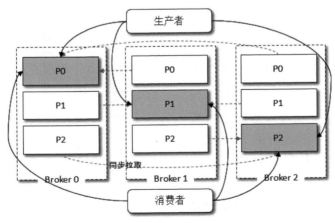

图 8-23　Kafka 的生产消费模型

如图 8-23 所示，在 Kafka 集群中有 3 个分区，每个分区有 3 个副本，正好均匀地分布在 3

个 broker 上，灰色阴影的代表 leader 副本，非灰色阴影的代表 follower 副本，虚线表示 follower 副本从 leader 副本上拉取消息。当生产者写入消息的时候都写入 leader 副本，对于图 8-23 中的情形，每个 broker 都有消息从生产者流入；当消费者读取消息的时候也是从 leader 副本中读取的，对于图 8-23 中的情形，每个 broker 都有消息流出到消费者。

我们很明显地可以看出，每个 broker 上的读写负载都是一样的，这就说明 Kafka 可以通过主写主读实现主写从读实现不了的负载均衡。图 8-23 展示是一种理想的部署情况，有以下几种情况（包含但不仅限于）会造成一定程度上的负载不均衡：

（1）broker 端的分区分配不均。当创建主题的时候可能会出现某些 broker 分配到的分区数多而其他 broker 分配到的分区数少，那么自然而然地分配到的 leader 副本也就不均。

（2）生产者写入消息不均。生产者可能只对某些 broker 中的 leader 副本进行大量的写入操作，而对其他 broker 中的 leader 副本不闻不问。

（3）消费者消费消息不均。消费者可能只对某些 broker 中的 leader 副本进行大量的拉取操作，而对其他 broker 中的 leader 副本不闻不问。

（4）leader 副本的切换不均。在实际应用中可能会由于 broker 宕机而造成主从副本的切换，或者分区副本的重分配等，这些动作都有可能造成各个 broker 中 leader 副本的分配不均。

对此，我们可以做一些防范措施。针对第一种情况，在主题创建的时候尽可能使分区分配得均衡，好在 Kafka 中相应的分配算法也是在极力地追求这一目标，如果是开发人员自定义的分配，则需要注意这方面的内容。对于第二和第三种情况，主写从读也无法解决。对于第四种情况，Kafka 提供了优先副本的选举来达到 leader 副本的均衡，与此同时，也可以配合相应的监控、告警和运维平台来实现均衡的优化。

在实际应用中，配合监控、告警、运维相结合的生态平台，在绝大多数情况下 Kafka 都能做到很大程度上的负载均衡。总的来说，Kafka 只支持主写主读有几个优点：可以简化代码的实现逻辑，减少出错的可能；将负载粒度细化均摊，与主写从读相比，不仅负载效能更好，而且对用户可控；没有延时的影响；在副本稳定的情况下，不会出现数据不一致的情况。为此，Kafka 又何必再去实现对它而言毫无收益的主写从读的功能呢？这一切都得益于 Kafka 优秀的架构设计，从某种意义上来说，主写从读是由于设计上的缺陷而形成的权宜之计。

8.2　日志同步机制

在分布式系统中，日志同步机制既要保证数据的一致性，也要保证数据的顺序性。虽然有许多方式可以实现这些功能，但最简单高效的方式还是从集群中选出一个 leader 来负责处理数据写入的顺序性。只要 leader 还处于存活状态，那么 follower 只需按照 leader 中的写入顺序来进行同步即可。

通常情况下，只要 leader 不宕机我们就不需要关心 follower 的同步问题。不过当 leader 宕机时，我们就要从 follower 中选举出一个新的 leader。follower 的同步状态可能落后 leader 很多，甚至还可能处于宕机状态，所以必须确保选择具有最新日志消息的 follower 作为新的 leader。日志同步机制的一个基本原则就是：如果告知客户端已经成功提交了某条消息，那么即使 leader 宕机，也要保证新选举出来的 leader 中能够包含这条消息。这里就有一个需要权衡（tradeoff）的地方，如果 leader 在消息被提交前需要等待更多的 follower 确认，那么在它宕机之后就可以有更多的 follower 替代它，不过这也会造成性能的下降。

对于这种 tradeoff，一种常见的做法是"少数服从多数"，它可以用来负责提交决策和选举决策。虽然 Kafka 不采用这种方式，但可以拿来探讨和理解 tradeoff 的艺术。在这种方式下，如果我们有 2f+1 个副本，那么在提交之前必须保证有 f+1 个副本同步完消息。同时为了保证能正确选举出新的 leader，至少要保证有 f+1 个副本节点完成日志同步并从同步完成的副本中选举出新的 leader 节点。并且在不超过 f 个副本节点失败的情况下，新的 leader 需要保证不会丢失已经提交过的全部消息。这样在任意组合的 f+1 个副本中，理论上可以确保至少有一个副本能够包含已提交的全部消息，这个副本的日志拥有最全的消息，因此会有资格被选举为新的 leader 来对外提供服务。

"少数服从多数"的方式有一个很大的优势，系统的延迟取决于最快的几个节点，比如副本数为 3，那么延迟就取决于最快的那个 follower 而不是最慢的那个（除了 leader，只需要另一个 follower 确认即可）。不过它也有一些劣势，为了保证 leader 选举的正常进行，它所能容忍的失败 follower 数比较少，如果要容忍 1 个 follower 失败，那么至少要有 3 个副本，如果要容忍 2 个 follower 失败，必须要有 5 个副本。也就是说，在生产环境下为了保证较高的容错率，必须要有大量的副本，而大量的副本又会在大数据量下导致性能的急剧下降。这也就是"少数服从多数"的这种 Quorum 模型常被用作共享集群配置（比如 ZooKeeper），而很少用于主流的数据存储中的原因。

与"少数服从多数"相关的一致性协议有很多，比如 Zab、Raft 和 Viewstamped Replication 等。而 Kafka 使用的更像是微软的 PacificA 算法。

在 Kafka 中动态维护着一个 ISR 集合，处于 ISR 集合内的节点保持与 leader 相同的高水位（HW），只有位列其中的副本（`unclean.leader.election.enable` 配置为 false）才有资格被选为新的 leader。写入消息时只有等到所有 ISR 集合中的副本都确认收到之后才能被认为已经提交。位于 ISR 中的任何副本节点都有资格成为 leader，选举过程简单（详细内容可以参考 6.4.3 节）、开销低，这也是 Kafka 选用此模型的重要因素。Kafka 中包含大量的分区，leader 副本的均衡保障了整体负载的均衡，所以这一因素也极大地影响 Kafka 的性能指标。

在采用 ISR 模型和（f+1）个副本数的配置下，一个 Kafka 分区能够容忍最大 f 个节点失败，相比于"少数服从多数"的方式所需的节点数大幅减少。实际上，为了能够容忍 f 个节点失败，

"少数服从多数"的方式和 ISR 的方式都需要相同数量副本的确认信息才能提交消息。比如，为了容忍 1 个节点失败，"少数服从多数"需要 3 个副本和 1 个 follower 的确认信息，采用 ISR 的方式需要 2 个副本和 1 个 follower 的确认信息。在需要相同确认信息数的情况下，采用 ISR 的方式所需要的副本总数变少，复制带来的集群开销也就更低，"少数服从多数"的优势在于它可以绕开最慢副本的确认信息，降低提交的延迟，而对 Kafka 而言，这种能力可以交由客户端自己去选择。

另外，一般的同步策略依赖于稳定的存储系统来做数据恢复，也就是说，在数据恢复时日志文件不可丢失且不能有数据上的冲突。不过它们忽视了两个问题：首先，磁盘故障是会经常发生的，在持久化数据的过程中并不能完全保证数据的完整性；其次，即使不存在硬件级别的故障，我们也不希望在每次写入数据时执行同步刷盘（fsync）的动作来保证数据的完整性，这样会极大地影响性能。而 Kafka 不需要宕机节点必须从本地数据日志中进行恢复，Kafka 的同步方式允许宕机副本重新加入 ISR 集合，但在进入 ISR 之前必须保证自己能够重新同步完 leader 中的所有数据。

8.3　可靠性分析

很多人问过笔者类似这样的一些问题：怎样可以确保 Kafka 完全可靠？如果这样做就可以确保消息不丢失了吗？笔者认为：就可靠性本身而言，它并不是一个可以用简单的"是"或"否"来衡量的一个指标，而一般是采用几个 9 来衡量的。任何东西不可能做到完全的可靠，即使能应付单机故障，也难以应付集群、数据中心等集体故障，即使躲得过天灾也未必躲得过人祸。就可靠性而言，我们可以基于一定的假设前提来做分析。本节要讲述的是：在只考虑 Kafka 本身使用方式的前提下如何最大程度地提高可靠性。

就 Kafka 而言，越多的副本数越能够保证数据的可靠性，副本数可以在创建主题时配置，也可以在后期修改，不过副本数越多也会引起磁盘、网络带宽的浪费，同时会引起性能的下降。一般而言，设置副本数为 3 即可满足绝大多数场景对可靠性的要求，而对可靠性要求更高的场景下，可以适当增大这个数值，比如国内部分银行在使用 Kafka 时就会设置副本数为 5。与此同时，如果能够在分配分区副本的时候引入基架信息（broker.rack 参数），那么还要应对机架整体宕机的风险。

仅依靠副本数来支撑可靠性是远远不够的，大多数人还会想到生产者客户端参数 acks。在 2.3 节中我们就介绍过这个参数：相比于 0 和 1，acks = -1（客户端还可以配置为 all，它的含义与 -1 一样，以下只以 -1 来进行陈述）可以最大程度地提高消息的可靠性。

对于 acks = 1 的配置，生产者将消息发送到 leader 副本，leader 副本在成功写入本地日志之后会告知生产者已经成功提交，如图 8-24 所示。如果此时 ISR 集合的 follower 副本还没来得及拉取到 leader 中新写入的消息，leader 就宕机了，那么此次发送的消息就会丢失。

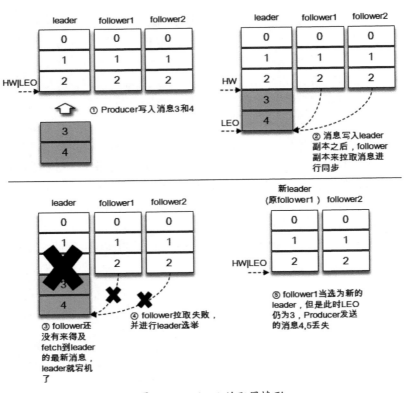

图 8-24　acks=1 的配置情形

对于 ack＝-1 的配置，生产者将消息发送到 leader 副本，leader 副本在成功写入本地日志之后还要等待 ISR 中的 follower 副本全部同步完成才能够告知生产者已经成功提交，即使此时 leader 副本宕机，消息也不会丢失，如图 8-25 所示。

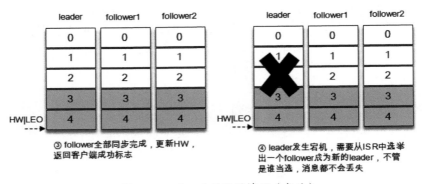

图 8-25　acks=-1 的配置情形（成功）

同样对于 acks＝-1 的配置，如果在消息成功写入 leader 副本之后，并且在被 ISR 中的所有副本同步之前 leader 副本宕机了，那么生产者会收到异常以此告知此次发送失败，如图 8-26 所示。

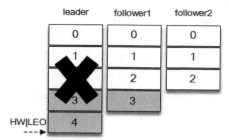

③ 消息写入leader副本之后，但在被follower
副本完全同步之前就宕机了，那么生产者会
收到异常，告知此时发送失败

图 8-26　acks=-1 的配置情形（失败）

在 2.1.2 节中，我们讨论了消息发送的 3 种模式，即发后即忘、同步和异步。对于发后即忘的模式，不管消息有没有被成功写入，生产者都不会收到通知，那么即使消息写入失败也无从得知，因此发后即忘的模式不适合高可靠性要求的场景。如果要提升可靠性，那么生产者可以采用同步或异步的模式，在出现异常情况时可以及时获得通知，以便可以做相应的补救措施，比如选择重试发送（可能会引起消息重复）。

有些发送异常属于可重试异常，比如 NetworkException，这个可能是由瞬时的网络故障而导致的，一般通过重试就可以解决。对于这类异常，如果直接抛给客户端的使用方也未免过于兴师动众，客户端内部本身提供了重试机制来应对这种类型的异常，通过 retries 参数即可配置。默认情况下，retries 参数设置为 0，即不进行重试，对于高可靠性要求的场景，需要将这个值设置为大于 0 的值，在 2.3 节中也谈到了与 retries 参数相关的还有一个 retry.backoff.ms 参数，它用来设定两次重试之间的时间间隔，以此避免无效的频繁重试。在配置 retries 和 retry.backoff.ms 之前，最好先估算一下可能的异常恢复时间，这样可以设定总的重试时间大于这个异常恢复时间，以此来避免生产者过早地放弃重试。如果不知道 retries 参数应该配置为多少，则可以参考 KafkaAdminClient，在 KafkaAdminClient 中 retries 参数的默认值为 5。

注意如果配置的 retries 参数值大于 0，则可能引起一些负面的影响。首先同 2.3 节中谈及的一样，由于默认的 max.in.flight.requests.per.connection 参数值为 5，这样可能会影响消息的顺序性，对此要么放弃客户端内部的重试功能，要么将 max.in.flight.requests.per.connection 参数设置为 1，这样也就放弃了吞吐。其次，有些应用对于时延的要求很高，很多时候都是需要快速失败的，设置 retries> 0 会增加客户端对于异常的反馈时延，如此可能会对应用造成不良的影响。

我们回头再来看一下 acks = -1 的情形，它要求 ISR 中所有的副本都收到相关的消息之后才能够告知生产者已经成功提交。试想一下这样的情形，leader 副本的消息流入速度很快，而 follower 副本的同步速度很慢，在某个临界点时所有的 follower 副本都被剔除出了 ISR 集合，那么 ISR 中只有一个 leader 副本，最终 acks = -1 演变为 acks = 1 的情形，如此也就加大了消息丢失的风险。Kafka 也考虑到了这种情况，并为此提供了 `min.insync.replicas` 参数（默认值为 1）来作为辅助（配合 acks = -1 来使用），这个参数指定了 ISR 集合中最小的副本数，如果不满足条件就会抛出 NotEnoughReplicasException 或 NotEnoughReplicasAfterAppendException。在正常的配置下，需要满足副本数 > `min.insync.replicas` 参数的值。一个典型的配置方案为：副本数配置为 3，`min.insync.replicas` 参数值配置为 2。注意 `min.insync.replicas` 参数在提升可靠性的时候会从侧面影响可用性。试想如果 ISR 中只有一个 leader 副本，那么最起码还可以使用，而此时如果配置 `min.insync.replicas>1`，则会使消息无法写入。

与可靠性和 ISR 集合有关的还有一个参数——`unclean.leader.election.enable`。这个参数的默认值为 false，如果设置为 true 就意味着当 leader 下线时候可以从非 ISR 集合中选举出新的 leader，这样有可能造成数据的丢失。如果这个参数设置为 false，那么也会影响可用性，非 ISR 集合中的副本虽然没能及时同步所有的消息，但最起码还是存活的可用副本。随着 Kafka 版本的变更，有的参数被淘汰，也有新的参数加入进来，而传承下来的参数一般都很少会修改既定的默认值，而 `unclean.leader.election.enable` 就是这样一个反例，从 0.11.0.0 版本开始，`unclean.leader.election.enable` 的默认值由原来的 true 改为了 false，可以看出 Kafka 的设计者愈发地偏向于可靠性的提升。

在 broker 端还有两个参数 `log.flush.interval.messages` 和 `log.flush.interval.ms`，用来调整同步刷盘的策略，默认是不做控制而交由操作系统本身来进行处理。同步刷盘是增强一个组件可靠性的有效方式，Kafka 也不例外，但笔者对同步刷盘有一定的疑问——绝大多数情景下，一个组件（尤其是大数据量的组件）的可靠性不应该由同步刷盘这种极其损耗性能的操作来保障，而应该采用多副本的机制来保障。

对于消息的可靠性，很多人都会忽视消费端的重要性，如果一条消息成功地写入 Kafka，并且也被 Kafka 完好地保存，而在消费时由于某些疏忽造成没有消费到这条消息，那么对于应用来说，这条消息也是丢失的。

`enable.auto.commit` 参数的默认值为 true，即开启自动位移提交的功能，虽然这种方式非常简便，但它会带来重复消费和消息丢失的问题，对于高可靠性要求的应用来说显然不可取，所以需要将 `enable.auto.commit` 参数设置为 false 来执行手动位移提交。在执行手动位移提交的时候也要遵循一个原则：如果消息没有被成功消费，那么就不能提交所对应的消费位移。对于高可靠要求的应用来说，宁愿重复消费也不应该因为消费异常而导致消息丢失。有时候，由于应用解析消息的异常，可能导致部分消息一直不能够成功被消费，那么这个时候为了不影响整体消费的进度，可以将这类消息暂存到死信队列（查看 11.3 节）中，以便后续的故障排除。

对于消费端，Kafka 还提供了一个可以兜底的功能，即回溯消费，通过这个功能可以让我们能够有机会对漏掉的消息相应地进行回补，进而可以进一步提高可靠性。

8.4　总结

笔者接触 Kafka 以来被问得最多的就是 Kafka 的可靠性问题，本章以此为引来对 Kafka 相关的知识点进行讲解，最后通过可靠性分析来做一个总结，希望能够为读者在遇到此类问题时提供参考。

第 9 章
Kafka 应用

本章主要介绍 Kafka 现有的一些应用类工具，包括命令行工具、Kafka Connect、Kafka Mirror Maker 和 Kafka Streams 等。其中很多命令行工具在前面的章节中已经有过相关的介绍，本章会对剩余的命令行工具做相关补充性讲解。

9.1　命令行工具

Kafka 中提供了许多命令行工具（位于$KAFKA_HOME/bin 目录下）用于管理集群的变更。在前面的章节中或多或少地涉及以下工具，如表 9-1 所示。

表 9-1　脚本名称及释义

脚 本 名 称	释　　义
kafka-configs.sh	用于配置管理，在 4.1.5 和 4.3.3 节中有所提及
kafka-console-consumer.sh	用于消费消息，在 1.3 节和 7.3 节中有所提及
kafka-console-producer.sh	用于生产消息，在 1.3 节中有所提及
kafka-consumer-perf-test.sh	用于测试消费性能，在 4.4.1 节中有所提及
kafka-topics.sh	用于管理主题，在第 4 章中有所提及
kafka-dump-log.sh	用于查看日志内容，在 5.2.5 节中有所提及
kafka-server-stop.sh	用于关闭 Kafka 服务，在 6.4.2 节中有所提及
kafka-preferred-replica-election.sh	用于优先副本的选举，在 4.3.1 节中有所提及
kafka-server-start.sh	用于启动 Kafka 服务，在 1.2 节和 10.1 节中有所提及
kafka-producer-perf-test.sh	用于测试生产性能，在 4.4.1 节中有所提及
kafka-reassign-partitions.sh	用于分区重分配，在 4.3.2 节中有所提及

　　这里我们再补充介绍 kafka-consumer-groups.sh、kafka-delete-records.sh 脚本的使用。connect-standalone.sh、connect-distributed.sh、kafka-mirror-maker.sh 这 3 个脚本将在后面的章节中给出具体的介绍。

9.1.1　消费组管理

　　在 Kafka 中，我们可以通过 kafka-consumer-groups.sh 脚本查看或变更消费组的信息。我们可以通过 list 这个指令类型的参数来罗列出当前集群中所有的消费组名称，示例如下（这个功能对应 KafkaAdminClient 中的 listConsumerGroups()方法）：

```
[root@node1 kafka_2.11-2.0.0]# bin/kafka-consumer-groups.sh --bootstrap-server
localhost:9092 --list
    console-consumer-98513
    groupIdMonitor
    console-consumer-49560
    console-consumer-69403
    console-consumer-66179
    console-consumer-33348
    console-consumer-82390
    console-consumer-38225
```

　　注意，在之前的版本中还可以通过 zookeeper 参数来连接指定的 ZooKeeper 地址，因为在旧版的 Kafka 中可以将消费组的信息存储在 ZooKeeper 节点中，不过在 2.0.0 版本中已经将这个参数删除了，目前只能通过正统的 bootstrap-server 参数来连接 Kafka 集群以此来获取消费者的相应信息。

　　kafka-consumer-groups.sh 脚本还可以配合 describe 这个指令类型的参数来展示某一个消费组的详细信息，不过要完成此功能还需要配合 group 参数来一同实现，group 参数用来指定特定消费组的名称。下面的示例中展示了消费组 groupIdMonitor 的详细信息（这个功能对应 KafkaAdminClient 中的 describeConsumerGroups(Collection<String> groupIds)方法）：

```
[root@node1 kafka_2.11-2.0.0]# bin/kafka-consumer-groups.sh --bootstrap-server
localhost:9092 --describe --group groupIdMonitor

    TOPIC          PARTITION  CURRENT-OFFSET  LOG-END-OFFSET  LAG
CONSUMER-ID                              HOST            CLIENT-ID
    topic-monitor  0          668             668             0
consumer-1-063cdec2-b525-4ba3-bbfe-db9a92e3b21d /192.168.0.2  consumer-1
```

```
    topic-monitor   1          666          666            0
consumer-1-063cdec2-b525-4ba3-bbfe-db9a92e3b21d /192.168.0.2 consumer-1
    topic-monitor   2          666          666            0
consumer-1-273faaf0-c950-44a8-8a11-41a116f79fd4 /192.168.0.2 consumer-1
```

在展示的结果中包含多个字段的信息，其中 TOPIC 表示消费组订阅的主题名称；PARTITION 表示对应的分区编号；CURRENT-OFFSET 表示消费组最新提交的消费位移；LOG-END-OFFSET 表示的是 HW（高水位）；LAG 表示消息滞后的数量，是 LOG-END-OFFSET 与 CURRENT-OFFSET 的数值之差，详细内容还可以参考 10.2 节。CUNSUMER_ID 表示消费组的成员 ID，对应于 7.2.2 节中的 member_id；HOST 表示消费者的 host 信息；CLIENT-ID 对应于消费者客户端中的 clientId。

消费组一共有 Dead、Empty、PreparingRebalance、CompletingRebalance、Stable 这几种状态，正常情况下，一个具有消费者成员的消费组的状态为 Stable。我们可以通过 state 参数来查看消费组当前的状态，示例如下：

```
[root@node1 kafka_2.11-2.0.0]# bin/kafka-consumer-groups.sh --bootstrap-server
localhost:9092 --describe --group groupIdMonitor --state

COORDINATOR (ID)        ASSIGNMENT-STRATEGY    STATE        #MEMBERS
192.168.0.4:9092 (2)    range                  Stable       2
```

如果消费组内没有消费者，那么对应的状态为 Empty，示例如下：

```
[root@node1 kafka_2.11-2.0.0]# bin/kafka-consumer-groups.sh --bootstrap-server
localhost:9092 --describe --group groupIdMonitor --state
Consumer group 'groupIdMonitor' has no active members.

COORDINATOR (ID)        ASSIGNMENT-STRATEGY    STATE        #MEMBERS
192.168.0.4:9092 (2)                           Empty        0
```

我们还可以通过 members 参数罗列出消费组内的消费者成员信息，参考如下：

```
[root@node1 kafka_2.11-2.0.0]# bin/kafka-consumer-groups.sh --bootstrap-server
localhost:9092 --describe --group groupIdMonitor --members

CONSUMER-ID                                      HOST          CLIENT-ID    #PARTITIONS
consumer-1-273faaf0-c950-44a8-8a11-41a116f79fd4 /192.168.0.2  consumer-1       1
consumer-1-063cdec2-b525-4ba3-bbfe-db9a92e3b21d /192.168.0.2  consumer-1       2
```

如果在此基础上再增加一个 verbose 参数，那么还会罗列出每个消费者成员的分配情况，如下所示。

```
[root@node1 kafka_2.11-2.0.0]# bin/kafka-consumer-groups.sh --bootstrap-server
localhost:9092 --describe --group groupIdMonitor --members --verbose

CONSUMER-ID                                    HOST          CLIENT-ID     #PARTITIONS    ASSIGNMENT
consumer-1-063cdec2-b525-4ba3-bbfe-db9a92e3b21d /192.168.0.2  consumer-1         2         topic-monitor(0,1)
consumer-1-b5bb268b-d077-4db8-b525-9d60cd0ee06b /192.168.0.2  consumer-1         1         topic-monitor(2)
```

我们可以通过 delete 这个指令类型的参数来删除一个指定的消费组，不过如果消费组中有消费者成员正在运行，则删除操作会失败，详细参考如下：

```
[root@node1 kafka_2.11-2.0.0]# bin/kafka-consumer-groups.sh --bootstrap-server
localhost:9092 --delete --group groupIdMonitor
Error: Deletion of some consumer groups failed:
* Group 'groupIdMonitor' could not be deleted due to: NON_EMPTY_GROUP

[root@node1 kafka_2.11-2.0.0]# bin/kafka-consumer-groups.sh --bootstrap-server
localhost:9092 --delete --group groupIdMonitor
Deletion of requested consumer groups ('groupIdMonitor') was successful.

[root@node1 kafka_2.11-2.0.0]# bin/kafka-consumer-groups.sh --bootstrap-server
localhost:9092 --describe --group groupIdMonitor
Error: Consumer group 'groupIdMonitor' does not exist.
```

在 KafkaAdminClient 中也有一个 deleteConsumerGroups(Collection<String> groupIds)方法用来删除指定的消费组。

9.1.2　消费位移管理

kafka-consumer-groups.sh 脚本还提供了重置消费组内消费位移的功能，具体是通过 reset-offsets 这个指令类型的参数来实施的，不过实现这一功能的前提是消费组内没有正在运行的消费者成员。下面的示例将消费组中的所有分区的消费位移都置为 0，详细参考如下：

```
[root@node1 kafka_2.11-2.0.0]# bin/kafka-consumer-groups.sh --bootstrap-server
localhost:9092  --group groupIdMonitor --all-topics --reset-offsets --to-earliest
--execute
```

```
    Error: Assignments can only be reset if the group 'groupIdMonitor' is inactive,
but the current state is Stable.

    TOPIC                          PARTITION  NEW-OFFSET

    [root@node1 kafka_2.11-2.0.0]# bin/kafka-consumer-groups.sh --bootstrap-server
localhost:9092  --group groupIdMonitor --all-topics --reset-offsets --to-earliest
--execute

    TOPIC                          PARTITION  NEW-OFFSET
    topic-monitor                      1          0
    topic-monitor                      0          0
    topic-monitor                      2          0

    [root@node1 kafka_2.11-2.0.0]# bin/kafka-consumer-groups.sh --bootstrap-server
localhost:9092 --describe --group groupIdMonitor
    Consumer group 'groupIdMonitor' has no active members.
```

TOPIC	PARTITION	CURRENT-OFFSET	LOG-END-OFFSET	LAG	CONSUMER-ID	HOST	CLIENT-ID
topic-monitor	1	0	999	999	-	-	-
topic-monitor	0	0	1001	1001	-	-	-
topic-monitor	2	0	1000	1000	-	-	-

可以通过将--all-topics 修改为--topic 来实现更加细粒度的消费位移的重置，
all-topics 参数指定了消费组中所有主题，而 topic 参数可以指定单个主题，甚至可以是
主题中的若干分区。下面的示例将主题 topic-monitor 分区 2 的消费位移置为分区的末尾：

```
    [root@node1 kafka_2.11-2.0.0]# bin/kafka-consumer-groups.sh --bootstrap-server
localhost:9092  --group groupIdMonitor --topic topic-monitor:2 --reset-offsets
--to-latest --execute

    TOPIC                          PARTITION  NEW-OFFSET
    topic-monitor                      2          1000

    [root@node1 kafka_2.11-2.0.0]# bin/kafka-consumer-groups.sh --bootstrap-server
localhost:9092 --describe --group groupIdMonitor
    Consumer group 'groupIdMonitor' has no active members.
```

TOPIC	PARTITION	CURRENT-OFFSET	LOG-END-OFFSET	LAG	CONSUMER-ID	HOST	CLIENT-ID
topic-monitor	1	0	999	999	-	-	-
topic-monitor	0	0	1001	1001	-	-	-
topic-monitor	2	**1000**	1000	0	-	-	-

　　前面的两个示例中各自使用了 `to-earliest` 和 `to-latest` 参数来分别将消费位移调整到分区的开头和末尾。除此之外，kafka-consumer-groups.sh 脚本还提了更多的选择。

- `by-duration <String: duration>`：将消费位移调整到距离当前时间指定间隔的最早位移处。duration 的格式为 "PnDTnHnMnS"。
- `from-file <String: path to CSV file>`：将消费位移重置到 CSV 文件中定义的位置。
- `shift-by <Long: number-of-offsets>`：把消费位移调整到当前位移 + number-of-offsets 处，number-of-offsets 的值可以为负数。
- `to-current`：将消费位移调整到当前位置处。
- `to-datetime <String: datatime>`：将消费位移调整到大于给定时间的最早位移处。datatime 的格式为 "YYYY-MM-DDTHH:mm:SS.sss"。
- `to-offset <Long: offset>`：将消费位移调整到指定的位置。

kafka-consumer-groups.sh 脚本中还有两个参数 `dry-run` 和 `export`，`dry-run` 是只打印具体的调整方案而不执行，`export` 是将位移调整方案以 CSV 的格式输出到控制台，而 `execute` 才会执行真正的消费位移重置。下面的示例演示了 `execute`、`dry-run`、`export`、`to-current`、`shift-by`、`from-file` 的具体用法：

```
# 查看当前消费组的消费位移
[root@node1 kafka_2.11-2.0.0]# bin/kafka-consumer-groups.sh --bootstrap-server
localhost:9092 --describe --group groupIdMonitor
Consumer group 'groupIdMonitor' has no active members.
```

TOPIC	PARTITION	CURRENT-OFFSET	LOG-END-OFFSET	LAG	CONSUMER-ID	HOST	CLIENT-ID
topic-monitor	1	999	999	0	-	-	-
topic-monitor	0	1001	1001	0	-	-	-
topic-monitor	2	1000	1000	0	-	-	-

```
# 将消费位移往前调整 10，但是不执行
[root@node1 kafka_2.11-2.0.0]# bin/kafka-consumer-groups.sh --bootstrap-server
localhost:9092   --group  groupIdMonitor  --topic  topic-monitor  --reset-offsets
--shift-by -10 --dry-run
```

```
    TOPIC                          PARTITION   NEW-OFFSET
    topic-monitor                      2          990
    topic-monitor                      1          989
    topic-monitor                      0          991
```

    # 将消费位移调整为当前位移并将结果输出到控制台，但是也不执行
    [root@node1 kafka_2.11-2.0.0]# bin/kafka-consumer-groups.sh --bootstrap-server
localhost:9092   --group groupIdMonitor --topic topic-monitor --reset-offsets
--to-current --export -dry-run

```
    topic-monitor,2,1000
    topic-monitor,1,999
    topic-monitor,0,1001
```

    # 将消费位移再次往前调整20并输出结果，但是不执行
    [root@node1 kafka_2.11-2.0.0]# bin/kafka-consumer-groups.sh --bootstrap-server
localhost:9092   --group groupIdMonitor --topic topic-monitor --reset-offsets
--shift-by -20 --export --dry-run

```
    topic-monitor,2,980
    topic-monitor,1,979
    topic-monitor,0,981
```

    # 中间步骤：将上面的输出结果保存到 offsets.csv 文件中
    # 通过 from-file 参数从 offsets.csv 文件中获取位移重置策略，并且执行
    [root@node1 kafka_2.11-2.0.0]# bin/kafka-consumer-groups.sh --bootstrap-server
localhost:9092   --group groupIdMonitor --topic topic-monitor --reset-offsets
--from-file offsets.csv --execute

```
    TOPIC                          PARTITION   NEW-OFFSET
    topic-monitor                      2          980
    topic-monitor                      1          979
    topic-monitor                      0          981
```

    # 最终消费位移都往前重置了20
    [root@node1 kafka_2.11-2.0.0]# bin/kafka-consumer-groups.sh --bootstrap-server
localhost:9092 --describe --group groupIdMonitor
    Consumer group 'groupIdMonitor' has no active members.

TOPIC	PARTITION	CURRENT-OFFSET	LOG-END-OFFSET	LAG	CONSUMER-ID	HOST	CLIENT-ID
topic-monitor	1	979	999	20	-	-	-
topic-monitor	0	981	1001	20	-	-	-
topic-monitor	2	980	1000	20	-	-	-

9.1.3　手动删除消息

在 5.4.1 节中讲解日志删除的时候就提及了 kafka-delete-records.sh 脚本，这个脚本可以用来删除指定位置前的消息。

当一个分区被创建的时候，它的起始位置（logStartOffset）为 0。我们可以通过 KafkaConsumer 中的 beginningOffsets() 方法来查看分区的起始位置，参考代码清单 9-1：

代码清单 9-1　查看分区起始位置

```
KafkaConsumer<String, String> kafkaConsumer = createNewConsumer();
List<PartitionInfo> partitions = kafkaConsumer.partitionsFor("topic-monitor");
List<TopicPartition> tpList = partitions.stream()
        .map(pInfo -> new TopicPartition(pInfo.topic(), pInfo.partition()))
        .collect(toList());
Map<TopicPartition, Long> beginningOffsets =
        kafkaConsumer.beginningOffsets(tpList);
System.out.println(beginningOffsets);
```

输出结果如下：

```
{topic-monitor-0=0, topic-monitor-1=0, topic-monitor-2=0}
```

下面使用 kafka-delete-records.sh 脚本来删除部分消息。在执行具体的删除动作之前需要先配置一个 JSON 文件，用来指定所要删除消息的分区及对应的位置。我们需要分别删除主题 topic-monitor 下分区 0 中偏移量为 10、分区 1 中偏移量为 11 和分区 2 中偏移量为 12 的消息：

```
{
    "partitions": [
        {
            "topic": "topic-monitor",
            "partition": 0,
            "offset": 10
        },
            {
            "topic": "topic-monitor",
            "partition": 1,
            "offset": 11
```

```
        },
            {
        "topic": "topic-monitor",
        "partition": 2,
        "offset": 12
        }
    ],
    "version": 1
}
```

之后将这段内容保存到文件中，比如取名为 delete.json，在此之后，我们就可以通过 kafka-delete-records.sh 脚本中的 `offset-json-file` 参数来指定这个 JSON 文件。具体的删除操作如下：

```
[root@node1 kafka_2.11-2.0.0]# bin/kafka-delete-records.sh --bootstrap-server
localhost:9092 --offset-json-file delete.json
Executing records delete operation
Records delete operation completed:
partition: topic-monitor-0    low_watermark: 10
partition: topic-monitor-1    low_watermark: 11
partition: topic-monitor-2    low_watermark: 12
```

我们再次执行代码清单 9-1，可以发现最后的运行结果已经变为：

```
{topic-monitor-0=10, topic-monitor-1=11, topic-monitor-2=12}
```

kafka-delete-records.sh 脚本内部是通过调用 KafkaAdminClient 中的 deleteRecords()方法来实现的，这个方法的具体定义如下所示。

```
public DeleteRecordsResult deleteRecords(
        Map<TopicPartition, RecordsToDelete> recordsToDelete)
```

deleteRecords()方法最终还需要通过发送 DeleteRecordsRequest 请求来通知 Kafka 完成相应的"删除"动作。其实 Kafka 并不会直接删除消息，它在收到 DeleteRecordsRequest 请求之后，会将指定分区的 logStartOffset 置为相应的请求值（比如分区 0 的偏移量 10），最终的删除消息的动作还是交由日志删除任务来完成的。

9.2　Kafka Connect

Kafka Connect 是一个工具，它为在 Kafka 和外部数据存储系统之间移动数据提供了一种可靠的且可伸缩的实现方式。Kafka Connect 可以简单快捷地将数据从 Kafka 中导入或导出，数据范围涵盖关系型数据库、日志和度量数据、Hadoop 和数据仓库、NoSQL 数据存储、搜索索引等。相对于生产者和消费者客户端而言，Kafka Connect 省掉了很多开发的工作，尤其是编码部分，这使得应用开发人员更容易上手。

Kafka Connect 有两个核心概念：Source 和 Sink。参考图 9-1，Source 负责导入数据到 Kafka，Sink 负责从 Kafka 导出数据，它们都被称为 Connector（连接器）。

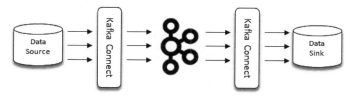

图 9-1　Kafka Connect 应用模型

在 Kafka Connect 中还有两个重要的概念：Task 和 Worker。Task 是 Kafka Connect 数据模型的主角，每一个 Connector 都会协调一系列的 Task 去执行任务，Connector 可以把一项工作分割成许多 Task，然后把 Task 分发到各个 Worker 进程中去执行（分布式模式下），Task 不保存自己的状态信息，而是交给特定的 Kafka 主题去保存。Connector 和 Task 都是逻辑工作单位，必须安排在进程中执行，而在 Kafka Connect 中，这些进程就是 Worker。

Kafka Connect 提供了以下特性。

- **通用性**：规范化其他数据系统与 Kafka 的集成，简化了连接器的开发、部署和管理。
- 支持独立模式（standalone）和分布式模式（distributed）。
- **REST 接口**：使用 REST API 提交和管理 Connector。
- **自动位移管理**：自动管理位移提交，不需要开发人员干预，降低了开发成本。
- **分布式和可扩展性**：Kafka Connect 基于现有的组管理协议来实现扩展 Kafka Connect 集群。
- 流式计算/批处理的集成。

9.2.1　独立模式

Kafka 中的 connect-standalone.sh 脚本用来实现以独立的模式运行 Kafka Connect。在独立模

式下所有的操作都是在一个进程中完成的，这种模式非常适合测试或功能验证的场景。由于是单进程，所以独立模式无法充分利用 Kafka 自身所提供的负载均衡和高容错等特性。

　　在执行这个脚本时需要指定两个配置文件：一个是用于 Worker 进程运行的相关配置文件；另一个是指定 Source 连接器或 Sink 连接器的配置文件，可以同时指定多个连接器配置，每个连接器配置文件对应一个连接器，因此要保证连接器名称全局唯一，连接器名称通过 name 参数指定。

　　下面我们先来了解一下 Source 连接器的用法：将文件 source.txt 中的内容通过 Source 连接器写入 Kafka 的主题 topic-connect。首先修改用于 Worker 进程运行的配置文件（$KAFKA_HOME/config/connect-standalone.properties），内容参考如下：

```
bootstrap.servers=localhost:9092
key.converter=org.apache.kafka.connect.json.JsonConverter
value.converter=org.apache.kafka.connect.json.JsonConverter
key.converter.schemas.enable=true
value.converter.schemas.enable=true
offset.storage.file.filename=/tmp/connect.offsets
offset.flush.interval.ms=10000
```

　　bootstrap.servers 参数用来配置与 Kafka 集群连接的地址。key.converter 和 value.converter 参数指定 Kafka 消息中 key 和 value 的格式转化类，本例中使用 JsonConverter 来将每一条消息的 key 和 value 都转化成 JSON 格式。key.converter.schemas.enable 和 value.converter.schemas.enable 参数用来指定 JSON 消息中是否可以包含 schema。offset.storage.file.filename 参数用于指定保存偏移量的文件路径。offset.flush.interval.ms 参数用于设定提交偏移量的频率。

　　接下来修改 Source 连接器的配置文件（$KAFKA_HOME/config/connect-file-source.properties），内容参考如下：

```
name=local-file-source
connector.class=FileStreamSource
tasks.max=1
file=/opt/kafka_2.11-2.0.0/source.txt
topic=topic-connect
```

　　name 参数用来配置连接器的名称。connector.class 用来设置连接器类的全限定名称，有时候设置为类名也是可以的，Kafka Connect 会在 classpath 中自动搜索这个类并加载。Kafka 中默认只提供了与文件相关的连接器，如果要实现与其他数据存储系统相连接，那么可以参考文件连接器的具体实现来自定义一套连接器，或者搜寻开源的实现，比如 Confluent 公司提供的一些产品：

- kafka-connect-elasticsearch（https://github.com/confluentinc/kafka-connect-elasticsearch）；

- kafka-connect-jdbc（https://github.com/confluentinc/kafka-connect-jdbc）；

- kafka-connect-hdfs（https://github.com/confluentinc/kafka-connect-hdfs）；

- kafka-connect-storage-cloud（https://github.com/confluentinc/kafka-connect-storage-cloud）。

task.max 参数指定了 Task 的数量。file 参数指定该连接器数据源文件路径，这里指定了 Kafka 根目录下的 source.txt 文件，在启动连接器前需要先创建好它。topic 参数设置连接器把数据导入哪个主题，如果该主题不存在，则连接器会自动创建，不过建议最好还是提前手工创建该主题。比如，对本例中的主题 topic-connect 而言，可以事先创建，它的详细信息如下：

```
[root@node1 kafka_2.11-2.0.0]# bin/kafka-topics.sh --zookeeper
localhost:2181/kafka --create --topic topic-connect --replication-factor 1
--partitions 1
    Created topic "topic-connect".

[root@node1 kafka_2.11-2.0.0]# bin/kafka-topics.sh --zookeeper localhost:2181/
kafka --describe --topic topic-connect
    Topic:topic-connect  PartitionCount:1 ReplicationFactor:1 Configs:
        Topic: topic-connect Partition: 0 Leader: 0    Replicas: 0 Isr: 0
```

接下来就可以启动 Source 连接器了，示例如下：

```
[root@node1 kafka_2.11-2.0.0]# bin/connect-standalone.sh config/connect-
standalone.properties config/connect-file-source.properties
```

连接器启动之后，向 source.txt 文件中输入两条句子：

```
[root@node1 kafka_2.11-2.0.0]# echo "hello kafka connect">> source.txt
[root@node1 kafka_2.11-2.0.0]# echo "hello kafka streams">> source.txt
```

之后可以观察主题 topic-connect 中是否包含这两条消息。对于这个示例，我们既可以使用 kafka-console-consumer.sh 脚本，也可以使用 kafka-dump-log.sh 脚本来查看内容。这里再来回顾一下 kafka-dump-log.sh 脚本的用法：

```
[root@node1 kafka_2.11-2.0.0]# bin/kafka-dump-log.sh --files /tmp/kafka-logs/
topic-connect-0/00000000000000000000.log --print-data-log
```

```
Dumping /tmp/kafka-logs/topic-connect-0/00000000000000000000.log

Starting offset: 0
offset: 0 position: 0 CreateTime: 1540368601287 isvalid: true keysize: 30
valuesize: 77 magic: 2 compresscodec: NONE producerId: -1 producerEpoch: -1 sequence:
-1 isTransactional: false headerKeys: [] key: {"schema":null,"payload":null} payload:
{"schema":{"type":"string","optional":false},"payload":"hello kafka connect"}
offset: 1 position: 177 CreateTime: 1540368621321 isvalid: true keysize: 30
valuesize: 77 magic: 2 compresscodec: NONE producerId: -1 producerEpoch: -1 sequence:
-1 isTransactional: false headerKeys: [] key: {"schema":null,"payload":null} payload:
{"schema":{"type":"string","optional":false},"payload":"hello kafka streams"}
```

可以看到主题 topic-connect 中的消息格式为 JSON 字符串并且带有对应的 schema 信息，这一点和在 config/connect-standalone.properties 配置的内容一一对应。

我们再来看一下 Sink 连接器的用法：将主题 topic-connect 中的内容通过 Sink 连接器写入文件 sink.txt。这里对 config/connect-standalone.properties 文件稍做修改，参考如下：

```
bootstrap.servers=localhost:9092
key.converter=org.apache.kafka.connect.storage.StringConverter
value.converter=org.apache.kafka.connect.storage.StringConverter
key.converter.schemas.enable=true
value.converter.schemas.enable=true
offset.storage.file.filename=/tmp/connect.offsets
offset.flush.interval.ms=10000
```

这里将 Kafka 消息中的 key 和 value 的格式转化类指定为 StringConverter。

紧接着我们再配置 Sink 连接器的配置文件（$KAFKA_HOME/config/connect-file-sink.properties），内容参考如下（注意与 Source 连接器配置的区别）：

```
name=local-file-sink
connector.class=FileStreamSink
tasks.max=1
file=/opt/kafka_2.11-2.0.0/sink.txt
topics=topic-connect
```

接下来就可以启动 Sink 连接器了，示例如下：

```
[root@node1 kafka_2.11-2.0.0]# bin/connect-standalone.sh
    config/connect-standalone.properties config/connect-file-sink.properties
```

我们往主题 topic-connect 中发送一条消息：

```
[root@node1  kafka_2.11-2.0.0]#  bin/kafka-console-producer.sh  --broker-list
localhost:9092 --topic topic-connect
>hello kafka
>
```

进而就可以在 sink.txt 文件中看到这条消息：

```
[root@node1 kafka_2.11-2.0.0]# cat sink.txt
hello kafka
```

9.2.2　REST API

我们可以通过 Kafka Connect 提供的基于 REST 风格的 API 接口来管理连接器，默认端口号为 8083，可以通过 Worker 进程的配置文件中的 `rest.port` 参数来修改端口号。Kafka Connect REST API 接口如表 9-2 所示。

表 9-2　Kafka Connect REST API 接口

REST API	释　　义
GET /	查看 Kafka 集群版本信息
GET /connectors	查看当前活跃的连接器列表，显示连接器的名字
POST /connectors	根据指定配置，创建一个新的连接器
GET /connectors/{name}	查看指定连接器的信息
GET /connectors/{name}/config	查看指定连接器的配置信息
PUT /connectors/{name/config	修改指定连接器的配置信息
GET /connectors/{name}/statue	查看指定连接器的状态
POST /connectors/{name}/restart	重启指定的连接器
PUT /connectors/{name}/pause	暂停指定的连接器
GET /connectors/{name}/tasks	查看指定连接器正在运行的 Task
POST /connectors/{name}/tasks	修改 Task 的配置
GET /connectors/{name}/tasks/{taskId}/status	查看指定连接器中指定 Task 的状态
POST /connectors/{name}/tasks/{tasked}/restart	重启指定连接器中指定的 Task
DELETE /connectors/{name}	删除指定的连接器

简单示例如下，更多的 REST API 调用示例可以参考下一节的内容。

```
[root@node1 kafka_2.11-2.0.0]# curl http://localhost:8083/
```

```
{"version":"2.0.0","commit":"3402a8361b734732","kafka_cluster_id":"Cjr-rkl5S
LClosMiOfMpqw"}

[root@node1 kafka_2.11-2.0.0]# curl http://localhost:8083/connectors
["local-file-source"]
```

9.2.3 分布式模式

与独立模式不同，分布式模式天然地结合了 Kafka 提供的负载均衡和故障转移功能，能够自动在多个节点机器上平衡负载。不过，以分布式模式启动的连接器并不支持在启动时通过加载连接器配置文件来创建一个连接器，只能通过访问 REST API 来创建连接器。

在运行分布式模式的连接器前，同样要修改 Worker 进程的相关配置文件（$KAFKA_HOME/config/connect-distributed.properties），内容参考如下：

```
bootstrap.servers=localhost1:9092, localhost2:9092, localhost3:9092
group.id=connect-cluster
key.converter=org.apache.kafka.connect.json.JsonConverter
value.converter=org.apache.kafka.connect.json.JsonConverter
(….省略若干)
```

之后启动分布式模式，这里的运行脚本也变成了对应的 connect-distributed.sh，示例如下：

```
[root@node1 kafka_2.11-2.0.0]# bin/connect-distributed.sh
    config/connect-distributed.properties
```

接下来创建一个 Source 连接器，此前先要设定好这个连接器的相关配置，内容如下：

```
{
    "name":"local-file-distribute-source",
    "config":{
        "topic":"topic-distribute-source",
        "connector.class":"FileStreamSource",
        "key.converter":"org.apache.kafka.connect.storage.StringConverter",
        "value.converter":"org.apache.kafka.connect.storage.StringConverter",
        "converter.internal.key.converter":
"org.apache.kafka.connect.storage.StringConverter",
        "converter.internal.value.converter":
"org.apache.kafka.connect.storage.StringConverter",
```

```
            "file":"/opt/kafka_2.11-2.0.0/distribute-source.txt"
    }
}
```

　　这个连接器从 distribute-source.txt 文件中读取内容进而传输到主题 topic-distribute-source 中，在创建连接器前确保 distribute-source.txt 文件和主题 topic-distribute-source 都已创建完毕。接下来调用 POST /connectors 接口来创建指定的连接器，示例如下：

```
[root@node1 kafka_2.11-2.0.0]# curl -i -X POST -H "Content-Type:application/
json" -H "Accept:application/json" -d '{"name":"local-file-distribute-source",
"config":{"topic":"topic-distribute-source","connector.class":"FileStreamSource"
,"key.converter":"org.apache.kafka.connect.storage.StringConverter","value.conve
rter":"org.apache.kafka.connect.storage.StringConverter","converter.internal.key
.converter":"org.apache.kafka.connect.storage.StringConverter","converter.intern
al.value.converter":"org.apache.kafka.connect.storage.StringConverter","file":"/
opt/kafka_2.11-2.0.0/distribute-source.txt"}}' http://localhost:8083/connectors
HTTP/1.1 201 Created
Date: Wed, 24 Oct 2018 09:38:12 GMT
Location: http://localhost:8083/connectors/local-file-distribute-source
Content-Type: application/json
Content-Length: 598
Server: Jetty(9.4.11.v20180605)

{"name":"local-file-distribute-source","config":{"topic":"topic-distribute-s
ource","connector.class":"FileStreamSource","key.converter":"org.apache.kafka.co
nnect.storage.StringConverter","value.converter":"org.apache.kafka.connect.stora
ge.StringConverter","converter.internal.key.converter":"org.apache.kafka.connect
.storage.StringConverter","converter.internal.value.converter":"org.apache.kafka
.connect.storage.StringConverter","file":"/opt/kafka_2.11-2.0.0/distribute-sourc
e.txt","name":"local-file-distribute-source"},"tasks":[{"connector":"local-file-
distribute-source","task":0}],"type":null}
```

　　接下来就可以向 distribute-source.txt 文件中写入内容，然后订阅消费主题 topic-distribute-source 中的消息来验证是否成功。在使用完毕之后，我们可以调用 DELETE /connectors/{name} 接口来删除对应的连接器：

```
[root@node1  kafka_2.11-2.0.0]#  curl  -i  -X  DELETE  http://localhost:8083/
connectors/local-file-distribute-source
```

```
HTTP/1.1 204 No Content
Date: Wed, 24 Oct 2018 09:42:47 GMT
Server: Jetty(9.4.11.v20180605)

[root@node1 kafka_2.11-2.0.0]# curl -i http://localhost:8083/connectors
HTTP/1.1 200 OK
Date: Wed, 24 Oct 2018 09:43:05 GMT
Content-Type: application/json
Content-Length: 2
Server: Jetty(9.4.11.v20180605)

[]
```

读者可以自行尝试分布式模式下 Sink 连接器的使用方法。

在向 Kafka 写入数据或从 Kafka 读取数据时，要么使用普通的生产者和消费者客户端，要么使用 Kafka Connect，那么在不同场景下到底使用哪一种呢？Kafka 客户端需要内嵌到业务应用程序里，应用程序需要经常修改以便灵活地将数据推送到 Kafka 或从 Kafka 中消费消息，适用于开发人员。如果要将 Kafka 连接到数据存储系统中，可以使用 Kafka Connect，因为在这种场景下往往也不需要修改对应的代码，适用于非开发人员，他们可以通过配置连接器的方式实现相应的功能。

9.3 Kafka Mirror Maker

Kafka Mirror Maker 是用于在两个集群之间同步数据的一个工具，其实现原理是通过从源集群中消费消息，然后将消息生产到目标集群中，也就是普通的生产和消费消息。如果了解 RabbitMQ，那么会发现这个工具和 RabbitMQ 中的数据迁移插件 Federation/Shovel 的实现原理如出一辙。用户只需要在启动 Kafka Mirror Maker 时指定一些简单的消费端和生产端配置就可以实现准实时的数据同步。

如图 9-2 所示，我们需要将集群 Cluster 1 中的消息同步到集群 Cluster 2 中。通过 Kafka Mirror Maker 做一个中间的周转站，我们就可以很容易地实现跨集群的数据同步。

在 9.2 节中，我们了解了 Kafka Connect 的相关用法，它和 Kafka Mirror Maker 的区别在于：Kafka Connect 用于其他数据存储系统与 Kafka 之间的数据复制，而不是 Kafka 与 Kafka 之间的数据复制。在 4.3.2 节中，分区重分配可以实现 Kafka 与 Kafka 之间的数据复制，它与 Kafka Mirror Maker 的区别在于它是单个集群内部的数据复制，而不是跨集群之间的数据复制。

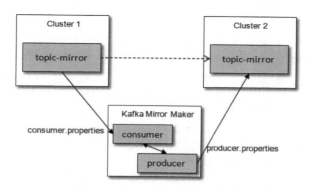

图 9-2　Mirror Maker 的模型架构

Kafka Mirror Maker 可以在两个不同的数据中心（两个集群位于不同的数据中心）中同步（镜像）数据。我们可以在两个不同的数据中心中部署一个集群，各个数据中心持有集群中的部分 broker 节点，通过将副本分散到不同的数据中心来实现不同数据中心的数据同步。但这样有一个严重的问题，即高延迟，这个问题会严重影响 Kafka 和 ZooKeeper 的性能，还有可能引发严重的异常。

下面我们来了解一下 Kafka Mirror Maker 的用法，它具体对应 Kafka 中的 kafka-mirror-maker.sh 脚本。参考图 9-2，我们演示从 Cluster 1 中将主题 topic-mirror 的数据同步到 Cluster 2 中，首先创建并配置两个配置文件，参考如下：

```
# consumer.properties 的配置
bootstrap.servers=cluster1:9092
group.id=groupIdMirror
client.id=sourceMirror
partition.assignment.strategy=org.apache.kafka.clients.consumer.RoundRobinAs
signor
# producer.properties 的配置
bootstrap.servers=cluster2:9092
client.id=sinkMirror
```

consumer.properties 和 producer.properties 这两个配置文件中的配置对应消费者客户端和生产者客户端的配置，具体可以参考第 2 章和第 3 章的内容。

下面就可以启动 Kafka Mirror Maker 了，参考如下：

```
[root@node1 kafka_2.11-2.0.0]# bin/kafka-mirror-maker.sh --consumer.config
consumer.properties --producer.config producer.properties --whitelist 'topic-mirror'
```

kafka-mirror-maker.sh 脚本中有多个可配置的参数，如表 9-3 所示。

表 9-3 kafka-mirror-maker.sh 脚本的参数列表

参　　数	释　　义
abort.on.send.failure	默认为 true
consumer.config	用于指定消费者的配置文件，配置文件里有两个必填的参数：boostrap.servers 和 group.id
consumer.rebalance.listener	指定再均衡监听器，可以参考 3.2.8 节
help	打印帮助信息
message.handler	指定消息的处理器。这个处理器会在消费者消费到消息之后且在生产者发送消息之前被调用
message.handler.args	指定消息处理器的参数，同 message.handler 一起使用
num.streams	指定消费线程的数量
offset.commit.interval.ms	指定消费位移提交间隔
producer.config	用于指定生产者的配置文件，配置文件里唯一必填的参数是 bootstrap.servers
rebalance.listener.args	指定再均衡监听器的参数，同 consumer.rebalance.listener 一起使用
whitelist	指定需要复制的源集群中的主题。这个参数可以指定一个正则表达式，比如 a|b 表示复制源集群中主题 a 和主题 b 的数据。为了方便使用，这里也允许将"|"替换为","

注意，不要在单个集群的内部使用 Kafka Mirror Maker，否则会循环复制。如果在配置文件 consumer.properties 中配置的 `bootstrap.servers` 和在配置文件 producer.properties 中配置的 `bootstrap.servers` 的 broker 节点地址列表属于同一个集群，启动 Kafka Mirror Maker 之后，只要往主题 topic-mirror 中输入一条数据，那么这条数据会在这个主题内部无限循环复制，直至 Kafka Mirror Maker 关闭。

由于 kafka-mirror-maker.sh 脚本是启动一个生产者和一个消费者进行数据同步操作的，因此数据同步完成后，该命令依然在等待新的数据进行同步，也就是需要用户自己查看数据是否同步完成，在保证数据同步完成后手动关闭该命令。同时，用户可以在目标集群中创建主题，主题的分区数及副本因子可以与源集群中该主题对应的分区数及副本因子不一致。可以将目标集群中的 `auto.create.topics.enable` 参数配置为 true，以确保在同步操作时有对应的主题，不过建议在同步之前先确认是否有相关的主题，如果没有则手工创建，或者采用自定义的元数据同步工具进行创建。

源集群和目标集群是两个完全独立的实体。对每个主题而言，两个集群之间的分区数可能不同；就算分区数相同，那么经过消费再生产之后消息所规划到的分区号也有可能不同；就算分区数相同，消息所规划到的分区号也相同，那么消息所对应的 offset 也有可能不相同。参考图 9-3，源集群中由于执行了某次日志清理操作，某个分区的 logStartOffset 值变为 10，而目标集群中对应分区的 logStartOffset 还是 0，那么从源集群中原封不动地复制到目标集群时，同一条消息的 offset 也不会相同。如果要实现客户端生产消费的迁移（将通信链路从源集群中切换到目标集群中），在数据同步完成之后，也不可能不做任何改变就能实现完美的切换。不过，如果能够做到源集群中的消息除 offset 外都在目标集群中一致（比如消息的分区号相同，主题的分区数相同），那么可以试着通过 kafka-consumer-group.sh 脚本重置消费位移（参考 9.1.2 节）来实现合理的客户端迁移切换。或者先将生产者的链路切换到目标集群，然后等待消费者消费完源集群中的消息之后再将它的链路切换到目标集群。

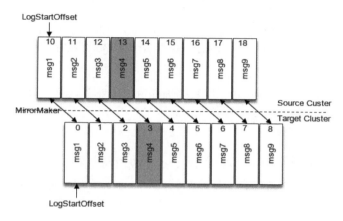

图 9-3　同步前后的位置不同

　　kafka-mirror-maker.sh 脚本对应的实现类是 kafka.tools.MirrorMaker，它只有 500 多行代码，很多时候我们会把它与同类产品 uReplicator 进行对比，笔者觉得这样有失稳妥，前者的定位只是一个工具，而后者是一个完备的工程项目，它们都有各自的适用场景。不过话又说回来，uReplicator 底层也是基于 MirrorMaker 进行构建的，并针对 MirrorMaker 做了大量的调优及工程化改造，具体的内容可以参考官网介绍：http://eng.uber.com/ureplicator/。

9.4　Kafka Streams

　　Kafka 一直被认为是一个强大的消息中间件，它实现了高吞吐、高可用和低延时的消息传输能力，这让它成为流式处理系统中完美的数据来源。目前通用的一些流式处理框架如 Apache Spark、Apache Flink、Apache Storm 等都可以将 Kafka 作为可靠的数据来源。但遗憾的是，在 0.10.x 版本之前，Kafka 还并不具备任何数据处理的能力，但在此之后，Kafka Streams 应运而生。

　　Kafka Streams 是一个用于处理和分析数据的客户端库。它先把存储在 Kafka 中的数据进行处理和分析，然后将最终所得的数据结果回写到 Kafka 或发送到外部系统。它建立在一些非常重要的流式处理概念之上，例如适当区分事件时间和处理时间、窗口支持，以及应用程序状态的简单（高效）管理。同时，它也基于 Kafka 中的许多概念，例如通过划分主题进行扩展。此外，由于这个原因，它作为一个轻量级的库可以集成到应用程序中。这个应用程序可以根据需要独立运行、在应用程序服务器中运行、作为 Docker 容器，或者通过资源管理器（如 Mesos）进行操作。

Kafka Streams 直接解决了流式处理中的很多问题：

- 毫秒级延迟的逐个事件处理。
- 有状态的处理，包括连接（join）和聚合类操作。
- 提供了必要的流处理原语，包括高级流处理 DSL 和低级处理器 API。高级流处理 DSL 提供了常用流处理变换操作，低级处理器 API 支持客户端自定义处理器并与状态仓库交互。
- 使用类似 DataFlow 的模型对无序数据进行窗口化处理。
- 具有快速故障切换的分布式处理和容错能力。
- 无停机滚动部署。

单词统计是流式处理领域中最常见的示例，这里我们同样使用它来演示一下 Kafka Streams 的用法。在 Kafka 的代码中就包含了一个单词统计的示例程序，即 org.apache.kafka.streams.examples.wordcount.WordCountDemo，这个示例中以硬编码的形式用到了两个主题：streams-plaintext-input 和 streams-wordcount-output。为了能够使示例程序正常运行，我们需要预先准备好这两个主题，这两个主题的详细信息如下：

```
[root@node1 kafka_2.11-2.0.0]# bin/kafka-topics.sh --zookeeper localhost:
2181/stream --describe --topic streams-wordcount-output,streams-plaintext-input
Topic:streams-plaintext-input      PartitionCount:1 ReplicationFactor:1 Configs:
    Topic: streams-plaintext-input    Partition: 0 Leader: 0    Replicas: 0 Isr: 0
Topic:streams-wordcount-output      PartitionCount:1 ReplicationFactor:1 Configs:
    Topic: streams-wordcount-output   Partition: 0 Leader: 0    Replicas: 0 Isr: 0
```

之后我们就可以运行 WordCountDemo 这个示例了：

```
[root@node1 kafka_2.11-2.0.0]# bin/kafka-run-class.sh
    org.apache.kafka.streams.examples.wordcount.WordCountDemo
```

这个示例程序将从主题 streams-plaintext-input 中读取消息，然后对读取的消息执行单词统计，并将结果持续写入主题 streams-wordcount-output。

之后打开一个 shell 终端，并启动一个生产者来为主题 streams-plaintext-input 输入一些单词，示例如下：

```
[root@node1 kafka_2.11-2.0.0]# bin/kafka-console-producer.sh --broker-list
localhost:9092 --topic streams-plaintext-input
>
```

之后再打开另一个 shell 终端，并启动一个消费者来消费主题 streams-wordcount -output 中的消息，示例如下：

```
[root@node1 kafka_2.11-2.0.0]# bin/kafka-console-consumer.sh --bootstrap-server
localhost:9092 --topic streams-wordcount-output --property print.key=true --property
value.deserializer=org.apache.kafka.common.serialization.LongDeserializer
```

现在我们往主题 streams-plaintext-input 中输入 hello kafka streams：

```
[root@node1 kafka_2.11-2.0.0]# bin/kafka-console-producer.sh --broker-list
localhost:9092 --topic streams-plaintext-input
>hello kafka streams
```

通过 WordCountDemo 处理之后会在消费端看到如下的结果：

```
[root@node1 kafka_2.11-2.0.0]# bin/kafka-console-consumer.sh --bootstrap-server
localhost:9092 --topic streams-wordcount-output --property print.key=true --property
value.deserializer=org.apache.kafka.common.serialization.LongDeserializer
hello 1
kafka 1
streams 1
```

输出结果中的第一列是消息的 key，这里表示被计数的单词，第二列是消息的 value，这里表示该单词的最新计数。

现在继续往主题 streams-plaintext-input 中输入 I love kafka streams，然后会在消费端看到有新的消息输出：

```
I 1
love 1
kafka 2
streams 2
```

最后 2 行打印的 kafka 2 和 streams 2 表示计数已经从 1 递增到 2。每当向输入主题

（streams-plaintext-input）中写入更多的单词时，将观察到新的消息被添加到输出主题（streams-wordcount-output）中，表示由 WordCount 应用程序计算出的最新计数。

下面我们通过 WordCountDemo 程序来了解一下 Kafka Streams 的开发方式，WordCountDemo 程序如代码清单 9-2 所示，对应的 Maven 依赖如下所示。

```
<dependency>
    <groupId>org.apache.kafka</groupId>
    <artifactId>kafka-streams</artifactId>
    <version>2.0.0</version>
</dependency>
```

代码清单 9-2　单词统计示例

```
package org.apache.kafka.streams.examples.wordcount;

import org.apache.kafka.common.serialization.Serdes;
import org.apache.kafka.streams.KafkaStreams;
import org.apache.kafka.streams.StreamsBuilder;
import org.apache.kafka.streams.StreamsConfig;
import org.apache.kafka.streams.kstream.KStream;
import org.apache.kafka.streams.kstream.KTable;
import org.apache.kafka.streams.kstream.Produced;
import java.util.Arrays;
import java.util.Locale;
import java.util.Properties;
import java.util.concurrent.CountDownLatch;

public class WordCountDemo {
    public static void main(String[] args) {
        Properties props = new Properties();                         ①
        props.put(StreamsConfig.APPLICATION_ID_CONFIG,
                "streams-wordcount");
        props.put(StreamsConfig.BOOTSTRAP_SERVERS_CONFIG,
                "localhost:9092");
        props.put(StreamsConfig.CACHE_MAX_BYTES_BUFFERING_CONFIG, 0);
        props.put(StreamsConfig.DEFAULT_KEY_SERDE_CLASS_CONFIG,
                Serdes.String().getClass().getName());
        props.put(StreamsConfig.DEFAULT_VALUE_SERDE_CLASS_CONFIG,
```

```
                Serdes.String().getClass().getName());

    StreamsBuilder builder = new StreamsBuilder();                    ②
    KStream<String, String> source = builder
            .stream("streams-plaintext-input");                       ③
    KTable<String, Long> counts = source
        .flatMapValues(value -> Arrays.asList(
              value.toLowerCase(Locale.getDefault())
                   .split(" ")))
        .groupBy((key, value) -> value)
        .count();                                                     ④

    counts.toStream().to("streams-wordcount-output",
            Produced.with(Serdes.String(), Serdes.Long()));           ⑤

    final KafkaStreams streams =
            new KafkaStreams(builder.build(), props);                 ⑥
    final CountDownLatch latch = new CountDownLatch(1);
    Runtime.getRuntime().addShutdownHook(
            new Thread("streams-wordcount-shutdown-hook") {
        @Override
        public void run() {
            streams.close();                                          ⑦
            latch.countDown();
        }
    });

    try {
        streams.start();                                              ⑧
        latch.await();
    } catch (Throwable e) {
        System.exit(1);
    }
    System.exit(0);
    }
}
```

第①行用于构建 Kafka Streams 的配置。每个 Kafka Streams 应用程序必须要有一个

`application.id`（StreamsConfig.APPLICATION_ID_CONFIG），这个 applicationId 用于协调应用实例，也用于命名内部的本地存储和相关主题。在整个 Kafka 集群中，applicationId 必须是唯一的。`bootstrap.servers` 参数配置的是 Kafka 集群的地址，这个参数也是必需的。`default.key.serde` 和 `default.value.serde` 分别用来设置消息的 key 和 value 的序列化器。

第②行创建了一个 KStreamBuilder 实例，在第③行中通过调用 KStreamBuilder 实例的 stream()方法创建了一个 KStream 实例，并设定了输入主题 streams-plaintext-input。

之后在第④行中执行具体的单词统计逻辑。注意这里引入了 KStream 和 KTable 的概念，它们是 Kafka Streams 的两种基本抽象。两者的区别在于：KStream 是一个由键值对构成的抽象记录流，每个键值对是一个独立单元，即使相同的 key 也不会被覆盖，类似数据库的插入操作；KTable 可以理解成一个基于表主键的日志更新流，相同 key 的每条记录只保存最新的一条记录，类似数据库中基于主键的更新。

无论记录流（用 KStream 定义），还是更新日志流（用 KTable 定义），都可以从一个或多个 Kafka 主题数据源来创建。一个 KStream 可以与另一个 KStream 或 KTable 进行 Join 操作，或者聚合成一个 KTable。同样，一个 KTable 也可以转换成一个 KStream。KStream 和 KTable 都提供了一系列转换操作，每个转换操作都可以转化为一个 KStream 或 KTable 对象，将这些转换操作连接在一起就构成了一个处理器拓扑。

第⑤行中调用 toStream().to()来将单词统计的结果写入输出主题 streams-wordcount-output。注意计算结果中的消息的 key 是 String 类型，而 value 是 Long 类型，这一点在代码中有所呈现。

最终在第⑥和第⑧行中基于拓扑和配置来订阅一个 KafkaStreams 对象，并启动 Kafka Streams 引擎。整体上而言，Kafka Streams 的程序简单易用，用户只需关心流处理转换的具体逻辑而不需要关心底层的存储等细节内容。

本节只是简单地介绍一下 Kafka Streams，让读者对 Kafka Streams 有一个大致的概念。目前流式处理领域还是 Apache Spark 和 Apache Flink 的天下，其中 Apache Spark 的市场份额占有率最大，在第 12 章中我们会详细介绍 Apache Spark（包括 Spark Streaming 和 Structured Streaming），以及它和 Kafka 的整合应用。

9.5 总结

本章主要介绍 Kafka 现有的应用工具，对一般用户而言，这些应用工具已经足够应对大多数的场景。不过，我们还可以利用 Kafka 现有的特性和功能来扩展一些高级应用，比如延时（迟）队列、重试队列等，读者可以在第 11 章中查阅相关的内容。

第 10 章
Kafka 监控

任何应用功能再强大、性能再优越，如果没有与之匹配的监控，那么一切都是虚无缥缈的。监控不仅可以为应用提供运行时的数据作为依据参考，还可以迅速定位问题，提供预防及告警等功能，很大程度上增强了整体服务的鲁棒性。目前的 Kafka 监控产品有很多，比如 Kafka Manager、Kafka Eagle、Kafka Monitor、KafkaOffsetMonitor、Kafka Web Console、Burrow 等，它们都有各自的优缺点。以 Kafka Manager 为例，它提供的监控功能也是相对比较完善的，在实际应用中具有很高的使用价值。但有一个遗憾就是其难以和公司内部系统平台关联，对于业务资源的使用情况、相应的预防及告警的联动无法顺利贯通。在人力、物力等条件允许的情况下，自定义一套监控系统非常有必要。

本章的内容并不是讲述如何使用现存的一些 Kafka 监控产品，而是讲述如何自己实现一套 Kafka 的监控产品。从监控维度来看，Kafka 可以分为集群信息、broker 信息、主题信息和消费组信息四个方面。有些情况下，也可以将 ZooKeeper 的监控信息概括进来，毕竟 ZooKeeper 也是 Kafka 整体架构的一部分，不过本章并不打算讨论 ZooKeeper 的更多监控细节，本章只以 Kafka 本身为主进行探讨。以集群信息为例，它需要展示整个集群的整体面貌，其中可以囊括一些 broker 概要信息、主题概要信息和消费组概要信息等内容，图 10-1、图 10-2 和图 10-3 展示的就一份关于集群层面信息的监控设计文稿。

图 10-1 展示的是集群的一些总览信息，包括基本的主题个数、broker 节点个数、Kafka 版本、ZooKeeper 地址及版本等。图 10-1 中右上角是集群中各个 broker 节点负载的占比，如果负载均衡严重失调，则会对集群整体性能及使用上造成很大的困扰。图 10-1 下半部分是一些历史曲线信息，比如整个集群的消息流入/流出速度（条/s），我们可以通过这些历史曲线来了解整个集群的运行状况。

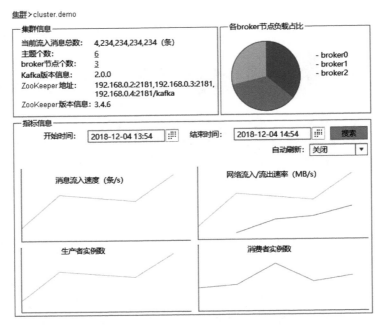

图 10-1 集群信息概要（总览）

图 10-2 展示的是集群中各个 broker 的必要信息，这样可以在全局上了解各个节点的运行状态，这个图的设计灵感来源于 RabbitMQ 的监控插件 rabbitmq_management，这种形式的信息概览设计得非常精巧，比如图中的 Controller 标记，代表集群中的唯一一个控制器所处的节点位置，这样一目了然。图 10-2 中的每一项都可以链接到具体的 broker 信息的页面，这样可以更详细地了解每一个 broker（比如其中可以包含一些历史曲线等）。

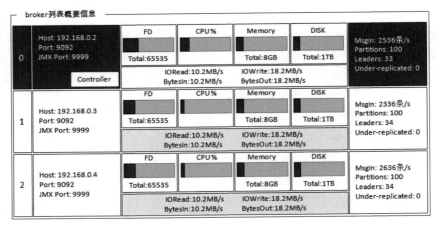

图 10-2 集群信息概要（broker 列表信息）

　　监控一般要配套告警模块，否则只能人为地进行监控，有了告警模块可以对某些重要的监控项设定告警阈值，以便能够及时地通知相关的人员处理故障，或者也可以触发自动运维的动作，这一切都是为了更好地利用 Kafka 为应用服务，如图 10-3 所示。

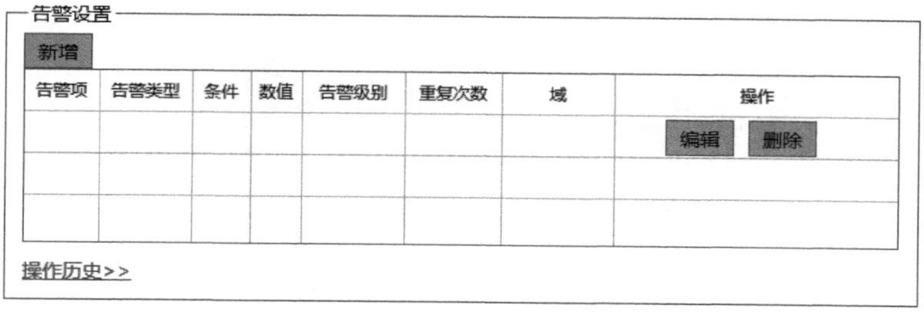

图 10-3　集群信息概要（告警设置）

　　这里只是给出一个设计的思路，以全局的视角展示一些监控信息项，至于全局的布局把握，在实现时还是要根据实际的情况来做具体的分析。

10.1　监控数据的来源

　　要实现一个自定义的 Kafka 监控系统，首先得知道从哪里获取监控指标。Kafka 自身提供的监控指标（包括 broker 和主题的指标，而集群层面的指标可以通过各个 broker 的指标值累加来获得）都可以通过 JMX（Java Managent Extension，Java 管理扩展）来获取，在使用 JMX 之前需要确保 Kafka 开启了 JMX 的功能（默认关闭）。Kafka 在启动时需要通过配置 JMX_PORT 来设置 JMX 的端口号并以此来开启 JMX 的功能，示例如下：

```
JMX_PORT=9999 nohup bin/kafka-server-start.sh config/server.properties &
```

　　开启 JMX 之后会在 ZooKeeper 的 /brokers/ids/<brokerId> 节点中有对应的呈现（jmx_port 字段对应的值），示例如下：

```
{"listener_security_protocol_map":{"PLAINTEXT":"PLAINTEXT"},"endpoints":["PL
AINTEXT://localhost:9092"],"jmx_port":9999,"host":"localhost","timestamp":"15400
25558270","port":9092,"version":4}
```

　　开启 JMX 功能之后，最简单的获取监控指标的方式莫过于直接使用 Java 自带的工具 JConsole 了（仅对 Java 用户而言，如果读者不喜欢这个工具，可以试一下 Kafka 自带的 kafka.tools. JmxTool），上面我们设置了 JMX 的端口号为 9999（IP 地址为 localhost），那么可以直接在 JConsole 中输入 service:jmx:rmi:///jndi/rmi://localhost:9999/jmxrmi 或 localhost:9999 来连接 Kafka，如图 10-4 所示。

图 10-4 使用 JConsole 来连接 Kafka

在图 10-2 的右侧有一个 MsgIn 的指标，它表示当前 broker 中消息流入的速度，单位是条/s（messages/s），而图 10-5 中的 kafka.server-BrokerTopicMetrics-MessagesInPerSec-OneMinuteRate 对应的就是这个指标在一分钟内的监控数值。注意在 OneMinuteRate 同一级中还有 Count、FiveMinuteRate、FifteenMinuteRate、MeanRate、RateUnit 属性，它们与 OneMinuteRate 一起所对应的具体含义如表 10-1 所示。

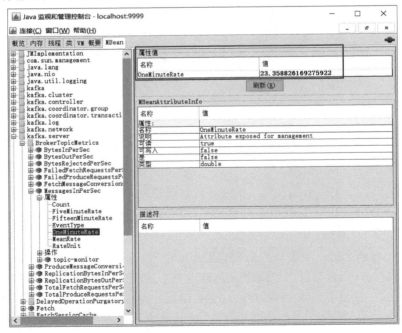

图 10-5 JMX 监控指标

表 10-1　属性的含义

属 性 名 称	属 性 含 义
Count	消息流入的总数
FiveMinuteRate	5 分钟内流入的平均速度
FifteenMinuteRate	15 分钟内流入的平均速度
EventType	事件类型，对 MsgIn 而言固定为 "messages"，表示消息个数；对于一些其他类型的指标，这时间类型的值会有所不同，比如对与 MessagesInPerSec 同一级别的 BytesInPerSec 而言，这个属性值为 "bytes"，表示字节数
OneMinuteRate	1 分钟内流入的平均速度
MeanRate	平均速度
RateUnit	时间单位，值固定为 SECONDS，即 "秒"，它和 EventType 组成这个指标的单位，即 messages/s，也就是条/s

10.1.1　OneMinuteRate

OneMinuteRate 不是我们通常思维逻辑上的 "一分钟内的平均速度"，而是一个受历史时刻影响的拟合值。如果通过程序计算某一个分钟内的平均速度值，那么有可能你会发现所得到的计算值与 OneMinuteRate 的值相差很大。

Kafka 是基于 Yammer Metrics 进行指标统计的，Yammer Metrics 是由 Yammer 提供的一个 Java 库，用于检测 JVM 上相关服务运行的状态，它对 OneMinuteRate 的定义如下所示。

```
Returns the one-minute exponentially-weighted moving average rate at which events
have occurred since the meter was created.
```

由定义可知，OneMinuteRate是一种指数加权移动平均值（学术上简称为EWMA[1]）。在 Yammer Metrics中关于OneMinuteRate的实现细节如下。

首先定义 alpha 的值：

```
private static final double M1_ALPHA = 1.0D - Math.exp(-0.08333333333333333D);
```

这个 alpha 的值大概为 0.07995558537067671。OneMinuteRate 的计算代码如下：

```
long count = this.uncounted.getAndSet(0L);
double instantRate = (double)count / this.interval;
if(this.initialized) {
```

---

[1]　https://en.wikipedia.org/wiki/EWMA_chart。

```
    this.rate += this.alpha * (instantRate - this.rate);
} else {
    this.rate = instantRate;
    this.initialized = true;
}
```

可以简化为：

```
X[n] = X[n-1] + alpha*(X[interval] - X[n-1]) = alpha * X[interval] + (1-alpha)
* X[n-1];
```

其中 X[interval] 指的是在 T[n-1] 至 T[n] 时间内的真实测算值，或者可以认为是真实值。上面的公式可以换算为：

```
X[当前预估值] = alpha×X[当前真实值] + (1-alpha) ×X[上一时刻的预估值]
```

鉴于 Yammer Metrics 中的 OneMinuteRate 的 alpha 值为 0.08 左右，所以这个 OneMinuteRate 的值特别"倚重"历史值。

还有两个类似的值 FiveMinuteRate 和 FifteenMinuteRate，它们的计算过程与 OneMinuteRate 一样，只是 alpha 的值不一样：

```
//0.01652854617838251
private static final double M5_ALPHA = 1.0D - Math.exp(-0.016666666666666666D);
//0.005540151995103271
private static final double M15_ALPHA = 1.0D - Math.exp(-0.005555555555555555D);
```

实际情况下，在发送速度起伏较大的时候，OneMinuteRate 的值与对应的一分钟内的真实值相差很大。如果发送速度趋于平缓并持续一段时间，那么 OneMinuteRate 的值才与真实值相匹配。读者在使用这个属性时需要熟记它背后代表的具体含义，避免在实际应用中产生偏差。

10.1.2 获取监控指标

前面我们了解了如何使用工具来连接 Kafka 并获取相关的监控指标，不过我们并不能指望在监控系统中嵌入这些工具来获取监控指标。Java 自身就包含了 JMX 的连接器，通过它就可以让我们能够用编程的手段来使监控系统很容易地获取相应的监控指标值。

在通过 JMX 获取某个具体的监控指标值之前需要指定对应的 JMX 指标（MBean）名称，同样以前面的 MsgIn 为例，它对应的 MBean 名称为：

```
kafka.server:type=BrokerTopicMetrics,name=MessagesInPerSec
```

Kafka 自身提供的指标有很多（其余的会在后面的篇幅中详细说明），虽然它们的 MBean 名称一般都有规律可循，但是要记住这些内容也并非易事，在实际使用它们时可以通过 JConsole 工具来辅助获取。如图 10-6 所示，我们可以很容易找到 MessagesInPerSec（MsgIn），但要拼写成功整个 MBean 名称的话还需要费点精力，不如直接复制右侧 ObjectName 所对应的值。

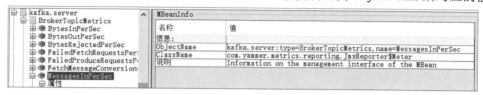

图 10-6　Mbean 的名称

注意，在"古老"的 Kafka 0.8.2.0 之前，MBean 名称的组织形式会有所不同，不过同样通过 JConsole 工具辅助来获取具体的 MBean 名称。代码清单 10-1 中给出了一个详细的示例来演示如何通过编程的手段获取 MsgIn 指标所对应的值。

代码清单 10-1　使用 JMX 来获取监控指标

```java
import javax.management.*;
import javax.management.remote.JMXConnector;
import javax.management.remote.JMXConnectorFactory;
import javax.management.remote.JMXServiceURL;
import java.io.IOException;

public class JmxConnectionDemo {
    private MBeanServerConnection conn;
    private String jmxURL;
    private String ipAndPort;

    public JmxConnectionDemo(String ipAndPort) {
        this.ipAndPort = ipAndPort;
    }
    //初始化 JMX 连接
    public boolean init(){
        jmxURL = "service:jmx:rmi:///jndi/rmi://" + ipAndPort + "/jmxrmi";
        try {
            JMXServiceURL serviceURL = new JMXServiceURL(jmxURL);
            JMXConnector connector = JMXConnectorFactory
```

```
                    .connect(serviceURL, null);
            conn = connector.getMBeanServerConnection();
            if (conn == null) {
                return false;
            }
        } catch (IOException e) {
            e.printStackTrace();
        }
        return true;
    }
    //获取 MsgIn 指标的值
    public double getMsgInPerSec() {
        //拼接 MsgIn 对应的 MBean 的名称
        String objectName = "kafka.server:type=BrokerTopicMetrics," +
                "name=MessagesInPerSec";
        Object val = getAttribute(objectName, "OneMinuteRate");
        if (val != null) {
            return (double) (Double) val;
        }
        return 0.0;
    }
    //根据 MBean 名称和属性来获取具体的值
    private Object getAttribute(String objName, String objAttr) {
        ObjectName objectName;
        try {
            objectName = new ObjectName(objName);
            return conn.getAttribute(objectName, objAttr);
        } catch (MalformedObjectNameException | IOException |
                ReflectionException | InstanceNotFoundException |
                AttributeNotFoundException | MBeanException e) {
            e.printStackTrace();
        }
        return null;
    }
}
```

可以通过运行下面的程序来获取具体的指标值：

```
public static void main(String[] args) {
    JmxConnectionDemo jmxConnectionDemo =
            new JmxConnectionDemo("localhost:9999");
    jmxConnectionDemo.init();
    System.out.println(jmxConnectionDemo.getMsgInPerSec());
}
```

上面的示例是获取了某个 broker 当前一分钟内消息流入的速度（messages/s），如果要计算整个集群的 MsgIn，那么只需将旗下的各个 broker 的 MsgIn 值累计即可。

通过 JMX 可以获取 Kafka 自身提供的运行状态指标，不过一些配置类信息（如各个 broker 的 IP 地址、端口号、JMX 端口号、AR 信息和 ISR 信息等）一般无法通过 JMX 来获取。对于 broker 的 IP 地址之类的信息，我们可以通过手动配置的方式来将其加入监控系统，但对于 AR 和 ISR 信息之类的信息，我们难以通过手动的方式来解决，这里可以借助 Kafka 连接的 ZooKeeper 来实现这些信息的获取，比如前面提及的/brokers/ids/<brokerId>节点。

除此之外，对于 Kafka 的一些硬件指标，比如 iowait、ioutil 等可以通过第三方工具如 Falcon、Zabbix 来获取。

10.2　消费滞后

消息堆积是消息中间件的一大特色，消息中间件的流量削峰、冗余存储等功能正是得益于消息中间件的消息堆积能力。然而消息堆积是一把亦正亦邪的"双刃剑"，如果应用场合不恰当，反而会对上下游的业务造成不必要的麻烦，比如消息堆积势必会影响上下游整个调用链的时效性。在某些情况下，有些中间件如 RabbitMQ 在发生消息堆积时还会影响自身的性能。对 Kafka 而言，虽然消息堆积不会给其自身性能带来太大的困扰，但难免会影响上下游的业务，堆积过多有可能造成磁盘爆满，或者触发日志清除操作而造成消息丢失的情况。如何利用好消息堆积这把双刃剑，监控是其中关键的一步。

消息堆积是消费滞后（Lag）的一种表现形式，消息中间件中留存的消息与消费的消息之间的差值即为消息堆积量，也称为消费滞后（Lag）量。对 Kafka 的使用者而言，消费 Lag 是他们非常关心的一个指标。

通过前面章节的内容，我们了解 logStartOffset、HW、LEO 这些分区中消息位置的概念，如图 10-7 所示。对每一个分区而言，它的 Lag 等于 HW － ConsumerOffset 的值，其中 ConsumerOffset 表示当前的消费位移。

以上针对的都是普通的情况，如果为消息引入了事务，那么 Lag 的计算方式就会有所不同。如果消费者客户端的 isolation.level 参数配置为"read_uncommitted"（默认），那么 Lag

的计算方式不受影响；如果这个参数配置为"read_committed"，那么就要引入 LSO 来进行计算了。LSO 是 LastStableOffset 的缩写，如图 10-8 所示。对未完成的事务而言，LSO 的值等于事务中第一条消息的位置（firstUnstableOffset），对已完成的事务而言，它的值同 HW 相同，所以我们可以得出一个结论：LSO≤HW≤LEO。

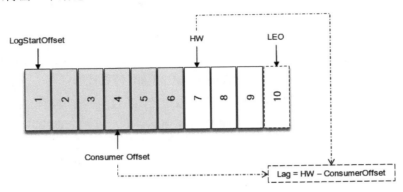

图 10-7　Lag 的计算方式

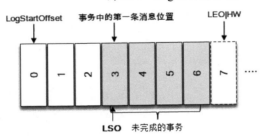

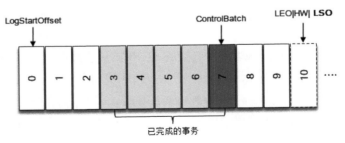

LSO <= HW <= LEO

图 10-8　引入事务时的 Lag 计算方式

对于分区中有未完成的事务，并且消费者客户端的 `isolation.level` 参数配置为"read_committed"的情况，它对应的 Lag 等于 LSO – ConsumerOffset 的值。

为了便于说明问题，在下面的陈述中如无特殊说明，Lag 的计算都针对没有事务的情况。

虽然使用事务的场景远没有非事务的场景多，但读者对 LSO 的概念也要有一定的认知，避免在真正使用事务的时候对 Lag 的理解造成偏差。

要计算 Lag，首先得获取 ConsumerOffset 和 HW 的值，ConsumerOffset 保存在内部主题 __consumer_offsets 中，HW 又时刻在变化，那么这两个变量该如何获取呢？在 9.1.1 节中我们讲述了 kafka-consumer-groups.sh 脚本的用法，这个脚本可以让我们很方便地查看消费组内每个分区所对应的 Lag，我们不妨借鉴一下它的实现方法：

- 首先通过 DescribeGroupsRequest 请求获取当前消费组的元数据信息，当然在这之前还会通过 FindCoordinatorRequest 请求查找消费组对应的 GroupCoordinator。
- 接着通过 OffsetFetchRequest 请求获取消费位移 ConsumerOffset。
- 然后通过 KafkaConsumer 的 endOffsets(Collection<TopicPartition> partitions)方法（对应于 ListOffsetRequest 请求）获取 HW（LSO）的值。
- 最后通过 HW 与 ConsumerOffset 相减得到分区的 Lag，要获得主题的总体 Lag 只需对旗下的各个分区累加即可。

除了 Lag，我们发现 kafka-consumer-groups.sh 脚本中打印的其他信息也很重要，下面的示例程序（代码清单 10-2）演示了如何实现同 "bin/kafka-consumer-groups.sh --bootstrap-server localhost:9092 --describe --group groupIdMonitor" 一样的效果，其中还包含了它对应的 TOPIC、PARTITION、CURRENT-OFFSET、Log-END-OFFSET 等信息。如果读者只想关注其中的 Lag 信息，则可以自行缩减一下代码。

代码清单 10-2 消息堆积计算示例

```
import lombok.Builder;
import lombok.Data;
import lombok.extern.slf4j.Slf4j;
import org.apache.kafka.clients.CommonClientConfigs;
import org.apache.kafka.clients.admin.*;
import org.apache.kafka.clients.consumer.ConsumerConfig;
import org.apache.kafka.clients.consumer.KafkaConsumer;
import org.apache.kafka.clients.consumer.OffsetAndMetadata;
import org.apache.kafka.common.Node;
import org.apache.kafka.common.TopicPartition;
import org.apache.kafka.common.serialization.StringDeserializer;

import java.util.*;
import java.util.concurrent.ExecutionException;
```

```java
import static java.util.Comparator.comparing;
import static java.util.stream.Collectors.toList;

@Slf4j
public class KafkaConsumerGroupService {
    private String brokerList;
    private AdminClient adminClient;
    private KafkaConsumer<String, String> kafkaConsumer;

    public KafkaConsumerGroupService(String brokerList) {
        this.brokerList = brokerList;
    }
    //初始化
    public void init(){
        Properties props = new Properties();
        props.put(CommonClientConfigs.BOOTSTRAP_SERVERS_CONFIG, brokerList);
        adminClient = AdminClient.create(props);
        kafkaConsumer = ConsumerGroupUtils.createNewConsumer(brokerList,
                "kafkaAdminClientDemoGroupId");
    }
    //释放资源
    public void close(){
        if (adminClient != null) {
            adminClient.close();
        }
        if (kafkaConsumer != null) {
            kafkaConsumer.close();
        }
    }
    //收集消费信息的方法
    public List<PartitionAssignmentState> collectGroupAssignment(
            String group) throws ExecutionException, InterruptedException {
        //通过 DescribeGroupsRequest 请求获取当前消费组的元数据信息
        DescribeConsumerGroupsResult groupResult = adminClient
                .describeConsumerGroups(Collections.singleton(group));
        ConsumerGroupDescription description =
                groupResult.all().get().get(group);
```

```java
    List<TopicPartition> assignedTps = new ArrayList<>();
    List<PartitionAssignmentState> rowsWithConsumer = new ArrayList<>();
    Collection<MemberDescription> members = description.members();
    if (members != null) {
        //通过 OffsetFetchRequest 请求获取消费位移 ConsumerOffset
        ListConsumerGroupOffsetsResult offsetResult = adminClient
                .listConsumerGroupOffsets(group);
        Map<TopicPartition, OffsetAndMetadata> offsets = offsetResult
                .partitionsToOffsetAndMetadata().get();
        if (offsets != null && !offsets.isEmpty()) {
            String state = description.state().toString();
            if (state.equals("Stable")) {
                rowsWithConsumer = getRowsWithConsumer(description, offsets,
                        members, assignedTps, group);
            }
        }
        List<PartitionAssignmentState> rowsWithoutConsumer =
                getRowsWithoutConsumer(description, offsets,
                        assignedTps, group);
        rowsWithConsumer.addAll(rowsWithoutConsumer);
    }
    return rowsWithConsumer;
}
//有消费者成员信息的处理
private List<PartitionAssignmentState> getRowsWithConsumer(
        ConsumerGroupDescription description,
        Map<TopicPartition, OffsetAndMetadata> offsets,
        Collection<MemberDescription> members,
        List<TopicPartition> assignedTps, String group) {
    List<PartitionAssignmentState> rowsWithConsumer = new ArrayList<>();
    for (MemberDescription member : members) {
        MemberAssignment assignment = member.assignment();
        if (assignment == null) {
            continue;
        }
        Set<TopicPartition> tpSet = assignment.topicPartitions();
        if (tpSet.isEmpty()) {
            rowsWithConsumer.add(PartitionAssignmentState.builder()
```

```
                    .group(group).coordinator(description.coordinator())
                    .consumerId(member.consumerId()).host(member.host())
                    .clientId(member.clientId()).build());

            } else {
                Map<TopicPartition, Long> logSizes =
                        kafkaConsumer.endOffsets(tpSet);
                assignedTps.addAll(tpSet);
                List<PartitionAssignmentState> tempList = tpSet.stream()
                        .sorted(comparing(TopicPartition::partition))
                        .map(tp -> getPasWithConsumer(logSizes, offsets, tp,
                                group, member, description)).collect(toList());
                rowsWithConsumer.addAll(tempList);
            }
        }
        return rowsWithConsumer;
    }


    private PartitionAssignmentState getPasWithConsumer(
            Map<TopicPartition, Long> logSizes,
            Map<TopicPartition, OffsetAndMetadata> offsets,
            TopicPartition tp, String group,
            MemberDescription member,
            ConsumerGroupDescription description) {
        long logSize = logSizes.get(tp);
        if (offsets.containsKey(tp)) {
            long offset = offsets.get(tp).offset();
            long lag = getLag(offset, logSize);
            return PartitionAssignmentState.builder().group(group)
                    .coordinator(description.coordinator()).lag(lag)
                    .topic(tp.topic()).partition(tp.partition())
                    .offset(offset).consumerId(member.consumerId())
                    .host(member.host()).clientId(member.clientId())
                    .logSize(logSize).build();
        }else {
            return PartitionAssignmentState.builder()
                    .group(group).coordinator(description.coordinator())
                    .topic(tp.topic()).partition(tp.partition())
```

```
            .consumerId(member.consumerId()).host(member.host())
            .clientId(member.clientId()).logSize(logSize).build();
        }
    }
    //计算 Lag
    private static long getLag(long offset, long logSize) {
        long lag = logSize - offset;
        return lag < 0 ? 0 : lag;
    }
    //没有消费者成员信息的处理
    private List<PartitionAssignmentState> getRowsWithoutConsumer(
            ConsumerGroupDescription description,
            Map<TopicPartition, OffsetAndMetadata> offsets,
            List<TopicPartition> assignedTps, String group) {
        Set<TopicPartition> tpSet = offsets.keySet();

        return tpSet.stream()
                .filter(tp -> !assignedTps.contains(tp))
                .map(tp -> {
                    long logSize = 0;
                    Long endOffset = kafkaConsumer.
                            endOffsets(Collections.singleton(tp)).get(tp);
                    if (endOffset != null) {
                        logSize = endOffset;
                    }
                    long offset = offsets.get(tp).offset();
                    return PartitionAssignmentState.builder().group(group)
                            .coordinator(description.coordinator())
                            .topic(tp.topic()).partition(tp.partition())
                            .logSize(logSize).lag(getLag(offset, logSize))
                            .offset(offset).build();
                }).sorted(comparing(PartitionAssignmentState::getPartition))
                .collect(toList());
    }
}


class ConsumerGroupUtils{
    //创建 KafkaConsumer 实例，因为要通过 KafkaConsumer.endOffsets()方法获取 HW(LSO)
```

```java
static KafkaConsumer<String, String> createNewConsumer(
        String brokerUrl, String groupId) {
    Properties props = new Properties();
    props.put(ConsumerConfig.BOOTSTRAP_SERVERS_CONFIG, brokerUrl);
    props.put(ConsumerConfig.GROUP_ID_CONFIG, groupId);
    props.put(ConsumerConfig.ENABLE_AUTO_COMMIT_CONFIG, "false");
    props.put(ConsumerConfig.KEY_DESERIALIZER_CLASS_CONFIG,
            StringDeserializer.class.getName());
    props.put(ConsumerConfig.VALUE_DESERIALIZER_CLASS_CONFIG,
            StringDeserializer.class.getName());
    return new KafkaConsumer<>(props);
}
//打印最终的输出结果，如果要展示到页面上，则可以将List<PartitionAssignmentState> list
//转换成JSON之类的输出到前端，然后通过页面展示
static void printPasList(List<PartitionAssignmentState> list) {
    System.out.println(String.format("%-40s %-10s %-15s %-15s %-10s" +
                " %-50s%-30s %s", "TOPIC", "PARTITION",
            "CURRENT-OFFSET", "LOG-END-OFFSET", "LAG",
            "CONSUMER-ID", "HOST", "CLIENT-ID"));

    list.forEach(item ->
            System.out.println(String.format("%-40s %-10s %-15s " +
                    "%-15s %-10s %-50s%-30s %s",
                item.getTopic(), item.getPartition(), item.getOffset(),
                item.getLogSize(), item.getLag(),
                Optional.ofNullable(item.getConsumerId()).orElse("-"),
                Optional.ofNullable(item.getHost()).orElse("-"),
                Optional.ofNullable(item.getClientId()).orElse("-"))));
}
}
//最终展示结果所需的JavaBean
@Data
@Builder
class PartitionAssignmentState {
    private String group;
    private Node coordinator;
    private String topic;
    private int partition;
```

```
    private long offset;
    private long lag;
    private String consumerId;
    private String host;
    private String clientId;
    private long logSize;
}
```

使用上面这段示例程序时需要导入与使用 Java 客户端时相同的 Maven 依赖（kafka-clients）。上面示例程序的主函数如下：

```
public static void main(String[] args) throws ExecutionException,
        InterruptedException {
    KafkaConsumerGroupService service =
            new KafkaConsumerGroupService("localhost:9092");
    service.init();
    List<PartitionAssignmentState> list =
            service.collectGroupAssignment("groupIdMonitor");
    ConsumerGroupUtils.printPasList(list);
    service.close();
}
```

读者可以运行这个程序并对比与 kafka-consumer-groups.sh --describe 有何不同。

kafka-consumer-groups.sh 脚本的功能是通过 kafka.admin.ConsumerGroupCommand 类实现的，而上面的示例就是用 Java 语言和 KafkaAdminClient 作为辅助来重写由 Scala 语言编写的 ConsumerGroupCommand 类中的 collectGroupOffsets() 方法。代码清单 10-2 的代码量偏多，建议读者按照它和 collectGroupOffsets() 方法中的源码重新写一遍，相信会让你对 Kafka 的认知更加深刻。

我们可不可以直接调用 collectGroupOffsets() 方法而不需要这么复杂的重写过程呢？很遗憾的是不可以，这是由于 collectGroupOffsets() 方法中调用的 PartitionAssignmentState 类的权限问题（private[admin]）而导致的。

不过事情也不是绝对的，我们可以借助 jackson-module-scala 工具包来通过序列化的手段绕过 PartitionAssignmentState 类的权限问题，对应的 Maven 依赖如下：

```
<dependency>
    <groupId>com.fasterxml.jackson.core</groupId>
    <artifactId>jackson-core</artifactId>
```

```
    <version>2.9.4</version>
</dependency>
<dependency>
    <groupId>com.fasterxml.jackson.module</groupId>
    <artifactId>jackson-module-scala_2.11</artifactId>
    <version>2.9.5</version>
</dependency>
```

注意如果本地安装的 Scala 版本与所配置的 jackson-module-scala 版本不一致，则会报出一些异常。由于我们还会调用 Kafka 服务端（ConsumerGroupCommand 类就是服务端的代码，而不是客户端的）的代码，所以还需要导入对应的 Maven 依赖：

```
<dependency>
    <groupId>org.apache.kafka</groupId>
    <artifactId>kafka_2.11</artifactId>
    <version>2.0.0</version>
</dependency>
```

对应的示例如代码清单 10-3 所示。

代码清单 10-3　直接调用 ConsumerGroupCommand 实现

```java
import com.fasterxml.jackson.databind.DeserializationFeature;
import com.fasterxml.jackson.databind.JavaType;
import com.fasterxml.jackson.databind.ObjectMapper;
import com.fasterxml.jackson.module.scala.DefaultScalaModule;
import kafka.admin.ConsumerGroupCommand;
import lombok.Builder;
import lombok.Data;

import java.io.IOException;
import java.util.List;
import java.util.Optional;

public class KafkaConsumerGroupAnother {
    public static void main(String[] args) throws IOException {
        String[] agrs = {"--describe", "--bootstrap-server",
                "localhost:9092", "--group", "groupIdMonitor"};
        ConsumerGroupCommand.ConsumerGroupCommandOptions options =
```

```java
            new ConsumerGroupCommand.ConsumerGroupCommandOptions(agrs);
    ConsumerGroupCommand.ConsumerGroupService kafkaConsumerGroupService =
            new ConsumerGroupCommand.ConsumerGroupService(options);

        ObjectMapper mapper = new ObjectMapper();
        //1. 使用 jackson-module-scala_2.11
        mapper.registerModule(new DefaultScalaModule());
        //2. 反序列化时忽略对象不存在的属性
        mapper.configure(DeserializationFeature.FAIL_ON_UNKNOWN_PROPERTIES,
false);
        //3. 将 Scala 对象序列化成 JSON 字符串
        //这里原本会有权限问题，通过序列化绕过
        String source = mapper.writeValueAsString(kafkaConsumerGroupService.
            collectGroupOffsets()._2.get());
        //4. 将 JSON 字符串反序列化成 Java 对象
        List<PartitionAssignmentStateAnother> target = mapper.readValue(source,
            getCollectionType(mapper,List.class,
                    PartitionAssignmentStateAnother.class));
        //5. 排序
        target.sort((o1, o2) -> o1.getPartition() - o2.getPartition());
        //6. 打印
        //这个方法参考代码清单 10-2 中 ConsumerGroupUtils 的 printPasList() 方法
        printPasList(target);
    }


    public static JavaType getCollectionType(ObjectMapper mapper,
                                    Class<?> collectionClass,
                                    Class<?>... elementClasses) {
        return mapper.getTypeFactory()
                .constructParametricType(collectionClass, elementClasses);
    }

@Data
@Builder
class PartitionAssignmentStateAnother {
    private String group;
    private Node coordinator;
    private String topic;
```

```
    private int partition;
    private long offset;
    private long lag;
    private String consumerId;
    private String host;
    private String clientId;
    private long logSize;

    @Data
    public static class Node{
        public int id;
        public String idString;
        public String host;
        public int port;
        public String rack;
    }
}
```

在原本的代码清单 10-2 中，PartitionAssignmentState 中的 coordinator 类型是 Node，这个类型需要自定义，否则会报错，所以在代码清单 10-3 中又重写了 PartitionAssignmentState 类为 PartitionAssignmentStateAnother，读者需要注意其中的区别（建议读者跟着写一遍，这样能够深刻地体会到其中的细节问题）。如果页面中需要展示这些信息，那么我们甚至可以直接返回代码清单 10-3 中第 3 步骤的 source 字符串给页面，方便快捷。

10.3 同步失效分区

消费 Lag 是 Kafka 的普通使用者特别关心的一项指标，而同步失效分区（under-replicated）的多少是 Kafka 运维人员非常关心的一项指标。在 8.1.1 节中我们了解了失效副本的概念：处于同步失效或功能失效（比如处于非活跃状态）的副本统称为失效副本。而包含失效副本的分区也就称为同步失效分区。

通常情况下，在一个运行状况良好的 Kafka 集群中，失效分区的个数应该为 0。Kafka 本身提供了一个相关的指标来表征失效分区的个数，即 UnderReplicatedPartitions，可以通过 JMX 访问来获取其值：

```
kafka.server:type=ReplicaManager,name=UnderReplicatedPartitions
```

取值范围是大于等于 0 的整数。如果获取的 UnderReplicatedPartitions 值大于 0，那么就需要对其进行告警，并进一步诊断其背后的真正原因，有可能是某个 broker 的问题，也有可能引申到整个集群的问题，也许还要引入其他一些信息、指标等配合找出问题之所在。注意：如果 Kafka 集群正在做分区重分配（参考 4.3.2 节），这个值也会大于 0。

如果集群中有多个 broker 的 UnderReplicatedPartitions 保持一个大于 0 的稳定值，则一般暗示集群中有 broker 已经处于下线状态。在这种情况下，这个 broker 中的分区个数与集群中的所有 UnderReplicatedPartitions（处于下线的 broker 是不会上报任何指标值的）之和是相等的。通常这类问题是由于机器硬件原因引起的，但也有可能是由于操作系统或 JVM 引起的，可以往这个方向继续做进一步的深入调查。

如果集群中存在 broker 的 UnderReplicatedPartitions 频繁变动，或者处于一个稳定的大于 0 的值（这里特指没有 broker 下线的情况）时，一般暗示集群出现了性能问题，通常这类问题很难诊断，不过我们可以一步将问题的范围缩小，比如先尝试确定这个性能问题是否只存在于集群的某个 broker 中，还是整个集群之上。如果确定集群中所有的 under-replicated 分区都在单个 broker 上，那么可以看出这个 broker 出现了问题，进而可以针对这个单一的 broker 做专项调查，比如操作系统、GC、网络状态或磁盘状态（如 iowait、ioutil 等指标）。

如果多个 broker 中都出现了 under-replicated 分区，则一般是整个集群的问题，但也有可能是单个 broker 出现了问题，前者可以理解，后者又怎么解释呢？想象这样一种情况，如果某个 broker 在消息同步方面出了问题，那么其上的 follower 副本就无法及时有效地与其他 broker 上的 leader 副本进行同步，这样一来就出现了多个 broker 都存在 under-replicated 分区的现象。有一种方法可以查看是否是单个 broker 的问题（以及是哪个 broker 出现了问题），我们通过 kafka-topic.sh 脚本可以查看集群中所有的 under-replicated 分区。

举例说明，假设集群中有 4 个 broker，编号为[0,1,2,3]，相关的 under-replicated 分区信息如下：

```
[root@zzh kafka-2.0.0]# bin/kafka-topics.sh --describe --zookeeper localhost:2181/
kafka --under-replicated
        Topic: topic-1   Partition: 7 Leader: 0        Replicas: 0,1    Isr: 0
        Topic: topic-1   Partition: 1 Leader: 2        Replicas: 1,2    Isr: 2
        Topic: topic-2   Partition: 3 Leader: 3        Replicas: 1,3    Isr: 3
        Topic: topic-2   Partition: 4 Leader: 0        Replicas: 0,1    Isr: 0
        Topic: topic-3   Partition: 7 Leader: 0        Replicas: 0,1    Isr: 0
        Topic: topic-3   Partition: 5 Leader: 3        Replicas: 1,3    Isr: 3
        Topic: topic-4   Partition: 6 Leader: 2        Replicas: 1,2    Isr: 2
        Topic: topic-4   Partition: 2 Leader: 2        Replicas: 1,2    Isr: 2
```

在这个案例中，我们可以看到所有的 ISR 集合中都出现编号为 1 的 broker 缺失，进而可以将调查的重心迁移到这个 broker 上。如果通过上面的步骤没有定位到某个独立的 broker，那么就需要针对整个集群层面做进一步的探究。

集群层面的问题一般也就是两个方面：资源瓶颈和负载不均衡。资源瓶颈指的是 broker 在某硬件资源的使用上遇到了瓶颈，比如网络、CPU、I/O 等层面。就以 I/O 而论，Kafka 中的消息都是存盘的，生产者线程将消息写入 leader 副本的性能和 I/O 有着直接的关联，follower 副本的同步线程及消费者的消费线程又要通过 I/O 从磁盘中拉取消息，如果 I/O 层面出现了瓶颈，那么势必影响全局的走向，与此同时消息的流入/流出又都需要和网络打交道。笔者建议硬件层面的指标可以关注 CPU 的使用率、网络流入/流出速度、磁盘的读/写速度、iowait、ioutil 等，也可以适当地关注下文件句柄数、Socket 句柄数及内存等方面。

前面在讲述优先副本的时候就涉及了负载均衡，负载失衡会影响 leader 副本与 follower 副本之间的同步效率，进而产生失效副本。集群层面的负载均衡要考虑的就远比 leader 副本的分布均衡复杂得多，需要考虑负载层面的各个因素，将前面提及的分区数量（partitions）、leader 数量（leaders）、CPU 占用率（cpuUsed）、网络流入/流出速度（bytesIn/bytesOut）、磁盘读/写速度（ioRead/ioWrite）、iowait、ioutil、文件句柄数（fd）、内存使用率（memUsed）整合考虑（这些指标不全是必需的，可以自定义增加或减少）。在资源瓶颈这方面我们可以单方面针对每个单一资源的使用情况设置一个合理的额定阈值，超过额定阈值就可以输出告警，进而做出进一步的响应动作，而这里的集群层面的资源整合负载又如何分析呢？

首先对每一个负载指标进行归一化的处理，归一化是一种无量纲的处理手段，把数据映射到 0～1 范围之内，这样更方便处理。就以分区数量为例，这里记为 $M_{\text{partitions}}$，对于拥有 n 个 broker 的 Kafka 集群来说：$M_{\text{partitions}}(n)$ 代表 brokerId $=n$ 的 broker 中拥有的分区数，那么对应的归一化计算公式为：

$$D_{\text{partitions}}(n) = \frac{M_{\text{partitions}}(n)}{\sum_{i=1}^{n} M_{\text{partitions}}(i)} = \frac{M_{\text{partitions}}(n)}{M_{\text{partitions}}(1) + M_{\text{partitions}}(2) + \cdots + M_{\text{partitions}}(n)}$$

用字母 P 代表每个指标的权重，那么对应前面提及的指标分别有：$P_{\text{partitions}}$、P_{leaders}、P_{cpuUsed}、P_{bytesIn}、P_{bytesOut}、P_{ioRead}、P_{ioWrite}、P_{iowait}、P_{ioutil}、P_{memUsed}、P_{fd}。由此一个 broker(n) 的负载值的计算公式为：

$$\begin{aligned} B_n = {} & P_{\text{partitions}} \times D_{\text{partitions}}(n) + P_{\text{leaders}} \times D_{\text{leaders}}(n) + P_{\text{cpuUsed}} \times D_{\text{cpuUsed}}(n) + P_{\text{bytesIn}} \\ & \times D_{\text{bytesIn}}(n) + P_{\text{bytesOut}} \times D_{\text{bytesOut}}(n) + P_{\text{ioRead}} \times D_{\text{ioRead}}(n) + P_{\text{ioWrite}} \\ & \times D_{\text{ioWrite}}(n) + P_{\text{iowait}} \times D_{\text{iowait}}(n) + P_{\text{ioutil}} \times D_{\text{ioutil}}(n) + P_{\text{memUsed}} \\ & \times D_{\text{memUsed}}(n) + P_{\text{fd}} \times D_{\text{fd}}(n) \end{aligned}$$

各个权重的取值需要根据实践经验去调节，不过也可以简单地将各个指标的权重看作一致的，那么计算公式也可以简化为：

$$\begin{aligned} B_n = {} & D_{\text{partitions}}(n) + D_{\text{leaders}}(n) + D_{\text{cpuUsed}}(n) + D_{\text{bytesIn}}(n) + D_{\text{bytesOut}}(n) + D_{\text{ioRead}}(n) \\ & + D_{\text{ioWrite}}(n) + D_{\text{iowait}}(n) + D_{\text{ioutil}}(n) + D_{\text{memUsed}}(n) + D_{\text{fd}}(n) \end{aligned}$$

再将B_n做进一步的归一化处理：

$$D_b(n) = \frac{B_n}{\sum_{i=1}^{n} B_i} = \frac{B_n}{B_1 + B_2 + \cdots + B_n}$$

如果将整个集群的负载量看作 1，那么这个$D_b(n)$代表每个 broker 所占的负载比重。如果这里采用"饼图"来做集群负载数据可视化，那么这个$D\_b(n)$就代表每个扇区的比重值（参考图 10-1 右上部分）。在发现 under-replicated 分区的时候，可以按照$D_b(n)$值从大到小的顺序逐一对各个 broker 进行排查。

那么如何预警 Kafka 集群中出现 broker 负载过高或过低的情况呢？这里可以引入均方差的概念，不过在计算均方差之前还需要计算 broker 负载的平均值，这里用$\bar{B}$表示：

$$\bar{B} = \frac{\sum_{i=1}^{n} B_i}{n} = \frac{B_1 + B_2 + \cdots + B_n}{n}$$

这个$\bar{B}$对应的归一化值为：

$$\overline{D_b} = \frac{\sum_{i=1}^{n} D_b(n)}{n} = \frac{\sum_{i=1}^{n} \frac{B_n}{\sum_{i=1}^{n} B_i}}{n} = \frac{\frac{B_1}{B_1 + B_2 + \cdots + B_n} + \cdots + \frac{B_n}{B_1 + B_2 + \cdots + B_n}}{n}$$

$$= \frac{\frac{B_1 + B_2 + \cdots + B_n}{B_1 + B_2 + \cdots + B_n}}{n} = \frac{1}{n}$$

对应的集群负载的均方差方差可以表示为：

$$\sigma = \sqrt{\frac{\sum_{i=1}^{n}(D_b(i) - \overline{D_b})^2}{n}} = \sqrt{\frac{[(D_b(1) - \overline{D_b})^2 + (D_b(2) - \overline{D_b})^2 + \cdots + (D_b(n) - \overline{D_b})^2]}{n}}$$

如果用r_n表示某个 broker 的负载偏离率，那么很明显有：

$$r_n = \frac{|D_b(n) - \overline{D_b}|}{\overline{D_b}}$$

这个r_n与前面优先副本的选举中的 `leader.imbalance.per.broker.percentage` 参数（参考 4.3.1 节）有异曲同工之妙，而且比这个参数更精准，我们同样可以设置 broker 的负载偏离率的额定阈值r为 10%，超过这个阈值就可以发送告警。

假设集群中每个 broker 的负载偏离率都无限接近r，那么对应的集群负载均方差也就最大：

$$\sigma = \sqrt{\frac{\sum_{i=1}^{n}(D_b(i) - \overline{D_b})^2}{n}} = \sqrt{\frac{n \times (r \times \overline{D_b})^2}{n}} = r \times \overline{D_b} = \frac{r}{n}$$

比如对于一个具有 4 个 broker 节点的 Kafka 集群来说，如果设置 broker 的负载偏离率为 10%，那么对应的集群负载均方差σ就不能超过 0.025。针对集群负载均方差设置合理的告警可以提前预防失效副本的发生。

为了让上面这段陈述变得不那么生涩，这里举一个简单的示例来演示这些公式的具体用法。假设集群中有 4（即 $n=4$）个 broker 节点，为了简化说明只取 $M_{partitions}$、$M_{leaders}$、$M_{cpuUsed}$、$M_{bytesIn}$、$M_{bytesOut}$ 这几个作为负载的考量指标，某一时刻集群中各个 broker 的负载情况如表 10-2 所示。

表 10-2　某一时刻集群中各个 broker 的负载情况

brokerId	partitions	leaders	cpuUsed	bytesIn	bytesOut
1	75	25	4.23%	5.23Mb/s	10.47Mb/s
2	76	24	4.17%	5.09Mb/s	10.56Mb/s
3	75	25	4.16%	5.18Mb/s	10.89Mb/s
4	74	26	4.21%	5.34Mb/s	10.23Mb/s

首先计算 broker1 的 $D_{partitions}$，如下所示。

$$D_{partitions}(1) = \frac{M_{partitions}(1)}{\sum_{i=1}^{n} M_{partitions}(i)} = \frac{75}{75 + 76 + 75 + 74} = 0.25$$

其余各个指标的归一化值可以以此类推，如表 10-3 所示。

表 10-3　其余各个指标的归一化值

brokerId	partitions	leaders	cpuUsed	bytesIn	bytesOut
1	0.2500	0.2500	0.2522	0.2510	0.2482
2	0.2533	0.2400	0.2487	0.2442	0.2505
3	0.2500	0.2500	0.2481	0.2486	0.2584
4	0.2467	0.2600	0.2510	0.2562	0.2427

可以看到：经过归一化处理就可以将原本具有单位的各种类型的指标归纳为一个简单的数值。进一步，我们省去对各个指标权重的考虑，可以计算出此刻各个 broker 的负载值：

$$B_1 = 0.2500 + 0.2500 + 0.2522 + 0.2510 + 0.2482 = 1.2514$$

同理可得：$B_2 = 1.2367$，$B_3 = 1.2551$，$B_4 = 1.2566$。

把此刻的集群整体负载看作 1，也就是 100%，各个 broker 分摊这个 100% 的负载，这样可以将 broker 的负载值做进一步的归一化处理：

$$D_b(1) = \frac{B_1}{\sum_{i=1}^{n} B_i} = \frac{1.2541}{1.2541 + 1.2367 + 1.2551 + 1.2566} = 0.2508$$

同理可得：$D_b(2) = 0.2473$，$D_b(3) = 0.2510$，$D_b(4) = 0.2513$。

如果设置 broker 的额定负载偏离率 r 为 10%，那么我们进一步计算各个 broker 的负载偏离率是否超过这个值，首先计算 broker1 的负载偏离率：

$$r_1 = \frac{|D_b(1) - \overline{D_b}|}{\overline{D_b}} = \frac{|0.2508 - \frac{1}{4}|}{\frac{1}{4}} = 0.0032 < 0.1 = 10\%$$

同理可得：$r_2 = 0.0108$，$r_3 = 0.004$，$r_4 = 0.0052$。可以看出这 4 个 broker 都是相对均衡的，那么集群的负载均方差也就会在合理范围之内（即小于 0.025）：

$$\sigma = \sqrt{\frac{\sum_{i=1}^{n}(D_b(i) - \overline{D_b})^2}{n}}$$

$$= \sqrt{\frac{(0.2508 - 0.25)^2 + (0.2473 - 0.25)^2 + (0.2510 - 0.25)^2 + (0.2513 - 0.25)^2}{4}}$$

$$= 0.0016 < 0.025 = \frac{r}{n}$$

随着集群运行时间的推移，某一时刻集群中各个 broker 的负载情况发生了变化，如表 10-4 所示。

表 10-4　某一时刻集群中各个 broker 的负载情况

brokerId	partitions	leaders	cpuUsed	bytesIn	bytesOut
1	75	42	5.23%	12.37Mb/s	25.89Mb/s
2	76	19	4.17%	4.09Mb/s	9.56Mb/s
3	75	21	4.16%	6.18Mb/s	11.89Mb/s
4	74	18	4.21%	4.34Mb/s	8.23Mb/s

具体的计算过程就留给读者自行验算，最后集群的负载均方差为 0.0595，大于 0.025，所以可以看出发生了负载失衡的现象。

失效副本会引起 Kafka 的多种异常发生，严重降低 Kafka 的可靠性，所以如何有效地预防及在出现失效副本时如何精准地定位问题是至关重要的。本节尽量从 Kafka 自身的角度去剖析同步失效分区，由于篇幅限制，这里并没有针对操作系统、JVM 和集群硬件本身做更深层次的阐述。引起同步失效分区的原因也是千变万化的，希望本节的内容可以给读者在解决相关问题时提供一定的思路。

10.4　监控指标说明

Kafka 自身提供的 JMX 监控指标已经超过了 500 个，本书不可能一一将其罗列，只能挑选部分重要及常用的指标来进行说明。

图 10-1 中除了展示了消息流入速度（MessagesInPerSec），还展示了网络流入/流出速度，这 2 个指标对应的 MBean 名称如表 10-5 所示。

表 10-5　消息流入速度和网络流入/流出速度对应的 MBean 名称

指 标 名 称	MBean 名称
网络流入速率（bytesIn）	kafka.server:type=BrokerTopicMetrics,name=BytesInPerSec
网络流出速率（bytesOut）	kafka.server:type=BrokerTopicMetrics,name=BytesOutPerSec

这两个指标都是 broker 端的指标，分别对应前面章节中提及的 byteIn 和 byteOut。它们的属性列表同 MessagesInPerSec 的类似，与 MessagesInPerSec 指标不同的是，这 2 个指标的单位为 B/s，具体的使用方式可以参考 10.1 节。

Kafka 并没有提供类似 MessagesOutPerSec 的指标，这是为什么呢？因为消息是以批次的形式发送给消费者的，在这个过程中并不会再展开（展开会严重影响性能，如果仅仅为了统计一个普通的指标而展开，则会显得非常得不偿失）这些批次的内容来统计消息的个数，所以对 Kafka 而言，它也不知道发送了多少条消息，也就不会有类似 MessagesOutPerSec 这样的指标了。

不过在 Kafka 中有一个 TotalFetchRequestsPerSec 指标用于统计每秒拉取请求的次数，它可以从侧面反映出消息被拉取的多少。这个指标还有一个对应的 TotalProduceRequestsPerSec，用于统计每秒写入请求的次数。这 2 个指标对应的 MBean 名称如表 10-6 所示。

表 10-6　TotalFetchRequestsPerSec 和 TotalProduceRequestsPerSec 对应的 MBean 名称

指 标 名 称	MBean 名称
TotalFetchRequestsPerSec	kafka.server:type=BrokerTopicMetrics,name=TotalFetchRequestsPerSec
TotalProduceRequestsPerSec	kafka.server:type=BrokerTopicMetrics,name=TotalProduceRequestsPerSec

这些指标还有对应的与主题相关的指标，如图 10-9 所示。

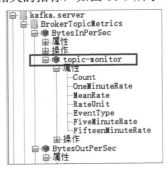

图 10-9　主题相关的指标

主题 topic-monitor 的 MBean 名称为：

```
kafka.server:type=BrokerTopicMetrics,name=BytesInPerSec,topic=topic-monitor
```

由此可以归纳出主题端的 BytesInPerSec 指标的 MBean 名称为：

```
kafka.server:type=BrokerTopicMetrics,name=BytesInPerSec,topic=<topic>
```

这个规则对于其他主题端的指标同样适用。注意并不是每个 broker 端的指标都有其对应的主题端的指标，比如 ActiveControllerCount，它表示当前 broker 是否是集群的控制器。这个指标只有 2 个可选值，要么为 0，要么为 1。如果为 1，则表示当前 broker 就是集群的控制器。任何时刻一个集群中有且仅有一个控制器，如果集群中所有 broker 的 ActiveControllerCount 指标之和不为 1，则说明发生了异常情况，需要及时地告警以通知相关人员排查故障。ActiveControllerCount 对应于图 10-2 中的 Controller 标记，它的 MBean 名称为：

```
kafka.controller:type=KafkaController,name=ActiveControllerCount
```

与 UnderReplicatedPartitions 指标同级的还有 LeaderCount、PartitionCount、IsrExpandPerSec 和 IsrShrinksPerSec 这 4 个重要的指标，它们分别表征了 broker 中 leader 副本的总数、分区的总数、ISR 集合扩张速度和 ISR 集合收缩速度。这 4 个指标对应的 MBean 名称如表 10-7 所示。

表 10-7　LeaderCount、PartitionCount、IsrExpandPerSec 和 IsrShrinksPerSec 对应的 MBean 名称

指标名称	MBean 名称
LeaderCount	kafka.server:type=ReplicaManager,name=LeaderCount
PartitionCount	kafka.server:type=ReplicaManager,name=PartitionCount
IsrShrinksPerSec	kafka.server:type=ReplicaManager,name=IsrShrinksPerSec
IsrExpandsPerSec	kafka.server:type=ReplicaManager,name=IsrExpandsPerSec

对 LeaderCount 和 PartitionCount 而言，在前面的篇幅中已经有所提及，尤其是 LeaderCount，它牵涉集群的负载是否均衡。而 IsrExpandPerSec 和 IsrShrinksPerSec 这 2 个代表 ISR 集合变化速度的指标可以用来监测 Kafka 集群的性能问题。

对 Kafka 的客户端而言，它同样提供了可供 JMX 获取的监控指标，我们在运行 Kafka 客户端的时候同样需要显式地打开 JMX 功能，比如添加以下运行参数：

```
-Dcom.sun.management.jmxremote.port=8888
-Dcom.sun.management.jmxremote.ssl=false
-Dcom.sun.management.jmxremote.authenticate=false
```

相比于 broker 端，客户端的指标就少了很多，不过每一个客户端指标都有一个对应的 clientId，如图 10-10 所示，其中 clientIdMonitor 就是客户端的 clientId。

Kafka 还提供了许多其他重要的指标，但笔者并不打算再多赘述，读者可以通过 JConsole 工具和 Kafka 官方文档（http://kafka.apache.org/documentation/#monitoring）来一一探索指标的奥秘。

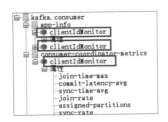

图 10-10 消费端部分指标

10.5 监控模块

Kafka 的监控架构主要分为数据采集、数据存储和数据展示这 3 个部分。数据采集主要指从各个数据源采集监控数据并做一些必要的运算，然后发送给数据存储模块进行存储。数据源可以是 Kafka 配套的 ZooKeeper、Kafka 自身提供的内部运行指标（通过 JMX 获取）、Kafka内部的一些数据（比如__consumer_offset 中存储的信息，通过 Kafka 自定义协议获取）、Falcon/Zabbix 等第三方工具（或者其他类似的工具，主要用来监控集群的硬件指标）。

数据存储指将采集的原始数据经过一定的预处理后进行相应的存储，方便数据清洗（这个步骤可以省略）和数据展示。数据存储可以采用 OpenTSDB 之类的基于时间序列的数据库，方便做一些聚合计算，也可以附加采用 Redis、MySQL 等存储特定数据。

顾名思义，数据展示是将经过预处理的、存储的数据展示到监控页面上，以便提供丰富的UI 给用户使用。当然数据展示模块也可以绕过数据存储模块直接通向数据采集模块，或者从数据源直接拉取数据。

整个监控系统的模型架构如图 10-11 所示。

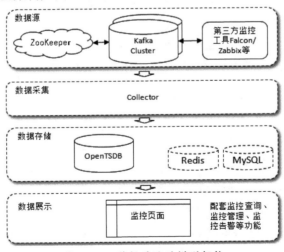

图 10-11 监控系统的模型架构

　　监控模块是 Kafka 生态链中的重要一环，它是查看 Kafka 运行状态的主要依据，是排查故障的重要参考，同时是触发告警的源头，以便及时预防或修复故障。图 10-12 展示了 Kafka 的某种应用生态，监控系统及监控数据的采集都在其中。

　　首先，用户在资源申请审批系统中申请所需要使用的 Kafka 资源。管理员在审批完用户的申请之后，将相应的配置信息存储在配置中心，然后由配置中心负责创建相应的 Kafka 资源（比如根据预先申请的分区数、副本因子数创建对应的主题）。在资源创建成功之后会触发数据采集模块（Collector）对监控指标进行收集，最终存入预先设定的存储模块，比如 HBase。

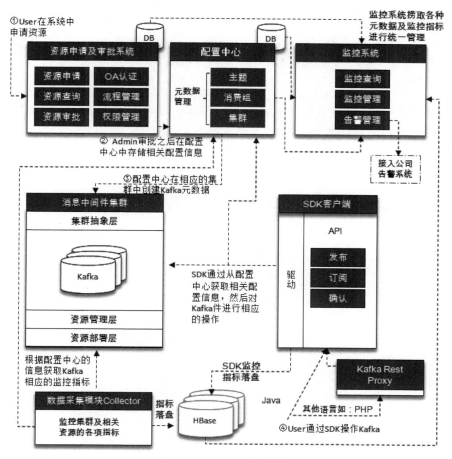

图 10-12　Kafka 应用生态

　　用户通过封装后的 SDK 进行生产消费。SDK 中除了包含原生的 Kafka 客户端的功能，还包含了与应用生态中各个其他模块的互动功能，比如监听配置中心配置的变更以便及时进行相应的处理。如果用户采用的编程语言与 SDK 的实现语言互不相通，则可以使用 Kafka REST

Proxy（参考 11.7 节）来作为跨语言应用的补救措施。与此同时，SDK 中也有其相应的指标，比如业务相关的消息发送和消费的速度、重试的次数等，尤其在使用第 11 章中自定义的功能时，牵涉 SDK 的地方需要自定义原本 Kafka 所没有的监控指标。

无论通过 Collector 采集的指标数据，还是 SDK 上送的指标数据，在存入存储模块之前都可以做一定的预处理，比如在 Collector 中可以根据收集到的数据对各个 broker 节点的负载进行归一化的处理，然后将处理后的计算值保存到存储模块中，进而方便页面的展示。

在图 10-12 展示的应用生态中还缺失了运维这一环，前面的章节中多多少少都提到了一些运维相关的内容。有兴趣的读者还可以关注一下 LinkedIn 开源的 Kafka Cruise Control[1]——旨在使 Kafka 实现大规模自动化运维。

10.6　总结

本章主要讲述如何自定义实现一个 Kafka 监控系统，其中包括页面整体的布局把控、监控数据的来源、监控指标的说明，以及监控模块在整个 Kafka 应用生态中所处的地位。本章并不讲述如何使用某款 Kafka 监控产品，而是给读者提供一个实现监控产品的思路。如果读者不想耗费精力实现一款监控产品而是想直接使用开源现成的，那么本章的内容也可以帮助读者更好地理解这些监控产品的实现原理。

---

[1]　https://github.com/linkedin/cruise-control。

第 11 章

高级应用

除了正常的消息发送和消费，在使用 Kafka 的过程中难免会遇到一些其他高级应用类的需求，比如消费回溯，这个可以通过原生 Kafka 提供的 KafkaConsumer.seek()方法来实现，然而类似延时队列、消息轨迹等应用需求在原生 Kafka 中就没有提供了。我们在使用其他消息中间件时，比如 RabbitMQ，使用到了延时队列、消息轨迹的功能，如果我们将应用直接切换到 Kafka 中，那么只能选择舍弃它们。但这也不是绝对的，我们可以通过一定的手段来扩展 Kafka，本章讲述的就是如何实现这类扩展的高级应用。

11.1 过期时间（TTL）

我们在 3.2.9 节讲述消费者拦截器用法的时候就使用了消息 TTL（Time To Live，过期时间），代码清单 3-10 中通过消息的 `timestamp` 字段和 ConsumerInterceptor 接口的 onConsume()方法来实现消息的 TTL 功能。消息超时之后不是只能如案例中的那样被直接丢弃，因为从消息可靠性层面而言这些消息就丢失了，消息超时可以配合死信队列（在 11.3 节中会讲到）使用，这样原本被丢弃的消息可以被再次保存起来，方便应用在此之后通过消费死信队列中的消息来诊断系统的运行概况。

在案例（代码清单 3-10）中有一个局限，就是每条消息的超时时间都是一样的，都是固定的 EXPIRE_INTERVAL 值的大小。如果要实现自定义每条消息 TTL 的功能，那么应该如何处理呢？

这里还可以沿用消息的 `timestamp` 字段和拦截器 ConsumerInterceptor 接口的 onConsume()方法，不过我们还需要消息中的 `headers` 字段来做配合。我们可以将消息的 TTL 的设定值以键值对的形式保存在消息的 `headers` 字段中，这样消费者消费到这条消息的时候可以在拦截器中根据 headers 字段设定的超时时间来判断此条消息是否超时，而不是根据原先固定的 EXPIRE_INTERVAL 值来判断。

下面我们来通过一个具体的示例来演示自定义消息 TTL 的实现方式。这里使用了消息的 headers 字段，而 headers 字段涉及 Headers 和 Header 两个接口，Headers 是对多个 Header 的封装，Header 接口表示的是一个键值对，具体实现如下：

```
package org.apache.kafka.common.header;

public interface Header {
    String key();
    byte[] value();
}
```

我们可以自定义实现 Headers 和 Header 接口，但这样未免过于烦琐，这里可以直接使用 Kafka 提供的实现类 org.apache.kafka.common.header.internals.RecordHeaders 和 org.apache. kafka.common.header.internals.RecordHeader。这里只需使用一个 Header，key 可以固定为"ttl"，而 value 用来表示超时的秒数，超时时间一般用 Long 类型表示，但是 RecordHeader 中的构造方法 RecordHeader(String key, byte[] value)和 value()方法的返回值对应的 value 都是 byte[]类型，这里还需要一个小工具实现整型类型与 byte[]的互转，具体实现如下：

```
public class BytesUtils {
    public static byte[] longToBytes(long res) {
        byte[] buffer = new byte[8];
        for (int i = 0; i < 8; i++) {
            int offset = 64 - (i + 1) * 8;
            buffer[i] = (byte) ((res >> offset) & 0xff);
        }
        return buffer;
    }

    public static long bytesToLong(byte[] b) {
        long values = 0;
        for (int i = 0; i < 8; i++) {
            values <<= 8; values|= (b[i] & 0xff);
        }
        return values;
    }
}
```

下面我们向 Kafka 中发送 3 条 TTL 分别为 20 秒、5 秒和 30 秒的 3 条消息，主要代码如代码清单 11-1 所示。

代码清单 11-1　发送自定义 TTL 消息的主要代码

```
ProducerRecord<String, String> record1 =
        new ProducerRecord<>(topic, 0, System.currentTimeMillis(),
                null, "msg_ttl_1",new RecordHeaders().add(new RecordHeader("ttl",
                    BytesUtils.longToBytes(20))));
ProducerRecord<String, String> record2 = //超时的消息
        new ProducerRecord<>(topic, 0, System.currentTimeMillis()-5*1000,
                null, "msg_ttl_2",new RecordHeaders().add(new RecordHeader("ttl",
                    BytesUtils.longToBytes(5))));
ProducerRecord<String, String> record3 =
        new ProducerRecord<>(topic, 0, System.currentTimeMillis(),
                null, "msg_ttl_3",new RecordHeaders().add(new RecordHeader("ttl",
                    BytesUtils.longToBytes(30))));
producer.send(record1).get();
producer.send(record2).get();
producer.send(record3).get();
```

ProducerRecord 中包含 Headers 字段的构造方法只有 2 个，具体如下：

```
public ProducerRecord(String topic, Integer partition, Long timestamp, K key,
V value, Iterable<Header> headers)
    public ProducerRecord(String topic,  Integer  partition,  K  key,  V  value,
Iterable<Header> headers)
```

代码清单 11-1 中指定了分区编号为 0 和消息 key 的值为 null，其实这个示例中我们并不需要指定这 2 个值，但是碍于 ProducerRecord 中只有 2 种与 Headers 字段有关的构造方法。其实完全可以扩展 ProducerRecord 中的构造方法，比如添加下面这个方法：

```
//add by myself
public ProducerRecord(String topic, Long timestamp,
                V value, Iterable<Header> headers) {
    this(topic, null, timestamp, null, value, headers);
}
```

这样就可以修改代码清单 11-1 中 ProducerRecord 的构建方式，类似下面这种写法：

```
ProducerRecord<String,String> record1 =
    new ProducerRecord<>(topic, System.currentTimeMillis(),
        "msg_ttl_1", new RecordHeaders().add(new RecordHeader("ttl",
        BytesUtils.longToBytes(20)))));
```

回归正题，很显然代码清单 11-1 中的第 2 条消息 record2 是故意被设定为超时的，因为这条消息的创建时间为 System.currentTimeMillis()-5×1000，往前推进了 5 秒，而这条消息的超时时间也为 5 秒。如果在发送这 3 条消息的时候也开启了消费者，那么经过拦截器处理后应该只会收到"msg_ttl_1"和"msg_ttl_3"这两条消息。

我们再来看一下经过改造之后拦截器的具体实现，onCommit()、close()、configure()这 3 个方法都和代码清单 3-10 中的一样，所不同的主要是 onConsume()方法，此方法的具体实现如代码清单 11-2 所示。

代码清单 11-2　自定义 TTL 的拦截器关键代码实现

```
@Override
public ConsumerRecords<String, String> onConsume(
        ConsumerRecords<String, String> records) {
    long now = System.currentTimeMillis();
    Map<TopicPartition, List<ConsumerRecord<String, String>>> newRecords
        = new HashMap<>();
    for (TopicPartition tp : records.partitions()) {
        List<ConsumerRecord<String, String>> tpRecords = records.records(tp);
        List<ConsumerRecord<String, String>> newTpRecords = new ArrayList<>();
        for (ConsumerRecord<String, String> record : tpRecords) {
            Headers headers = record.headers();
            long ttl = -1;
            for (Header header : headers) {//判断 headers 中是否有 key 为"ttl"的 Header
                if (header.key().equalsIgnoreCase("ttl")) {
                    ttl = BytesUtils.bytesToLong(header.value());
                }
            }
            //消息超时判定
            if (ttl > 0 && now - record.timestamp() < ttl * 1000) {
                newTpRecords.add(record);
            } else if (ttl < 0) {//没有设置 TTL，不需要超时判定
                newTpRecords.add(record);
            }
        }
```

```
    }
    if (!newTpRecords.isEmpty()) {
        newRecords.put(tp, newTpRecords);
    }
}
return new ConsumerRecords<>(newRecords);
}
```

代码清单 11-2 中判断每条消息的 `headers` 字段中是否包含 key 为 "ttl" 的 Header，如果包含则对其进行超时判定；如果不包含，则不需要超时判定，即无须拦截处理。

使用这种方式实现自定义消息 TTL 时同样需要注意的是：使用类似中这种带参数的位移提交的方式，有可能会提交错误的位移信息。在一次消息拉取的批次中，可能含有最大偏移量的消息会被消费者拦截器过滤，这一点与代码清单 3-10 中的实现一样。不过这个也很好解决，比如在过滤之后的消息集中的头部或尾部设置一个状态消息，专门用来存放这一批消息的最大偏移量。

到目前为止，无论固定消息 TTL，还是自定义消息 TTL，都是在消费者客户端通过拦截器来实现的，其实这个功能也可以放在 Kafka 服务端来实现，而且具体实现也并不太复杂。不过这样会降低系统的灵活性和扩展性，并不建议这么做，通过扩展客户端就足以应对此项功能。

11.2　延时队列

队列是存储消息的载体，延时队列存储的对象是延时消息。所谓的"延时消息"是指消息被发送以后，并不想让消费者立刻获取，而是等待特定的时间后，消费者才能获取这个消息进行消费，延时队列一般也被称为"延迟队列"。注意延时与 TTL 的区别，延时的消息达到目标延时时间后才能被消费，而 TTL 的消息达到目标超时时间后会被丢弃。

延时队列的使用场景有很多，比如：

- 在订单系统中，一个用户下单之后通常有 30 分钟的时间进行支付，如果 30 分钟之内没有支付成功，那么这个订单将进行异常处理，这时就可以使用延时队列来处理这些订单了。

- 订单完成 1 小时后通知用户进行评价。

- 用户希望通过手机远程遥控家里的智能设备在指定时间进行工作。这时就可以将用户指令发送到延时队列，当指令设定的时间到了之后再将它推送到智能设备。

在 Kafka 的原生概念中并没有"队列"的影子，Kafka 中存储消息的载体是主题（更加确切地说是分区），我们可以把存储延时消息的主题称为"延时主题"，不过这种称谓太过于生僻。在其他消息中间件（比如 RabbitMQ）中大多采用"延时队列"的称谓，为了不让 Kafka

过于生分，我们这里还是习惯性地沿用"延时队列"的称谓来表示 Kafka 中用于存储延时消息的载体。

原生的 Kafka 并不具备延时队列的功能，不过我们可以对其进行改造来实现。Kafka 实现延时队列的方式也有很多种，在 11.1 节中我们通过消费者客户端拦截器来实现消息的 TTL，延时队列也可以使用这种方式实现。

不过使用拦截器的方式来实现延时的功能具有很大的局限性，某一批拉取到的消息集中有一条消息的延时时间很长，其他的消息延时时间很短而很快被消费，那么这时该如何处理呢？下面考虑以下这几种情况：

（1）如果这时提交消费位移，那么延时时间很长的那条消息会丢失。

（2）如果这时不继续拉取消息而等待这条延时时间很长的消息到达延时时间，这样又会导致消费滞后很多，而且如果位于这条消息后面的很多消息的延时时间很短，那么也会被这条消息无端地拉长延时时间，从而大大地降低了延时的精度。

（3）如果这个时候不提交消费位移而继续拉取消息，等待这条延时时间很长的消息满足条件之后再提交消费位移，那么在此期间这条消息需要驻留在内存中，而且需要一个定时机制来定时检测是否满足被消费的条件，当这类消息很多时必定会引起内存的暴涨，另一方面当消费很大一部分消息之后这条消息还是没有能够被消费，此时如果发生异常，则会由于长时间的未提交消费位移而引起大量的重复消费。

有一种改进方案，如图 11-1 所示，消费者在拉取一批消息之后，如果这批消息中有未到达延时时间的消息，那么就将这条消息重新写入主题等待后续再次消费。这个改进方案看起来很不错，但是当消费滞后很多（消息大量堆积）的时候，原本这条消息只要再等待 5 秒就能够被消费，但这里却将其再次存入主题，等到再次读取到这条消息的时候有可能已经过了半小时。由此可见，这种改进方案无法保证延时精度，故而也很难真正地投入现实应用之中。

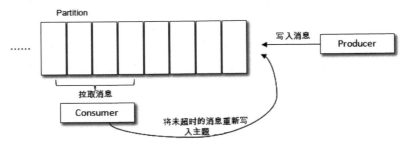

图 11-1　拦截器实现延时队列

在了解了拦截器的实现方式之后，我们再来看另一种可行性方案：在发送延时消息的时候并不是先投递到要发送的真实主题（real_topic）中，而是先投递到一些 Kafka 内部的主题（delay_topic）中，这些内部主题对用户不可见，然后通过一个自定义的服务拉取这些内部主题中的消息，并将满足条件的消息再投递到要发送的真实的主题中，消费者所订阅的还是真实的主题。

延时时间一般以秒来计，若要支持 2 小时（也就是 2×60×60=7200）之内的延时时间的消息，那么显然不能按照延时时间来分类这些内部主题。试想一个集群中需要额外的 7200 个主题，每个主题再分成多个分区，每个分区又有多个副本，每个副本又可以分多个日志段，每个日志段中也包含多个文件，这样不仅会造成资源的极度浪费，也会造成系统吞吐的大幅下降。如果采用这种方案，那么一般是按照不同的延时等级来划分的，比如设定 5s、10s、30s、1min、2min、5min、10min、20min、30min、45min、1hour、2hour 这些按延时时间递增的延时等级，延时的消息按照延时时间投递到不同等级的主题中，投递到同一主题中的消息的延时时间会被强转为与此主题延时等级一致的延时时间，这样延时误差控制在两个延时等级的时间差范围之内（比如延时时间为 17s 的消息投递到 30s 的延时主题中，之后按照延时时间为 30s 进行计算，延时误差为 13s）。虽然有一定的延时误差，但是误差可控，并且这样只需增加少许的主题就能实现延时队列的功能。

如图 11-2 所示，生产者 Producer 发送若干延时时间不同的消息到主题 real_topic_A 和 real_topic_B 中，消费者 Consumer 订阅并消费主题 real_topic_A 和 real_topic_B 中的消息，对用户而言，他看到的就是这样一个流程。但是在内部，Producer 会根据不同的延时时间将消息划分为不同的延时等级，然后根据所划分的延时等级再将消息发送到对应的内部主题中，比如 5s 内的消息发送到 delay_topic_1，6s 至 10s 的消息划分到 delay_topic_2 中。这段内部的转发逻辑需要开发人员对生产者客户端做一些改造封装（对应图 10-12 中的 SDK 客户端），可以根据消息的 `timestamp` 字段、`headers` 字段（设置延时时间），以及生产者拦截器来实现具体的代码。

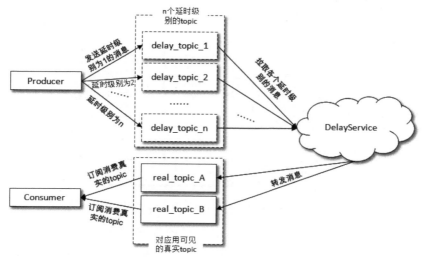

图 11-2　延时等级划分的延时队列实现

发送到内部主题（delay_topic_*）中的消息会被一个独立的 DelayService 进程消费，这个 DelayService 进程和 Kafka broker 进程以一对一的配比进行同机部署（参考图 11-3），以保证服务的可用性。

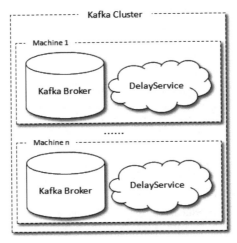

图 11-3 部署方案

针对不同延时级别的主题，在 DelayService 的内部都会有单独的线程来进行消息的拉取，以及单独的 DelayQueue（这里用的是 JUC 中 DelayQueue）进行消息的暂存。与此同时，在 DelayService 内部还会有专门的消息发送线程来获取 DelayQueue 的消息并转发到真实的主题中。从消费、暂存再到转发，线程之间都是一一对应的关系。如图 11-4 所示，DelayService 的设计应当尽量保持简单，避免锁机制产生的隐患。

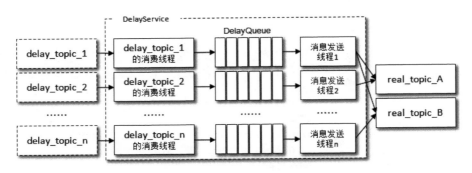

图 11-4 DelayService 的线程模型

为了保障内部 DelayQueue 不会因为未处理的消息过多而导致内存的占用过大，DelayService 会对主题中的每个分区进行计数，当达到一定的阈值之后，就会暂停拉取该分区中的消息。

有些读者可能会对这里 DelayQueue 的设置产生疑惑，DelayQueue 的作用是将消息按照再次投递时间进行有序排序，这样下游的消息发送线程就能够按照先后顺序获取最先满足投递条件的消息。再次投递时间是指消息的时间戳与延时时间的数值之和，因为延时消息从创建开始起需要经过延时时间之后才能被真正投递到真实主题中。

同一分区中的消息的延时级别一样，也就意味着延时时间一样，那么对同一个分区中的消息而言，也就自然而然地按照投递时间进行有序排列，那么为何还需要 DelayQueue 的存在呢？因为一个主题中一般不止一个分区，分区之间的消息并不会按照投递时间进行排序，那么可否将这些主题都设置为一个分区呢？这样虽然可以简化设计，但同时却丢弃了动态扩展性，原本针对某个主题的发送或消费性能不足时，可以通过增加分区数进行一定程度上的性能提升。

前面我们也提到了，这种延时队列的实现方案会有一定的延时误差，无法做到秒级别的精确延时，不过一般应用对于延时的精度要求不会那么高，只要延时等级设定得合理，这个实现方案还是能够具备很大的应用价值。

那么有没有延时精度较高的实现方案？我们先来回顾一下前面的延时分级的实现方案，它首先将生产者生产的消息暂存到一个地方，然后通过一个服务去拉取符合再次投递条件的消息并转发到真实的主题。如图 11-5 所示，一般的延时队列的实现架构也大多类似。

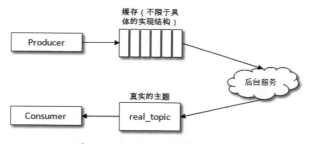

图 11-5　延时队列的实现架构

后台服务获取消息之后马上会转发到真实的主题中，而订阅此主题的消费者也就可以及时地消费消息，在这一阶段中并无太大的优化空间。反观消息从生产者到缓存再到后台服务的过程中需要一个等待延时时间的行为，在这个过程中有很大的空间来做进一步的优化。

我们在 6.3 节中讲述过延时操作，其延时的精度很高，那么我们是否可以借鉴一下来实现延迟队列的功能呢？毕竟在 Kafka 中有现成的延时处理模块，复用一下也未尝不可。第一种思路，在生产者这一层面我们采取延时操作来发送消息，这样原本立刻发送出去的消息被缓存在了客户端中以等待延时条件的满足。这种思路有明显的弊端：如果生产者中缓存的消息过多，则必然引起内存的暴涨；消息可靠性也很差，如果生产者发生了异常，那么这部分消息也就丢失了，除非配套相应的重发机制。

第二种思路，在 Kafka 服务中增加一个前置缓存，生产者还是正常将消息发往 Kafka 中，

Kafka 在判定消息是延时消息时（可以增加一个自定义协议，与发送普通消息的 PRODUCE 协议分开，比如 DELAY_PRODUCE，作为发送延时消息的专用协议）就将消息封装成延时操作并暂存至缓存中，待延时操作触发时就会将消息发送到真实的主题中，整体架构上与图 11-5 中所描述的类似。这种思路也有消息可靠性的问题，如果缓存延时操作的那台服务器宕机，那么消息也会随之丢失，为此我们可以引入缓存多副本的机制，如图 11-6 所示。

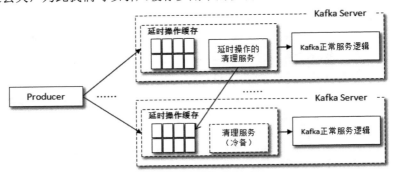

图 11-6　缓存多副本机制

生产者发送的消息不单单发往一个缓存中，而是发往多个缓存，待所有缓存都收到消息之后才算发送成功，这一点和 Kafka 生产者客户端参数 acks = −1 的机理相通。每个 broker 中都会有一个延时操作的清理服务，彼此之间有主从的关系，任意时刻只有一个清理服务在工作，其余的清理服务都处于冷备状态。当某个延迟操作触发时会通知清理服务去清理其他延时操作缓存中对应的延时操作。这种架构虽然可以弥补消息可靠性的缺陷，但对于分布式架构中一些老生常谈的问题（比如缓存一致性、主备切换等）需要格外注意。

第二种思路还需要修改 Kafka 内核的代码，对开发人员源码的掌握能力及编程能力也是一个不小的挑战，后期系统的维护成本及 Kafka 社区的福利也是不得不考虑的问题。与此同时，这种思路和第一种思路一样会有内存暴涨的问题，单凭这个问题也可以判断出此种思路并不适合实际应用。

退一步思考，我们并不需要复用 Kafka 中的延时操作的模块，而是可以选择自己开发一个精度较高的延时模块，这里就用到了 6.2 节中提及的时间轮的概念，所不同的是，这里需要的是单层时间轮。而且延时消息也不再是缓存在内存中，而是暂存至文件中。时间轮中每个时间格代表一个延时时间，并且每个时间格也对应一个文件，整体上可以看作单层文件时间轮，如图 11-7 所示。

每个时间格代表 1 秒，若要支持 2 小时（也就是 2×60×60=7200）之内的延时时间的消息，那么整个单层时间轮的时间格数就需要 7200 个，与此对应的也就需要 7200 个文件，听上去似乎需要庞大的系统开销，就单单文件句柄的使用也会耗费很多的系统资源。其实不然，我们并不需要维持所有文件的文件句柄，只需要加载距离时间轮表盘指针（currentTime）相近位置的部分文件即可，其余都可以用类似"懒加载"的机制来维持：若与时间格对应的文件不存在则可以新建，若与时间格对应的文件未加载则可以重新加载，整体上造成的时延相比于延时等级方案而言微乎其微。随着表盘指针的转动，其相邻的文件也会变得不同，整体上在内存中只需要维持少量的文件句柄就可以让系统运转起来。

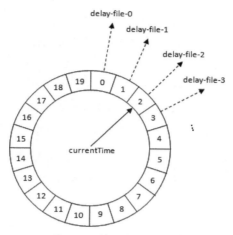

图 11-7　单层文件时间轮

　　读者有可能会有疑问，这里为什么强调的是单层时间轮。试想一下，如果这里采用的是多层时间轮，那么必然会有时间轮降级的动作，那就需要将高层时间轮中时间格对应文件中的内容写入低层时间轮，高层时间格中伴随的是读取文件内容、写入低层时间轮、删除已写入的内容的操作，与此同时，高层时间格中也会有新的内容写入。如果要用多层时间轮来实现，不得不增加繁重的元数据控制信息和繁杂的锁机制。对单层时间轮中的时间格而言，其对应的要么是追加文件内容，要么是删除整个文件（到达延时时间，就可以读取整个文件中的内容做转发，并删除整个文件）。采用单层时间轮可以简化工程实践，减少出错的可能，性能上也并不会比多层时间轮差。

　　采用时间轮可以解决延时精度的问题，采用文件可以解决内存暴涨的问题，那么剩下的还有一个可靠性的问题，这里就借鉴了图 11-6 中的多副本机制，如图 11-8 所示。生产者同样将消息写入多个备份（单层文件时间轮），待时间轮转动而触发某些时间格过期时就可以将时间格对应的文件内容（也就是延时消息）转发到真实主题中，并且删除相应的文件。与此同时，还会有一个后台服务专门用来清理其他时间轮中相应的时间格，这一套流程与图 11-6 中表达的流程相似。

　　单层文件时间轮的方案不需要修改 Kafka 内核的源码，与前面第二种思路相比实现较为简单。单层文件时间轮的方案与延时级别的实现方案一样可以将延时服务（图 11-8 中单层时间轮与后台服务的整合体）与 Kafka 进程进行一对一配比的同机部署，以保证整体服务的可用性。

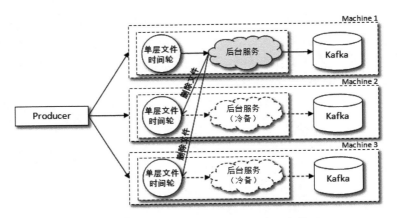

图 11-8　单层文件时间轮实现的整体架构

总体上而言，对于延时队列的封装实现，如果要求延时精度不是那么高，则建议使用延时等级的实现方案，毕竟实现起来简单明了。反之，如果要求高精度或自定义延时时间，那么可以选择单层文件时间轮的方案。

11.3　死信队列和重试队列

由于某些原因消息无法被正确地投递，为了确保消息不会被无故地丢弃，一般将其置于一个特殊角色的队列，这个队列一般称为死信队列。后续分析程序可以通过消费这个死信队列中的内容来分析当时遇到的异常情况，进而可以改善和优化系统。

与死信队列对应的还有一个"回退队列"的概念，如果消费者在消费时发生了异常，那么就不会对这一次消费进行确认，进而发生回滚消息的操作之后，消息始终会放在队列的顶部，然后不断被处理和回滚，导致队列陷入死循环。为了解决这个问题，可以为每个队列设置一个回退队列，它和死信队列都是为异常处理提供的一种机制保障。实际情况下，回退队列的角色可以由死信队列和重试队列来扮演。

无论 RabbitMQ 中的队列，还是 Kafka 中的主题，其实质上都是消息的载体，换种角度看待问题可以让我们找到彼此的共通性。我们依然可以把 Kafka 中的主题看作"队列"，那么重试队列、死信队列的称谓就可以同延时队列一样沿用下来。

理解死信队列，关键是要理解死信。死信可以看作消费者不能处理收到的消息，也可以看作消费者不想处理收到的消息，还可以看作不符合处理要求的消息。比如消息内包含的消息内容无法被消费者解析，为了确保消息的可靠性而不被随意丢弃，故将其投递到死信队列中，这里的死信就可以看作消费者不能处理的消息。再比如超过既定的重试次数之后将消息投入死信队列，这里就可以将死信看作不符合处理要求的消息。

至于死信队列到底怎么用，是从 broker 端存入死信队列，还是从消费端存入死信队列，需要先思考两个问题：死信有什么用？为什么用？从而引发怎么用。在 RabbitMQ 中，死信一般通过 broker 端存入，而在 Kafka 中原本并无死信的概念，所以当需要封装这一层概念的时候，就可以脱离既定思维的束缚，根据应用情况选择合适的实现方式，理解死信的本质进而懂得如何去实现死信队列的功能。

重试队列其实可以看作一种回退队列，具体指消费端消费消息失败时，为了防止消息无故丢失而重新将消息回滚到 broker 中。与回退队列不同的是，重试队列一般分成多个重试等级，每个重试等级一般也会设置重新投递延时，重试次数越多投递延时就越大。举个例子：消息第一次消费失败入重试队列 Q1，Q1 的重新投递延时为 5s，5s 过后重新投递该消息；如果消息再次消费失败则入重试队列 Q2，Q2 的重新投递延时为 10s，10s 过后再次投递该消息。以此类推，重试越多次重新投递的时间就越久，为此还需要设置一个上限，超过投递次数就进入死信队列。重试队列与延时队列有相同的地方，都需要设置延时级别。它们的区别是：延时队列动作由内部触发，重试队列动作由外部消费端触发；延时队列作用一次，而重试队列的作用范围会向后传递。

11.4　消息路由

消息路由是消息中间件中常见的一个概念，比如在典型的消息中间件 RabbitMQ 中就使用路由键 RoutingKey 来进行消息路由。如图 11-9 所示，RabbitMQ 中的生产者将消息发送到交换器 Exchange 中，然后由交换器根据指定的路由键来将消息路由到一个或多个队列中，消费者消费的是队列中的消息。从整体上而言，RabbitMQ 通过路由键将原本发往一个地方的消息做了区分，然后让不同的消息者消费到自己要关注的消息。

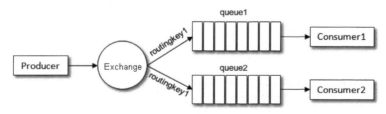

图 11-9　RabbitMQ 的生产消费模型

Kafka 默认按照主题进行路由，也就是说，消息发往主题之后会被订阅的消费者全盘接收，这里没有类似消息路由的功能来将消息进行二级路由，这一点从逻辑概念上来说并无任何问题。从业务应用上而言，如果不同的业务流程复用相同的主题，就会出现消息接收时的混乱，这种问题可以从设计上进行屏蔽，如果需要消息路由，那么完全可以通过细粒度化切分主题来实现。

除了设计缺陷，还有一些历史遗留的问题迫使我们期望 Kafka 具备一个消息路由的功能。

如果原来的应用系统采用了类似 RabbitMQ 这种消息路由的生产消费模型，运行一段时间之后又需要更换为 Kafka，并且变更之后还需要保留原有系统的编程逻辑。对此，我们首先需要在这个整体架构中做一层关系映射，如图 11-10 所示。这里将 Kafka 中的消费组与 RabbitMQ 中的队列做了一层映射，可以根据特定的标识来将消息投递到对应的消费组中，按照 Kafka 中的术语来讲，消费组根据消息特定的标识来获取消息，其余的都可以被过滤。

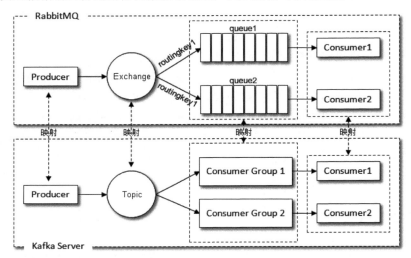

图 11-10　RabbitMQ 与 Kafka 的映射关系

具体的实现方式可以在消息的 headers 字段中加入一个键为 "routingkey"、值为特定业务标识的 Header，然后在消费端中使用拦截器挑选出特定业务标识的消息。Kafka 中消息路由的实现架构如图 11-11 所示，消费组 ConsumerGroup1 根据指定的 Header 标识 rk2 和 rk3 来消费主题 TopicA 和 TopicB 中所有对应的消息而忽略 Header 标识为 rk1 的消息，消费组 ConsumerGroup2 正好相反。

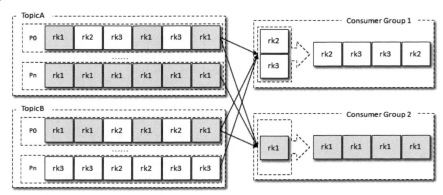

图 11-11　Kafka 中消息路由的实现架构

这里只是演示作为消息中间件家族之一的 Kafka 如何实现消息路由的功能，不过消息路由在 Kafka 的使用场景中很少见，如无特殊需要，也不推荐刻意地使用它。

11.5　消息轨迹

在使用消息中间件时，我们时常会遇到各种问题：消息发送成功了吗？为什么发送的消息在消费端消费不到？为什么消费端重复消费了消息？对于此类问题，我们可以引入消息轨迹来解决。消息轨迹指的是一条消息从生产者发出，经由 broker 存储，再到消费者消费的整个过程中，各个相关节点的状态、时间、地点等数据汇聚而成的完整链路信息。生产者、broker、消费者这 3 个角色在处理消息的过程中都会在链路中增加相应的信息，将这些信息汇聚、处理之后就可以查询任意消息的状态，进而为生产环境中的故障排除提供强有力的数据支持。

对消息轨迹而言，最常见的实现方式是封装客户端，在保证正常生产消费的同时添加相应的轨迹信息埋点逻辑。无论生产，还是消费，在执行之后都会有相应的轨迹信息，我们需要将这些信息保存起来。这里可以参考 Kafka 中的做法，它将消费位移信息保存在主题__consumer_offset 中。对应地，我们同样可以将轨迹信息保存到 Kafka 的某个主题中，比如图 11-12 中的主题 trace_topic。

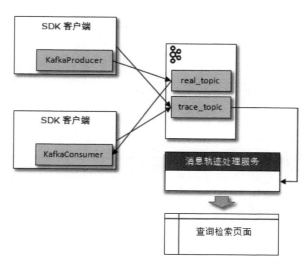

图 11-12　消息轨迹实现模型

生产者在将消息正常发送到用户主题 real_topic 之后（或者消费者在拉取到消息消费之后）会将轨迹信息发送到主题 trace_topic 中。这里有两种发送方式：第一种是直接通过 KafkaProducer 发送，为了不对普通的消息发送造成影响，可以采取"低功耗"的（比如异步、acks=0 等）发送配置，不过有可能会造成轨迹信息的丢失。另一种方式是将轨迹信息保存到本地磁盘，然后通过某个传输工具（比如 Flume）来同步到 Kafka 中，这种方式对正常发送/消费逻辑的影响较小、可靠性也较高，但是需要引入额外的组件，增加了维护的风险。

消息轨迹中包含生产者、broker 和消费者的消息，但是图 11-12 中只提及了生产者和消费者的轨迹信息的保存而并没有提及 broker 信息的保存。生产者在发送消息之后通过确认信息（ProduceRequest 对应的响应 ProduceResponse，参考 6.1 节）来得知是否已经发送成功，而在消费端就更容易辨别一条消息是消费成功了还是失败了，对此我们可以通过客户端的信息反推出 broker 的链路信息。当然我们也可以在 broker 中嵌入一个前置程序来获得更多的链路信息，比如消息流入时间、消息落盘时间等。不过在 broker 内嵌前置程序，如果有相关功能更新，难免需要重启服务，如果只通过客户端实现消息轨迹，则可以简化整体架构、灵活部署，本节针对后者做相关的讲解。

一条消息对应的消息轨迹信息所包含的内容（包含生产者和消费者）如表 11-1 所示。

表 11-1 消息轨迹的内容

角　　色	信　息　项	释　　　　义
生产者		
	消息 ID	能够唯一标识一条消息,在查询检索页面可以根据这个消息 ID 进行精准检索
	消息 Key	消息中的 key 字段
	发送时间	消息发送的时间，指生产者的本地时间
	发送耗时	消息发送的时长，从调用 send()方法开始到服务端返回的总耗时
	发送状态	发送成功或发送失败
	发送的目的地址	Kafka 集群地址，为 broker 准备的链路信息
	消息的主题	主题，为 broker 准备的链路信息
	消息的分区	分区，为 broker 准备的链路信息
	生产者的 IP	生产者本地的 IP 地址
	生产者的 ID	生产者的唯一标识，可以用 client.id 替代
	用户自定义信息（Tags）	用户自定义的一些附加属性，方便后期检索
消费者		
	消息 ID	能够唯一标识一条消息
	消息 Key	消息中的 key 字段
	接收时间	拉取到消息的时间，指消费者本地的时间
	消费耗时	消息消费的时长，从拉取到消息到业务处理完这条消息的总耗时
	消费状态	消费成功或消费失败
	重试次数	第几次重试消费

续表

角　色	信　息　项	释　　义
	消费的源地址	Kafka 集群地址，为 broker 准备的链路信息，便于链路的串成
	消息的主题	主题，为 broker 准备的链路信息，便于链路的串成
	消息的分区	分区，为 broker 准备的链路信息，便于链路的串成
	消费组	消费组的名称
	消费者的 IP	消费者本地的 IP 地址
	消费者的 ID	消费者的唯一标识，可以用 client.id 替代
	用户自定义信息（tags）	用户自定义的一些附加属性，方便后期检索

　　轨迹信息保存到主题 trace_topic 之后，还需要通过一个专门的处理服务模块对消息轨迹进行索引和存储，方便有效地进行检索。在查询检索页面进行检索的时候可以根据具体的消息 ID 进行精确检索，也可以根据消息的 key、主题、发送/接收时间进行模糊检索，还可以根据用户自定义的 Tags 信息进行有针对性的检索，最终查询出消息的一条链路轨迹。图 11-3 中给出一个链路轨迹的示例，根据这个示例我们可以清楚地知道某条消息所处的状态。

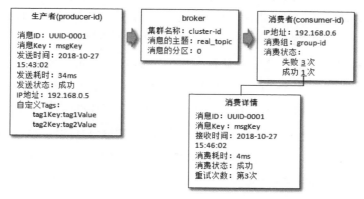

图 11-13　轨迹信息详情

11.6　消息审计

　　消息审计是指在消息生产、存储和消费的整个过程之间对消息个数及延迟的审计，以此来检测是否有数据丢失、是否有数据重复、端到端的延迟又是多少等内容。

　　目前与消息审计有关的产品也有多个，比如 Chaperone（Uber）、Confluent Control Center、Kafka Monitor（LinkedIn），它们主要通过在消息体（value 字段）或在消息头（headers 字段）中内嵌消息对应的时间戳 timestamp 或全局的唯一标识 ID（或者是两者兼备）来实现消息的审计功能。

内嵌 timestamp 的方式主要是设置一个审计的时间间隔 time_bucket_interval（可以自定义设置几秒或几分钟），根据这个 time_bucket_interval 和消息所属的 timestamp 来计算相应的时间桶（time_bucket）。

算法 1：`timestamp - timestamp % time_bucket_interval`（这个算法在时间轮里也有提及）
算法 2：`(long)Math.floor((timestamp/time_bucket_interval) * time_bucket_interval)`

根据上面的任意一种算法可以获得 time_bucket 的起始时间 time_bucket_start，那么这个 time_bucket 的时间区间可以记录为（time_bucket_start, time_bucket_start+time_bucket_interval），注意是左闭右开区间。每发送一条或消费一条消息，可以根据消息中内嵌的 timestamp 来计算并分配到相应的 time_bucket 中，然后对桶进行计数并存储，比如可以简单地存储到 Map< long time_bucket_start, long count>中。

内嵌 ID 的方式就更加容易理解了，对于每一条消息都会被分配一个全局唯一标识 ID，这个和 11.5 节讲述的消息轨迹中的消息 ID 是同一个东西。如果主题和相应的分区固定，则可以为每个分区设置一个全局的 ID。当有消息发送时，首先获取对应的 ID，然后内嵌到消息中，最后才将它发送到 broker 中。消费者进行消费审计时，可以判断出哪条消息丢失、哪条消息重复。

如果还要计算端到端延迟，那么就需要在消息中内嵌 timestamp，也就是消息中同时含有 ID 和 timestamp，细心的读者可能注意到这两类信息在消息轨迹的功能中也都包含了进去。的确如此，我们可以将消息轨迹看作细粒度化的消息审计，而消息审计可以看作粗粒度化的消息轨迹。

消息审计的实现模型也和消息轨迹的类似，同样是通过封装自定义的 SDK 来实现的。图 11-14 中展示的是 Confluent Control Center 的消息审计的实现模型，它通过生产者客户端和消费者客户端的拦截器来实现审计信息的保存，这里的审计信息同样保存到 Kafka 中的某个主题中，最后通过 Confluent Control Center 进行最终的信息处理和展示。如果读者需要类似消息审计的功能，不妨参照此类的实现。

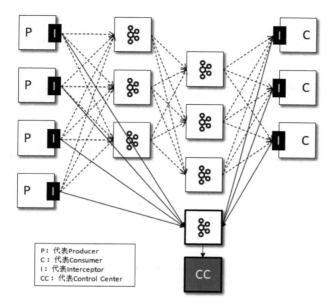

图 11-14　Confluent Control Center 实现模型

11.7　消息代理

　　Kafka REST Proxy 可以为 Kafka 集群提供一系列的 REST API 接口，通过这些 REST API 接口可以在不使用 Kafka 原生的私有协议或和语言相关的客户端的情况下实现包括发送消息、消费消息、查看集群的状态和执行管理类操作等功能。

　　从整体设计上来说，Kafka REST Proxy预期要实现的是生产者客户端、消费者客户端和命令行工具所提供的所有功能。就目前而言，Kafka REST Proxy已经支持大部分功能，但还有上升空间。官网[1]资料显示目前已经支持的内容包括：

　　（1）元数据。可以查看集群中大多数的元数据信息，包括 broker、主题、分区，以及对应的配置信息。

　　（2）消息发送。可以支持往指定主题或分区中发送消息。Kafka REST Proxy 将多个生产者实例进行池化，待监听到用户发送消息的请求之后，会先将消息缓存起来，然后由生产者实例池来执行最后发送至 Kafka 集群中的请求。

　　（3）消费。消费者是有状态的，因为它要记录和提交消费位移，所以消费者实例需要和指定的 Kafka REST Proxy 实例捆绑起来以维持状态。消费位移既可以自动提交，也可以手动提交。

---

[1]　　https://www.confluent.io/。

目前限定一个消费者实例一个线程，用户可以使用多个消费者实例来提高吞吐量。Kafka REST Proxy 支持旧版的消费者客户端，对应的 API 版本为 v1，同时支持新版的消费者客户端（KafkaConsumer），对应的 API 版本为 v2。

（4）数据格式。Kafka REST Proxy 用来进行读写的数据都是 JSON，而 JSON 内部的数据使用 Base64 或 Avro 进行编码。如果采用 Avro 则需要再引入 Confluent 公司的另一个组件 Schema Registry。

（5）集群化部署与负载均衡。Kafka REST Proxy 通过多实例部署来提高可靠性和可用性，以此提高系统的负载能力。还可以有效地运用各种负载均衡机制来提供负载均衡的保障。

目前 Kafka REST Proxy 处于规划中的内容包括：

（1）支持管理类操作。例如，创建、删除主题之类的操作，要实现这些功能还需要涉及一些安全机制。

（2）支持多主题的生产请求。目前 Kafka REST Proxy 只能指定一个主题或一个分区来发送消息。大多数情况下，并不需要多主题的生产请求，这个可以通过发送多个单主题的生产请求来"婉转"实现。然而，如果能将多个单主题的请求组合成单个多主题的请求，则可以减少 HTTP 请求的次数，进而可以提升一定的性能。

（3）增加生产消费的配置。目前只有部分 Kafka 客户端的参数可以在 Kafka REST Proxy 中被重载，未来将支持重载更多的参数来提高灵活性。

11.7.1 快速入门

Kafka REST Proxy 的运行依赖于 ZooKeeper、Kafka 和 Schema Registry。可以使用 Confluent 公司提供的完整的包来实现快速入门，Confluent 企业版及开原版的下载地址为：https://www.confluent.io/download/，截至本书出版，最新的版本为 4.1.1。

将下载的压缩包解压即可，整个目录结构大致如下：

```
[root@node1 confluent-4.1.1]# ls
bin  etc  lib  logs  README  share  src
```

其中配置文件在 src 目录下，管理脚本在 bin 目录下，而 share 目录下是各类 jar 包。可以执行以下命令来依次启动 confluent-4.1.1 包内的 ZooKeeper、Kafka、Registry Schema 和 REST Proxy：

```
[root@node1 confluent-4.1.1]# bin/confluent start kafka-rest
Starting zookeeper
zookeeper is [UP]
Starting kafka
```

```
kafka is [UP]
Starting schema-registry
schema-registry is [UP]
Starting kafka-rest
kafka-rest is [UP]
```

如果已经安装并启动了自定义的 Kafka 及对应的 ZooKeeper 服务，那么可以修改配置文件 etc/kafka-rest/kafka-rest.properties 来指向自定义的 Kafka 和 ZooKeeper 服务：

```
zookeeper.connect=localhost:2181/kafka
bootstrap.servers=PLAINTEXT://localhost:9092
```

如果不需要 Registry Schema 提供的功能，那么可以不用开启 Registry Schema 服务。可以直接开启 Kafka REST Proxy 服务：

```
[root@node1 confluent-4.1.1]# bin/kafka-rest-start
    etc/kafka-rest/kafka-rest.properties
[2018-05-30 17:00:32,704] INFO KafkaRestConfig values:
metric.reporters = []
client.security.protocol = PLAINTEXT
bootstrap.servers = PLAINTEXT://localhost:9092
response.mediatype.default = application/vnd.kafka.v1+json
authentication.realm =
ssl.keystore.type = JKS
metrics.jmx.prefix = kafka.rest
ssl.truststore.password = [hidden]
……（省略若干）
```

默认情况下 Kafka REST Proxy 监听 HTTP 请求的端口号为 8082。

与开启对应的关闭命令为：bin/kafka-rest-stop。

如果需要构建并部署一个自定义版本的Kafka REST Proxy[1]，则需要依赖于common、rest-utils和schema-registry，对应的项目源码地址如下。

- common（https://github.com/confluentinc/common）；
- rest-utils（https://github.com/confluentinc/rest-utils）；
- schema-registry（https://github.com/confluentinc/schema-registry）。

---

[1] REST Proxy 的源码地址为：https://github.com/confluentinc/kafka-rest。

11.7.2　REST API 介绍及示例

Kafka REST Proxy 在处理 HTTP 请求（Request）和响应（Response）时会指定特定的内容格式，这个内容格式包含 3 个部分：序列化格式（比如 json）、API 版本号（比如 v2）和内嵌的编码格式（比如 json、binary 和 avro）。就目前而言，序列化格式只支持 json，而 API 版本号有 v1 或 v2 两种。

内嵌的编码格式是指生产或消费时的数据编码格式。比如 HTTP 请求的数据内容是一个 JSON 对象，在这个 JSON 对象里会包含真正的消息内容，包含消息的 key 和 value，这里的编码格式就是指 key 和 value 的编码格式。可以使用 binary 的编码格式，那么对应的内容格式为 application/vnd.kafka.binary.v2+json。也可以使用 json 的编码格式，与此对应的内容格式为 application/vnd.kafka.json.v2+json。对 avro 而言，会涉及 Schema Registry，为了专注于讲述 Kafka REST Proxy 的内容，本节会撇清对 Schema Registry 的依赖，涉及 Schema Registry 内容都会选择性地一笔带过。

内容格式的具体形式描述如下：

```
application/vnd.kafka[.embedded_format].[api_version]+[serialization_format]
```

如果请求中没有消息，那么 embedded_format 是可以省略的。比如获取某种类型的元数据信息时，可以将内容格式设置为 application/vnd.kafka.v2+json。目前默认的内容格式为 application/vnd.kafka.[embedded_format].v1+json，其中 embedded_format 的默认值为 binary。当然，内容格式还可以简化，比如可以使用 application/vnd.kafka+json 以省去 API 版本信息，这样内部会默认采用最新的稳定版。还可以直接将内容格式设置为 application/json 或 application/octet-stream，支持这两种格式主要是为了兼容性和易用性。

具体执行 HTTP 请求时，可以设置 HTTP 报头 Content-Type 来表示发送端（客户端或服务端）发送的实体数据的内容格式，比如 Content-Type:application/vnd.kafka.v2+json。如果请求有数据响应，那么还需要设置 HTTP 报头 Accept 来指定发送方（客户端）希望接收的实体数据的内容格式，比如 Accept:application/vnd.kafka. v2+json。

如果内容格式设置错误，则会出现异常，比如{"error_code":415,"message":"HTTP 415 Unsupported Media Type"}。Kafka REST Proxy 还支持内容格式的协商，在不确定内容格式的情况下可以设定多个内容格式，每个内容格式后面紧跟一个权重的数值。示例如下：

```
Accept: application/vnd.kafka.v2+json; q=0.9, application/json; q=0.5
```

目前 Kafka REST Proxy 提供的 RESTful API 接口及对应的功能如表 11-2 所示。

表 11-2　RESTful API 接口列表及对应的功能

编　号	功　　能	API Reference	类　别
1	查看集群中所有的 topic	GET /topics	Topics
2	查看指定 topic 的元数据信息	GET /topics/(*string: topic_name*)	Topics
3	发送消息	POST /topics/(*string: topic_name*)	Topics
4	获取分区信息	GET /topics/(*string: topic_name*)/partitions	Partitions
5	获取指定分区的信息	GET /topics/(string: *topic_name*)/partitions/(int: *partition_id*)	Partitions
6	往指定的一个分区中发送消息	POST /topics/(string: *topic_name*)/partitions/(int: *partition_id*)	Partitions
7	创建一个消费者实例	POST /consumers/(string: *group_name*)	Consumers
8	订阅 Topic	POST /consumers/(string: *group_name*)/instances/ (string: *instance*)/subscription	Consumers
9	获取订阅信息	GET /consumers/(string: *group_name*)/instances/ (string: *instance*)/subscription	Consumers
10	取消订阅	DELETE /consumers/(string: *group_name*)/instances/ (string: *instance*)/subscription	Consumers
11	手动指定分配方案	POST /consumers/(string: *group_name*)/instances/(string: *instance*)/assignments	Consumers
12	查看分配方案	GET /consumers/(string: *group_name*)/instances/ (string: *instance*)/assignments	Consumers
13	重置拉取消息的位移	POST /consumers/(string: *group_name*)/instances/ (string: *instance*)/positions	Consumers
14	重置指定分区的消费位移为分区起始偏移量	POST /consumers/(string: *group_name*)/instances/ (string: *instance*)/positions/beginning	Consumers
15	重置指定分区的消费位移为分区末尾偏移量	POST /consumers/(string: *group_name*)/instances/ (string: *instance*)/positions/end	Consumers
16	获取订阅的消息（消费消息）	GET /consumers/(string:*group_name*)/instances/ (string:*instance*)/records	Consumers
17	提交消费位移	POST /consumers/(string: *group_name*)/instances/(string: *instance*)/offsets	Consumers
18	查看上次提交的消费位移	GET /consumers/(string: *group_name*)/instances/ (string: *instance*)/offsets	Consumers

编 号	功 能	API Reference	类 别
19	删除一个消费者实例	DELETE /consumers/(string: *group_name*)/instances/(string: *instance*)	Consumers
20	查看 broker 的列表	GET /brokers	Brokers

　　RESTful API 从功能角度来划分可以分为 Topics、Partitions、Consumers 和 Brokers 这 4 大类，从 RESTful API 版本角度来划分，又可以分为 v1 和 v2 两个版本。篇幅限制，这里只针对最新的 v2 版本来进行说明，v1 版本的内容基本上是 v2 版本的一个子集。下面通过几个示例来看一下 API 的用法。

示例一、查看指定 Topic 的元数据信息

　　API 接口：GET /topics/(string: topic_name)。其中参数 topic_name 是主题的名称。响应中的 JSON 对象包括 name 字段、configs 字段和 partitions 字段，分表代表主题的名称、主题的配置和各个分区的信息。其中 configs 字段还可以细分，具体可以参考 4.1.6 节。partitions 字段也可以细分一下：内部的 partition 字段表示具体的分区编号，leader 字段表示此分区的 leader 副本所在的 broker 的编号，replicas 字段表示分区的副本详情。replicas 字段还可以细分一下：内部的 broker 字段表示副本所在的 broker 的编号，leader 字段表示当前副本是否是 leader，in_sync 字段表示副本是否属于 ISR 列表。

　　示例：

```
[root@node1 ~]# curl -H "Accept:application/vnd.kafka.v2+json"
    http://localhost:8082/topics/topic-rest-v2
{
    "name": "topic-rest-v2",
```

"configs":{"file.delete.delay.ms":"60000","segment.ms":"604800000","min.compaction.lag.ms":"0","retention.bytes":"-1","segment.index.bytes":"10485760","cleanup.policy":"delete","follower.replication.throttled.replicas":"","message.timestamp.difference.max.ms":"9223372036854775807","segment.jitter.ms":"0","preallocate":"false","segment.bytes":"1073741824","message.timestamp.type":"CreateTime","message.format.version":"1.0-IV0","max.message.bytes":"1000012","unclean.leader.election.enable":"false","retention.ms":"604800000","flush.ms":"9223372036854775807","delete.retention.ms":"86400000","leader.replication.throttled.replicas":"","min.insync.replicas":"1","flush.messages":"9223372036854775807","compression.type":"producer","min.cleanable.dirty.ratio":"0.5","index.interval.bytes":"4096"},

```
    "partitions": [
```

```
{{"partition":0,"leader":0,"replicas":
    [{"broker":0,"leader":true,"in_sync":true}]},
 {"partition":1,"leader":1,"replicas":
    [{"broker":1,"leader":true,"in_sync":true}]},
 {"partition":2,"leader":2,"replicas":
    [{"broker":2,"leader":true,"in_sync":true}]}]
}
```

上面信息的正确性需要依赖于所查看的主题的状态，如果主题不处于正常状态，比如有部分分区下线时，那么通过 Kafka REST Proxy 查看此主题元数据信息时会返回异常信息。同样以"topic-rest-v2"为例，其中编号为 0 的分区处于下线状态：

```
[root@node1 kafka_2.12-1.0.0]# bin/kafka-topics.sh --describe --zookeeper
localhost:2181/kafka --topic topic-rest-v2

Topic:topic-rest-v2  PartitionCount:3 ReplicationFactor:1 Configs:
    Topic: topic-rest-v2 Partition: 0 Leader: -1  Replicas: 0 Isr: 0
    Topic: topic-rest-v2 Partition: 1 Leader: 1   Replicas: 1 Isr: 1
    Topic: topic-rest-v2 Partition: 2 Leader: 2   Replicas: 2 Isr: 2
```

通过 Kafka REST Proxy 查看 topic-rest-v2 的元数据信息时返回：

```
{"error_code":500,"message":"Internal Server Error"}
```

查看对应的 Kafka REST Proxy 服务日志，发现有 NullPointerException 的异常：

```
[2018-09-31 14:43:13,279] ERROR Unhandled exception resulting in internal server
error response (io.confluent.rest.exceptions.GenericExceptionMapper:38)
java.lang.NullPointerException
    at io.confluent.kafkarest.AdminClientWrapper
.buildPartitonsData(AdminClientWrapper.java:155)
    at io.confluent.kafkarest.AdminClientWrapper
.buildTopic(AdminClientWrapper.java:124)
    at io.confluent.kafkarest.AdminClientWrapper
.getTopic(AdminClientWrapper.java:97)
    at io.confluent.kafkarest.resources.TopicsResource
.getTopic(TopicsResource.java:78)
    at sun.reflect.NativeMethodAccessorImpl.invoke0(Native Method)
    ....（省略若干信息）
```

示例二、发送消息

API 接口：POST /topics/(string: topic_name)。其中参数 topic_name 是指主题的名称。示例如下：

```
[root@node1 ~]# curl -X POST -H "Content-Type:application/vnd.kafka.v2+json"
    -H "Accept:application/vnd.kafka.v2+json" -d
    '{"records":[{"key":"key1","value":"value1"},
    {"key":"key2","value":"value2"},{"key":"key3","value":"value3"}]}'
    http://localhost:8082/topics/topic-rest-v2

{"offsets":[
    {"partition":2,"offset":1,"error_code":null,"error":null},
    {"partition":0,"offset":0,"error_code":null,"error":null},
    {"partition":2,"offset":2,"error_code":null,"error":null}],
    "key_schema_id":null,"value_schema_id":null}
```

请求的数据体（JSON）内的第一层结构总共可以包含 key_schema、key_schema_id、value_schema、value_schema_id 和 records 这几个字段。示例中只使用了 records 字段，因为其余字段都是需要配合 Schema Registry 使用的，如果不使用 Schema Registry，则可以省去。records 字段还可以细分一层，内部包含三个字段：key、value 和 partition，如果没有指定 partition，那么会根据 key 的 hash 值来选择合适的分区发送消息，如果也没有指定 key，那么就会以轮询的形式选择合适的分区发送消息。

响应的 JSON 对象中的 offsets 字段里内嵌的 4 个字段 partition、offset、error_code 和 error 分别表示发送消息的分区、偏移量、错误码和具体的错误信息。注意示例中还有两个字段 key_schema_id 和 value_schema_id，与 Schema Registry 相关，可以忽略。

异常情况下，如果同样有一个编号为 0 的分区处于下线状态，那么此时发送消息会报出异常信息，详情如下：

```
[root@node1 ~]# curl -X POST -H "Content-Type:application/vnd.kafka.v2+json"
    -H "Accept:application/vnd.kafka.v2+json" -d
    '{"records":[{"key":"key1","value":"value1"},
    {"key":"key2","value":"value2"},{"key":"key3","value":"value3"}]}'
    http://localhost:8082/topics/topic-rest-v2

{"offsets":[
{"partition":2,"offset":3,"error_code":null,"error":null},
```

```
{"partition":null,"offset":null,"error_code":50003,
    "error":"Expiring 1 record(s) for topic-rest-v2-0: 30025 ms has passed since
batch creation plus linger time"},
{"partition":2,"offset":4,"error_code":null,"error":null}],
"key_schema_id":null,"value_schema_id":null}
```

消息发送的流程如图 11-15 所示，Kafka REST Proxy 在监听用户的数据写入请求时会先将消息缓存到一块缓冲区中。生产者实例如本章开头所述是被池化的，Kafka REST Proxy 中会有专门的线程读取缓冲区的消息，之后再转交给池中的生产者实例来负责最终的数据发送。

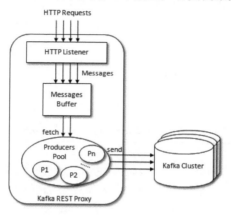

图 11-15　消息发送的流程

示例三、消费消息

消费消息的流程相比发送消息流程要复杂得多，如图 11-16 所示，具体描述如下：

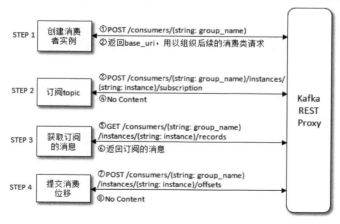

图 11-16　消息消费流程

（1）创建一个消费者实例。在请求体中要指定消费者实例的某些参数，请求成功之后，Kafka REST Proxy 会返回一个 base_uri，用来组织后续的消费类请求。

（2）订阅主题。可以订阅一个或多个主题，也可以根据 Pattern 来定义主题的规则。相当于 consumer.subscribe()方法。

（3）消费消息。

（4）提交消费位移。

如果要反复消费消息，则可以循环执行第 3 和第 4 步操作。在创建消费者实例的时候可以设定自动提交消费位移。如果一定时间内（默认为 5min，可以调节）消费者实例空闲，则会被销毁以节省资源，下一次消费之前需要重新执行第 1 至第 4 步的全部操作。

11.7.3　服务端配置及部署

Kafka Rest Proxy服务端主要[1]的配置如表 11-3 所示。

表 11-3　Kafka Rest Proxy 服务端主要的配置

配　　置	说　　明	类　　型	默　认　值
id	用来指定 Kafka REST Proxy 实例的唯一编号。当用户在创建消费者实例的时候并没有指定实例名称（instance_id 字段）时，会根据这个 id 来自动生成一个消费者实例名称	string	""
bootstrap.servers	配置需要连接的 Kafka 集群地址	string	PLAINTEXT:// localhost:9092
schema.registry.url	用来配置 Schema Registry 服务的地址。如果没有 Schema Registry 的功能，比如它的 Avro 序列化，则可以忽略这一项	string	http://localhost:8081
zookeeper.connect	指定 ZooKeeper 连接的地址	string	localhost:2181

---

[1]　更多信息请查阅：https://docs.confluent.io/current/kafka-rest/docs/config.html。

配　置	说　明	类　型	默　认　值
consumer.request.max.bytes	一个简单的消费流程是：用户发送一个消费请求，Kafka REST Proxy 经过处理后返回一定量的消息给用户。这个参数就是用来配置"一定量的消息"的大小，包含 keys 和 values，并且也是编码前的大小。Kafka REST Proxy 发送响应给应用方时还要将消息采用 Base64 编码，以及采用 JSON 对整体响应进行序列化。注意在消费消息时还有一个 max_bytes 参数与此对应，最终生效值为两个参数中的最小值	long	67108864
consumer.request.timeout.ms	用户发送消费请求后，如果返回的数据量大小没有达到配置的值时所需要等待的时间，为了避免频繁的 HTTP 拉取请求，尽可能地让用户的请求"满载而归"而设置的一个可调节的参数	int	1000
consumer.threads	负责消费者请求的线程数	int	1
host.narhe	在请求创建消费者实例之后会返回一个 base_url 来组织后续的消费类请求操作，这个 host.name 就是用来配置 base_url 中的主机名，如果没有配置则使用默认的标准的主机名	string	url
consumer.instance.timeout.ms	当消费者实例闲置一段时间后会被自动消费，这个参数就用来配置这个闲置的时间	int	300,000
debug	返回的数据中是否包含额外的调试信息	boolean	false
port	Kafka REST Proxy 负责监听用户请求的端口号	int	8082
producer.interceptor.classes	配置生产者拦截器	string	""
consumer.interceptor.classes	配置消费者拦截器	string	""
producer.threads	负责生产者请求的线程数	int	5
metric.reporters	Kafka REST Proxy 提供了 JmxReporter 来上报 metrics 指标信息，如果要使用其他自定义的 Reporter，则可以实现 MetricReporter 接口，并通过这个参数配置	list	[]

除了表 11-3 中这类的 Kafka REST Proxy 服务端配置,用户还可以在 HTTP 请求体内添加一些客户端的配置来重载 Kafka REST Proxy 内部的默认配置。需要注意的是,Kafka REST Proxy 内部使用的是新版的生产者客户端和新旧两版的消费者客户端。

前面的内容可以让你很快上手并理解 Kafka REST Proxy 的使用方法,但是要将其运用于生产环境时还需要考虑一些其他方面的因素,比如内存、CPU、磁盘、网络、JVM 参数等。下面分别对这几个方面进行探讨。

1. 内存

Kafka REST Proxy 的内存占用大小与创建的消费者实例数量有直接关系,消费者具有状态的这个特性让其需要维护在 Kafka REST Proxy 中。消费者实例会缓存消息,主要体现在以下两个方面:

(1)用户请求创建的每个消费者实例在 Kafka REST Proxy 服务内部都有对应的消费者实例对象,这个关系是一对一的,消费者实例本身会耗费 `fetch.message.max.bytes` × `queued.max.message.chunks` 的内存大小,默认为 2MB。

(2)对于用户发送的每一个消费请求,在返回响应前会尽可能地缓存足够的消息来减少 HTTP 的请求次数,这个缓存的大小由前面提及的 `consumer.request.max.bytes` 配置,默认值为 64MB。

实际情况下,每个消费者实例所耗费的内存大小更加接近于第一种。因为大多数情况下,要么有足够多的消息可以用来消费,`consumer.request.max.bytes` 大小的数据很快会被返回给用户而不需要缓存起来,要么只有很少的数据,以至于这些数据的内存占用可以忽略。

生产者是不需要维护状态的,Kafka REST Proxy 对生产者实例对象做了池化处理。用户发送的消息会先被缓存起来,然后被内部的生产者实例对象发送到 Kafka 集群中。对每一种数据格式而言,都会有对应的一个生产者实例对象池。每一个对象池共享默认大小为 32MB 的缓存空间。

如果只是执行一些管理类操作或发送一些消息,那么 Kafka REST Proxy 并不需要占用很多的内存空间,将堆大小设置为 1GB 就足以应对。如果还需要使用 Kafka REST Proxy 来消费消息,并且还会存在大量的消费者,那么就需要做一个合理的规划。一般情况下,用户可以预设一个消费者实例数的上限,然后按照每个消费者实例数占用 16MB 的空间来预估整个内存空间占用。

2. CPU

Kafka REST Proxy 对于 CPU 的使用也和普通的客户端一样,主要的计算量在于对消息的压缩和序列化。Kafka REST Proxy 可以并发地处理多个 HTTP 请求,并且这样可以有效地利用 CPU

多核的特性。官方推荐使用至少 16 核的 CPU 来提高并行处理 HTTP 请求的能力，并且也能有效地支撑内部生产与消费操作的线程。然而这个数值并不是绝对的，还需要根据实际的使用情况来做选择，如果 Kafka REST Proxy 的吞吐量很小，那么可以适当减小 CPU 的核数。注意这里还需要考虑的一个因素是每个消费者实例都需要对应一个线程，如果需要支持大量的消费者实例，那么适当增加 CPU 的核数可以提高整体的并行能力。

3. 磁盘

Kafka REST Proxy 最多只是用来落盘一些 Log4j 的日志。

4. 网络

不同于磁盘，一个高效且稳定的网络对 Kafka REST Proxy 而言显得尤为重要，所以最好将 Kafka REST Proxy 部署于 Kafka 集群和 ZooKeeper 集群的同一个数据中心，这样可以降低访问的延时。

5. JVM 参数

推荐使用 JDK 1.8 及以上的版本，以及使用 G1 作为垃圾回收器。官网推荐的配置为：

```
-Xms1g -Xmx1g -XX:MetaspaceSize=96m -XX:+UseG1GC -XX:MaxGCPauseMillis=20 \
    -XX:InitiatingHeapOccupancyPercent=35 -XX:G1HeapRegionSize=16M \
    -XX:MinMetaspaceFreeRatio=50 -XX:MaxMetaspaceFreeRatio=80
```

如果设置的堆大小超过 8GB，则建议部署多个 Kafka REST Proxy 服务实例来降低 GC 对性能造成的影响。

Kafka REST Proxy 不需要持久化任何状态，多个 Kafka REST Proxy 实例之间也没有任何关联性，这样可以方便地实现水平伸缩部署。唯一需要注意的是，记得修改配置文件 kafka-rest.properties 中的 id 参数的值，以保证其唯一性。如果对应一个 Kafka 集群部署了多个 Kafka REST Proxy 实例，那么还需要考虑负载均衡策略。尤其需要注意的是，在执行消费类的请求时需要指定特定的 URI。试想一下，如果部署了两个 Kafka REST Proxy 实例 A 和 B，第一次创建消费者实例的请求落到 A 上，而第二次消费消息的请求落到了 B 上，那么必然不可能成功完成消费请求，同样适用于提交消费位移及删除消费者实例的情况。

11.7.4　应用思考

Kafka REST Proxy 是一款相对比较完善的为 Kafka 服务提供 RESTful API 接口的产品，读者完全可以将其投入生产环境中使用，不过如果要寻求对其"精致"的操控，那么还需要从以下方面进行更深层次的考量。

从编码的角度考虑，Kafka REST Proxy 内部会将消息的 `key` 和 `value` 采用 Base64 等进行编码，如果生产者和消费者两侧都采用 Kafka REST Proxy，那么不需要再多做处理，如果只有一侧采用，那么另一侧必须要使用相应的编码，否则会出现消息无法解析的情况。

从编程的角度考虑，如果要深度改造 Kafka REST Proxy 以融入公司整体生态环境，那么还要熟悉 Confluent 公司的另外 3 个开源工程：common、rest-utils 和 schema-registry，是否有足够的精力掌控这些，还需要读者审慎考虑。

从部署的角度考虑，需要考虑内存、CPU、网络等方面的因素。同时，Kafka REST Proxy 服务也依赖于 Schema Registry 服务所提供的功能，不过彼此不是强依赖的关系，可以不需要 Schema Registry 就可以单独运行 Kafka REST Proxy。

从集群的角度考虑，如果对应一个 Kafka 集群部署了多个 Kafka REST Proxy 实例，那么还需要考虑负载均衡策略，尤其需要注意的是，在执行消费类的请求时需要指定特定的 URI。

从监控的角度考虑，Kafka REST Proxy 为用户提供很多指标信息来监测服务的整体运行情况，如果要将这些指标信息融入 Kafka 集群相关的监控系统中，那么也需要一定的开发量。

从 API 使用的角度考虑，Restful API 的使用不算特别简单，尤其对消费而言，我们需要对 API 和 Kafka 相关的基本概念有清晰的认知。

11.8　消息中间件选型

消息中间件的选型是很多个人乃至公司都会面临的一个问题。[1] 目前开源的消息中间件有很多，比如 ActiveMQ、RabbitMQ、Kafka、RocketMQ、ZeroMQ 等。不管选择其中的哪一款，都会有用得不顺手的地方，毕竟不是为你量身定制的。有些"大厂"在长期的使用过程中积累了一定的经验，消息队列的使用场景也相对稳定固化，由于某种原因（比如目前市面上的消息中间件无法全部满足自身需求），并且它也具备足够的财力和人力而选择自研一款量身打造的消息中间件。但绝大多数公司还是选择不重复造轮子，那么选择一款合适的消息中间件就显得尤为重要了。就算是前者，在自研出稳定且可靠的相关产品之前还是会经历这样一个选型过程。

在整体架构中引入消息中间件，势必要考虑很多因素，比如成本及收益问题，怎么样才能达到最优的性价比？虽然消息中间件种类繁多，但各自都有侧重点，合适自己、扬长避短无疑是最好的方式。如果你对此感到从无所适从，本节的内容或许可以参考一二。

---

[1]　本节的内容修改自笔者在 InfoQ 上发表的一篇文章《消息中间件选型分析：从 Kafka 与 RabbitMQ 的对比看全局》，原文地址为：http://www.infoq.com/cn/articles/kafka-vs-rabbitmq。

11.8.1　各类消息中间件简述

ActiveMQ 是 Apache 出品的、采用 Java 语言编写的、完全基于 JMS1.1 规范的、面向消息的中间件，为应用程序提供高效的、可扩展的、稳定和安全的企业级消息通信。不过由于历史包袱太重，目前市场份额没有后面三种消息中间件多，其最新架构被命名为 Apollo，号称下一代 ActiveMQ，有兴趣的读者可行自行了解。

RabbitMQ 是采用 Erlang 语言实现的 AMQP 协议的消息中间件，最初起源于金融系统，用于在分布式系统中存储和转发消息。RabbitMQ 发展到今天，被越来越多的人认可，这和它在可靠性、可用性、扩展性、功能丰富等方面的卓越表现是分不开的。

RocketMQ 是阿里开源的消息中间件，目前已经捐献给 Apache 基金会，它是由 Java 语言开发的，具备高吞吐量、高可用性、适合大规模分布式系统应用等特点，经历过"双 11"的洗礼，实力不容小觑。

ZeroMQ 号称史上最快的消息队列，基于 C/C++开发。ZeroMQ 是一个消息处理队列库，可在多线程、多内核和主机之间弹性伸缩，虽然大多数时候我们习惯将其归入消息队列家族，但是和前面的几款有着本质的区别，ZeroMQ 本身就不是一个消息队列服务器，更像是一组底层网络通信库，对原有的 Socket API 上加上一层封装而已。

目前市面上的消息中间件还有很多，比如腾讯系的 PhxQueue、CMQ、CKafka，又比如基于 Go 语言的 NSQ，有时人们也把类似 Redis 的产品看作消息中间件的一种，当然它们都很优秀，但是篇幅限制无法穷极所有，下面会有针对性地挑选 RabbitMQ 和 Kafka 两款典型的消息中间件来进行分析，力求站在一个公平、公正的立场来阐述消息中间件选型中的各个要点。对于 RabbitMQ 感兴趣的读者可以参阅笔者的另一本著作《RabbitMQ 实战指南》，里面对 RabbitMQ 做了大量的详细介绍。

11.8.2　选型要点概述

1. 功能维度

衡量一款消息中间件是否符合需求，需要从多个维度进行考察，首要的就是功能维度，这个直接决定了能否最大程度地实现开箱即用，进而缩短项目周期、降低成本等。如果一款消息中间件的功能达不到需求，那么就需要进行二次开发，这样会增加项目的技术难度、复杂度，以及延长项目周期等。

功能维度又可以划分多个子维度，大致可以分为以下几个方面。

优先级队列：优先级队列不同于先进先出队列，优先级高的消息具备优先被消费的特权，这样可以为下游提供不同消息级别的保证。不过这个优先级也需要有一个前提：如果消费者的消费速度大于生产者的速度，并且 broker 中没有消息堆积，那么对发送的消息设置优先级也就没有什么实质性的意义了，因为生产者刚发送完一条消息就被消费者消费了，就相当于 broker 中至多只有一条消息，对于单条消息来说优先级是没有什么意义的。

延时队列：参考 11.2 节。

重试队列：参考 11.3 节。

死信队列：参考 11.3 节。

消费模式：消费模式分为推（push）模式和拉（pull）模式。推模式是指由 broker 主动推送消息至消费端，实时性较好，不过需要一定的流控机制来确保 broker 推送过来的消息不会压垮消费端。而拉模式是指消费端主动向 broker 请求拉取（一般是定时或定量）消息，实时性较推模式差，但可以根据自身的处理能力控制拉取的消息量。

广播消费：消息一般有两种传递模式：点对点（P2P，Point-to-Point）模式和发布/订阅（Pub/Sub）模式。对点对点的模式而言，消息被消费以后，队列中不会再存储消息，所以消息消费者不可能消费已经被消费的消息。虽然队列可以支持多个消费者，但是一条消息只会被一个消费者消费。发布/订阅模式定义了如何向一个内容节点发布和订阅消息，这个内容节点称为主题，主题可以认为是消息传递的中介，消息发布者将消息发布到某个主题，而消息订阅者从主题中订阅消息。主题使得消息的订阅者与消息的发布者互相保持独立，不需要进行接触即可保证消息的传递，发布/订阅模式在消息的一对多广播时采用。RabbitMQ 是一种典型的点对点模式，而 Kafka 是一种典型的发布/订阅模式。但是在 RabbitMQ 中可以通过设置交换器类型来实现发布/订阅模式，从而实现广播消费的效果。Kafka 中也能以点对点的形式消费，完全可以把其消费组（consumer group）的概念看作队列的概念。不过对比来说，Kafka 中因为有了消息回溯功能，对广播消费的力度支持比 RabbitMQ 要强。

回溯消费：一般消息在消费完成之后就被处理了，之后再也不能消费该条消息。消息回溯正好相反，是指消息在消费完成之后，还能消费之前被消费的消息。对消息而言，经常面临的问题是"消息丢失"，至于是真正由于消息中间件的缺陷丢失，还是由于使用方的误用而丢失，一般很难追查。如果消息中间件本身具备消息回溯功能，则可以通过回溯消费复现"丢失的"消息，进而查出问题的源头。消息回溯的作用远不止于此，比如还有索引恢复、本地缓存重建，有些业务补偿方案也可以采用回溯的方式来实现。

消息堆积+持久化：流量削峰是消息中间件中的一个非常重要的功能，而这个功能其实得益于其消息堆积能力。从某种意义上来讲，如果一个消息中间件不具备消息堆积的能力，那么就不能把它看作一个合格的消息中间件。消息堆积分内存式堆积和磁盘式堆积。RabbitMQ 是典型的内存式堆积，但这并非绝对，在某些条件触发后会有换页动作来将内存中的消息换页到磁盘

（换页动作会影响吞吐），或者直接使用惰性队列来将消息直接持久化至磁盘中。Kafka 是一种典型的磁盘式堆积，所有的消息都存储在磁盘中。一般来说，磁盘的容量会比内存的容量要大得多，磁盘式的堆积其堆积能力就是整个磁盘的大小。从另外一个角度讲，消息堆积也为消息中间件提供了冗余存储的功能。

消息轨迹：参考 11.5 节。

消息审计：参考 11.6 节。

消息过滤：消息过滤是指按照既定的过滤规则为下游用户提供指定类别的消息。以 Kafka 为例，完全可以将不同类别的消息发送至不同的主题中，由此可以实现某种意义的消息过滤，还可以根据分区对同一个主题中的消息进行二次分类。不过更加严格意义上的消息过滤应该是对既定的消息采取一定的方式，按照一定的过滤规则进行过滤。同样以 Kafka 为例，可以通过客户端提供的 ConsumerInterceptor 接口或 KafkaStreams 的 filter 功能进行消息过滤。

多租户：也可以称为多重租赁技术，是一种软件架构技术，主要用来实现多用户的环境下公用相同的系统或程序组件，并且仍可以确保各用户间数据的隔离性。RabbitMQ 就能够支持多租户技术，每一个租户表示为一个 vhost，其本质上是一个独立的小型 RabbitMQ 服务器，又有自己独立的队列、交换器及绑定关系等，并且它拥有自己独立的权限。vhost 就像是物理机中的虚拟机一样，它们在各个实例间提供逻辑上的分离，为不同程序安全、保密地运送数据，它既能将同一个 RabbitMQ 中的众多客户区分开，又可以避免队列和交换器等命名冲突。

多协议支持：消息是信息的载体，为了让生产者和消费者都能理解所承载的信息（生产者需要知道如何构造消息，消费者需要知道如何解析消息），它们就需要按照一种统一的格式来描述消息，这种统一的格式称为消息协议。有效的消息一定具有某种格式，而没有格式的消息是没有意义的。一般消息层面的协议有 AMQP、MQTT、STOMP、XMPP 等（消息领域中的 JMS 更多的是一个规范而不是一个协议），支持的协议越多，其应用范围就会越广，通用性越强，比如 RabbitMQ 能够支持 MQTT 协议就让其在物联网应用中获得一席之地。还有的消息中间件是基于本身的私有协议运转的，典型的如 Kafka。

跨语言支持：对很多公司而言，其技术栈体系中会有多种编程语言，如 C/C++、Java、Go、PHP 等，消息中间件本身具备应用解耦的特性，如果能够进一步支持多客户端语言，那么就可以将此特性的效能扩大。跨语言的支持力度也可以从侧面反映出一个消息中间件的流行程度。

流量控制：流量控制（flow control）针对的是发送方和接收方速度不匹配的问题，提供一种速度匹配服务来抑制发送速度，使接收方应用程序的读取速度与之相适应。通常的流控方法有 stop-and-wait、滑动窗口和令牌桶等。

消息顺序性：顾名思义，消息顺序性是指保证消息有序。这个功能有一个很常见的应用场景就是 CDC（Change Data Chapture），以 MySQL 为例，如果其传输的 binlog 的顺序出错，比如原本是先对一条数据加 1，然后乘以 2，发送错序之后就变成了先乘以 2 后加 1 了，造成了数据不一致。

安全机制： 在 Kafka 0.9 之后就增加了身份认证和权限控制两种安全机制。身份认证是指客户端与服务端连接进行身份认证，包括客户端与 broker 之间、broker 与 broker 之间、broker 与 ZooKeeper 之间的连接认证，目前支持 SSL、SASL 等认证机制。权限控制是指对客户端的读写操作进行权限控制，包括对消息或 Kafka 集群操作权限控制。权限控制是可插拔的，并支持与外部的授权服务进行集成。RabbitMQ 同样提供身份认证（TLS/SSL、SASL）和权限控制（读写操作）的安全机制。

消息幂等性： 为了确保消息在生产者和消费者之间进行传输，一般有三种传输保障（delivery guarantee）：At most once，至多一次，消息可能丢失，但绝不会重复传输；At least once，至少一次，消息绝不会丢，但可能会重复；Exactly once，精确一次，每条消息肯定会被传输一次且仅一次。大多数消息中间件一般只提供 At most once 和 At least once 两种传输保障，第三种一般很难做到，因此消息幂等性也很难保证。Kafka 自 0.11 版本开始引入了幂等性和事务，Kafka 的幂等性是指单个生产者对于单分区单会话的幂等，而事务可以保证原子性地写入多个分区，即写入多个分区的消息要么全部成功，要么全部回滚，这两个功能加起来可以让 Kafka 具备 EOS（Exactly Once Semantic）的能力。不过如果要考虑全局的幂等，那么还需要从上下游各方面综合考虑，即关联业务层面，幂等处理本身也是业务层面需要考虑的重要议题。以下游消费者层面为例，有可能消费者消费完一条消息之后没有来得及确认消息就发生异常，等到恢复之后又得重新消费原来消费过的那条消息，那么这种类型的消息幂等是无法由消息中间件层面来保证的。如果要保证全局的幂等，那么需要引入更多的外部资源来保证，比如以订单号作为唯一性标识，并且在下游设置一个去重表。

事务性消息： 事务本身是一个并不陌生的词汇，事务是由事务开始（Begin Transaction）和事务结束（End Transaction）之间执行的全体操作组成的。支持事务的消息中间件并不在少数，Kafka 和 RabbitMQ 都支持，不过此两者的事务是指生产者发送消息的事务，要么发送成功，要么发送失败。消息中间件可以作为用来实现分布式事务的一种手段，但其本身并不提供全局分布式事务的功能。

下面是对 Kafka 与 RabbitMQ 功能的总结性对比及补充说明，如表 11-4 所示。

表 11-4 Kafka 与 RabbitMQ 功能对比

功 能 项	Kafka（2.0.0 版本）	RabbitMQ（3.6.10 版本）
优先级队列	不支持。不过可以改造支持，难度不大	支持。建议优先级大小设置在 0～10 之间
延时队列	不支持。不过可以改造支持，详细内容参考 11.2 节	支持

续表

功　能　项	Kafka（2.0.0 版本）	RabbitMQ（3.6.10 版本）
死信队列	不支持。不过可以改造支持，详细内容参考 11.3 节	支持
重试队列	不支持。不过可以改造支持，详细内容参考 11.3 节	不支持。RabbitMQ 中可以参考延时队列实现一个重试队列，二次封装比较简单。如果要在 Kafka 中实现重试队列，则得先实现延时队列的功能，相对比较复杂
消费模式	拉模式	推模式+拉模式
广播消费	支持。Kafka 对于广播消费的支持相对而言更加正统	支持，但力度较 Kafka 弱
回溯消费	支持。Kafka 支持按照 offset 和 timestamp 两种维度进行回溯消费	不支持。RabbitMQ 中消息一旦被确认消费就会被标记删除
消息堆积	支持	支持。一般情况下，内存堆积达到特定阈值时会影响其性能，但这不是绝对的。如果考虑到吞吐量这个因素，Kafka 的堆积效率比 RabbitMQ 总体上要高得多
持久化	支持	支持
消息轨迹	不支持，可以改造支持，详细参考 11.5 章节	支持。RabbitMQ 中可以采用 Firehose 或 rabbitmq_tracing 插件实现。不过开启 rabbitmq_tracing 插件件会大幅影响性能，不建议在生产环境中开启，反倒是可以使用 Firehose 与外部链路系统结合以提供高细腻度的消息轨迹支持
消息审计	不支持	不支持
消息过滤	客户端级别的支持	不支持。不过可以改造支持，难度不大
多租户	支持	支持
多协议支持	只支持自定义协议	RabbitMQ 本身就是 AMQP 协议的实现，同时支持 MQTT、STOMP 等协议
跨语言支持	采用 Scala 和 Java 编写，支持多种语言的客户端	采用 Erlang 编写，支持多种语言的客户端
流量控制	支持	RabbitMQ 的流控基于 Credit-Based 算法，是内部被动触发的保护机制，作用于生产者层面
消息顺序性	支持单分区级别的顺序性	顺序性的条件比较苛刻，需要单线程发送、单线程消费，并且不采用延迟队列、优先级队列等一些高级功能，从某种意义上来说不算支持顺序性

功 能 项	Kafka（2.0.0 版本）	RabbitMQ（3.6.10 版本）
安全机制	支持	支持
幂等性	支持单个生产者单分区单会话的幂等性	不支持
事务性消息	支持	支持

2. 性能维度

功能维度是消息中间件选型中的一个重要的参考维度，但这并不是唯一的维度。有时候性能比功能还重要，况且性能和功能很多时候是相悖的，"鱼和熊掌不可兼得"。Kafka 在开启幂等、事务功能的时候会使其性能降低，RabbitMQ 在开启 rabbitmq_tracing 插件的时候也会极大地影响其性能。消息中间件的性能一般是指其吞吐量，虽然从功能维度上来说，RabbitMQ 的优势要大于 Kafka，但是 Kafka 的吞吐量要比 RabbitMQ 高出 1 至 2 个数量级，一般 RabbitMQ 的单机 QPS 在万级别之内，而 Kafka 的单机 QPS 可以维持在十万级别，甚至可以达到百万级。

消息中间件的吞吐量始终会受到硬件层面的限制。就以网卡带宽为例，如果单机单网卡的带宽为 1Gbps，如果要达到百万级的吞吐，那么消息体大小不得超过（1GB/8）/1000000，约等于 134B。换句话说，如果消息体大小超过 134B，那么就不可能达到百万级别的吞吐。这种计算方式同样适用于内存和磁盘。

时延作为性能维度的一个重要指标，却往往在消息中间件领域被忽视，因为一般使用消息中间件的场景对时效性的要求并不是很高，如果要求时效性完全可以采用 RPC 的方式实现。消息中间件具备消息堆积的能力，消息堆积越大也就意味着端到端的时延就越长，与此同时延时队列也是某些消息中间件的一大特色。那么为什么还要关注消息中间件的时延问题呢？消息中间件能够解耦系统，一个时延较低的消息中间件可以让上游生产者发送消息之后迅速返回，也可以让消费者更加快速地获取消息，在没有堆积的情况下可以让整体上下游的应用之间的级联动作更高效，虽然不建议在时效性很高的场景下使用消息中间件，但是如果使用的消息中间件在时延的性能方面比较优秀，那么对于整体系统的性能将会是一个不小的提升。

3. 可靠性和可用性

消息丢失是使用消息中间件时不得不面对的一个痛点，其背后的消息可靠性也是衡量消息中间件好坏的一个关键因素。尤其是在金融支付领域，消息可靠性尤为重要。然而说到可靠性必然要说到可用性，注意这两者之间的区别，消息中间件的可靠性是指对消息不丢失的保障程度；而消息中间件的可用性是指无故障运行的时间百分比，通常用几个 9 来衡量。

从狭义的角度来说，分布式系统架构是一致性协议理论的应用实现，对消息可靠性和可用性而言也可以追溯到消息中间件背后的一致性协议。Kafka 采用的是类似 PacificA 的一致性协议，通过 ISR（In-Sync-Replica）来保证多副本之间的同步，并且支持强一致性语义（通过 acks 实现）。对应的 RabbitMQ 是通过镜像环形队列实现多副本及强一致性语义的。多副本可以保证在 master 节点宕机异常之后可以提升 slave 作为新的 master 而继续提供服务来保障可用性。就目前而言，在金融支付领域使用 RabbitMQ 居多，而在日志处理、大数据等方面 Kafka 使用居多，随着 RabbitMQ 性能的不断提升和 Kafka 可靠性的进一步增强，相信彼此都能在以前不擅长的领域分得一杯羹。

这里还要提及的一方面是扩展能力，这里狭隘地将其归纳到可用性这一维度，消息中间件的扩展能力能够增强可用能力及范围，比如前面提到的 RabbitMQ 支持多种消息协议，这就是基于其插件化的扩展实现。从集群部署上来讲，归功于 Kafka 的水平扩展能力，基本上可以达到线性容量提升的水平，在 LinkedIn 实践介绍中就提及了部署超过千台设备的 Kafka 集群。

4. 运维管理

在消息中间件的使用过程中，难免会出现各种各样的异常情况，有客户端的，也有服务端的，那么怎样及时有效地进行监测及修复呢？业务线流量有峰值、低谷，尤其是电商领域，那么如何进行有效的容量评估，尤其是在大促期间？脚踢电源、网线被挖等事件层出不穷，如何有效地实现异地多活？这些都离不开消息中间件的衍生产品——运维管理。

运维管理也可以进一步细分，比如申请、审核、监控、告警、管理、容灾、部署等。

申请、审核很好理解，在源头对资源进行管控，既可以有效校正应用方的使用规范，配和监控也可以做好流量统计与流量评估工作，一般申请、审核与公司内部系统交融性较大，不适合使用开源类的产品。

监控、告警也比较好理解，对消息中间件的使用进行全方位的监控，既可以为系统提供基准数据，也可以在检测到异常的情况时配合告警，以便运维、开发人员迅速介入。除了一般的监控项（比如硬件、GC 等），对于消息中间件还需要关注端到端时延、消息审计、消息堆积等方面。对 RabbitMQ 而言，最正统的监控管理工具莫过于 rabbitmq_management 插件了，社区内还有 AppDynamics、Collectd、DataDog、Ganglia、Munin、Nagios、New Relic、Prometheus、Zenoss 等多种优秀的产品。Kafka 在此方面也毫不逊色，比如 Kafka Manager、Kafka Monitor、Kafka Offset Monitor、Burrow、Chaperone、Confluent Control Center 等产品，尤其是 Cruise，还可以提供自动化运维的功能。

无论扩容、降级、版本升级、集群节点部署，还是故障处理，都离不开管理工具的应用，一个配套完备的管理工具集可以在遇到变更时做到事半功倍。故障可大可小，一般是一些应用异常，也可以是机器掉电、网络异常、磁盘损坏等单机故障，这些故障单机房内的多副本足以应付。如果是机房故障，那么就涉及异地容灾了，关键点在于如何有效地进行数据复制。对 Kafka

而言，可以参考 MirrorMarker、uReplicator 等产品，而 RabbitMQ 可以参考 Federation 和 Shovel。

5. 社区力度及生态发展

对于目前流行的编程语言而言，如 Java、Python，如果在使用过程中遇到了一些异常，基本上可以通过搜索引擎的帮助来解决问题，因为一个产品用的人越多，踩过的"坑"也就越多，对应的解决方案也就越多。对于消息中间件同样适用，如果你选择了一种"生僻"的消息中间件，可能在某些方面得心应手，但是版本更新缓慢，在遇到棘手问题时也难以得到社区的支持而越陷越深；相反如果你选择了一种"流行"的消息中间件，其更新力度大，不仅可以迅速弥补之前的不足，而且也能顺应技术的快速发展来变更一些新的功能，这样可以让你以"站在巨人的肩膀上"。在运维管理维度我们提及了 Kafka 和 RabbitMQ 都有一系列开源的监控管理产品，这些正是得益于其社区及生态的迅猛发展。

11.8.3　消息中间件选型误区探讨

在进行消息中间件选型之前可以先问自己一个问题：是否真的需要一个消息中间件？在搞清楚这个问题之后，还可以继续问自己一个问题：是否需要自己维护一套消息中间件？很多初创型公司为了节省成本会选择直接购买消息中间件有关的云服务，自己只需要关注收/发消息即可，其余的都可以外包出去。

很多人面对消息中间件时会有一种自研的冲动，你完全可以对 Java 中的 ArrayBlockingQueue 做一个简单的封装，也可以基于文件、数据库、Redis 等底层存储封装而形成一个消息中间件。消息中间件作为一个基础组件并没有想象中的那么简单，其背后还需要配套的管理来运维整个生态的产品集。自研还有会交接问题，如果文档不齐全、运作不规范将会带给新人带来噩梦般的体验。是否真的有自研的必要？如果不是 KPI 的压迫可以先考虑以下 2 个问题：

（1）目前市面上的消息中间件是否都无法满足目前的业务需求？

（2）团队是否有足够的能力、人力、财力和精力来支持自研？

很多人在进行消息中间件选型时会参考网络上的很多对比类的文章，但是其专业性、严谨性及其立场都有待考证，需要带着怀疑的态度去审视这些文章。比如有些文章会在没有任何限定条件及场景的情况下直接定义某款消息中间件最好，还有些文章没有指明消息中间件版本及测试环境就来做功能和性能对比分析，诸如此类的文章都可以弃之。

消息中间件选型犹如小马过河，选择合适的才最重要，这需要贴合自身的业务需求，技术服务于业务，大体上可以根据上一节提及的功能、性能等 5 个维度来一一进行筛选。更深层次的抉择在于你能否掌握其"魂"，了解其根本对于自己能够"对症下药"选择合适的消息中间件尤为重要。

消息中间件选型切忌一味地追求性能或功能，性能可以优化，功能可以二次开发。如果要在功能和性能方面做一个抉择，那么首选性能，因为总体上来说性能优化的空间没有功能扩展的空间大。然而对于长期发展而言，生态又比性能及功能都要重要。

很多时候，在可靠性方面也容易存在一个误区：想要找到一个产品来保证消息的绝对可靠，很不幸的是，世界上没有绝对的东西，只能说尽量趋于完美。想要尽可能保障消息的可靠性也并非单单靠消息中间件本身，还要依赖于上下游，需要从生产端、服务端和消费端这 3 个维度去努力保证。

消息中间件选型还有一个考量标准就是尽量贴合团队自身的技术栈体系，虽然说没有蹩脚的消息中间件，只有蹩脚的程序员，但是让一个 C 栈的团队去深挖 PhxQueue，总比去深挖 Scala 编写的 Kafka 要容易得多。

消息中间件大道至简：一发一存一消费，没有最好的消息中间件，只有最合适的消息中间件。

11.9　总结

本章主要讲述如何针对原生的 Kafka 实现一些扩展类的高级应用，包含过期时间、延时队列、死信队列、重试队列、消息路由、消息轨迹和消息代理。我们在进行消息选型的时候，首先考察的就是消息中间件提供的功能是否能够满足业务的需求，不过在挑选合适的消息中间件时，功能是否丰富并不是衡量一个消息中间件好坏的唯一标准，本章的最后一节中针对如何挑选合理的消息中间件做了详细的介绍，以供读者在遇到相同问题时参考。

第 12 章
Kafka 与 Spark 的集成

Spark 是一个用来实现快速且通用的集群计算的平台。Spark 是 UC Berkeley AMP Lab（加州大学伯克利分校的 AMP 实验室）所开源的类 MapReduce 的通用并行框架，现在已经是 Apache 的一个顶级项目。Spark 使用 Scala 语言开发，支持 Scala、Java、Python、R 语言相关的 API，运行于 JVM 之上。Spark 基于内存计算，提高了在大数据环境下数据处理的实时性，同时保证了高容错性和高可伸缩性。Spark 适用于各种各样原先需要多种不同的分布式平台实现的场景，包括批处理、迭代计算、交互式查询、流处理等。

如图 12-1 所示，Spark 生态圈即 BDAS（伯克利数据分析栈）包含的组件有 Spark Core、Spark Streaming、Spark SQL、MLib 和 GraphX，它们都是由 AMP 实验室提供的，能够无缝地继承，并提供一站式解决平台。

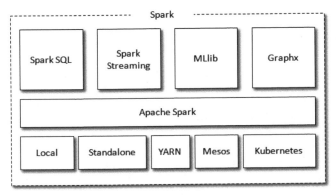

图 12-1　Spark 整体架构

Spark Core 实现了 Spark 的基本功能，包含任务调度、内存管理、错误恢复，以及与存储系统交互等模块。Spark Streaming 属于 Spark Core API 的扩展，支持实时数据流的可扩展、高吞吐、容错的流处理。Spark SQL 是 Spark 的一个结构化数据处理模块，提供了 DataFrame/Dataset 的编程抽象，可以看作一个分布式查询引擎。从 Spark 2.0 开始又引入了 Structured Streaming，它是建立在 Spark SQL 之上的可扩展和高容错的流处理引擎。MLlib 是 Spark 提供的具有机器学习功能的程序库，它提供了很多种机器学习算法，包括分类、回归、聚类、协同过滤等，还提供了模型评估、数据导入等额外的功能。GraphX 是用来操作图的程序库，可以进行并行的图计算。

Spark 具有很强的适应性，能够使用 HDFS、Cassandra、HBase 等为持久层读写原生数据，资源管理采用 Mesos、YARN、Kubernetes 等集群资源管理模式，或者 Spark 自带的独立运行模式及本地运行模式。

Spark 具有一个庞大的生态圈，用于生产时还需要考虑参数调配、容错处理、监控、性能优化、存储、调度、部署等多个环节，涉及方方面面，仅以一个章节的内容是无法穷尽的。本章的主旨也并非简单地讲解 Spark，而是要讲解 Kafka 与 Spark 之间的集成细节。本章会以尽量少的篇幅让读者对 Spark 有一个初步的了解，并且会以合适的篇幅来讲解 Kafka 与 Spark Streaming 的集成，以及 Kafka 与 Structured Streaming 的集成。

12.1　Spark 的安装及简单应用

下载 Spark 安装包是安装的第一步，下载地址为 http://spark.apache.org/downloads.html。截至本书出版时，Spark 的最新版本为 2.3.1，我们可以从官网中选择 spark-2.3.1-bin-hadoop2.7.tgz 进行下载。

下载完成后，先将安装包复制至/opt 目录下，然后执行相应的解压缩操作，示例如下：

```
[root@node1 opt]# tar zxvf spark-2.3.1-bin-hadoop2.7.tgz
[root@node1 opt]# mv spark-2.3.1-bin-hadoop2.7 spark
[root@node1 opt]# cd spark
[root@node1 spark]#
```

解压缩之后可以直接运行 Spark，当然前提是要安装好 JDK，并设置好环境变量 JAVA_HOME。进入$SPARK_HOME/sbin 目录下执行 start-all.sh 脚本启动 Spark。脚本执行后，可以通过 jps -l 命令查看当前运行的进程信息，示例如下：

```
[root@node1 spark]# jps -l
23353 org.apache.spark.deploy.master.Master
23452 org.apache.spark.deploy.worker.Worker
```

可以看到 Spark 启动后多了 Master 和 Worker 进程，分别代表主节点和工作节点。我们还可以通过 Spark 提供的 Web 界面来查看 Spark 的运行情况，比如可以通过 http://localhost:8080 查看 Master 的运行情况。

Spark 中带有交互式的 shell，可以用作即时数据分析。现在我们通过 spark-shell 来运行一个简单但又非常经典的单词统计的程序，以便可以简单地了解 Spark 的使用。首先进入 $SPARK_HOME/bin 目录下（SPARK_HOME 表示 Spark 安装的根目录，即本例中的/opt/spark）执行 spark-shell 命令来启动 Spark，可以通过--master 参数来指定需要连接的集群。spark-shell 启动时，会看到一些启动日志，示例如下：

```
[root@node1 spark]# bin/spark-shell --master spark://localhost:7077
2018-08-07 11:02:04 WARN  Utils:66 - Your hostname, hidden.zzh.com resolves to
    a loopback address: 127.0.0.1; using 10.xxx.xxx.xxx instead (on interface
    eth0)
2018-08-07 11:02:04 WARN  Utils:66 - Set SPARK_LOCAL_IP if you need to bind to
    another address
2018-08-07 11:02:04 WARN  NativeCodeLoader:62 - Unable to load native-hadoop
    library for your platform... using builtin-java classes where applicable
Setting default log level to "WARN".
To adjust logging level use sc.setLogLevel(newLevel). For SparkR, use
    setLogLevel(newLevel).
Spark context Web UI available at http:// 10.xxx.xxx.xxx:4040
Spark context available as 'sc' (master = spark://localhost:7077, app id =
    app-20180807110212-0000).
Spark session available as 'spark'.
Welcome to
```

```
Using Scala version 2.11.8 (Java HotSpot(TM) 64-Bit Server VM, Java 1.8.0_102)
Type in expressions to have them evaluated.
Type :help for more information.


scala>
```

如此便可以在 "scala>" 处输入我们想要输入的程序。

在将要演示的示例程序中，我们就近取材，以 bin/spark-shell 文件中的内容来进行单词统计。程序首先读取这个文件的内容，然后进行分词。这里的分词方法是使用空格进行分割的，最后统计单词出现的次数。下面将这些步骤进行拆分，一步步来讲解其中的细节。如无特殊说明，本章编写的示例均使用 Scala 语言。

首先通过 SparkContext（Spark 在启动时已经自动创建了一个 SparkContext 对象，是一个叫作 sc 的变量）的 textFile() 方法读取 bin/spark-shell 文件，参考如下：

```scala
scala> val rdd = sc.textFile("/opt/spark/bin/spark-shell")
rdd: org.apache.spark.rdd.RDD[String] = /opt/spark/bin/spark-shell
    MapPartitionsRDD[3] at textFile at <console>:24
```

然后使用 split() 方法按照空格进行分词，之后又通过 flatMap() 方法对处理后的单词进行展平，展平之后使用 map(x=>(x,1)) 对每个单词计数 1，参考如下：

```scala
scala> val wordmap = rdd.flatMap(_.split(" ")).map(x=>(x,1))
wordmap: org.apache.spark.rdd.RDD[(String, Int)] = MapPartitionsRDD[5] at map at
    <console>:25
```

最后使用 reduceByKey(_+_) 根据 key（也就是单词）进行计数，这个过程是一个混洗（Shuffle）的过程，参考如下：

```scala
scala> val wordreduce = wordmap.reduceByKey(_+_)
wordreduce: org.apache.spark.rdd.RDD[(String, Int)] = ShuffledRDD[6] at
    reduceByKey at <console>:25
```

到这里我们便完成了单词统计，进一步地使用 take(10) 方法获取前面 10 个单词统计的结果，参考如下：

```scala
scala> wordreduce.take(10)
res3: Array[(String, Int)] = Array((scala,2), (!=,1), (Unless,1), (this,4),
    (starting,1), (under,4), (its,1), (reenable,2), (-Djline.terminal=unix",1),
    (CYGWIN*),1))
```

发现结果并没有按照某种顺序进行排序，如果要看到诸如单词出现次数前 10 的内容，那么还需要对统计后的结果进行排序。

```scala
scala> val wordsort =
```

```
        wordreduce.map(x=>(x._2,x._1)).sortByKey(false).map(x=>(x._2,x._1))
wordsort: org.apache.spark.rdd.RDD[(String, Int)] = MapPartitionsRDD[11] at map
    at <console>:25

scala> wordsort.take(10)
res2: Array[(String, Int)] = Array(("",91), (#,37), (the,19), (in,7), (to,7),
    (for,6), (if,5), (then,5), (this,4), (under,4))
```

上面的代码中首先使用 map(x=>(x._2,x._1)对单词统计结果的键和值进行互换，然后通过
sortByKey(false)方法对值进行降序排序，然后再次通过 map(x=>(x._2,x._1)将键和值进行互换，
最终的结果按照降序排序。

12.2 Spark 编程模型

在 Spark 中，我们通过对分布式数据集的操作来表达计算意图，这些计算会自动在集群上
并行执行。这样的数据集被称为弹性分布式数据集（Resilient Distributed Dataset），简称 RDD。
RDD 是 Spark 对分布式数据和计算的基本抽象。在 Spark 中，对数据的所有操作不外乎创建
RDD、转换已有 RDD，以及调用 RDD 操作进行求值。在 12.1 节的单词统计示例中，rdd 和
wordmap 都是 MapPartitionsRDD 类型的 RDD，而 wordreduce 是 ShuffledRDD 类型的 RDD。

RDD 支持 2 种类型的操作：转换操作（Transformation Operation）和行动操作（Action
Operation）。有些资料还会细分为创建操作、转换操作、控制操作和行动操作 4 种类型。转换
操作会由一个 RDD 生成一个新的 RDD。行动操作会对 RDD 计算出一个结果，并把结果返回驱
动器程序，或者把结果存储到外部存储系统中。转换操作和行动操作的区别在于 Spark 计算 RDD
的方式不同。虽然可以在任何时候定义新的 RDD，但 Spark 只会惰性计算这些 RDD。它们只有
第一次在一个行动操作中用到时才会真正计算。表 12-1 中给出了转换操作和行动操作之间对比
的更多细节。

表 12-1 转换操作和行动操作的对比

类　别	函　数	区　别
转换操作	map、filter、groupBy、join、union、reduce、sort、partitionBy 等	返回值还是 RDD，不会马上提交给 Spark 集群运行
行动操作	count、collect、take、save、show 等	返回值不是 RDD，会形成 DAG 图，提交给 Spark 集群运行并立即返回结果

通过转换操作，从已有的 RDD 中派生出新的 RDD，Spark 会使用谱系图（Lineage Graph，
很多资料也会翻译为"血统"）来记录这些不同 RDD 之间的依赖关系。Spark 需要用这些信息

来按需计算每个 RDD，也可以依赖谱系图在持久化的 RDD 丢失部分数据时恢复丢失的数据。行动操作会把最终求得的结果返回驱动器程序，或者写入外部存储系统。由于行动操作需要生产实际的输出，所以它们会强制执行那些求值必须用到的 RDD 的转换操作。

　　Spark 中 RDD 计算是以分区（Partition）为单位的，将 RDD 划分为很多个分区分布到集群的节点中，分区的多少涉及对这个 RDD 进行并行计算的粒度。如图 12-2 所示，实线方框 A、B、C、D、E、F、G 都表示的是 RDD，阴影背景的矩形则表示分区。A、B、C、D、E、F、G 之间的依赖关系构成整个应用的谱系图。

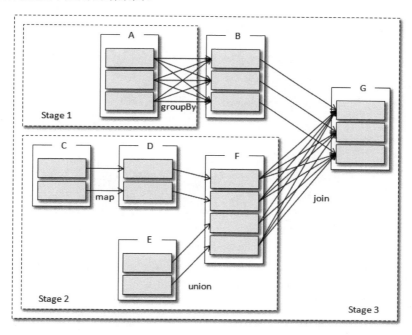

图 12-2　Spark 任务调度

　　依赖关系还可以分为窄依赖和宽依赖。窄依赖（Narrow Dependencies）是指每个父 RDD 的分区都至多被一个子 RDD 的分区使用，而宽依赖（Wide Dependencies）是指多个子 RDD 的分区依赖一个父 RDD 的分区。图 12-2 中，C 和 D 之间是窄依赖，而 A 和 B 之间是宽依赖。RDD 中行动操作的执行会以宽依赖为分界来构建各个调度阶段，各个调度阶段内部的窄依赖前后链接构成流水线。图中的 3 个虚线方框分别代表了 3 个不同的调度阶段。

　　对于执行失败的任务，只要它对应的调度阶段的父类信息仍然可用，那么该任务就会分散到其他节点重新执行。如果某些调度阶段不可用，则重新提交相应的任务，并以并行方式计算丢失的地方。在整个作业中，如果某个任务执行缓慢，则系统会在其他节点上执行该任务的副本，并取最先得到的结果作为最终的结果。

下面就以与 12.1 节中相同的单词统计程序为例来分析 Spark 的编程模型，与 12.1 节中所不同的是，这里是一个完整的 Scala 程序，程序对应的 Maven 依赖如下：

```
<dependency>
    <groupId>org.apache.spark</groupId>
    <artifactId>spark-core_2.11</artifactId>
    <version>2.3.1</version>
</dependency>
```

单词统计程序如代码清单 12-1 所示。

代码清单 12-1　单词统计程序

```
package scala.spark.demo
import org.apache.spark.{SparkConf, SparkContext}

object WordCount {
  def main(args: Array[String]): Unit ={
    val conf = new SparkConf().setAppName("WordCount").setMaster("local")①
    val sc = new SparkContext(conf)②
    val rdd = sc.textFile("/opt/spark-2.3.1-bin-hadoop2.7/bin/spark-shell")③
    val wordcount = rdd.flatMap(_.split(" ")).map(x=>(x,1)).reduceByKey(_+_)④
    val wordsort = wordcount.map(x=>(x._2,x._1))
      .sortByKey(false).map(x=>(x._2,x._1))⑤
    wordsort.saveAsTextFile("/tmp/spark")⑥
    sc.stop()⑦
  }
}
```

main()方法主体的第①和第②行中首先创建一个 SparkConf 对象来配置应用程序，然后基于这个 SparkConf 创建了一个 SparkContext 对象。一旦有了 SparkContext，就可以用它来创建 RDD，第③行代码中调用 sc.textFile() 来创建一个代表文件中各行文本的 RDD。第④行中 rdd.flatMap(_.split(" ")).map(x=>(x,1))这一段内容的依赖关系是窄依赖，而 reduceByKey(_+_)操作对单词进行计数时属于宽依赖。第⑥行中将排序后的结果存储起来。最后第⑦行中使用 stop()方法来关闭应用。

在$SPARK_HOME/bin 目录中还有一个 spark-submit 脚本，用于将应用快速部署到 Spark 集群。比如这里的 WordCount 程序，当我们希望通过 spark-submit 进行部署时，只需要将应用打包成 jar 包（即下面示例中的 wordcount.jar）并上传到 Spark 集群，然后通过 spark-submit 进行部署即可，示例如下：

```
[root@node1 spark]# bin/spark-submit --class scala.spark.demo.WordCount
wordcount.jar --executor-memory 1G --master spark://localhost:7077
    2018-08-06 15:39:54 WARN  NativeCodeLoader:62 - Unable to load native-hadoop
        library for your platform... using builtin-java classes where applicable
    2018-08-06 15:39:55 INFO  SparkContext:54 - Running Spark version 2.3.1
    2018-08-06 15:39:55 INFO  SparkContext:54 - Submitted application: WordCount
    2018-08-06 15:39:55 INFO  SecurityManager:54 - Changing view acls to: root
    2018-08-06 15:39:55 INFO  SecurityManager:54 - Changing modify acls to: root
    (....省略若干)
    2018-08-07 12:25:47 INFO  AbstractConnector:318 - Stopped
        Spark@6299e2c1{HTTP/1.1,[http/1.1]}{0.0.0.0:4040}
    2018-08-07 12:25:47 INFO  SparkUI:54 - Stopped Spark web UI at
        http://10.199.172.111:4040
    2018-08-07 12:25:47 INFO  MapOutputTrackerMasterEndpoint:54 -
        MapOutputTrackerMasterEndpoint stopped!
    2018-08-07 12:25:47 INFO  MemoryStore:54 - MemoryStore cleared
    2018-08-07 12:25:47 INFO  BlockManager:54 - BlockManager stopped
    2018-08-07 12:25:47 INFO  BlockManagerMaster:54 - BlockManagerMaster stopped
    2018-08-07 12:25:47 INFO
        OutputCommitCoordinator$OutputCommitCoordinatorEndpoint:54 -
        OutputCommitCoordinator stopped!
    2018-08-06 15:46:57 INFO  SparkContext:54 - Successfully stopped SparkContext
    2018-08-06 15:46:57 INFO  ShutdownHookManager:54 - Shutdown hook called
    2018-08-06 15:46:57 INFO  ShutdownHookManager:54 - Deleting directory
        /tmp/spark-fa955139-270c-4899-82b7-4959983a1cb0
    2018-08-06 15:46:57 INFO  ShutdownHookManager:54 - Deleting directory
        /tmp/spark-3f359966-2167-4bb9-863a-2d8a8d5e8fbe
```

示例中的--class 用来指定应用程序的主类，这里为 scala.spark.demo.WordCount；--executor-memory 用来指定执行器节点的内容，这里设置为 1G。最后得到的输出结果如下所示。

```
[root@node1 spark]# ls /tmp/spark
part-00000  _SUCCESS
[root@node1 spark]# cat /tmp/spark/part-00000
 (,91)
```

```
(#,37)
(the,19)
(in,7)
(to,7)
(for,6)
(if,5)
(then,5)
(under,4)
(stty,4)
(not,4)
```

12.3 Spark 的运行结构

在分布式环境下，Spark 集群采用的是主从架构。如图 12-3 所示，在一个 Spark 集群中，有一个节点负责中央协调，调度各个分布式工作节点，这个中央协调节点被称为驱动器（Driver）节点，与之对应的工作节点被称为执行器（Executor）节点。驱动器节点可以和大量的执行器节点进行通信，它们都作为独立的进程运行。驱动器节点和所有的执行器节点一起被称为 Spark 应用（Application）。

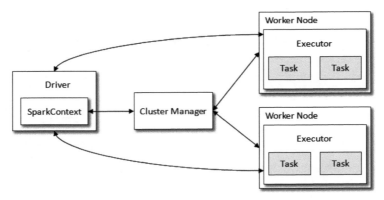

图 12-3 Spark 运行结构

Spark 应用通过一个叫作集群管理器（Cluster Manager）的外部服务在集群中的机器上启动。Spark 自带的集群管理器被称为独立集群管理器。Spark 也能运行在 YARN、Mesos、Kubernetes 这类开源集群管理器上。

Spark 驱动器节点是执行程序中的 main()方法的进程。它执行用户编写的用来创建 SparkContext、RDD，以及进行 RDD 的转换操作和行动操作的代码。其实，当启动 spark-shell 时，就启动了一个 Spark 驱动程序。驱动程序一旦停止，Spark 应用也就结束了。

驱动器程序在 Spark 应用中有两个职责：将用户程序转为任务，以及为执行器节点调度任务。

Spark 驱动器程序负责把用户程序转为多个物理执行的单元，这些单元也被称为任务（Task）。任务是 Spark 中最小的工作单元，用户程序通常要启动成百上千的独立任务。从上层来看，所有的 Spark 程序都遵循同样的结构：程序从输入数据创建一系列 RDD，再使用转换操作派生出新的 RDD，最后使用行动操作收集或存储结果 RDD 中的数据。Spark 程序其实是隐式地创建了一个由操作组成的逻辑上的有向无环图（Directed Acyclic Graph，简称 DAG）。当驱动器程序运行时，它会把这个逻辑图转为物理执行计划。

有了物理执行计划之后，Spark 驱动器程序必须在各执行器进程间协调任务的调度。执行器进程启动后，会向驱动器进程注册自己。因此，驱动器进程始终对应用中所有的执行器节点有完整的记录。每个执行器节点代表一个能够处理任务和存储 RDD 数据的进程。

Spark 驱动器程序会根据当前的执行器节点集合，尝试把所有任务基于数据所在位置分配给合适的执行器进程。当任务执行时，执行器进程会把缓存数据存储起来，而驱动器进程同样会跟踪这些缓存数据的位置，并且利用这些位置信息来调度以后的任务，以尽量减少数据的网络传输。

Spark 执行器节点是一种工作进程，负责在 Spark 作业中运行任务，任务间相互独立。Spark 应用启动时，执行器节点就被同步启动，并且始终伴随整个 Spark 应用的生命周期而存在。如果执行器节点发生异常或崩溃，那么 Spark 应用也可以继续执行。执行器进程有两大作用：第一，它们负责运行组成 Spark 应用的任务，并将结果返回给驱动器进程；第二，它们通过自身的块管理器（Block Manager）为用户程序中要求缓存的 RDD 提供内存式存储。RDD 是直接缓存在执行器进程内的，因此任务可以在运行时充分利用缓存数据加速运算。

Spark 依赖于集群管理器来启动执行器节点，在某些特殊的情况下，也依赖集群管理器来启动驱动器节点。集群管理器是 Spark 中的可插拔式组件，这样既可选择 Spark 自带的独立集群管理，也可以选择前面提及的 YARN、Mesos 之类的外部集群管理器。

不论使用的是哪一种集群管理器，都可以使用 Spark 提供的统一脚本 spark-submit 将应用提交到该集群管理器上。通过不同的配置选项，spark-submit 可以连接到相应的集群管理器上，并控制应用使用的资源数量。在使用某些特定集群管理器时，spark-submit 也可以将驱动器节点运行在集群内部（比如一个 YARN 的工作节点）。但对于其他的集群管理器，驱动器节点只能被运行在本地机器上。

在集群上运行 Spark 应用的详细过程如下。

（1）用户通过 spark-submit 脚本提交应用。

（2）spark-submit 脚本启动驱动器程序，调用用户定义的 main() 方法。

（3）驱动器程序与集群管理器通信，申请资源以启动执行器节点。

（4）集群管理器为驱动器程序启动执行器节点。

（5）驱动器执行用户应用中的操作。根据程序中定义的对 RDD 的转换操作和行动操作，驱动器节点把工作以任务的形式发送到执行器执行。

（6）任务在执行器程序中进行计算并保存结果。

（7）如果驱动器程序的 main()方法退出，或者调用了 SparkContext.stop()，那么驱动器程序会中止执行器进程，并且通过集群管理器释放资源。

12.4　Spark Streaming 简介

Spark Streaming 是 Spark 提供的对实时数据进行流式计算的组件。它是 Spark 核心 API 的一个扩展，具有吞吐量高、容错能力强的实时流数据处理系统，支持包括 Kafka、Flume、Kinesis 和 TCP 套接字等数据源，获取数据以后可以使用 map()、reduce()、join()、window()等高级函数进行复杂算法的处理，处理结果可以存储到文件系统、数据库，或者展示到实时数据大盘等。另外，Sparking Streaming 也可以和其他组件，如 MLlib 和 Graphx 等结合，对实时数据进行更加复杂的处理。Spark Streaming 的数据处理流程如图 12-4 所示。

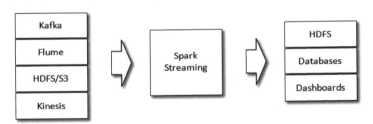

图 12-4　Spark Streaming 的数据处理流程

和 Spark 基于 RDD 的概念很相似，Spark Streaming 使用离散化流（Discretized Stream）作为抽象表示，叫作 DStream。DStream 是随着时间推移而收到的数据的序列。在内部，每个时间区间收到的数据都作为 RDD 存在，而 DStream 是由这些 RDD 组成的序列（因此得名"离散化"）。创建出来的 DStream 支持两种操作：一种是转换操作（Transformation），会生成一个新的 DStream；另一种是输出操作（Output Operation），可以把数据写入外部系统。

如图 12-5 所示，通俗一点讲，Spark Streaming 会把实时输入的数据流以时间片 Δt（如 1 秒）为单位切分成块，每块数据代表一个 RDD。流数据的 DStream 可以看作一组 RDD 序列，通过调用 Spark 核心的作业处理这些批数据，最终得到处理后的一批批结果数据。

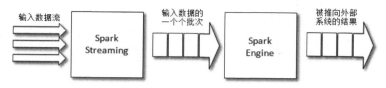

图 12-5　Spark 核心原理

在开始讲解 Spark Streaming 的细节之前，让我们先来看一个简单的例子。Spark Streaming 对应的 Maven 依赖如下：

```
<dependency>
    <groupId>org.apache.spark</groupId>
    <artifactId>spark-streaming_2.11</artifactId>
    <version>2.3.1</version>
</dependency>
```

下面就以 Spark Streaming 官方提供的单词统计代码为例来分析 Spark Streaming 的相关内容，具体的代码如代码清单 12-2 所示。

代码清单 12-2　Spark Streaming 示例程序

```
import org.apache.spark.SparkConf
import org.apache.spark.streaming.{Seconds, StreamingContext}

object StreamingWordCount {
  def main(args:Array[String]): Unit ={
    val conf = new SparkConf().setMaster("local[2]").setAppName("WordCount")①
    val ssc = new StreamingContext(conf, Seconds(1))                          ②
    val lines = ssc.socketTextStream("localhost", 9999)                       ③
    val words = lines.flatMap(_.split(" "))                                   ④
    val pairs = words.map(word => (word, 1))                                  ⑤
    val wordCounts = pairs.reduceByKey(_ + _)                                 ⑥
    wordCounts.print()                                                        ⑦
    ssc.start()                                                               ⑧
    ssc.awaitTermination()                                                    ⑨
  }
}
```

示例代码首先从创建 StreamingContext 开始，它是流计算功能的主要入口。StreamingContext 会在底层创建出 SparkContext，用来处理数据。StreamingContext 的构造函数还接收用来指定多长时间处理一次新数据的批次间隔（Batch Duration）作为输入，这里把它设置为 1 秒。接着调用 socketTextStream() 来创建基于本地 9999 端口上收到的文本数据的 DStream。第④行至第⑥行的内容和前面单词统计代码如出一辙，这里就不过多解释，只不过这里针对的是 DStream 的处理。第⑦行使用输出操作来将结果打印出来。

到这里为止只是设定好了要进行的计算，系统收到数据时计算就会开始。要开始接收数据就必须如第⑧行一样显式调用 StreamingContext 的 start() 方法。这样，Spark Streaming 就会开始把 Spark 作业不断交给下面的 SparkContext 去调度执行。执行会在另一个线程中进行，所以需要调用 awaitTermination() 方法来等待流计算完成，以防止应用退出。

示例代码中的内容是基于批次间隔的处理，这个也可以看作基于固定窗口（Fixed Window）的处理，每个窗口不会重合，固定窗口的大小就是批次间隔的大小。这里对应的转换操作也就可以看作基于固定窗口的转换操作。

Spark 安装包中自带了这个程序，所以可以直接使用如下的方式来启动这个程序：

```
[root@node1 spark]# bin/run-example streaming.NetworkWordCount localhost 9999
2018-08-06 18:06:47 WARN  NativeCodeLoader:62 - Unable to load native-hadoop
    library for your platform... using builtin-java classes where applicable
2018-08-06 18:06:48 INFO  SparkContext:54 - Running Spark version 2.3.1
2018-08-06 18:06:48 INFO  SparkContext:54 - Submitted application:
    NetworkWordCount
2018-08-06 18:06:48 INFO  SecurityManager:54 - Changing view acls to: root
2018-08-06 18:06:48 INFO  SecurityManager:54 - Changing modify acls to: root
2018-08-06 18:06:48 INFO  SecurityManager:54 - Changing view acls groups to:
(....省略若干信息)
```

接着在另一个 shell 中使用 netcat 工具来输入一句 "hello world"，示例如下：

```
[root@node1 spark]# nc -lk 9999
hello world
```

可以看到在 NetworkWordCount 程序中输出如下信息：

```
-------------------------------------------
Time: 1533549417000 ms
-------------------------------------------
(hello,1)
(world,1)
```

前面已经讲过，Spark Streaming 的编程抽象是离散化流，也就是 DStream，如图 12-6 所示。它是一个 RDD 序列，每个 RDD 代表数据流中一个时间片内的数据。

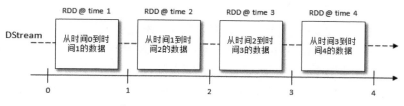

图 12-6　DStream 与 RDD 的关系

可以从外部输入源来创建 DStream，也可以对其他 DStream 应用进行转换操作得到新的 DStream。DStream 支持许多 RDD 支持的转换操作。以代码清单 12-2 为例，第④行代码中的 flatMap() 就是将行数据流（Lines DStream）中的 RDD 转换成单词数据流（Words DStream）中的 RDD，如图 12-7 所示。

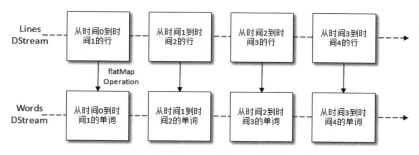

图 12-7　DStream 之间的转换关系

这些基础 RDD 的转换由 Spark 引擎计算。DStream 操作隐藏了大部分的细节，并为开发人员提供了更高级别的 API 以方便使用。

DStream 还支持输出操作，比如在示例中使用的 print()。输出操作和 RDD 的行动操作的概念类似。Spark 在行动操作中将数据写入外部系统，而 Spark Streaming 的输出操作在每个时间区间中周期性地执行，每个批次都生成输出。

除了上面提及的固定窗口的转换操作，Spark Streaming 还提供了基于滑动窗口（Sliding Window，相邻的窗口间会有重合部分）的转换操作，它会在一个比 StreamingContext 的批次间隔更长的时间范围内，通过整合多个批次的结果，计算出整个窗口的结果。

对滑动窗口操作而言，在其窗口内部会有 N 个批次数据，批次数据的个数由窗口间隔（Window Duration）决定，其为窗口持续的时间，在窗口操作中只有窗口间隔满足了才会触发批数据的处理。处理窗口的长度，另一个重要的参数就是滑动间隔（Slide Duration），它指的是经过多长时间窗口滑动一次形成新的窗口，滑动间隔默认情况下和批次间隔的相同，而窗口间隔一般设置得要比它们都大。需要注意的是，窗口间隔和滑动间隔的大小一定要设置为批次间隔的整数倍。

如图 12-8 所示，批次间隔是 1 个时间单位，窗口间隔是 3 个时间单位，滑动间隔是 2 个时间单位。对于初始的窗口 time1 至 time3，只有窗口间隔满足了才会触发数据的处理。这里需要注意的是，初始时有可能流入的数据没有撑满窗口，但是随着时间的推进，窗口最终会被撑满。每隔 2 个时间单位窗口滑动一次，会有新的数据流入窗口，这时窗口会移除最早的两个时间单位的数据，而与最新的两个时间单位的数据进行汇总形成新的窗口，即 time3 至 time5。

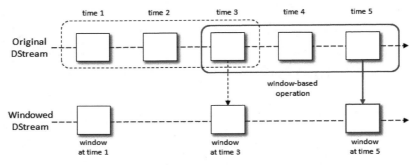

图 12-8　滑动窗口操作

以代码清单 12-2 为例，如果我们想每隔 10 秒计算最近 30 秒的单词总数，那么可以将代码清单 12-2 中的第⑥行修改为如下语句：

```
val windowedWordCounts = pairs.reduceByKeyAndWindow((a:Int,b:Int) => (a + b),
    Seconds(30), Seconds(10))
```

这里就涉及滑动窗口操作的两个参数：窗口间隔，也就是这里的 30s；滑动间隔，也就是这里的 10s。

12.5　Kafka 与 Spark Streaming 的整合

采用 Spark Streaming 流式处理 Kafka 中的数据，首先需要把数据从 Kafka 中接收过来，然后转换为 Spark Streaming 中的 DStream。接收数据的方式一共有两种：利用接收器 Receiver 的方式接收数据和直接从 Kafka 中读取数据。

Receiver 方式通过 KafkaUtils.createStream()方法来创建一个 DStream 对象，它不关注消费位移的处理，Receiver 方式的结构如图 12-9 所示。但这种方式在 Spark 任务执行异常时会导致数据丢失，如果要保证数据的可靠性，则需要开启预写式日志，简称 WAL（Write Ahead Logs），只有收到的数据被持久化到 WAL 之后才会更新 Kafka 中的消费位移。收到的数据和 WAL 存储位置信息被可靠地存储，如果期间出现故障，那么这些信息被用来从错误中恢复，并继续处理数据。

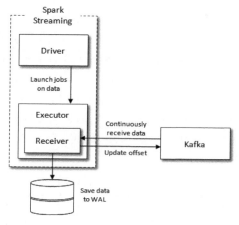

图 12-9　Receiver 方式的结构

WAL 的方式可以保证从 Kafka 中接收的数据不被丢失。但是在某些异常情况下，一些数据被可靠地保存到了 WAL 中，但是还没有来得及更新消费位移，这样会造成 Kafka 中的数据被 Spark 拉取了不止一次。同时在 Receiver 方式中，Spark 的 RDD 分区和 Kafka 的分区并不是相关的，因此增加 Kafka 中主题的分区数并不能增加 Spark 处理的并行度，仅仅增加了接收器接收数据的并行度。

Direct 方式是从 Spark 1.3 开始引入的，它通过 KafkaUtils.createDirectStream()方法创建一个 DStream 对象，Direct 方式的结构如图 12-10 所示。该方式中 Kafka 的一个分区与 Spark RDD 对应，通过定期扫描所订阅的 Kafka 每个主题的每个分区的最新偏移量以确定当前批处理数据偏移范围。与 Receiver 方式相比，Direct 方式不需要维护一份 WAL 数据，由 Spark Streaming 程序自己控制位移的处理，通常通过检查点机制处理消费位移，这样可以保证 Kafka 中的数据只会被 Spark 拉取一次。

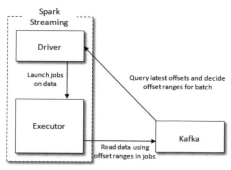

图 12-10　Direct 方式的结构

　　注意使用 Direct 的方式并不意味着实现了精确一次的语义（Exactly Once Semantics），如果要达到精确一次的语义标准，则还需要配合幂等性操作或事务性操作。

　　在 Spark 官网中，关于 Spark Streaming 与 Kafka 集成给出了两个依赖版本，一个是基于 Kafka 0.8 之后的版本（spark-streaming-kafka-0-8），另一个是基于 Kafka 0.10 及其之后的版本（spark-streaming-kafka-0-10）。spark-streaming-kafka-0-8 版本的 Kafka 与 Spark Streaming 集成有 Receiver 方式和 Direct 方式这两种接收数据的方式，不过 spark-streaming-kafka-0-8 从 Spark 2.3.0 开始被标注为"弃用"。而 spark-streaming-kafka-0-10 版本只提供 Direct 方式，同时底层使用的是新消费者客户端 KafkaConsumer 而不是之前的旧消费者客户端，因此通过 KafkaUtils.createDirectStream()方法构建的 DStream 数据集是 ConsumerRecord 类型。表 12-2 中给出了两个版本的更多细节对比。

表 12-2　两个依赖版本的对比

兼容性比较	spark–streaming–kafka–0–8	spark–streaming–kafka–0–10
Kafka broker 版本	0.8.2.1 或更高	0.10.0 或更高
API 稳定性	弃用（Deprecated）	稳定（Stable）
语言支持	Scala、Java、Python	Scala、Java
Receiver DStream	Yes	No
Direct DStream	Yes	Yes
SSL/TLS 支持	No	Yes
Offset 提交 API	No	Yes
动态主题订阅	No	Yes

　　前面提及本节的内容是基于 Spark 2.3.1 版本的，因此下面的介绍也只基于 spark-streaming-kafka-0-10 版本做相应的陈述，更何况 spark-streaming-kafka-0-8 版本已经被弃用。spark-streaming-kafka-0-10 版本需要的 Maven 依赖如下：

```
<dependency>
    <groupId>org.apache.spark</groupId>
    <artifactId>spark-streaming-kafka-0-10_2.11</artifactId>
    <version>2.3.1</version>
</dependency>
<dependency>
    <groupId>org.apache.kafka</groupId>
    <artifactId>kafka-clients</artifactId>
    <version>2.0.0</version>
</dependency>
```

　　下面使用一个简单的例子来演示 Spark Streaming 和 Kafka 的集成。在该示例中，每秒往

Kafka 写入一个 0～9 之间的随机数，通过 Spark Streaming 从 Kafka 中获取数据并实时计算批次间隔内的数据的数值之和。

往 Kafka 中写入随机数的主要代码如下：

```
Random random = new Random();
while (true) {
    String msg = String.valueOf(random.nextInt(10));
    ProducerRecord<String, String> message =
            new ProducerRecord<>(topic, msg);
    producer.send(message).get();
    TimeUnit.SECONDS.sleep(1);
}
```

Kafka 与 Spark Streaming 的集成示例如代码清单 12-3 所示，代码中的批次间隔设置为 2s。示例中的主题 topic-spark 包含 4 个分区。

代码清单 12-3　Kafka 与 Spark Streaming 的集成示例

```
import org.apache.kafka.clients.consumer.ConsumerConfig
import org.apache.kafka.common.serialization.StringDeserializer
import org.apache.spark.SparkConf
import org.apache.spark.streaming.kafka010.ConsumerStrategies._
import org.apache.spark.streaming.kafka010.KafkaUtils
import org.apache.spark.streaming.kafka010.LocationStrategies._
import org.apache.spark.streaming.{Seconds, StreamingContext}

object StreamingWithKafka {
  private val brokers = "localhost:9092"
  private val topic = "topic-spark"
  private val group = "group-spark"
  private val checkpointDir = "/opt/kafka/checkpoint"

  def main(args: Array[String]): Unit = {
    val sparkConf = new SparkConf().setMaster("local")
      .setAppName("StreamingWithKafka")              ①
    val ssc = new StreamingContext(sparkConf, Seconds(2))   ②
    ssc.checkpoint(checkpointDir)

    val kafkaParams = Map[String, Object](          ③
```

```
    ConsumerConfig.BOOTSTRAP_SERVERS_CONFIG -> brokers,
    ConsumerConfig.KEY_DESERIALIZER_CLASS_CONFIG ->
      classOf[StringDeserializer],
    ConsumerConfig.VALUE_DESERIALIZER_CLASS_CONFIG ->
      classOf[StringDeserializer],
    ConsumerConfig.GROUP_ID_CONFIG -> group,
    ConsumerConfig.AUTO_OFFSET_RESET_CONFIG -> "latest",
    ConsumerConfig.ENABLE_AUTO_COMMIT_CONFIG -> (false:java.lang.Boolean)
  )

  val stream = KafkaUtils.createDirectStream[String, String](
    ssc, PreferConsistent,
    Subscribe[String, String](List(topic), kafkaParams)) ④

  val value = stream.map(record => {                         ⑤
    val intVal = Integer.valueOf(record.value())
    println(intVal)
    intVal
  }).reduce(_+_)
  value.print()                                              ⑥

  ssc.start
  ssc.awaitTermination
  }
}
```

第①和第②行代码在实例化 SparkConf 之后创建了 StreamingContext。创建 StreamingContext 后需要实例化一个 DStream，所以在第④行中通过 KafkaUtils.createDirectStream()方法创建了一个。第⑤行只是简单地消费读取到的 ConsumerRecord，并执行简单的求和计算。

从 Kafka 中消费数据，这里的 Spark Streaming 本质上是一个消费者，因此 KafkaUtils.create-DirectStream()方法也需要指定 KafkaConsumer 的相关配置。KafkaUtils.createDirectStream()方法的第一个参数好理解，方法中的第二个参数是 LocationStrategies 类型的，用来指定 Spark 执行器节点上 KafkaConsumer 的分区分配策略。LocationStrategies 类型提供了 3 种策略：PerferBrokers 策略，必须保证执行器节点和 Kafka Broker 拥有相同的 host，即两者在相同的机器上，这样可以根据分区副本的 leader 节点来进行分区分配；PerferConsistent 策略，该策略将订阅主题的分区均匀地分配给所有可用的执行器，在绝大多数情况下都使用这种策略，本示例使用的也是这种策略；PerferFixed 策略，允许开发人员指定分区与 host 之间的映射关系。KafkaUtils.createDirectStream()

方法中的第三个参数是 ConsumerStrategies 类型的，用来指定 Spark 执行器节点的消费策略。与 KafkaConsumer 订阅主题的方式对应，这里也有 3 种策略：Subscribe、SubscribePattern 和 Assign，分别代表通过指定集合、通过正则表达式和通过指定分区的方式进行订阅。

示例程序最直观的功能就是在每个批次间隔内（2s）读出数据（每秒 1 个）来进行求和，程序输出的部分结果如下所示。

```
3
4
-------------------------------------------
Time: 1533613594000 ms
-------------------------------------------
7
```

前面提到了执行器有 3 种消费策略，但是在代码清单 12-3 中只用到了 Subscribe 策略。如果要使用 SubscribePattern 策略，则可以将代码中的第④行代码修改为如下内容：

```
val stream = KafkaUtils.createDirectStream[String,String](
  ssc, PreferConsistent,
  SubscribePattern[String,String](Pattern.compile("topic-.*"),kafkaParams)
)
```

如果要使用 Assign 策略，则可以将代码中的第④行代码修改为如下内容：

```
val partitions = List(new TopicPartition(topic,0),
  new TopicPartition(topic,1),
  new TopicPartition(topic,2),
  new TopicPartition(topic,3))
val stream = KafkaUtils.createDirectStream[String,String](
  ssc, PreferConsistent,
  Assign[String, String](partitions, kafkaParams))
```

Spark Streaming 也支持从指定的位置处处理数据，前面演示的 3 种消费策略都可以支持，只需添加对应的参数即可。这里就以 Subscribe 策略为例来演示具体用法，可以用下面的代码替换代码清单 12-3 中的第④行代码，示例中的 `fromOffsets` 变量指定了每个分区的起始处理位置为 5000：

```
val partitions = List(new TopicPartition(topic,0),
  new TopicPartition(topic,1),
```

```
  new TopicPartition(topic,2),
  new TopicPartition(topic,3))
val fromOffsets = partitions.map(partition => {
  partition -> 5000L
}).toMap
val stream = KafkaUtils.createDirectStream[String, String](
  ssc, PreferConsistent,
  Subscribe[String, String](List(topic), kafkaParams, fromOffsets))
```

代码清单 12-3 中只是计算了批次间隔内的数据，这样只是简单的转换操作，如果需要使用滑动窗口操作，比如计算窗口间隔为 20s、滑动间隔为 2s 的窗口内的数值之和，那么可以将第⑤行代码修改为如下内容：

```
val value = stream.map(record=>{
  Integer.valueOf(record.value())
}).reduceByWindow(_+_, _-_,Seconds(20),Seconds(2))
```

前面说过在 Direct 方式下，Spark Streaming 会自己控制消费位移的处理，那么原本应该保存到 Kafka 中的消费位移就无法提供准确的信息了。但是在某些情况下，比如监控需求，我们又需要获取当前 Spark Streaming 正在处理的消费位移。Spark Streaming 也考虑到了这种情况，可以通过下面的程序来获取消费位移：

```
stream.foreachRDD(rdd=>{
  val offsetRanges = rdd.asInstanceOf[HasOffsetRanges].offsetRanges
  rdd.foreachPartition{iter=>
    val o: OffsetRange = offsetRanges(TaskContext.get.partitionId)
    println(s"${o.topic} ${o.partition} ${o.fromOffset} ${o.untilOffset}")
  }
})
```

注意需要将这段代码放在第④行之后，也就是需要在使用 KafkaUtils.createDirectStream()方法创建 DStream 之后第一个调用，虽然 Kafka 的分区与 Spark RDD 一一对应，但是在混洗类型的方法（比如 reduceByKey()）执行之后这种对应关系就会丢失。

如果应用更加适合于批处理作业，那么在 Spark 中也可以使用 KafkaUtils.createRDD()方法创建一个指定处理范围的 RDD。示例参考如下：

```
val offsetRanges = Array(
  OffsetRange(topic,0,0,100),
```

```
  OffsetRange(topic,1,0,100),
  OffsetRange(topic,2,0,100),
  OffsetRange(topic,3,0,100)
)
val rdd = KafkaUtils.createRDD(ssc,
  JavaConversions.mapAsJavaMap(kafkaParams),
  offsetRanges, PreferConsistent)
rdd.foreachPartition(records=>{
  records.foreach(record=>{
    println(record.topic()+":"+record.partition()+":"+ record.value())
  })
})
```

示例中的 OffsetRange 类型表示给定主题和分区中特定消息序列的下限和上限。OffsetRange(topic,0,0,100) 这行代码中标识从 topic 主题的第 0 个分区的偏移量 0 到偏移量 100（不包括）的 100 条消息。

12.6　Spark SQL

Spark SQL 是一个用于处理结构化数据的 Spark 组件，它是在 Spark 1.0 版本开始加入 Spark 生态系统的。Spark SQL 能够利用 Spark 进行结构化数据的存储和操作，结构化数据既可以来自外部结构化数据源（Hive、JSON、Parquet、JDBC/ODBC 等），也可以通过向已有 RDD 增加 Schema 的方式得到。

相比于 Spark RDD API，Spark SQL 包含了对结构化数据和在其上运算的更多信息，Spark SQL 使用这些信息进行额外的优化，使得对结构化数据的操作更高效和方便。Spark SQL 提供了多种使用的方式，包括 SQL、DataFrame API 和 Dataset API。

Spark SQL 用于支持 SQL 查询，Spark SQL API 的返回结果是 Dataset/DataFrame，除了 API，开发人员还可以使用命令行或 ODBC/JDBC 来执行 SQL 查询。

DataFrame 是一个分布式集合，其中数据被组织为命名的列。它在概念上等价于关系数据库中的表，但底层做了更多的优化。DataFrame 的前身是 SchemaRDD，从 Spark 1.3.0 开始 SchemaRDD 更名为 DataFrame。Dataset 是从 Spark 1.6 开始加入的，它的初衷是为了提升 RDD（强类型限制，可以使用 Lambda 函数）优化 SQL 执行引擎。Dataset 是 JVM 中的一个对象，可以作用于其他操作（map、flatMap、filter 等）。DataFrame 可以看作 Dataset[Row]，DataFrame 中的每一行类型是 Row。Dataset 相比于 DataFrame，它存储的是强类型值，而不是一个简单的 Row 对象，从某种程度上看，Dataset 可以看作 DataFrame 的一个特例。

图 12-11 直观地体现了 RDD 与 DataFrame/Dataset 的区别。左侧的 RDD[Person]虽然以 Person 为类型参数，但 Spark 本身不了解 Person 类的内部结构。而右侧的 DataFrame/Dataset 却提供了详细的结构信息，使得 Spark SQL 可以清楚地知道该数据集中包含哪些列，这些列的名称是什么，它们的类型又是什么。

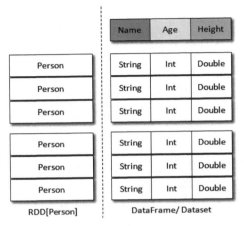

图 12-11　RDD 与 DataFrame/Dataset 的区别

下面我们通过一些示例来演示 Spark SQL 的基本用法，以及 DataFrame 与 Dataset 之间的细微差别。SparkSession 是一个公共入口类，我们可以通过 SparkSession.builder()创建一个 SparkSession，相关示例如下（注：下面的示例都在 spark-shell 中运行）。

```scala
scala> import org.apache.spark.sql.SparkSession
scala> val spark = SparkSession.builder()
    .appName("Spark SQL basic example").getOrCreate()
spark: org.apache.spark.sql.SparkSession =
    org.apache.spark.sql.SparkSession@6cfd08e9

scala> import spark.implicits._  //将 RDD 隐式转换为 DataFrame
```

在创建 SparkSession 之后，应用程序可以从已存在的 RDD 上创建 DataFrame，也可以从 Hive 表中创建，还可以从其他的 Spark 数据源中创建。下面就以$SPARK_HOME 下的 examples/src/main/resources/people.txt 文件为例来创建一个 DataFrame。people.txt 中的内容如下：

```
[root@node1 ~]# cat /opt/spark/examples/src/main/resources/people.txt
Michael, 29
Andy, 30
Justin, 19
```

创建 DataFrame 的过程如下：

```scala
//通过 SparkContext 的 textFile()方法创建一个 RDD
scala> val rdd = spark.sparkContext
        .textFile("/opt/spark/examples/src/main/resources/people.txt")
rdd: org.apache.spark.rdd.RDD[String] =
        /opt/spark/examples/src/main/resources/people.txt
        MapPartitionsRDD[1] at textFile at <console>:29
//使用 case class 定义 Schema
scala> case class Person(name: String, age: Long)
defined class Person
//通过 RDD 创建一个 DataFrame，这是以反射机制推断的实现方式
scala> val df = rdd.map(_.split(","))
        .map(p=>Person(p(0),p(1).trim.toInt)).toDF()
df: org.apache.spark.sql.DataFrame = [name: string, age: bigint]
//展示 DataFrame 中的内容
scala> df.show
+-------+---+
|   name|age|
+-------+---+
|Michael| 29|
|   Andy| 30|
| Justin| 19|
+-------+---+
```

在 Scala API 中，DataFrame 实际上是 Dataset[Row]的别名；在 Java API 中，开发人员需要使用 Dataset<Row> 来表示 DataFrame。DataFrame 与 Dataset 之间可以进行相互转换：

```scala
//将 DataFrame 转换为 Dataset
scala> val ds = df.as[Person]
ds: org.apache.spark.sql.Dataset[Person] = [name: string, age: bigint]
//将 Dataset 转换为 DataFrame
scala> val new_df = ds.toDF()
new_df: org.apache.spark.sql.DataFrame = [name: string, age: bigint]
//Dataset 是强类型的，而 DataFrame 不是，下面看一下两者的使用差别
scala> df.filter($"age">20).count()
res3: Long = 2
//DataFrame 采用下面的方式会报错
```

```
scala> df.filter(_.age>20).count()
<console>:32: error: value age is not a member of org.apache.spark.sql.Row
       df.filter(_.age>20).count()
                    ^
scala> ds.filter(_.age>20).count()
res5: Long = 2
```

Spark SQL 允许程序执行 SQL 查询，返回 DataFrame 结果：

```
//注册临时表
scala> df.registerTempTable("people_table")
warning: there was one deprecation warning; re-run with -deprecation for details
//使用 sql 运行 SQL 表达式
scala> val result = spark.sql("SELECT name, age FROM people_table WHERE age>20")
result: org.apache.spark.sql.DataFrame = [name: string, age: bigint]
//显示查询结果
scala> result.show
+-------+---+
|   name|age|
+-------+---+
|Michael| 29|
|   Andy| 30|
+-------+---+
```

本节的内容只是让读者简单地了解 Spark SQL 的大致面貌，以便可以更好地引入下一节的内容——Structured Streaming。

12.7　Structured Streaming

Structured Streaming 是从 Spark 2.0 开始引入的一个建立在 Spark SQL 之上的可扩展和高容错的流处理引擎。有些读者可能会感到疑惑：Spark 已经有了 Spark Streaming，为什么还要新增加一个 Structured Streaming？Spark Streaming 是 Spark 早期基于 RDD 开发的流处理系统，用户使用 DStream API 来编写代码，支持高吞吐和良好的容错，其背后的主要模型是基于时间间隔的批处理。从 Spark 2.0 开始 Spark Streaming 就进入了维护模式。Structured Streaming 并不是对 Spark Streaming 的简单改进，而是吸取了过去几年在开发 Spark SQL 和 Spark Streaming 过程中的经验教训，以及 Spark 社区的众多反馈而重新开发的全新流处理引擎，致力于为批处理和流处理提供统一的高性能 API。同时，在这个新的引擎中，我们也很容易实现之前在 Spark Streaming

中很难实现的一些功能，比如 Event Time 的支持、Stream-Stream Join、毫秒级延迟（Continuous Processing）。类似于 Dataset/DataFrame 代替 Spark Core 的 RDD 成为 Spark 用户编写批处理程序的首选，Dataset/DataFrame 也将替代 Spark Streaming 的 DStream，成为编写流处理程序的首选。

　　Structured Streaming 的模型十分简洁，易于理解。如图 12-12 所示，一个流的数据源从逻辑上来说就是一个不断增长的动态表格，随着时间的推移，新数据被持续不断地添加到表格的末尾。用户可以使用 Dataset/DataFrame 或 SQL 来对这个动态数据源进行实时查询。每次查询在逻辑上就是对当前的表格内容执行一次 SQL 查询。如何执行查询则是由用户通过触发器（Trigger）来设定的。用户既可以设定定期执行，也可以让查询尽可能快地执行，从而达到实时的效果。

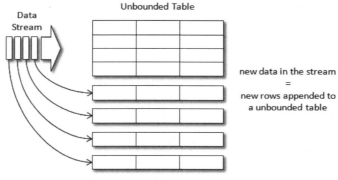

图 12-12　数据流与无边界的表 [1]

　　一个流的输出有多种模式，既可以是基于整个输入执行查询后的完整结果（Complete 模式），也可以选择只输出与上次查询相比的差异（Update 模式），或者就是简单地追加最新的结果（Append 模式）。这个模型对于熟悉 SQL 的用户来说很容易掌握，对流的查询跟查询一个表格几乎完全一样。

　　下面我们通过一个简单的例子来演示 Structured Streaming 的用法，Structured Streaming 是基于 Spark SQL 的，对应的 Maven 依赖也是与 Spark SQL 相关的，具体如下所示。

```
<dependency>
    <groupId>org.apache.spark</groupId>
    <artifactId>spark-sql_2.11</artifactId>
    <version>2.3.1</version>
</dependency>
```

　　与讲解 Spark Streaming 时的一样，这里也采用官方提供的单词统计代码进行具体的分析，

---

[1]　参考 http://spark.apache.org/docs/2.3.1/img/structured-streaming-stream-as-a-table.png。

Structured Streaming 使用示例如代码清单 12-4 所示（可以对比代码清单 12-2）。

代码清单 12-4　Structured Streaming 使用示例

```
import org.apache.spark.sql.SparkSession

object StructuredStreamingWordCount {
  def main(args: Array[String]): Unit = {
    val spark = SparkSession
      .builder()
      .master("local[2]")
      .appName("StructuredStreamingWordCount")
      .getOrCreate()                                        ①

    import spark.implicits._                                ②

    val lines = spark.readStream
      .format("socket")
      .option("host","localhost")
      .option("port",9999)
      .load()                                               ③
    val words = lines.as[String].flatMap(_.split(" "))      ④
    val wordCounts = words.groupBy("value").count()         ⑤

    val query = wordCounts.writeStream                      ⑥
      .outputMode("complete")
      .format("console")
      .start()
    query.awaitTermination()                                ⑦
  }
}
```

　　第①行是程序的入口，主要用来创建一个 SparkSession 对象。第②行在讲解 Spark SQL 时也提及了，主要用来将 RDD 隐式地转换为 DataFrame。第③行从 Socket 连接中创建一个 DataFrame，lines 变量表示的是一个流文本数据的无边界表，此表包含一个列名为"value"的字符串（lines 变量的类型为 org.apache.spark.sql.DataFrame = [value: string]）。流文本中的每一行都将成为无边界表的的一行（Row）。第④行中，使用.as[String]将 DataFrame 转换为 String 类型的 Dataset，如此我们便可以使用 flatMap()函数将每一行切分成多个单词，所得到的 words

变量中包含了所有的单词。第⑤行通过分组来进行计数。第⑥行用来设置相应的流查询，剩下的就是实际开始接收数据并计数。这里我们使用的是 Complete 模式，也就是每次更新时会将完整的记录输出到控制台（.format("console")），start()方法用来启动流式计算的运作。第⑦行用来等待查询活动的中止，防止查询还处于活动状态时无端退出。

Spark 安装包中也自带了这个程序，所以我们可以直接使用如下的方式来启动这个程序：

```
[root@node1 spark]# bin/run-example
    org.apache.spark.examples.sql.streaming.StructuredNetworkWordCount
    localhost 9999
```

同 Spark Streaming 中的示例一样，我们可以在另一个 shell 中使用 netcat 工具输入一句"hello world"，然后可以看到在 StructuredNetworkWordCount 程序中输出如下信息：

```
-------------------------------------------
Batch: 0
-------------------------------------------
+-----+-----+
|value|count|
+-----+-----+
|hello|    1|
|world|    1|
+-----+-----+
```

很多应用程序可能需要基于事件时间来进行相关操作，事件时间（Event-time）是指数据本身内嵌的时间。比如需要每分钟获取 IoT（Internet of things，物联网）设备生成的事件数，则可能希望使用数据生成的时间（即数据中的事件时间），而不是 Spark 收到它们的时间。这个事件时间在 Structured Streaming 模型中非常自然地表现出来：

- 来自设备的每个时间都是表中的一行（Row），事件时间是该 Row 中的一个列值。这允许基于窗口的聚合（Window-based Aggregations）仅仅是事件时间列上的特殊类型的分组和聚合。例如：每分钟的事件数。

- 每个时间窗口（Time Window）是一个组，每个 Row 可以属于多个窗口/组。因此，可以在静态数据集（例如，来自收集的设备事件日志）和数据流上一致地定义基于事件时间窗口的聚合查询（Event-time-window-based Aggregation Queries），从而更加便于使用。

此外，该模型自然地处理了基于事件时间比预期晚到的数据。因为 Spark 会一直更新结果表（Result Table），因此当存在迟到数据时，Spark 可以完全控制更新旧的聚合，以及清除旧聚合以限制中间状态数据的大小。自 Spark 2.1 开始还增加了对水印（watermarking）的支持，允许用户指定迟到数据的阈值，并允许处理引擎相应地清除旧的状态。下面的示例展示的是一个基于事件时间窗口的单词统计案例：

```
import spark.implicits._

val words = ... // streaming DataFrame of schema { timestamp: Timestamp, word:
String }

// Group the data by window and word and compute the count of each group
val windowedCounts = words.groupBy(
  window($"timestamp", "10 minutes", "5 minutes"),
  $"word"
).count()
```

代码示例中的窗口大小为 10 分钟，并且窗口每 5 分钟滑动一次。words 变量是一个 DataFrame 类型，它包含的 schema 为{timestamp: Timestamp, word: String}，其中 timestamp 是数据内嵌的事件时间，word 指的是具体的单词。

12.8　Kafka 与 Structured Streaming 的整合

Kafka 与 Structured Streaming 的集成比较简单，只需要将代码清单 12-4 中第③行的数据源由原来的 Socket 替换成 Kafka 即可。不过在此之前需要引入相应的 Maven 依赖，具体如下所示。

```
<dependency>
    <groupId>org.apache.spark</groupId>
    <artifactId>spark-sql-kafka-0-10_2.11</artifactId>
    <version>2.3.1</version>
</dependency>
```

Kafka 与 Structured Streaming 的集成示例如代码清单 12-5 所示。这里 Kafka 中的测试案例数据与代码清单 12-3 中的一样，每秒会往 Kafka 主题 topic-spark 中写入一个 0~9 之间的随机数，这样本例中的 Structured Streaming 便可以消费这些随机数并进行频次统计。

代码清单 12-5　Kafka 与 Structured Streaming 的集成示例

```
import org.apache.spark.sql.streaming.Trigger
import org.apache.spark.sql.SparkSession
```

```
object StructuredStreamingWithKafka {
  val brokerList = "localhost:9092" //Kafka 集群的地址
  val topic = "topic-spark"          //订阅的主题

  def main(args: Array[String]): Unit = {
    val spark = SparkSession.builder.master("local[2]")
      .appName("StructuredStreamingWithKafka").getOrCreate()      ①

    import spark.implicits._                                      ②

    val df = spark.readStream
      .format("kafka")
      .option("kafka.bootstrap.servers",brokerList)
      .option("subscribe",topic)
      .load()                                                     ③

    val ds = df.selectExpr("CAST(value AS STRING)").as[String]    ④

    val words = ds.flatMap(_.split(" ")).groupBy("value").count() ⑤

    val query = words.writeStream
      .outputMode("complete")
      .trigger(Trigger.ProcessingTime("10 seconds"))
      .format("console")
      .start()                                                    ⑥

    query.awaitTermination()
  }
}
```

　　示例中的第③和第④行替换了代码清单 12-4 中第③行的代码，即更改了数据源。上面示例代码的第③行中的 kafka.bootstrap.servers 选项表示要连接的 Kafka 集群的地址，subscribe 选项表示的是订阅模式。在 Kafka 中有三种订阅模式：集合订阅的方式（subscribe(Collection)）、正则表达式订阅的方式（subscribe(Pattern)）和指定分区的订阅方式（assign(Collection)。这里的 subscribe 选项对应集合订阅的方式，其他两种订阅方式在这里分别对应 subscribePattern 和 assign。比如可以将第③行中的.option("subscribe",topic)替换为.option("subscribePattern", "topic.*")。

通过第④行中的 df.selectExpr("CAST(value AS STRING)")语句可以从 df 这个 DataFrame 中挑选出想要的 value 这一列，毕竟本示例只关心 value 里的随机数并以此进行频次统计。这里的 Structured Streaming 相当于 Kafka 的消费者，也就是会消费到 ConsumerRecord 类型的数据，对应的也会有与 ConsumerRecord 相似的结构。我们可以打印出示例中 df 变量的结构类型，参考如下：

```
scala> df.printSchema
root
 |-- key: binary (nullable = true)
 |-- value: binary (nullable = true)
 |-- topic: string (nullable = true)
 |-- partition: integer (nullable = true)
 |-- offset: long (nullable = true)
 |-- timestamp: timestamp (nullable = true)
 |-- timestampType: integer (nullable = true)

scala> df.selectExpr("CAST(value AS STRING)").printSchema
root
 |-- value: string (nullable = true)
```

第④行后面的.as[String]曾在 12.7 节讲解的 Structured Streaming 中提及，它用来将 DataFrame 转换为 String 类型的 Dataset。代码清单 12-5 中接下去的内容就是纯粹的频次统计了，这里就不再赘述。最终的某一阶段的执行结果可以参考如下：

```
-------------------------------------------
Batch: 22
-------------------------------------------
+-----+-----+
|value|count|
+-----+-----+
|    7|   20|
|    3|   25|
|    8|   18|
|    0|   11|
|    5|   18|
|    6|   27|
|    9|   31|
```

```
|    1|   20|
|    4|   25|
|    2|   15|
+-----+-----+
```

如果进行的是一个批处理查询而不是流查询（Stream Queries），那么可以使用 startingOffsets 和 endingOffsets 这两个选项指定一个合适的偏移量范围来创建一个 DataFrame/Dataset，示例如下：

```
val df = spark
  .read
  .format("kafka")
  .option("kafka.bootstrap.servers", "host1:port1,host2:port2")
  .option("subscribe", "topic1,topic2")
  .option("startingOffsets",
      """{"topic1":{"0":23,"1":-2},"topic2":{"0":-2}}""")
  .option("endingOffsets",
      """{"topic1":{"0":50,"1":-1},"topic2":{"0":-1}}""")
  .load()
df.selectExpr("CAST(key AS STRING)", "CAST(value AS STRING)")
  .as[(String, String)]
```

加粗部分的是.read 而不是前面示例中的.readStream，注意其中的区别。startingOffsets 和 endingOffsets 这两个选项的具体释义如表 12-3 所示。

表 12-3　startingOffsets 和 endingOffsets 的具体释义

选　项	取　值	默 认 值	查询类型	释　义
startingOffsets	"earliest"、 "latest"（只适用于流查询）或 JSON 字符串，比如："""{"topicA":{"0":23,"1":-1},"topicB":{"0":-2}}"""	"latest"用于流查询，"earliest"用于批处理查询	流查询和批处理查询	当一个查询开始的时候，这个选项用来指定从哪个偏移量开始执行，"earliest"表示最早的偏移量，"latest"表示最新的偏移量，而 JSON 字符串可以为每个分区指定对应的起始偏移量。在 JSON 字符串中，-2 表示最早的偏移量，-1 表示最新的偏移量。注意：对应批处理查询不允许使用最新的偏移量进行查询。对流查询而言，这个选项只适用于启动一个新查

续表

选　　项	取　　值	默 认 值	查　询类　型	释　　义
				询，其余情况下都是从原理查询到的偏移量处继续进行查询，在查询期间新发现的分区将从最早的偏移量处开始查询
endingOffsets	"latest"或 JSON 字符串 {"topicA":{"0":23, "1":-1},"topicB":{"0":-1}}	"latest"	批处理查询	用来指定一个批处理查询结束时的偏移量，"latest"表示最新的偏移量，而 JSON 字符串可以为每个分区指定对应的结束偏移量。在 JSON 字符串中，-1 表示最新的偏移量，而-2（最早）是不被允许的

可以通过在 Kafka 原生的参数前面添加一个 "kafka." 的前缀来作为要配置的与 Kafka 有关的选型，比如代码清单 12-5 中的.option("kafka.bootstrap.servers",brokerList)所对应的就是 Kafka 客户端中的 `bootstrap.servers` 参数。但这一规则并不适合所有的参数，对于如下的 Kafka 参数是无法在使用 Structured Streaming 时设置的。

- `group.id`：每次查询时会自动创建，类似于 spark-kafka-source-8728dee8-eed1-4986-87b2-57265d2eb099--846927976-driver-0 这种名称。

- `auto.offset.reset`：相关的功能由 `startingOffsets` 选项设定。

- `key.serializer/value.serializer`：总是使用 ByteArraySerializer 或 StringSerializer 进行序列化。可以使用 DataFrame 操作显式地将 key/value 序列化为字符串或字节数组。

- `key.deserializer/value.deserializer`：总是使用 ByteArrayDeserializer 将 key/value 反序列化为字节数组。可以使用 DataFrame 操作显式地反序列化 key/value。

- `enable.auto.commit`：这里不会提交任何消费位移。

- `interceptor.classes`：这里总是将 key 和 value 读取为字节数组，使用 ConsumerInterceptor 可能会破坏查询，因此是不安全的。

由如上信息可以看出这里既不提交消费位移，也不能设置 `group.id`，如此若要通过传统的方式来获取流查询的监控数据是行不通了。不过 Structured Streaming 自身提供了几种监控的手段，可以直接通过 StreamingQuery 的 status()和 lastProgress()方法来获取当前流查询的状态和指标。具体而言，lastProgress ()方法返回的是一个 StreamingQueryProgress 对象，如代码清单 12-6 所示。status()方法返回的是一个 StreamingQueryStatus 对象，内容如下所示。

```
println(query.status)
```

```
/*  Will print something like the following.
{
  "message" : "Waiting for data to arrive",
  "isDataAvailable" : false,
  "isTriggerActive" : false
}
```

　　StreamingQuery 中还有一个 recentProgress()方法用来返回最后几个进度的 StreamingQuery-
Progress 对象的集合。

代码清单 12-6　监控指标

```
{
  "id" : "4d61ac30-9c32-4607-b645-4a2d303265a2",
  "runId" : "aa1f7dfb-a103-4eab-8ffa-fa0583f6e2b1",
  "name" : null,
  "timestamp" : "2018-08-14T09:13:56.376Z",
  "batchId" : 6,
  "numInputRows" : 0,
  "inputRowsPerSecond" : 0.0,
  "processedRowsPerSecond" : 0.0,
  "durationMs" : {
    "getOffset" : 1,
    "triggerExecution" : 2
  },
  "stateOperators" : [ ],
  "sources" : [ {
    "description" : "KafkaSource[Subscribe[topic-spark]]",
    "startOffset" : {
      "topic-spark" : {
        "2" : 13412,
        "1" : 13411,
        "3" : 13412,
        "0" : 13409
      }
    },
    "endOffset" : {
      "topic-spark" : {
        "2" : 13412,
        "1" : 13411,
```

```
        "3" : 13412,
        "0" : 13409
      }
    },
    "numInputRows" : 0,
    "inputRowsPerSecond" : 0.0,
    "processedRowsPerSecond" : 0.0
  } ],
  "sink" : {
    "description" :
     "org.apache.spark.sql.execution.streaming.ConsoleSinkProvider@7706fccf"
  }
}
```

Spark支持通过Dropwizard[1]进行指标上报，对Structured Streaming而言，可以显式地将参数 spark.sql.streaming.metricsEnabled设置为true来开启这个功能，示例如下：

```
spark.conf.set("spark.sql.streaming.metricsEnabled", "true")
// or
spark.sql("SET spark.sql.streaming.metricsEnabled=true")
```

Structure Streaming 还提供了异步的方式来监控所有的流查询，所要做的就是通过 spark.streams.addListener()方法来添加一个自定义的 StreamingQueryListener，示例如下：

```
val spark: SparkSession = ...
spark.streams.addListener(new StreamingQueryListener() {
    override def onQueryStarted(queryStarted: QueryStartedEvent): Unit = {
        println("Query started: " + queryStarted.id)
    }
    override def onQueryTerminated(
        queryTerminated: QueryTerminatedEvent): Unit = {
        println("Query terminated: " + queryTerminated.id)
    }
    override def onQueryProgress(queryProgress: QueryProgressEvent): Unit = {
        println("Query made progress: " + queryProgress.progress)
    }
})
```

---

[1] https://metrics.dropwizard.io/4.0.0/。

顾名思义，StreamingQueryListener 中的 onQueryStarted()方法会在流查询开始的时候调用，而 onQueryTerminated() 方 法 会 在 流 查 询 结 束 的 时 候 调 用 。onQueryProgress() 方 法 中 的 queryProgress.progress 正对应于代码清单 12-6 中的指标信息，流查询每处理一次进度就会调用一下这个回调方法。

我们可以通过 onQueryProgress()方法来将流查询的指标信息传递出去，以便对此信息进行相应的处理和图形化展示。如图 12-13 所示，我们可以将指标信息发送到 Kafka 的某个内部监控主题，通过专门的数据采集模块 Metrics Collector 来拉取这些指标信息并进行相应的解析、转化、处理和存储，进而呈现在图形化展示平台为用户提供参考依据。

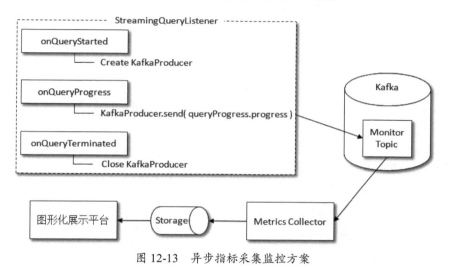

图 12-13　异步指标采集监控方案

12.9　总结

本章主要讲述了 Spark 中的相关概念，包括 Spark 的整体架构、Spark 的编程模型、Spark 运行架构、Spark Streaming 和 Structured Streaming，这里使用的篇幅比介绍 Kafka Streams 时用的篇幅要多，因为笔者认为从 Spark 的角度去理解流式计算（处理），进而再去理解 Kafka Streams 要容易得多。本章还重点介绍了 Spark Streaming 和 Structured Streaming 与 Kafka 的集成，这也是现实应用中使用得非常多的地方，而且也是两者结合最紧密的地方，可以让我们从另一个框架的角度去深刻地理解 Kafka 的使用。

附录 A
Kafka 源码环境搭建

要深入学习 Kafka，阅读源码肯定是不可或缺的环节。Kafka 中的源码有用 Scala 语言编写的，如 core（Kafka 服务端），也有用 Java 语言编写的，如 clients（Kafka 客户端）。要熟读源码，那么对 Scala 和 Java 语言必须要有一定的了解，好在两者都是 JVM 系的语言。从 Kafka 2.0.0 开始已经不支持 JDK7 及以下版本，对于尚未使用 JDK8 及以上版本的读者，也要学习 JDK8 中的相关特性、类库等知识，以此可以更容易地理解 Kafka 的源码。

下面主要介绍如何搭建 Kafka 的源码阅读环境，笔者这里使用的是 Windows 10 的操作系统和 IntelliJ IDEA 的 IDE。下面的内容对于使用 Mac OS 的操作系统和 Eclipse 等的读者同样具有参考价值。

首先确定系统的 JDK 版本至少是 8，如果不是，那么就需要更换至相应的版本。可以通过 java -version 来查看当前系统的 JDK 版本，示例如下：

```
D:\>java -version
java version "1.8.0_112"
Java(TM) SE Runtime Environment (build 1.8.0_112-b15)
Java HotSpot(TM) 64-Bit Server VM (build 25.112-b15, mixed mode)
```

接着下载并安装 Scala。下载地址为 https://www.scala-lang.org/download/all.html。截至本书出版前，最新的版本为 2.13.0，不过不推荐使用，有可能会出现源码编译错误。笔者使用的版本是 2.11.11，选定好版本对于源码环境搭建非常重要，笔者初学 Kafka 时在 Scala 版本的问题上折腾了许久。

下载 Scala 安装包并进行解压，然后将$SCALA_HOME/bin 的路径添加到环境变量 Path 中即可，其中$SCALA_HOME 指的是 Scala 的根目录。可以使用 scala -version 命令来验证 Scala

是否已经配置完成，示例如下：

```
D:\>scala -version
Scala code runner version 2.11.11 -- Copyright 2002-2017, LAMP/EPFL
```

然后下载并安装 Gradle。Kafka 源码默认是由 Gradle 自动构建的。下载地址为 https://gradle.org/releases/。截至本书出版前，最新的版本为 4.9。具体的安装也和 Scala 一样简单，只需要下载安装包并解压，然后将$GRADLE_HOME/bin 的路径添加到环境变量 Path 中即可，其中$GRADLE_HOME 指的是 Gradle 的根目录。可以使用 gradle -v 命令来验证 Gradle 是否已经配置完成。

下面可以搭建 Kafka 编码环境了，第一步是下载 Kafka 的源码，下载地址为 http://kafka.apache.org/downloads。

下载 kafka-2.0.0-src.tgz，然后解压缩并生成 kafka-2.0.0-src 的文件目录。

第二步是修改 kafka-2.0.0-src 中的 gradle.properties 文件，这里主要是修改其中 scalaVersion 的值，使其保持与之前安装的 Scala 版本一致，笔者使用的是 2.11.11，有的读者会使用 2.11.12 或 2.12.xx 版本。gradle.properties 中的内容如下：

```
group=org.apache.kafka
# NOTE: When you change this version number, you should also make sure to update
# the version numbers in tests/kafkatest/__init__.py and kafka-merge-pr.py.
version=2.0.0
scalaVersion=2.11.11
task=build
org.gradle.jvmargs=-Xmx1024m -Xss2m
```

第三步是使用 gradle idea 命令进行构建（切换到 kafka-2.0.0-src 目录下执行）。如果使用的是 Eclipse，则只需采用 gradle eclipse 命令进行相应的构建即可。构建的细节如下：

```
D:\IntelliJ IDEA Files\kafka-sources\kafka-2.0.0-src>gradle idea
Starting a Gradle Daemon, 2 incompatible Daemons could not be reused, use --status
for details
Building project 'core' with Scala version 2.11.11
Building project 'streams-scala' with Scala version 2.11.11
:ideaModule
:ideaProject
:ideaWorkspace
:idea
```

```
....(省略若干项)
:streams:upgrade-system-tests-11:ideaModule
:streams:upgrade-system-tests-11:idea
BUILD SUCCESSFUL
Total time: 1 mins 9.108 secs
```

  第四步是将构建好的 Kafka 源码导入 IntelliJ IDEA。不过这样还远没有结束，对 IDEA 而言，还需要安装 Scala 插件，在 Setting→Plugin 中搜索 scala 并安装，笔者这里是已经安装好的状态。

  执行完以上步骤就可以阅读 Kafka 的源码了，如果需要运行 Kafka 的服务程序，那么还需要一些额外的步骤。首先将 config 目录下的 log4j.properties 文件复制到 core/src/main/scala 目录下，这样可以让 Kafka 在运行时能够输出日志信息，如图 A-1 所示。

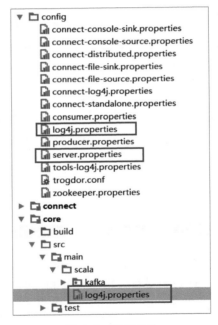

图 A-1　配置文件

紧接着还需要配置 server.properties 文件，一般只需要修改以下配置项：

```
# 是否允许 Topic 被删除，设置为 true 则 Topic 可以被删除，
# 开启这个功能方便 Kafka 在运行一段时间之后，能够删除一些不需要的临时 Topic
delete.topic.enable=true
# 禁用自动创建 Topic 的功能
auto.create.topics.enable=false
```

```
# 存储 Log 文件的目录，默认值为/tmp/kafka-logs
# 示例是在 Windows 环境下运行的，所以需要修改这个配置，注意这里的双反斜杠
log.dir=D:\\tmp\\kafka-logs
# 配置 Kafka 依赖的 ZooKeeper 路径地址，这里的前提是在本地开启了一个 ZooKeeper 的服务
zookeeper.connect=localhost:2181
```

　　Kafka 需要 ZooKeeper 配合来管理元数据，所以这里的 zookeeper.connect 需要配置为可用的 ZooKeeper 服务地址。如果没有 ZooKeeper，那么就需要下载安装一个，如何安装 ZooKeeper 在这里就不赘述了。

　　在 Kafka 服务正式启动之前还需要执行最后一步，就是设置 Kafka 启动参数，详细参考图 A-2。

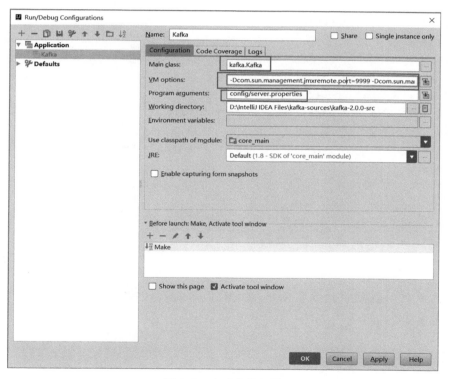

图 A-2　启动参数配置

　　这里配置 Main class 为 kafka.Kafka，并制定启动时需要的配置文件地址，即 config/server.properties。并且还在 VM options 中配置了-Dcom.sun.management.jmxremote.port = 9999 -Dcom.sun.management.jmxremote.ssl = false -Dcom.sun.management.jmxremote.authenticate = false，这是为了方便搜集 Kafka 自身的 Metrics 数据。

如此便可以顺利地运行 Kafka 服务了（第一次启动时会有一个耗时较长的编译过程），部分启动日志如下：

```
[2018-07-31 23:20:17,682] INFO Registered kafka:type=kafka.Log4jController
MBean (kafka.utils.Log4jControllerRegistration$)
    [2018-07-31 23:20:18,952] INFO starting (kafka.server.KafkaServer)
    [2018-07-31 23:20:18,954] INFO Connecting to zookeeper on localhost:2181/
kafka200 (kafka.server.KafkaServer)
    [2018-07-31 23:20:18,995] INFO [ZooKeeperClient] Initializing a new session to
localhost:2181. (kafka.zookeeper.ZooKeeperClient)
    [2018-07-31 23:20:19,072] INFO Client environment:zookeeper.version=3.4.13-
2d71af4dbe22557fda74f9a9b4309b15a7487f03, built on 06/29/2018 00:39 GMT
(org.apache.zookeeper.ZooKeeper)
    ....(省略若干项)
    [2018-07-31 23:20:21,421] INFO Session establishment complete on server
localhost/0:0:0:0:0:0:0:1:2181, sessionid = 0x164f0ecdab90001, negotiated timeout
= 6000 (org.apache.zookeeper.ClientCnxn)
    [2018-07-31 23:20:21,428] INFO [ZooKeeperClient] Connected. (kafka.zookeeper.
ZooKeeperClient)
    [2018-07-31 23:20:22,441] INFO Cluster ID = 64PniqfkRHa4ASfUisNXrw (kafka.server.
KafkaServer)
    [2018-07-31 23:20:22,588] INFO KafkaConfig values:
    advertised.host.name = null
    advertised.listeners = null
    advertised.port = null
    ....(省略若干项)
```

如果读者成功地搭建并运行了 Kafka 的程序，那么你真的很幸运。很多人在搭建的过程中会遇到各种异常，比如：

```
java.lang.NoSuchMethodError: scala.collection.TraversableOnce.$init$(Lscala/
collection/TraversableOnce;)V
```

这个一般是由 Scala 版本不一致而造成的。也有不少网友私信咨询笔者，他们在搭建源码环境的时候经常遇到日志输出异常的错误，比如：

```
SLF4J: Failed to load class "org.slf4j.impl.StaticLoggerBinder".
SLF4J: Defaulting to no-operation (NOP) logger implementation
```

SLF4J: See http://www.slf4j.org/codes.html#StaticLoggerBinder for further
details.

遇到与日志相关的错误，就需要检查项目路径中是否包含 log4j、slf4j-api 和 slf4j-log4j，
它们的版本是否冲突，以及对应的 log4j 的配置文件是否存在，log4j 配置文件的所在位置是否
正确。